M. 1—20

β 55.

à conserver

2475

HISTOIRE NATURELLE

DES POISSONS.

TOME SECOND.

HISTOIRE NATURELLE

DES POISSONS,

PAR LE CITOYEN LA CEPÉDE,

Membre du Sénat, et de l'Institut national de France ; l'un des Professeurs du Muséum d'Histoire naturelle ; membre de l'Institut national de la République Cisalpine ; de la société d'Arragon ; de celle des Curieux de la Nature, de Berlin ; des sociétés d'Histoire naturelle, des Pharmaciens, Philotechnique, et Philomatique, de Paris ; de celle d'Agriculture d'Agen ; de la société des Sciences et Arts de Montauban ; du Lycée d'Alençon, etc.

TOME SECOND.

$C.^{''}n°87.$

A PARIS,

CHEZ PLASSAN, IMPRIMEUR-LIBRAIRE,
Rue du Cimetière André-des-Arcs, N° 10.

L'AN VIII DE LA RÉPUBLIQUE.

TABLE
DES ARTICLES
CONTENUS DANS CE VOLUME.

AVERTISSEMENT, et explication de quelques planches, *page* ix.

TABLEAU des 57 premiers genres des poissons osseux, xiij.

DISCOURS sur la durée des espèces, *page* xxiij.

TABLEAU des espèces du genre des diodons, *page* 1.

Diodon atinga, 3.
Diodon plumier, 10.
Diodon holocanthe, 11.
Diodon tacheté, 13.
Diodon orbe, 16.
Diodon mole, 20.

TABLEAU des espèces du genre des sphéroïdes, 22.

Sphéroïde tuberculé, 23.

TABLEAU des espèces du genre des syngnathes, 25.

Syngnathe trompette, 27.
Syngnathe aiguille, syngnathe tuyau, et syngnathe pipe, 39.
Syngnathe hippocampe, et syn-gnathe deux-piquans, 42.
Syngnathe barbe, et syngnathe ophidion, 48.

TABLEAU des espèces du genre des cycloptères, 50.

Cycloptère lompe, 52.
Cycloptère épineux, 59.
Cycloptère menu, 60.
Cycloptère double-épine, 61.
Cycloptère gélatineux, cycloptère denté, et cycloptère ventru, 62.
Cycloptère bimaculé, 67.
Cycloptère spatule, 68.
Cycloptère liparis, et cycloptère rayé, 69.

TOME II.   A

Tableau des espèces du genre des lépadogastères, 72.

Lépadogastère gouan, 73.

Tableau des espèces du genre des macrorhinques, 75.

Macrorhinque argenté, 76.

Tableau des espèces du genre des pégases, 77.

Pégase dragon, 78.   Pégase spatule, 85.
Pégase volant, 83.

Tableau des espèces du genre des centrisques, 87.

Centrisque cuirassé, 88.   Centrisque bécasse, 95.
Centrisque sumpit, 93.

Addition aux articles des pétromyzons, des raies, et des squales, 98.

Supplément au tableau du genre des pétromyzons, 99.

Pétromyzon rouge, 100.   Pétromyzon sucet, 101.

Supplément au tableau du genre des raies, 104.

Raie tuberculée, 106.   Raie fabronienne, 111.
Raie églantier, 109.   Raie banksienne, 115.

Supplément au tableau du genre des squales, 119.

Squale pointillé, 120.
Supplément à l'article du squale renard, 123.

Supplément à l'article du syngnathe tuyau, 126.

POISSONS OSSEUX.

Tableau des espèces du genre des cécilies, 134.

Cécilie brandérienne, 135.

Tableau des espèces du genre des monoptères, 138.

Monoptère javanois, 139.

TABLEAU des espèces du genre des leptocéphales, 142.

Leptocéphale morrisien, 143.

TABLEAU des espèces du genre des gymnotes, 145.

Gymnote électrique, 146.
Gymnote putaol, 176.
Gymnote blanc, 177.

Gymnote carape, gymnote fierasfer, et gymnote long-museau,
178.

TABLEAU des espèces du genre des trichiures, 181.

Trichiure lepture, 182.

Trichiure électrique, 188.

TABLEAU des espèces du genre des notoptères, 189.

Notoptère kapirat, 190.

Notoptère écailleux, 193.

TABLEAU des espèces du genre des ophisures, 195.

Ophisure ophis, 196.

Ophisure serpent, 198.

TABLEAU des espèces du genre des triures, 200.

Triure bougainvillien, 201.

TABLEAU des espèces du genre des aptéronotes, 208.

Aptéronote passan, 209.

TABLEAU des espèces du genre des régalecs, 214.

Régalec glesne, 215.

Régalec lancéolé, 219.

TABLEAU des espèces du genre des odontognathes, 220.

Odontognathe aiguillonné, 221.

TABLEAU des espèces du genre des murènes, 225.

Murène anguille, 226.
Murène tachetée, et murène

myre, 265.
Murène congre, 268.

TABLEAU des espèces du genre des ammodytes, 273.

Ammodyte appât, 274.

TABLEAU des espèces du genre des ophidies, 278.

Ophidie barbu, ophidie imberbe, et ophidie unernak, 279.

TABLEAU des espèces du genre des macrognathes, 283.

Macrognathe aiguillonné, 284.   Macrognathe armé, 286.

TABLEAU des espèces du genre des xiphias, 288.

Xiphias espadon, 289.   Xiphias épée, 296.

TABLEAU des espèces du genre des anarhiques, 299.

Anarhique loup, 300.
Anarhique karrak, et anarhique panthérin, 309.

TABLEAU des espèces du genre des coméphores, 312.

Coméphore baïkal, 313.

TABLEAU des espèces du genre des stromatées, 315.

Stromatée fiatole, 316.   Stromatée paru, 319.

TABLEAU des espèces du genre des rhombes, 321.

Rhombe alépidote, 322.

TABLEAU des espèces du genre des murénoïdes, 324.

Murénoïde sujef, 325.

TABLEAU des espèces du genre des callionymes, 327.

Callionyme lyre, 329.   japonois, 337.
Callionyme dragonneau, 335.   Callionyme pointillé, 340.
Callionyme flèche, et callionyme

TABLEAU des espèces du genre des calliomores, 343.

Calliomore indien, 344.

TABLEAU des espèces du genre des uranoscopes, 346.

Uranoscope rat, 347.   Uranoscope houttuyn, 352.

TABLEAU des espèces du genre des trachines, 353.

Trachine vive, 354.   Trachine osbeck, 364.

TABLEAU des espèces du genre des gades, 365.

Gade morue, 369.   sey, 416.
Gade æglefin, 397.   Gade merlan, 424.
Gade bib, 403.   Gade molve, et gade danois, 432.
Gade saida, et gade blennioïde,   Gade lote, 435.
  405.   Gade mustelle, et gade cimbre,
Gade callarias, gade tacaud, et   441.
  gade capelan, 409.   Gade merlus, 446.
Gade colin, gade pollack, et gade   Gade brosme, 450.

TABLEAU des espèces du genre des batrachoïdes, 451.

Batrachoïde tau, 452.   Batrachoïde blennioïde, 455.

TABLEAU des espèces du genre des blennies, 457.

Blennie lièvre, 461.   Blennie pinaru, 483.
Blennie phycis, 465.   Blennie gadoïde, blennie belette,
Blennie méditerranéen, 467.   et blennie tridactyle, 484.
Blennie gattorugine, 468.   Blennie pholys, 489.
Blennie sourcilleux, 470.   Blennie bosquien, 493.
Blennie cornu, blennie tentaculé,   Blennie ovovivipare, 496.
  blennie sujéfien, et blennie fas-   Blennie gunnel, 503.
  cé, 473.   Blennie pointillé, 506.
Blennie coquillade, 477.   Blennie garamit, blennie lum-
Blennie sauteur, 479.   pène, et blennie torsk, 508.

TABLEAU des espèces du genre des oligopodes, 511.

Oligopode vélifère, 512.

TABLEAU des espèces du genre des kurtes, 516.

Kurte blochien, 517.

TABLEAU des espèces du genre des lépidopes, 519.

Lépidope gouânien, 520.

TABLEAU des espèces du genre des hiatules, 522.

Hiatule gardénienne, 523.

TABLEAU des espèces du genre des cépoles, 525.

Cépole tænia, 526.   Cépole trachyptère, 531.
Cépole serpentiforme, 529.

TABLEAU des espèces du genre des tænioïdes, 532.

Tænioïde hermannien, 533.

TABLEAU des espèces du genre des gobies, 535.

Gobie pectinirostre, 539.   Gobie bleu, 560.
Gobie boddaert, 543.   Gobie plumier, 562.
Gobie lancéolé, 545.   Gobie éléotre, et gobie nébuleux,
Gobie aphye, 547.   564.
Gobie paganel, gobie ensanglanté,   Gobie awaou, 566.
    et gobie noir-brun, 549.   Gobie noir, 568.
Gobie boulerot, 552.   Gobie lagocéphale, gobie menu,
Gobie bosc, 555.   et gobie cyprinoïde, 570.
Gobie arabique, et gobie jozo, 557. Gobie schlosser, 573.

TABLEAU des espèces du genre des gobioïdes, 576.

Gobioïde anguilliforme, 577.   Gobioïde broussonnet, 580.
Gobioïde smyrnéen, 579.   Gobioïde queue noire, 582.

TABLEAU des espèces du genre des gobiomores, 583.

Gobiomore gronovien, 584.   Gobiomore dormeur, 589.
Gobiomore taiboa, 587.   Gobiomore koelreuter, 590.

TABLEAU des espèces du genre des gobiomoroïdes, 592.

Gobiomoroïde pison, 593.

TABLEAU des espèces du genre des gobiésoces, 595.

Gobiésoce testar, 596.

TABLEAU des espèces du genre des scombres, 598.

Scombre commerson, 600.   Scombre thon, 605.
Scombre guare, 604.

———

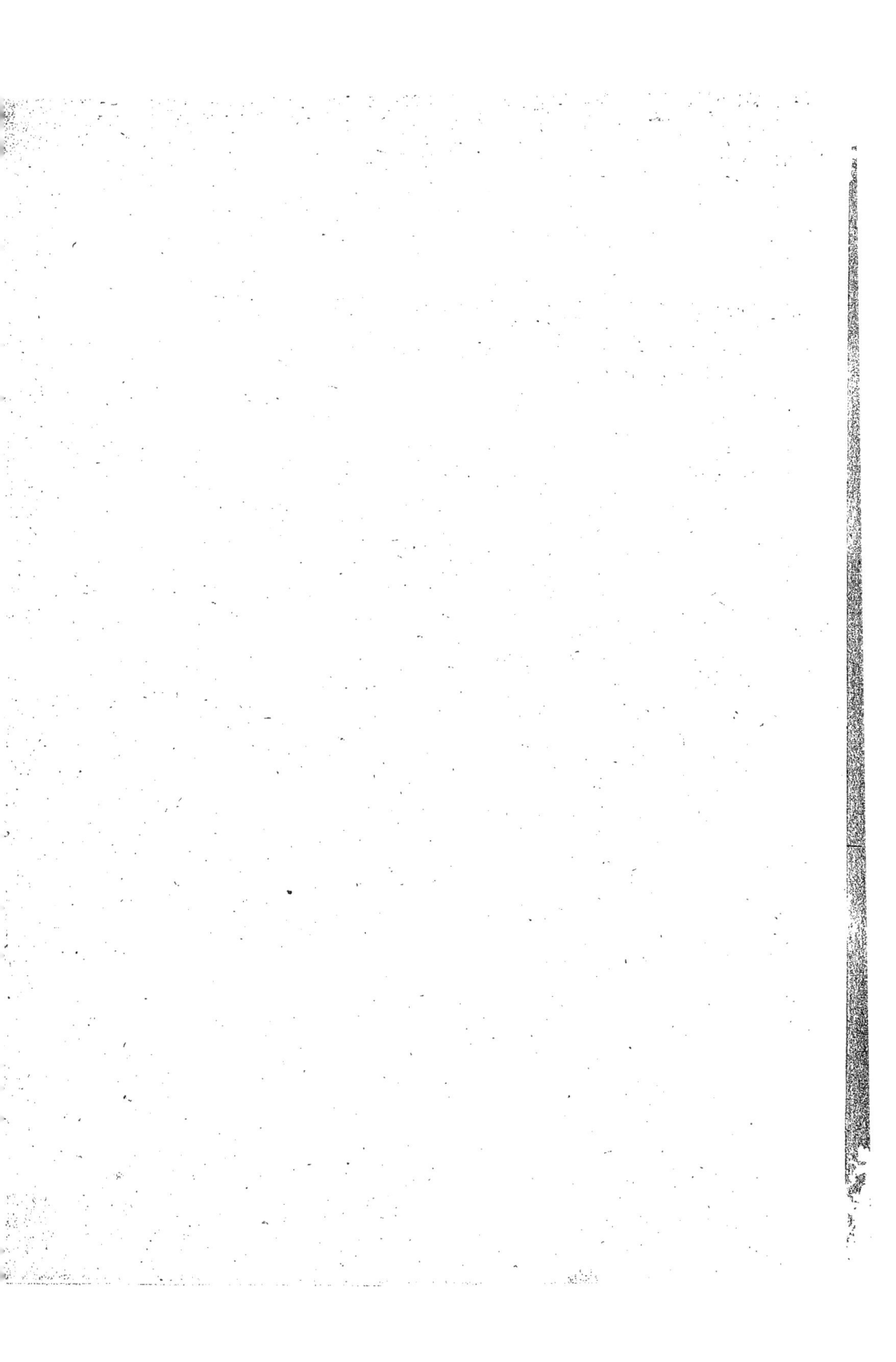

AVERTISSEMENT,

ET

EXPLICATION

DE QUELQUES PLANCHES.

BUFFON, DAUBENTON, et MONTBELLIARD, méditoient chaque jour de nombreux travaux, lorsque je publiai le premier des volumes qu'ils m'avoient chargé d'ajouter à leurs immortelles productions. Bientôt Montbelliard nous fut enlevé; et peu de temps après, Buffon ayant terminé sa glorieuse carrière, le second de mes volumes ne parut qu'au milieu des témoignages de ma douleur et des hommages de tous les sentimens que j'avois voués à mon second père. Daubenton vivoit encore, et pour la science, et pour ses amis. Un coup imprévu vient de le frapper au milieu des trophées civiques et littéraires élevés en son honneur. Resté seul de cette réunion fameuse à laquelle l'indulgence et l'amitié avoient bien voulu m'associer, que ne puis-je graver sur un monument plus durable que le nouvel ouvrage que je présente au public:

AU FONDATEUR DE L'ANATOMIE COMPARÉE,

AU PROPAGATEUR DE L'HISTOIRE NATURELLE
ET DE LA PHYSIQUE VÉGÉTALE,

AU BIENFAITEUR DES CAMPAGNES,

A L'HOMME JUSTE, L'AMI CONSTANT, LE VÉRITABLE SAGE,

A L'ILLUSTRE COMPAGNON DE BUFFON,

A DAUBENTON,

PAR LA VÉNÉRATION, L'AMITIÉ FIDÈLE,
ET LA TENDRE RECONNOISSANCE.

TOME II.   B

LE premier volume de l'*Histoire naturelle des poissons* renferme la description de cent trente-six espèces, dont vingt-huit n'avoient encore été indiquées dans aucun ouvrage, et que nous avons réparties dans treize genres, dont trois n'avoient pas encore été formés.

Ce nouveau volume contient cependant l'histoire ou la notice d'un plus grand nombre d'espèces. Il comprend l'exposition des caractères de cent soixante-seize espèces, dont vingt-six sont encore inconnues des naturalistes, et qui sont distribuées dans quarante-huit genres, dont vingt-trois sont proposés pour la première fois aux amis des sciences physiques.

Le troisième volume offrira des articles relatifs à un plus grand nombre d'espèces encore. Et en effet, plus nous irons en avant, plus nous pourrons renvoyer à des principes déja établis, à des tableaux déja présentés, à des détails déja exposés, et par conséquent donner de la briéveté aux descriptions particulières. Le style y gagnera nécessairement de la clarté et de la force; et le peu de longueur de presque tous les articles laissant à notre disposition beaucoup plus de place que le nombre de ces mêmes articles ne nous en demandera, nous pourrons, avec plus de facilité, chercher à diminuer la sécheresse des considérations trop particulières, par l'introduction de nouvelles vues générales, par un développement convenable de l'histoire de quelques espèces remarquables, et par la publication de discours relatifs à des sujets importans, comme, par exemple, la distribution des espèces de poissons sur le globe, l'art de la pêche, l'éducation et l'acclimatation des poissons, les produits du mélange de leurs espèces, les avantages que les arts retirent et ceux qu'ils pourroient obtenir de la multiplication et de l'amélioration de ces animaux, etc.

C'est en grande partie par une suite de la différence du nombre des espèces qui seront décrites dans le troisième volume, et du nombre de celles dont nous traitons dans celui-ci, que nous joindrons quatre-vingts planches, ou environ, au texte de ce troisième volume, pendant qu'il n'y en a que vingt dans celui que nous soumettons aujourd'hui au jugement du public.

Au reste, nous avons déja publié dans le premier volume la figure de plusieurs espèces décrites dans le second. Ces poissons sont :

Le *diodon atinga*,	représenté *pl.* 25,	*fig.* 3 du premier volume.	
Le *diodon plumier*,		3	3
Le *diodon orbe*,		24	3
Le *lépadogastère gouan*,		23	3 *et* 4.
Le *centrisque cuirassé*,		19	2
Le *centrisque bécasse*,		19	3
Le *régalec lancéolé*,		22	3, sous le nom d'*o-phidie chinoise.*

PLANCHE V du second volume.

La *fig.* 3 représente *la raie fabronienne*, vue par-dessous ; et la *fig.* 4, la tête de la même raie, vue par côté.

PLANCHE XVIII du second volume.

La *fig.* 1 a été copiée d'après un dessin de *gobiomoré koelreuter*, trouvé parmi les manuscrits de Commerson.

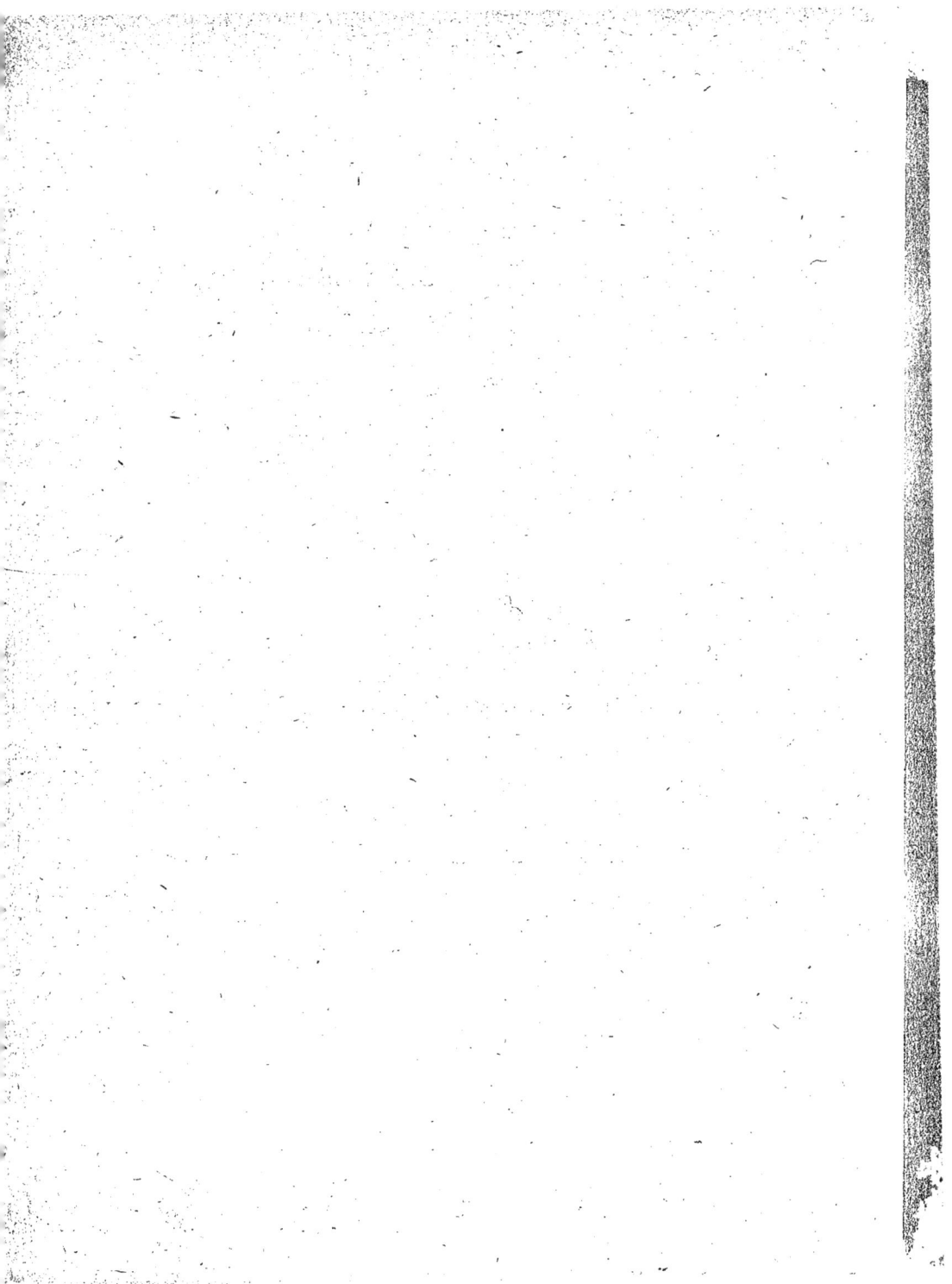

TABLEAU
DES 57 PREMIERS GENRES
DES POISSONS OSSEUX.

CLASSE DES POISSONS.

Le sang rouge; des vertèbres; des branchies au lieu de poumons.

SECONDE SOUS-CLASSE.
POISSONS OSSEUX.

Les parties solides de l'intérieur du corps, osseuses.

PREMIÈRE DIVISION
DE LA SECONDE SOUS-CLASSE,
ou CINQUIÈME DIVISION
DE LA CLASSE DES POISSONS.

Un opercule branchial, et une membrane branchiale.

DIX-SEPTIÈME ORDRE
DE LA CLASSE ENTIÈRE DES POISSONS,
ou PREMIER ORDRE
DE LA PREMIÈRE DIVISION DES OSSEUX.

POISSONS APODES.

Point de nageoires inférieures entre le museau et l'anus.

Genres.

21. CÉCILIE.	Point de nageoires, l'ouverture des branchies sous le cou.
22. MONOPTÈRE.	Point d'autre nageoire que celle de la queue ; les ouvertures des narines placées entre les yeux.
23. LEPTOCÉPHALE.	Point de nageoires pectorales ni caudales ; l'ouverture des branchies, située en partie au-dessous de la tête.
24. GYMNOTE.	Des nageoires pectorales et de l'anus ; point de nageoires du dos ni de la queue.
25. TRICHIURE.	Point de nageoire caudale ; le corps et la queue très-alongés, très-comprimés, et en forme de lame ; les opercules des branchies placés très-près des yeux.
26. NOTOPTÈRE.	Des nageoires pectorales, de l'anus et du dos ; point de nageoire caudale ; le corps très-court.
27. OPHISURE.	Point de nageoire caudale ; le corps et la queue cylindriques et très-alongés relativement à leur diamètre ; la tête petite ; les narines tubulées ; la nageoire dorsale et celle de l'anus très-longues et très-basses.

Genres.

28.   T R I U R E.
{ La nageoire de la queue très-courte; celle du dos et celle de l'anus étendues jusqu'au-dessus et au-dessous de celle de la queue; le museau avancé en forme de tube; une seule dent à chaque mâchoire.

29. A P T É R O N O T E.
{ Une nageoire de la queue; point de nageoire du dos; les mâchoires non extensibles.

30.   R É G A L E C.
{ Des nageoires pectorales, du dos, et de la queue; point de nageoire de l'anus, ni de série d'aiguillons à la place de cette dernière nageoire; le corps et la queue très-alongés.

31. O D O N T O G N A T H E.
{ Une lame longue, large, recourbée, dentelée, placée de chaque côté de la mâchoire supérieure, et entraînée par tous les mouvemens de la mâchoire de dessous.

32.   M U R È N E.
{ Des nageoires pectorales, dorsale, caudale, et de l'anus; les narines tubulées; les yeux voilés par une membrane; le corps serpentiforme et visqueux.

33. A M M O D Y T E.
{ Une nageoire de l'anus; celle de la queue séparée de la nageoire de l'anus et de celle du dos; la tête comprimée et plus étroite que le corps; la lèvre supérieure double; la mâchoire inférieure étroite et pointue; le corps très-alongé.

34.   O P H I D I E.
{ La tête couverte de grandes pièces écailleuses; le corps et la queue comprimés en forme de lame, et garnis de petites écailles; la membrane des branchies très-large; les nageoires du dos, de la queue et de l'anus, réunies.

35. M A C R O G N A T H E.
{ La mâchoire supérieure très-avancée et en forme de trompe; le corps et la queue comprimés comme une lame; les nageoires du dos et de l'anus distinctes de celle de la queue.

Genres.	TABLEAU
36. **XIPHIAS.**	La mâchoire supérieure prolongée en forme de lame ou d'épée, et d'une longueur au moins égale au tiers de la longueur totale de l'animal.
37. **ANARHIQUE.**	Le museau arrondi; plus de cinq dents coniques; des dents molaires en haut et en bas; une longue nageoire dorsale.
38. **COMÉPHORE.**	Le corps alongé et comprimé; la tête et l'ouverture de la bouche très-grandes; le museau large et déprimé; les dents très-petites; deux nageoires dorsales; plusieurs rayons de la seconde, garnis de longs filamens.
39. **STROMATÉE.**	Le corps très-comprimé et ovale.
40. **RHOMBE.**	Le corps très-comprimé et assez court; chaque côté de l'animal représentant une sorte de rhombe; des aiguillons ou rayons non articulés aux nageoires du dos ou de l'anus.

DIX-HUITIÈME ORDRE

DE LA CLASSE ENTIÈRE DES POISSONS,

ou DEUXIÈME ORDRE

DE LA PREMIÈRE DIVISION DES OSSEUX.

POISSONS JUGULAIRES.

Des nageoires situées sous la gorge.

Genre.	
41. **MURÉNOÏDE.**	Un seul rayon à chacune des nageoires jugulaires; trois rayons à la membrane des branchies; le corps alongé, comprimé, et en forme de lame.

Genres.

42. CALLIONYME. { La tête plus grosse que le corps ; les ouvertures branchiales sur la nuque ; les nageoires jugulaires très-éloignées l'une de l'autre ; le corps et la queue garnis d'écailles à peine visibles.

43. CALLIOMORE. { La tête plus grosse que le corps ; les ouvertures branchiales placées sur les côtés de l'animal ; les nageoires jugulaires très-éloignées l'une de l'autre ; le corps et la queue garnis d'écailles à peine visibles.

44. URANOSCOPE. { La tête déprimée, et plus grosse que le corps ; les yeux sur la partie supérieure de la tête, et très-rapprochés ; la mâchoire inférieure beaucoup plus avancée que la supérieure ; l'ensemble formé par le corps et la queue, presque conique, et revêtu d'écailles très-faciles à distinguer ; chaque opercule branchial composé d'une seule pièce, et garni d'une membrane ciliée.

45. TRACHINE. { La tête comprimée, et garnie de tubercules ou d'aiguillons ; une ou plusieurs pièces de chaque opercule, dentelées ; le corps et la queue alongés, comprimés, et couverts de petites écailles ; l'anus situé très-près des nageoires pectorales.

46. GADE. { La tête comprimée ; les yeux peu rapprochés l'un de l'autre, et placés sur les côtés de la tête ; le corps alongé, peu comprimé, et revêtu de petites écailles ; les opercules composés de plusieurs pièces, et bordés d'une membrane non ciliée.

47. BATRACHOÏDE. { La tête très-déprimée et très-large ; l'ouverture de la bouche très-grande ; un ou plusieurs barbillons attachés autour ou au-dessous de la mâchoire inférieure.

TOME II.

C

Genres.		TABLEAU
48.	BLENNIE.	Le corps et la queue alongés et comprimés; deux rayons au moins, et quatre rayons au plus, à chacune des nageoires jugulaires.
49.	OLIGOPODE.	Une seule nageoire dorsale; cette nageoire du dos commençant au-dessus de la tête, et s'étendant jusqu'à la nageoire caudale, ou à peu près; un seul rayon à chaque nageoire jugulaire.
5o.	KURTE.	Le corps très-comprimé, et caréné par-dessus ainsi que par-dessous; le corps élevé.

DIX-NEUVIÈME ORDRE

DE LA CLASSE ENTIÈRE DES POISSONS,

ou TROISIÈME ORDRE

DE LA PREMIÈRE DIVISION DES OSSEUX.

POISSONS THORACINS.

Des nageoires inférieures placées sous la poitrine et au-dessous des pectorales.

Genres.		
5i.	LÉPIDOPE.	Le corps très-alongé et comprimé en forme de lame; un seul rayon aux nageoires thoracines et à celle de l'anus.
52.	HIATULE.	Point de nageoire de l'anus.
53.	CÉPOLE.	Une nageoire de l'anus; plus d'un rayon à chaque nageoire thoracine; le corps et la queue très-alongés et comprimés en forme de lame; le ventre à peu près de la longueur de la tête; les écailles très-petites.

Genres.

54. TÆNIOÏDE.
{ Une nageoire de l'anus ; les nageoires pectorales en forme de disque, et composées d'un grand nombre de rayons ; le corps et la queue très-alongés et comprimés en forme de lame ; le ventre à peu près de la longueur de la tête ; les écailles très petites ; les yeux à peine visibles ; point de nageoire caudale.

55. GOBIE.
{ Les deux nageoires thoracines réunies l'une à l'autre ; deux nageoires dorsales.

56. GOBIOÏDE.
{ Les deux nageoires thoracines réunies l'une à l'autre ; une seule nageoire dorsale ; la tête petite ; les opercules attachés dans une grande partie de leur contour.

57. GOBIOMORE.
{ Les deux nageoires thoracines non réunies l'une à l'autre ; deux nageoires dorsales ; la tête petite ; les yeux rapprochés ; les opercules attachés dans une grande partie de leur contour.

58. GOBIOMOROÏDE.
{ Les deux nageoires thoracines non réunies l'une à l'autre ; une seule nageoire dorsale ; la tête petite ; les yeux rapprochés ; les opercules attachés dans une grande partie de leur contour.

59. GOBIÉSOCE.
{ Les deux nageoires thoracines non réunies l'une à l'autre ; une seule nageoire dorsale ; cette nageoire courte et placée au-dessus de l'extrémité de la queue, très-près de la nageoire caudale ; la tête très-grosse, et plus large que le corps.

60. SCOMBRE.
{ Deux nageoires dorsales ; une ou plusieurs petites nageoires au-dessus et au-dessous de la queue ; les côtés de la queue carénés, ou une petite nageoire composée de deux aiguillons réunis par une membrane, au-devant de la nageoire de l'anus.

Genres.

61, SCOMBÉROÏDE.

De petites nageoires au-dessus et au-dessous de la queue; une seule nageoire dorsale; plusieurs aiguillons au-devant de la nageoire du dos.

62. CARANX.

Deux nageoires dorsales; point de petites nageoires au-dessus ni au-dessous de la queue; les côtés de la queue relevés longitudinalement en carène, ou une petite nageoire composée de deux aiguillons et d'une membrane, au-devant de la nageoire de l'anus.

63. TRACHINOTE.

Deux nageoires dorsales; point de petites nageoires au-dessus ni au-dessous de la queue; les côtés de la queue relevés longitudinalement en carène, ou une petite nageoire composée de deux aiguillons et d'une membrane, au-devant de la nageoire de l'anus; des aiguillons cachés sous la peau, au-devant des nageoires dorsales.

64. CARANXOMORE.

Une seule nageoire dorsale; point de petites nageoires au-dessus ni au-dessous de la queue; les côtés de la queue relevés longitudinalement en carène, ou une petite nageoire composée de deux aiguillons et d'une membrane, au-devant de la nageoire de l'anus, ou la nageoire dorsale très-prolongée vers celle de la queue; la lèvre supérieure très-peu extensible, ou non extensible; point d'aiguillons isolés au-devant de la nageoire du dos.

65. CÆSIO.

Une seule nageoire dorsale; point de petites nageoires au-dessus ni au-dessous de la queue; les côtés de la queue relevés longitudinalement en carène, ou une petite nageoire composée de deux aiguillons et d'une membrane, au-devant de la na-

Genres.

65. CÆSIO. { geoire de l'anus, ou la nageoire dorsale très-prolongée vers celle de la queue; la lèvre supérieure très-extensible; point d'aiguillons isolés au-devant de la nageoire du dos.

66. CÆSIOMORE. { Une seule nageoire dorsale; point de petite nageoire au-dessus ni au-dessous de la queue; point de carène latérale à la queue, ni de petite nageoire au-devant de celle de l'anus; des aiguillons isolés au-devant de la nageoire du dos.

67. CORIS. { La tête grosse et plus élevée que le corps; le corps comprimé et très-alongé; le premier ou le second rayon de chacune des nageoires thoracines une ou deux fois plus alongé que les autres; point d'écailles semblables à celles du dos sur les opercules ni sur la tête, dont la couverture lamelleuse et d'une seule pièce représente une sorte de casque.

68. GOMPHOSE. { Le museau alongé en forme de clou ou de masse; la tête et les opercules dénués d'écailles semblables à celles du dos.

69. NASON. { Une protubérance en forme de corne, ou de grosse loupe, sur le nez; deux plaques ou boucliers de chaque côté de l'extrémité de la queue; le corps et la queue recouverts d'une peau rude et comme chagrinée.

70. KIPHOSE. { Le dos très-élevé au-dessus d'une ligne tirée depuis le bout du museau jusqu'au milieu de la nageoire caudale; une bosse sur la nuque; des écailles semblables à celles du dos sur la totalité ou une grande partie des opercules, qui ne sont pas dentelés.

71. OSPHRONÈME. { Cinq ou six rayons à chaque nageoire thoracine; le premier de ces rayons aiguillonné, et le second terminé par un filament très-long.

Genres.

72. TRICHOPODE. { Un seul rayon, beaucoup plus long que le corps, à chacune des nageoires thoracines; une seule nageoire dorsale.

73. MONODACTYLE. { Un seul rayon très-court et à peine visible à chaque nageoire thoracine; une seule nageoire dorsale.

74. PLECTORHINQUE. { Une seule nageoire dorsale; point d'aiguillons isolés au-devant de la nageoire du dos, de carène latérale ni de petite nageoire au-devant de celle de l'anus; les lèvres plissées et contournées; une ou plusieurs lames de l'opercule branchial, dentelées.

75. POGONIAS. { Une seule nageoire dorsale; point d'aiguillons isolés au-devant de la nageoire du dos, de carène latérale ni de petite nageoire au-devant de celle de l'anus; un très-grand nombre de petits barbillons à la mâchoire inférieure.

76. BOSTRYCHE. { Le corps alongé et serpentiforme; deux nageoires dorsales, la seconde séparée de celle de la queue; deux barbillons à la mâchoire supérieure; les yeux assez grands et sans voile.

77. BOSTRYCHOÏDE. { Le corps alongé et serpentiforme; une seule nageoire dorsale; celle de la queue séparée de celle du dos; deux barbillons à la mâchoire supérieure; les yeux assez grands et sans voile.

HISTOIRE NATURELLE

DES POISSONS.

DISCOURS

SUR LA DURÉE DES ESPÈCES.

La Nature comprend l'espace, le temps, et la matière.
L'espace et le temps sont deux immensités sans bornes, deux infinis que l'imagination la plus élevée ne
peut entrevoir, parce qu'ils ne lui présentent ni commencement ni fin. La matière les soumet à l'empire

de l'intelligence. Elle a une forme ; elle circonscrit donc l'espace. Elle se meut ; elle limite donc le temps. La pensée mesure l'étendue ; l'attention compte les intervalles de la durée, et la science commence.

Mais si la matière en mouvement nous apprend à connoître le temps, que la durée nous dévoile la suite des mouvemens de la matière ; qu'elle nous révèle ses changemens ; qu'elle nous montre sur-tout les modifications successives de la matière organisée, vivante, animée et sensible ; qu'elle en éclaire les admirables métamorphoses ; que le passé nous serve à compléter l'idée du présent.

Tel étoit le noble objet de la méditation des sages, dans ces contrées fameuses dont le nom seul réveille tant de brillans souvenirs, dans cette Grèce poétique, l'heureuse patrie de l'imagination, du talent et du génie.

Lorsque l'automne n'exerçoit plus qu'une douce influence, que des zéphyrs légers balançoient seuls une atmosphère qui n'étoit plus embrasée par les feux dévorans du midi, et que les fleurs tardives n'embellissoient que pour peu de temps la verdure qui bientôt devoit aussi cesser de revêtir la terre, ils alloient, sur le sommet d'un promontoire écarté, jouir du calme de la solitude, du charme de la contemplation, et de l'heureuse et cependant mélancolique puissance d'une saison encore belle, près de la fin de son règne enchanteur.

Le soleil étoit déja descendu dans l'onde ; ses rayons

ne doroient plus que le sommet des montagnes ; le jour alloit finir ; les vagues de la mer, mollement agitées, venoient expirer doucement sur la rive ; les dépouilles des forêts, paisiblement entraînées par un souffle presque insensible, tomboient silencieusement sur le sable du rivage : au milieu d'une rêverie touchante et religieuse, l'image d'un grand homme que l'on avoit perdu, le souvenir d'un ami que l'on avoit chéri, vivifioient le sentiment, animoient la pensée, échauffoient l'imagination ; et la raison elle-même, cédant à ces inspirations célestes, se plongeoit dans le passé, et remontoit vers l'origine des êtres.

Quelles lumières ils puisoient dans ces considérations sublimes !

Quelles hautes conceptions peut nous donner une vue même rapide des grands objets qui enchaînoient leurs réflexions et charmoient leurs esprits !

A leur exemple, étendons nos regards sur le temps qui s'avance, aussi-bien que sur le temps qui fuit. Sachons voir ce qui sera, dans ce qui a été ; et par une pensée hardie, créons, pour ainsi dire, l'avenir, en portant le passé au-delà du point où nous sommes.

Dans cette admirable et immense suite d'événemens, quelle considération générale nous frappe la première ?

Les êtres commencent, s'accroissent, décroissent et finissent. L'augmentation et la diminution de leur masse, de leurs formes, de leurs qualités, composent seules leur durée particulière. Elles se succèdent sans

TOME II.   D

intervalle. Autant la Nature est constante dans ses lois, autant elle est variable dans les effets qui en découlent. L'instabilité est de l'essence de la durée particulière des êtres ; et le néant en est le terme , comme il en a été le principe.

Le néant ! C'est donc à cet abyme qu'aboutissent et ce que nos sens nous découvrent dans le présent, et ce que la mémoire nous montre dans le passé , et ce que la pensée nous indique dans l'avenir. Tout s'efface , tout s'évanouit. Et ces dons si recherchés , la santé, la beauté, la force ; et ces produits de l'industrie humaine, dont se composent les richesses, la supériorité, la puissance ; et ces chefs-d'œuvre de l'art , que l'admiration reconnoissante a, pour ainsi dire , divinisés ; et ces monumens superbes que le génie a voulu élever contre les efforts des siècles sur l'Asie, l'Afrique et l'Europe étonnées ; et ces pyramides que nous nommons antiques , parce que nous ignorons combien de millions de générations ont disparu depuis que leur hauteur rivalise avec celle des montagnes ; et ces résultats du besoin ou de la prévoyance du philosophe , les lois qui constituent les peuples , les institutions qui les protégent , les usages qui les régissent, les mœurs qui les défendent, la langue qui les distingue ; et les nations elles-mêmes se répandant au-dessus des vastes ruines des empires écroulés les uns sur les autres ; et les ouvrages en apparence si durables de la Nature , les forêts touffues , les Andes sourcilleuses , les fleuves rapides , les isles nombreuses, les continens, les mers, bien plus près de cesser d'être que la gloire du grand homme qui les illustre ; et cette gloire elle-même ; et le théâtre de toute renommée, le globe que nous habitons ; et les sphères qui se meuvent dans les espaces célestes ; et les soleils qui resplendissent dans l'immensité ; tout passe, tout disparoît, tout cesse d'exister.

Mais tout s'efface par des nuances variées comme les différens êtres ; tout tombe dans le gouffre de la non-existence, mais par des degrés très-inégaux ; et les divers êtres ne s'y engloutissent qu'après des durées inégales.

Ce sont ces durées particulières, si diversifiées et par leur étendue et par leur graduation, que l'on doit chercher à connoître.

Qu'il est important d'essayer d'en déterminer les époques !

Consacrons donc maintenant nos efforts à nous former quelque idée de celle des espèces qui vivent sur le globe.

Quelle lumière plus propre à nous montrer leurs véritables traits, que celle que nous pourrions faire briller en traçant leurs annales !

Mais pour que nos tentatives puissent engager les amis de la science à conquérir cette belle partie de l'empire de la Nature, non seulement n'étendons d'abord nos recherches que vers la durée des espèces qui ont reçu le sentiment avec la vie, mais ne considérons en quelque sorte aujourd'hui que celle des espèces d'animaux pour lesquelles nous sommes aidés par le plus grand nombre de monumens déposés par le temps dans les premières couches de la terre , et faciles à découvrir, à décrire et à comparer.

Que l'objet principal de notre examen soit donc , dans ce moment, la durée de quelques unes des espèces dont nous avons entrepris d'écrire l'histoire : en rapprochant les uns des autres les résultats de nos efforts particuliers , en découvrant les ressemblances de ces résultats , en tenant compte de leurs différences , en réunissant les produits de ces diverses comparaisons, en soumettant ces produits généraux à de nouveaux rapprochemens, et en parcourant ainsi successivement différens ordres d'idées , nous tâcherons de parvenir à quelques points de vue élevés d'où nous pourrons indiquer, avec un peu de précision, les différentes routes qui conduisent aux divers côtés du grand objet dont nous allons essayer de contempler une des faces.

Le temps nous échappe plus facilement encore que l'espace. L'optique nous a soumis l'univers : nous ne pouvons saisir le temps qu'en réunissant par la pensée les traces de ses produits et de ses ravages , en découvrant l'ordre dans lequel ils se sont succédés, en comptant les mouvemens semblables par lesquels ou pendant lesquels ils ont été opérés.

Mais pour employer avec plus d'avantage ce moyen de le conquérir , méditons un instant sur les deux grandes idées dont se compose notre sujet, *durée des espèces* ; tâchons de ne pas laisser de voile au-devant de ces deux objets de notre réflexion ; déterminons avec précision notre pensée ; et d'abord distinguons avec soin la *durée de l'espèce* d'avec celle des individus que l'espèce renferme.

C'est un beau point de vue que celui d'où l'on compareroit la rapidité des dégradations d'une espèce qui s'avance vers la fin de son existence , avec la brièveté des instans qui séparent la naissance des individus , du terme de leur vie. Nous le recommandons , ce nouveau point de vue , à l'attention des naturalistes. En effet , ni les raisonnemens d'une théorie éclairée , ni les conséquences de l'examen des monumens , ne laissent encore entrevoir aucun rapport nécessaire entre la longueur de la vie des individus et la permanence de l'espèce. Les générations des individus paroissent pouvoir être moissonnées avec plus ou moins de vîtesse , sans que l'espèce ait reçu plus ou moins de force pour résister aux causes qui l'altèrent , aux puissances qui l'entraînent vers le dernier moment de sa durée. Un individu cesse de vivre quand ses organes perdent leurs formes , leurs qualités , ou leurs liaisons ; une espèce cesse d'exister , lorsque l'effet de ses modifications successives fait évanouir ses attributs distinctifs : mais les formes et les propriétés dont l'ensemble constitue la vie d'un individu , peuvent être détruites ou séparées dans cet être considéré comme isolé , sans que les causes qui les désunissent ou les anéantissent , agissent sur les autres individus, qui dès-lors prolongent l'espèce jusqu'au moment où ils sont frappés à leur tour. D'ailleurs ces mêmes causes peuvent diminuer l'intensité de ces qualités et altérer les effets de ces formes, sans les modifier dans ce qui compose l'essence de l'espèce ; et ces modifications qui dénaturent l'espèce, peuvent aussi se succéder, sans que les organes cessent de jouer avec assez de liberté et de force pour conserver le feu de la vie des individus.

Quels sont donc les caractères distinctifs des espèces ? ou pour mieux dire, *qu'est-ce qu'une espèce ?*

Tous ceux qui cultivent la science de la Nature, emploient à chaque instant ce mot *espèce*, comme une expression très-précise. Ils disent que tel animal appartient à telle espèce, ou qu'il en est une variété passagère ou constante, ou qu'il ne peut pas en faire partie ; cependant combien peu de naturalistes ont une notion distincte du sens qu'ils attachent à ce mot, même lorsqu'ils ont donné des règles pour parvenir à l'appliquer ! Quelques auteurs l'ont défini ; mais si on déterminoit les limites des espèces d'après leurs principes, combien ne réuniroit-on pas d'êtres plus différens les uns des autres que ceux que l'on tiendroit séparés !

Que la lumière du métaphysicien conduise donc ici l'ami de la Nature.

Les individus composent l'espèce ; les espèces, le genre ; les genres, l'ordre ; les ordres, la classe ; les classes, le règne ; les règnes, la Nature.

Nous aurons fait un grand pas vers la détermination de ce mot *espèce*, si nous indiquons les différences qui se trouvent entre les rapports des individus avec l'espèce, et ceux des espèces avec le genre.

Tous les individus d'une espèce peuvent se ressembler dans toutes leurs parties, et de manière qu'on ne puisse les distinguer les uns des autres qu'en les voyant à la fois ; les espèces d'un genre doivent différer les unes des autres par un trait assez marqué pour que chacune de ces espèces, considérée même séparément, ne puisse être confondue avec une des autres dans aucune circonstance.

L'idée de l'individu amène nécessairement l'idée de l'espèce : on ne peut pas concevoir l'un sans l'autre. Une espèce existeroit donc, quoiqu'elle ne présentât qu'un seul individu, et quand bien même on la supposeroit seule. On ne peut imaginer un genre avec une seule espèce, qu'autant qu'on le fait contraster avec un autre genre.

On doit donc rapporter à la même espèce deux individus qui se ressemblent en tout. Mais lorsque deux individus présentent des différences qui les distinguent, d'après quel principe faudra-t-il se diriger pour les comprendre ou ne pas les renfermer dans la même espèce ? De quelle nature doivent être ces dissemblances offertes par deux êtres organisés, du même âge et du même sexe, pour qu'on les considère comme de deux espèces différentes ? Quel doit être le nombre de

ces différences ? Quelle doit être la constance de ces
signes distinctifs ? ou pour mieux dire , quelles doivent
être la combinaison ou la compensation de la nature ,
du nombre et de la permanence de ces marques caractéristiques ? En un mot, de quelle manière en doit-on
tracer l'échelle ? Et lorsque cette mesure générale aura
été graduée , par combien de degrés faudra-t-il que
deux êtres soient séparés , pour n'être pas regardés
comme de la même espèce ?

   Il y a long-temps que nous avons tâché de faire sentir la nécessité de la solution de ces problèmes. Plusieurs habiles naturalistes partagent maintenant notre
opinion à ce sujet. Nous pouvons donc concevoir l'es-
pérance de voir réaliser le grand travail que nous desi-
rons à cet égard.

   Les principes généraux, fondés sur l'observation ,
dirigeront la composition et la graduation de l'échelle
que nous proposons, et dont il faudra peut-être autant
de modifications qu'il y a de grandes classes d'êtres
organisés. Mais , nous sommes obligés de l'avouer , la
détermination du nombre de degrés qui constituera
la diversité d'espèce , ne pourra être constante et régulière qu'autant qu'elle sera l'effet d'une sorte de convention entre ceux qui cultivent la science. Et pourquoi ne pas proclamer une vérité importante ? Il en
est de l'espèce comme du genre , de l'ordre et de la
classe ; elle n'est au fond qu'une abstraction de l'esprit,
qu'une idée collective , nécessaire pour concevoir ,

pour comparer, pour connoître, pour instruire. La
Nature n'a créé que des êtres qui se ressemblent, et
des êtres qui diffèrent. Si nous ne voulions inscrire
dans une espèce que les individus qui se ressemblent en
tout, nous pourrions dire que l'espèce existe véritablement dans la Nature et par la Nature. Mais les produits
de la même portée ou de la même ponte sont évi-
demment de la même espèce ; et cependant combien
de différences au moins superficielles ne présentent-ils
pas très-fréquemment ! Dès l'instant que nous sommes
obligés d'appliquer ce mot *espéce* à des individus qui
ne se ressemblent pas dans toutes leurs parties, nous
ne nous arrêtons à un nombre de dissemblances plutôt qu'à un autre, que par une vue de l'esprit fondée
sur des probabilités plus 'ou moins grandes ; nous
sommes dirigés par des observations comparées plus
ou moins convenablement : mais nous ne trouvons
dans la Nature aucune base de notre choix, solide,
immuable, indépendante de toute volonté arbitraire.

En attendant que les naturalistes aient établi sur la
détermination de l'espèce la convention la plus raisonnable, nous suivrons cette sorte de définition vague,
ce résultat tacite d'une longue habitude d'observer, ce
tact particulier, fruit de nombreuses expériences, qui
a guidé jusqu'ici les naturalistes les plus recomman-
dables par la variété de leurs connoissances et la recti-
tude de leur esprit. Et afin que cet emploi forcé d'une
méthode imparfaite à quelques égards ne puisse jeter

aucune défaveur sur les conséquences que nous allons présenter, nous restreindrons toujours dans des limites si étroites l'étendue de l'espèce, qu'aucune manière plus parfaite de la considérer ne pourra à l'avenir nous obliger à rapprocher davantage ces bornes, ni par conséquent à nous faire regarder comme appartenant à deux espèces distinctes, deux individus que nous aurons considérés comme faisant partie de la même.

Une espèce peut s'éteindre de deux manières.

Elle peut périr toute entière, et dans un temps très-court; lorsqu'une catastrophe violente bouleverse la portion de la surface du globe sur laquelle elle vivoit, et que l'étendue ainsi que la rapidité du mouvement qui soulève, renverse, transporte, brise et écrase, ne permettent à aucun individu d'échapper à la destruction. Ces phénomènes funestes sont des événemens que l'on peut considérer relativement à la durée ordinaire des individus, et même des espèces, comme extraordinaires dans leurs effets, et irréguliers dans leurs époques. Nous ne devons donc pas nous servir de la comparaison de leurs résultats pour tâcher de parcourir la route que nous nous sommes tracée.

Mais indépendamment de ces grands coups que la Nature frappe rarement et avec éclat, une espèce disparoît par une longue suite de nuances insensibles et d'altérations successives. Trois causes principales peuvent l'entraîner ainsi de dégradation en dégradation.

Premièrement, les organes qu'elle présente, peuvent

perdre de leur figure , de leur volume , de leur souplesse , de leur élasticité , de leur irritabilité , au point
de ne pouvoir plus produire , transmettre ou faciliter
les mouvemens nécessaires à l'existence.

Secondement , l'activité de ces mêmes organes peut
s'accroître à un si haut degré , que tous les ressorts
tendus avec trop de force , où mis en jeu avec trop de
rapidité , et ne pouvant pas résister à une action trop
vive ni à des efforts trop fréquens , soient dérangés ,
déformés et brisés.

Troisièmement , l'espèce peut subir un si grand nombre de modifications dans ses formes et dans ses qualités,
que , sans rien perdre de son aptitude au mouvement
vital , elle se trouve, par sa dernière conformation et par
ses dernières propriétés , plus éloignée de son premier
état que d'une espèce étrangère : elle est alors méta-
morphosée en une espèce nouvelle. Les élémens dont
elle est composée dans sa seconde manière d'être , sont
de même nature qu'auparavant ; mais leur combinaison
a changé : c'est véritablement une seconde espèce qui
succède à l'ancienne ; une nouvelle époque commence :
la première durée a cessé pour être remplacée par une
autre ; et il faut compter les instans d'une seconde existence.

Maintenant si nous voulons savoir dans quel ordre
s'opèrent ces diminutions , ces accroissemens , ces
changemens de la conformation de l'espèce, de ses propriétés , de ses attributs, si nous voulons chercher quelle

est la série naturelle de ces altérations , et reconnoître la succession dans laquelle ces dégradations
paroissent le plus liées les unes aux autres , nous
trouverons que l'espèce descend vers la fin de sa durée
par une échelle composée de douze degrés principaux.

Nous verrons au premier de ces degrés les modifications qu'éprouvent les tégumens dans leur contexture et dans les ramifications des vaisseaux qui les
arrosent, au point d'influer sur la faculté de réfléchir
ou d'absorber la lumière, et de changer par conséquent
le ton ou la disposition des couleurs.

Ces modifications peuvent être plus grandes ; et alors
les tégumens variant, non seulement dans les nuances
dont ils sont peints , mais encore dans leur nature ,
offrent le second degré de la dégénération de l'espèce.

Le changement de la grandeur et celui des proportions offertes par les dimensions, constituent le troisième et le quatrième degré de l'échelle.

Au cinquième degré nous plaçons les altérations des
formes extérieures ; au sixième , celles des organes
intérieurs; et nous trouvons au septième l'affoiblisse-
ment ou l'exaltation de la sensibilité dans les êtres qui
en sont doués. Nous y découvrons par conséquent
toutes les nuances de perfection ou d'hébêtation que
peuvent montrer le tact et le goût, ces deux sens nécessaires à tout être animé ; et nous y voyons de plus
toutes les variétés qui résultent de la présence ou de
l'absence de l'odorat , de la vue et de l'ouïe, et de

toutes les diversités d'intensité que peuvent offrir ces trois sens moins essentiels à l'existence de l'animal.

Les qualités qui proviennent de ces grandeurs, de ces dimensions, de ces formes, de ces combinaisons de sens plus ou moins actifs et plus ou moins nombreux, appartiennent au huitième degré ; la force et la puissance que ces qualités font naître, constituent par leurs variations le neuvième degré de l'échelle des altérations que nous voulons étudier ; et lorsque l'espèce parcourt, pour ainsi dire, le dixième, le onzième et le douzième degré de sa durée, elle offre des modifications successives d'abord dans ses habitudes, ensuite dans les mœurs, qui se composent de l'influence des habitudes les unes sur les autres, et enfin dans l'étendue et la nature de son séjour sur le globe.

Lorsque les causes qui produisent cette série naturelle de pas faits par l'espèce vers sa disparition, agissent dans un ordre différent de celui qu'elles observent ordinairement, elles dérangent la succession que nous venons d'exposer : les changemens subis par l'espèce sont les mêmes ; mais les époques où ils se manifestent, ne sont plus coordonnées de la même manière.

La dépendance mutuelle de ces époques est encore plus troublée, lorsque l'Art se joint à la Nature pour altérer une espèce et en abréger la durée.

L'Art, en effet, dont un des caractères distinctifs est d'avoir un but limité, pendant que la Nature a toujours des points de vue immenses, franchit tout inter-

valle inutile au succès particulier qu'il desire , et auquel
il sacrifie tout autre avantage. Il est , pour ainsi dire ,
de l'essence de l'Art , de tyranniser par des efforts violens les êtres que la Nature régit par des forces insensibles : et l'on s'en convaincra d'autant plus qu'on réflé-
chira avec quelque constance sur les différences que
nous allons faire remarquer entre la manière dont la
Nature fait succéder une espèce à une autre , et les
moyens que l'Art emploie pour altérer celle sur laquelle
il agit ; ce qu'il appelle la perfectionner , et ce qui ne
consiste cependant qu'à la rendre plus propre à satisfaire ses besoins.

Lorsque la Nature crée dans les espèces , des rouages
trop compliqués qui s'arrêtent , ou trop simples qui se
dérangent ; des ressorts trop foibles qui se débandent ,
ou trop tendus qui se rompent ; des organes extérieurs
trop disproportionnés par leur nombre , leur division ,
ou leur étendue , aux fonctions qu'ils doivent remplir ;
des muscles trop inertes , ou trop irritables ; des nerfs
trop peu sensibles , ou trop faciles à émouvoir ; des sens
soustraits par leur place et par leurs dimensions à une
assez grande quantité d'impressions , ou trop exposés
par leur épanouissement à des ébranlemens violens et
fréquemment répétés ; et enfin , des mouvemens trop
lents ou trop rapides ; elle agit par des forces foiblement
graduées , par des opérations très-prolongées , par des
changemens insensibles.

L'Art , au contraire , lorsqu'il parvient à faire naître

des altérations analogues , les produit avec rapidité , et par une suite d'actions très-distinctes et peu nombreuses.

La Nature étend son pouvoir sur tous les individus ; elle les modifie en même temps et de la même manière ; elle change véritablement l'espèce.

L'Art, ne pouvant soumettre à ses procédés qu'une partie de ces individus , donne le jour à une espèce nouvelle , sans détruire l'ancienne : il n'altère pas , à proprement parler , l'espèce ; il la double.

Il ne dispose pas , comme la Nature , de l'influence du climat. Il ne détermine ni les élémens du fluide dans lequel l'espèce est destinée à vivre, ni sa densité [1], ni sa profondeur [2], ni la chaleur dont les rayons solaires ou les émanations terrestres peuvent le pénétrer , ni son humidité ou sa sécheresse ; en un mot , aucune des qualités qui , augmentant ou diminuant l'analogie de ce fluide avec les organes de la respiration , le rendent plus ou moins propre à donner aux sucs nourriciers le mouvement vivifiant et réparateur [3].

_____

[1] Tout égal d'ailleurs , un fluide reçoit et perd la chaleur avec d'autant plus de facilité que sa densité est moindre.

[2] Le savant et habile physicien baron de Humboltz a trouvé que l'eau de la mer a , sur tous les bas-fonds , une température plus froide de deux , trois ou quatre degrés , qu'au-dessus des profondeurs voisines. Cette observation est consignée dans une lettre adressée par ce célèbre voyageur, de Caraccas en Amérique , à mon confrère Lalande , et que cet astronome a bien voulu me communiquer.

[3] Nous avons déja montré , dans le premier Discours et dans plusieurs

Lorsque la Nature fixe le séjour d'une espèce auprès d'un aliment particulier, la quantité que les individus en consomment, n'est déterminée que par les besoins qu'ils éprouvent.

L'Art, en altérant les individus par la nourriture, contraint leur appétit, les soumet à des privations, ou les force à s'assimiler une trop grande quantité de substances alimentaires. La Nature ne commande que la qualité de ces mêmes alimens; l'Art en ordonne jusqu'à la masse.

Ce n'est qu'à des époques incertaines et éloignées, et par l'effet de circonstances que le hasard seul paroît réunir, que la Nature rapproche des êtres qui, remarquables par un commencement d'altération dans leur couleur, dans leurs formes ou dans leurs qualités, se perpétuent par des générations, dans la suite des

___

articles particuliers de cette Histoire, comment un fluide très-chaud, très-sec, ou composé de tel ou tel principe, pouvoit donner la mort aux animaux forcés de le respirer par un organe peu approprié, et par conséquent comment, lorsque l'action de ce fluide n'étoit pas encore aussi funeste, elle pouvoit cependant altérer les facultés, diminuer les forces, vicier les formes des individus, modifier l'espèce, en changer les caractères, en abréger la durée. Au reste, nous sommes bien aises de faire remarquer que l'opinion que nous avons émise en appliquant ces principes à la mort des poissons retenus hors de l'eau, est conforme aux idées de physique adoptées dans la Grèce et dans l'Asie mineure dès le temps d'Homère, et recueillies dans l'un des deux immortels ouvrages de ce beau génie. Ce père de la poésie européenne compare en effet, dans le vingt-deuxième livre de son *Odyssée*, les poursuivans de Pénélope, défaits par Ulysse, à des poissons entassés sur un sable aride, regrettant les ondes qu'ils viennent de quitter, et palpitant par l'effet de la *chaleur* et de la *sécheresse* de l'*air*, qui bientôt leur ôtent la vie, quelles ces traits particuliers, que de nouveaux hasards maintiennent, fortifient et accroissent, peuvent constituer une espèce nouvelle.

La réunion des individus dans lesquels on apperçoit les premiers linéamens de la nouvelle espèce que l'on désire de voir paroître, leur reproduction forcée, et le rapprochement des produits de leur mélange, qui offrent le plus nettement les caractères de cette même espèce, sont au contraire un moyen puissant, prompt et assuré, que l'Art emploie fréquemment pour altérer les espèces, et par conséquent pour en diminuer la durée.

La Nature change ou détruit les espèces en multipliant au-delà des premières proportions d'autres espèces prépondérantes, en propageant, par exemple, l'espèce humaine, qui donne la mort aux êtres qu'elle redoute et ne peut asservir, et relègue du moins dans le fond des déserts, dans les profondeurs des forêts ou dans les abymes des mers, les animaux dangereux qu'elle ne peut ni enchaîner ni immoler.

L'Art seconde sans doute cet acte terrible de la Nature, en armant la main de l'homme de traits plus meurtriers ou de rets plus inévitables : mais d'ailleurs il attire, au lieu de repousser; il séduit, au lieu d'effrayer; il trompe, au lieu de combattre; il hâte par la ruse les effets d'une force qui n'acquerroit toute sa supériorité que par une longue suite de générations trop lentes à son gré; il s'adresse aux besoins des espèces sur lesquelles il veut régner; il achète leur indé-

pendance en satisfaisant leurs appétits ; il affecte leur
sensibilité ; il en fait des voisins constans, ou des coha-
bitans assidus, ou des serviteurs affectionnés et volon-
taires, ou des esclaves contraints et retenus par des
fers ; et dans tous les degrés de son empire, il modifie
avec promptitude les formes par l'aliment, et les qualités par l'imitation, par l'attachement ou par la crainte.

Mais pour mieux juger de tous les objets que nous
venons d'exposer, pour mieux déterminer les changemens dans les qualités qui entraînent des modifications dans les habitudes, pour mieux reconnoître les
variétés successives que peuvent présenter les formes,
pour mieux voir la dépendance mutuelle des formes,
des qualités et des mœurs, il faut considérer avec soin
la nature de l'influence des diverses conformations.

Premièrement, il faut rechercher si la nouvelle conformation que l'on reconnoît, peut accroître ou diminuer d'une manière un peu remarquable les facultés
de l'animal ; si elle peut modifier sensiblement ses
instrumens, ses armes, sa vîtesse, ses vaisseaux, ses
sucs digestifs, ses alimens, sa respiration, sa sensibilité, etc. Par exemple, un de nos plus habiles anatomistes modernes, mon confrère le citoyen Cuvier, a
démontré qu'il existoit entre les éléphans d'Asie, ceux
d'Afrique, et ceux dont les ossemens fossiles ont été
entassés en tant d'endroits de l'Asie ou de l'Europe boréale, des différences de conformation assez grandes
pour qu'ils doivent être considérés comme appartenant

à trois espèces distinctes ; et cependant des naturalistes ne pourroient pas se servir de cette belle observation pour contester à des géologues la ressemblance des habitudes et des besoins de l'éléphant d'Asie avec ceux que devoit offrir l'éléphant de Sibérie , puisque ce même éléphant d'Asie et l'éléphant d'Afrique présentent les mêmes facultés et les mêmes mœurs , quoique leurs formes soient pour le moins aussi dissemblables que celles des éléphans asiatiques et des éléphans sibériens.

Secondement, une forme particulière qui donne à un être une faculté nouvelle, doit être soigneusement distinguée d'une forme qui retrancheroit au contraire une ancienne faculté. La première peut n'interrompre aucune habitude ; la seconde altère nécessairement la manière de vivre de l'animal. On sera convaincu de cette vérité, si l'on réfléchit que , par exemple , la conformation qui doueroit une espèce du pouvoir de nager , ne la confineroit pas au milieu des eaux , tandis que celle qui la priveroit de cette faculté, lui interdiroit un grand nombre de ses actes antérieurs. Ajoutons à cette considération importante, que la même conformation qui accroît une qualité essentielle dans certaines circonstances , peut l'affoiblir dans d'autres ; et pour préférer de citer les faits les plus analogues à l'objet général de cet ouvrage , ne verroit-on pas aisément que les espèces aquatiques peuvent recevoir d'une tête alongée, d'un museau pointu, d'un appendice antérieur très-délié, en un mot d'un avant de très-peu de résistance, une natation plus rapide, lorsque l'animal ne s'en sert qu'au milieu de lacs paisibles, de fleuves peu impétueux, de mers peu agitées, mais que cette même conformation, en surchargeant leur partie antérieure, en gênant leurs mouvemens, en éloignant du centre de leurs forces le bout du levier qui doit contre-balancer l'action des flots, peut diminuer beaucoup la célérité de leur poursuite, ainsi que la promptitude de leurs évolutions, au milieu de l'Océan bouleversé par la tempête ?

Tâchons maintenant d'éclaircir ce que nous venons de dire, en particularisant nos idées, en appliquant quelques uns des principes que nous avons posés, en réalisant quelques unes des vues que nous avons proposées.

L'espèce humaine, ce grand et premier objet des recherches les plus importantes, ne doit cependant pas être dans ce moment celui de notre examen particulier.

L'homme a créé l'art par son intelligence ; et bravant avec succès, par le secours de son industrie, presque toutes les attaques de la Nature, contre-balançant sa puissance, combattant avec avantage le froid, le chaud, l'humidité, la sécheresse, tous ses agens les plus puissans, parvenu à se garantir des impressions physiques, en même temps qu'il s'est livré aux sensations morales, il a gagné autant de stabilité dans les attributs des êtres vivans et animés, que de mobilité dans ceux qui font naître le sentiment, l'imagination et la pensée.

D'ailleurs, que savons-nous de l'histoire de cette espèce privilégiée? Avons-nous découvert dans le sein de la terre quelques restes échappés aux ravages des siècles reculés, et qui puissent nous instruire de son état primitif? La Nature nous a-t-elle laissé quelques monumens qui nous révèlent les formes et les qualités qui distinguoient cette espèce supérieure dans les temps voisins de son origine? A-t-elle transmis elle-même quelques documens de ces âges antiques témoins de sa première existence? A-t-elle pu élever quelque colonne milliaire sur la route du temps, avant que plusieurs siècles n'eussent déja donné à son intelligence tout son développement, à ses attributs toute leur supériorité, à son pouvoir toute sa prééminence?

Si nous jetons les yeux sur l'une ou l'autre des trois races principales que nous avons cru devoir admettre dans l'espèce humaine[2], que dirons-nous d'abord des modifications successives de la race nègre, de cette race africaine dont nous connoissons à peine les traits actuels, les facultés, le génie, les habitudes, le séjour? Parlerons-nous de cette race mongole qui occupe, depuis le commencement des temps historiques, la plus

[1] Consultez particulièrement à ce sujet un Mémoire très-judicieux et très-important que le savant Fortis vient de publier dans le *Journal de physique* de floréal an 8.

[2] J'ai exposé mes idées sur le nombre et les caractères distinctifs des différentes races et variétés de l'espèce humaine, dans le Discours d'ouverture du cours de zoologie que j'ai donné en l'an 6. Ce Discours a été imprimé chez le citoyen Plassan.

belle et la plus étendue partie de l'Asie, mais qui, depuis des milliers d'années, constante dans ses affections, persévérante dans ses idées, immuable dans ses lois, dans son culte, dans ses sciences, dans ses arts, dans ses mœurs, ne nous montre l'espèce humaine que comme stationnaire, et, ne nous présentant aucun changement actuel, ne nous laisse soupçonner aucune modification passée?

Si nous considérions enfin la race arabe ou européenne, celle que nous pouvons le mieux connoître, parce qu'elle a le plus exercé ses facultés, cultivé son talent, développé son génie, entrepris de travaux, transmis de pensées, tracé de récits, effacé les distances des temps et des lieux par l'emploi des signes de la parole ou de l'expression du sentiment, parce qu'elle nous entoure de tous les côtés, parce que nous en faisons partie, quelle différence spécifique trouvons-nous, par exemple, entre les Grecs des siècles héroïques et les Européens modernes? L'homme d'aujourd'hui possède plus de connoissances que l'homme de ces siècles fameux : mais il raisonne comme celui des premiers jours de la Grèce; mais il sent comme l'homme du temps d'Homère; et voilà pourquoi aucun poète ne surpassera jamais Homère, et voilà pourquoi aucun statuaire ne l'emportera sur l'auteur de l'Apollon Pythien, pendant que le trésor des sciences recevant à chaque instant des faits nouveaux, il n'est point de savant du jour qui ne puisse être plus instruit que le Newton de la veille;

et voilà pourquoi encore les progrès des arts pouvant être renfermés dans des limites déterminées comme les combinaisons des sentimens *, les chefs-d'œuvre qu'ils produisent peuvent parvenir à la postérité avec la gloire de leurs auteurs, pendant que, les progrès des sciences devant être sans limites, comme les combinaisons des faits et des pensées, les découvertes sont impérissables, ainsi que la renommée des hommes de génie auxquels on les doit; mais les ouvrages mêmes de ces hommes fameux passent presque tous, et sont remplacés par d'autres, à moins que le style qui les a tracés, et qui appartient à l'art, ne les sauve de cette destinée et ne leur donne l'immortalité.

Les animaux qui ressemblent le plus à l'homme, les mammifères, les oiseaux, les quadrupèdes ovipares et les serpens, ne seront pas non plus les sujets des réflexions par lesquelles nous terminerons ce Discours :

---

* Il faut faire une exception relativement aux arts, tels que la peinture, la musique, etc., dont les procédés, en se perfectionnant chaque jour, multiplient les moyens d'exécution, et par conséquent le nombre des créations possibles.

Il est d'ailleurs évident que cette détermination de limites n'a point lieu pour les arts, lorsqu'en appliquant leur puissance à de nouveaux objets, en combinant leurs produits, et en leur donnant, pour ainsi dire, par ces opérations, la nature des sciences, le génie les rend propres à exprimer un plus grand nombre de sentimens, à peindre des sujets plus variés ou plus nombreux, à présenter de plus vastes tableaux, à toucher par conséquent avec plus de force, et à faire naître des impressions plus durables. Voyez ce que nous avons dit, à cet égard, dans la *Poétique de la musique*, imprimée en 1785.

nous préférerons d'appliquer les idées que nous venons d'émettre, à ceux qui, dans la progression de simplicité des êtres, suivent ces animaux, lesquels, de même que l'homme, respirent par des poumons. En nous arrêtant aux poissons pour les considérations qu'il nous reste à présenter, nous attacherons notre attention à des animaux dont non seulement cet ouvrage est destiné à faire connoître l'histoire, mais encore qui vivent dans un fluide particulier, où ils sont exposés à moins de circonstances perturbatrices, de variations subites et funestes, d'accidens extraordinaires, et qui d'ailleurs, par une suite de la nature de leur séjour, de la date de leur origine, de la contexture solide et résistante du plus grand nombre de leurs parties, et de la propriété qu'ont ces mêmes portions de se conserver dans le sein de la terre au moins pendant un temps assez long pour y former une empreinte durable, ont dû laisser, et ont laissé en effet, des monumens de leur existence passée, bien plus nombreux et bien plus faciles à reconnoître, que presque toutes les autres classes des êtres vivans et sensibles.

Nous avons compté douze modifications principales par lesquelles une espèce peut passer de dégradation en dégradation, jusqu'à la perte totale de ses caractères distinctifs, de son essence, et par conséquent de l'existence proprement dite.

Parcourons ces modifications.

Nous avons chaque jour sous les yeux des exemples d'espèces de poissons qui, transportées dans des eaux

plus troublés ou plus claires, plus lentes ou plus rapides, plus chaudes ou plus froides, non seulement se
montrent avec des couleurs nouvelles, mais éprouvant
encore des changemens plus marqués dans leurs tégumens, baignées, attaquées et pénétrées par un fluide
différent de celui qui les arrosoit, présentent des
écailles, des verrues, des tubercules, des aiguillons
très-peu semblables par leur figure, leur dureté, leur
nombre ou leur position, à ceux dont ils étoient revêtus.
Il est évident que ces modifications produites dans le
même temps et dans un lieu différent, ont pu et dû
naître dans un temps différent et dans le même lieu,
et contribuer par conséquent, dans la suite des siècles,
à diminuer la durée de l'espèce, aussi-bien qu'à restreindre les limites de son habitation lors d'une époque
déterminée.

Si l'on rappelle ce que nous avons dit dans les articles particuliers du *requin* et du *squale roussette*, sur
la grandeur de ces espèces à une époque un peu reculée, on les verra nous offrir deux exemples bien
frappans de la cinquième modification qu'une espèce
peut subir, c'est-à-dire, de la diminution de grandeur
qu'elle peut éprouver. En effet, on doit en conclure
que les requins dont on a conservé des restes, et dont
nous avons mesuré des dents trouvées dans le sein de
la terre, l'emportoient sur les requins actuels par leur
grandeur proprement dite, c'est-à-dire, par leur masse,
par l'ensemble de leurs dimensions, dans le rapport de

343 à 27. Leur grandeur a donc été réduite au douzième au moins de son état primitif. Une réduction
plus frappante encore a été opérée dans l'espèce de
la roussette, puisque nous avons donné les moyens de
voir que des dents de ce squale, découvertes dans des
couches plus ou moins profondes du globe, devoient
avoir appartenu à des individus d'un volume dix-neuf
cent cinquante-trois fois plus grand que celui des rous-
settes qui infestent maintenant les rivages de l'Europe.
Et relativement à ces deux exemples des altérations
dans les dimensions que peuvent offrir les espèces
d'animaux, nous avons deux considérations à proposer.
Premièrement, la diminution subie par la roussette a
été à proportion 166 fois plus grande que celle du
requin, et cependant, au point où cette dégradation
a commencé, le volume du requin n'étoit pas trois fois
plus considérable que celui de la roussette. Il est à
présumer que si, à cette époque, il avoit été six ou
huit fois supérieur, la modification imposée à la roussette auroit été plus grande encore, proportionnellement à celle du requin. En général, on ne sauroit
faire trop d'attention à un principe très-important,
que nous ne cesserons de rappeler : les forces de la
Nature, celles qui détruisent comme celles qui produisent, celles qui troublent comme celles qui maintiennent, agissent très-souvent, et tout égal d'ailleurs,
en raison des surfaces, soit extérieures, soit intérieures,
des corps qu'elles attaquent ou régissent ; mais tout le

monde sait que plus les corps sont petits, et plus à
proportion leurs surfaces sont étendues. Il ne faut
donc pas être étonné de voir les grands volumes opposer une résistance bien plus longue proportionnellement que celle des petits, aux causes qui tendent à
restreindre leurs dimensions dans des limites plus rapprochées. Secondement, il est curieux d'observer que les
deux espèces qui ont perdu, l'une les onze douzièmes,
et l'autre une portion bien plus étonnante encore de
ses dimensions primitives, sont des espèces marines,
et par conséquent ont dû être exposées à un nombre
de causes altérantes d'autant moins grand, que la
température et la nature des eaux des fleuves sont bien
plus variables que celles de l'océan, et que, s'il faut
admettre les conjectures les plus généralement adoptées, toutes les espèces de poissons ayant commencé
par appartenir à la mer, les fluviatiles ont été exposées à une sorte de crise assez forte et à des changemens
très-marqués, lorsqu'elles ont abandonné les eaux salées
pour aller séjourner au milieu des eaux douces.

Les exemples des proportions changées et des formes
altérées, soustraites ou introduites dans une espèce, à
mesure qu'elle se dégrade et s'avance vers le terme de
sa durée, peuvent être saisis avec facilité dans les diverses empreintes qu'ont laissées des individus de différens genres, enfouis par des catastrophes subites.

Il n'en est pas de même de la sixième et de la septième modification générale : des hasards très-rares

peuvent seuls conserver des individus dans un tel état d'intégrité, ou de destruction commencée et de dissection naturelle, qu'on puisse reconnoître la forme de leurs organes intérieurs, et celle des parties de leur corps dans lesquelles résidoient les sens dont ils avoient été doués.

Il est encore plus difficile de remonter à la connoissance des qualités, de la force, des habitudes, des mœurs qui distinguoient une espèce à une époque plus ou moins enfoncée dans les âges écoulés. Ces propriétés ne sont que des résultats dont l'existence peut sans doute être l'objet de conjectures plus ou moins vraisemblables, inspirées par l'inspection des formes qui les ont produits, mais sur la nature desquels nous n'avons cependant de notions précises que lorsque des observateurs habiles ont recueilli ces notions et les ont transmises avec fidélité.

La détermination des endroits dans lesquels habitoit une espèce dans les temps anciens, est au contraire plus facile que celle de toutes les modifications dont nous venons de parler. Les traces que des individus laissent de leur existence, doivent être distinctes jusqu'à un certain degré, pour qu'on puisse, en les examinant, reconnoître dans leurs détails les dimensions et les formes de ces individus; mais un très-foible vestige suffit pour constater la place où ils ont péri, et par conséquent celle où ils avoient vécu.

Cette douzième modification des espèces, cette limi-

tation de leur séjour à telle ou telle portion de la
surface de la terre, peut être liée avec une ou plusieurs des autres altérations dont nous avons tâché d'exposer l'ordre; et elle peut en être indépendante. Il en
résulte premièrement des espèces altérées dans leurs
qualités, dans leurs formes ou dans leurs dimensions,
et reléguées dans telle ou telle contrée; secondement
des espèces modifiées trop peu profondément dans leur
conformation, pour que leurs propriétés aient éprouvé
un changement sensible, non altérées même dans leurs
formes ou dans leurs dimensions, et cependant confinées sous tel ou tel climat; et troisièmement, des
espèces dégradées dans leurs qualités, ou seulement
dans leurs formes, mais habitant encore dans les mêmes
parties du globe qu'avant le temps où leur métamorphose n'avoit pas commencé.

Nous avons assez parlé de ces dernières.

Quant aux autres espèces, combien ne pourrions-
nous pas en citer! Ici les exemples nous environnent.
Le seul mont volcanique de Bolca, auprès de Vérone,
a déja montré sur ses couches entr'ouvertes, des fragmens très-bien conservés et très-reconnoissables d'une
ou deux raies, de deux gobies, et de plusieurs autres
poissons qui ne vivent aujourd'hui que dans les mers
de l'Asie, de l'Afrique, ou de l'Amérique méridionale,
dont plusieurs traits sont altérés, et qui cependant
offrent les caractères qui constituoient leur espèce
lorsque, réunis en troupes nombreuses vers le fond

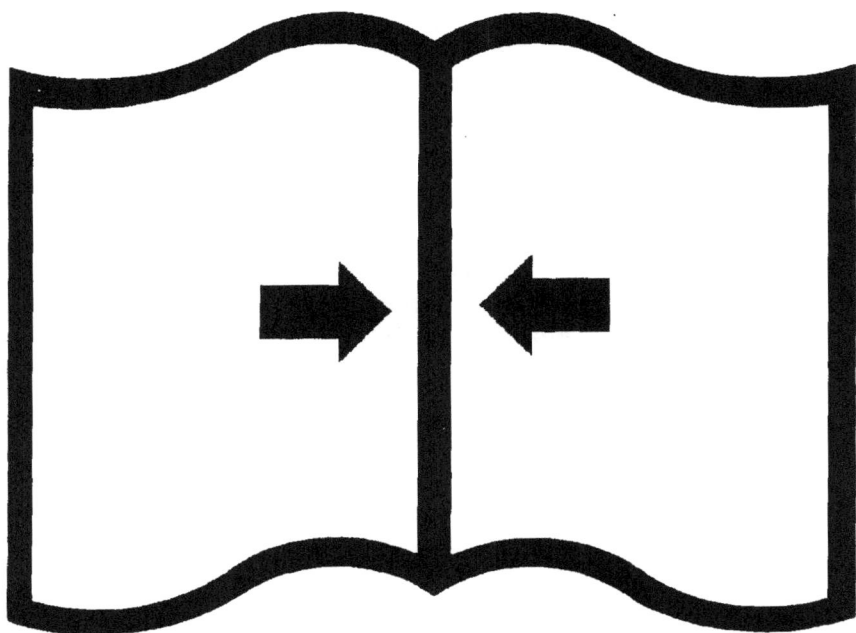

Reliure trop serrée

de la mer Adriatique , une grande catastrophe les
surprit au milieu de leurs courses , de leurs poursuites,
de leurs combats , et, leur donnant la mort la plus
prompte , les ensevelit au-dessous de produits volcaniques , de substances préservatrices, et de matières
propres à les garantir des effets de l'humidité ou de
tout autre principe corrupteur *.

De plus , parmi les espèces qui n'ont subi, au moins
en apparence, aucune modification dans leurs formes,
ni dans leurs proportions, ni dans leur grandeur, ni
dans leurs tégumens , nous comptons une fistulaire du
Japon ou de l'Amérique équatoriale , enfouie sous des
couches schisteuses du centre de l'Europe ; un pégase
de l'Inde, deux ou trois chétodons de l'Inde ou du
Brésil, et des individus de plus de trente autres espèces
de l'Asie , de l'Afrique, ou des rivages les plus chauds
de l'Amérique , saisis entre les lits solidifiés de ce
même mont Bolca, si digne d'attirer notre attention.

Nous venons de porter rapidement nos regards,

* Nous avons dit plus d'une fois que M. le comte de Gazola a commencé
de donner au public un grand ouvrage sur les poissons pétrifiés, conservés
ou empreints dans les couches du mont Bolca. Si ce savant recommandable,
auquel je suis heureux de pouvoir témoigner souvent mon estime, ne
termine pas son importante entreprise, je tâcherai d'arranger mes travaux
de manière à le suppléer en partie, en publiant la figure, la description
et la comparaison des poissons fossiles, ou des empreintes de poissons,
trouvés dans ce même mont Bolca, recueillis à Vérone avec un soin très-
éclairé, apportés au Muséum d'histoire naturelle de Paris, et formant
aujourd'hui une des parties les plus précieuses de l'immense et riche collection de la république françoise.

premièrement , sur les espèces altérées dans leurs organes , et repoussées loin du séjour qu'elles avoient autrefois préféré ; secondement , sur les espèces non altérées , mais reléguées ; troisièmement , sur les espèces altérées , et non confinées dans une portion du globe différente de celle qu'elles avoient occupée : il nous reste à considérer un instant celles qui n'ont été ni dégradées , ni chassées de leur ancienne patrie , dont nous trouvons des individus , ou des fragmens , ou des empreintes très-reconnoissables, au-dessous des mêmes couches terrestres que l'une des dernières catastrophes du globe a étendues au-dessus des espèces que nous avons déja indiquées , et qui , par conséquent , ont résisté avec plus de facilité que ces dernières , aux diverses causes qui modifient les espèces et en précipitent la durée.

Contentons-nous cependant , pour ne pas entrer dans des discussions particulières que les bornes de ce Discours nous interdisent , et sur lesquelles nous reviendrons un jour , de jeter les yeux sur deux de ces endroits remarquables du globe qui ont fourni à l'étude du naturaliste les empreintes les plus nettes ou les restes les mieux conservés d'un grand nombre d'espèces de poissons. Ne citons que les environs du Bolca Véronois , et ceux d'Æningen auprès du lac de Constance *.

* Voyez ce que le célèbre Saussure a écrit au sujet de la carrière d'Æningen, et des poissons dont l'intérieur de cette carrière renferme les restes ou les images ; on trouvera la description qu'en donne cet habile

Nous trouvons dans les carrières d'Æningen ou de Bolca le pétromyzon pricka, le squale requin, la murène anguille, le scombre thon, le caranx trachure, le cotte chabot, la trigle malarmat, la trigle milan, le pleuronecte carrelet, le cobite loche, le cobite barbotte, le salmone fario ; l'ésoce brochet, l'ésoce bélone, la clupée alose, la clupée hareng, le cyprin carpe, le cyprin goujon, le cyprin tanche, et douze autres cyprins, l'hamburge, le céphale, le vaudois, la dobule, le grislagine, le spirlin, le bouvier, l'able, la brème, le véron, le roux et le nez.

Tous ces poissons vivent encore dans les diverses mers européennes qui entourent, pour ainsi dire, et le lac de Coustance et le territoire vénitien ; et la comparaison la plus exacte ne feroit remarquer entre les individus que l'on pêcheroit dans ces mers européennes, et ceux qui sont encore gisans sous les couches d'Æningen ou du Bolca, aucune différence plus grande que celles qui séparent souvent des produits de la même ponte.

---

naturaliste, au paragraphe 1533 du tome III de son *Voyage dans les Alpes*. Le nom de ce grand géologue rappelle à mon ame affligée les travaux, la gloire et les malheurs de son illustre ami, de son savant émule, mon collègue Dolomieu, qui, depuis dix-huit mois, lutte avec une constance héroïque contre une affreuse captivité, que n'ont pu faire cesser encore les pressantes réclamations de notre patrie qu'il honore, de notre gouvernement qui l'estime, de plusieurs puissances étrangères qui partagent pour lui l'intérêt des François, du roi d'Espagne, qui manifeste ses sentimens à cet égard de la manière la plus digne de la nation qu'il gouverne, et d'un si grand nombre de ceux qui, en Europe, chérissent et font vénérer l'antique loyauté, les vertus et les grands talens.

La limite de toutes les altérations que nous venons de décrire, est l'anéantissement de l'espèce.

Pendant que nous avons sous les yeux un si grand nombre de poissons qui ont résisté aux causes perturbatrices de leurs formes, de leurs qualités et de leurs habitudes, n'avons-nous pas aussi à considérer des exemples de leurs extrêmes, c'est-à-dire, d'espèces qui, par une suite de dégradations, se sont entièrement éteintes?

Il paroît qu'on peut citer quelques unes de ces espèces perdues. Les voyageurs, les naturalistes, les pêcheurs, ne retrouvent, du moins dans aucune mer, ni dans aucune rivière, ni dans aucun lac, quelques poissons dont le corps presque tout entier a frappé les regards des observateurs qui ont examiné avec attention les pierres extraites des environs du Bolca, ou d'autres contrées du globe. Il semble qu'on doit particulièrement indiquer deux espèces décrites par le savant Gazola, dans le bel ouvrage qu'il a commencé de publier sur les poissons pétrifiés du Véronois, et dont nous avons déja eu occasion de faire mention. Ces deux espèces sont, premièrement, celle qu'il nomme *uranoscope rateau (uranoscopus rastrum)*, et secondement, celle qu'il désigne par la dénomination de *kurte porte-voile (kurtus velifer)*. Après les avoir examinées avec beaucoup de soin, j'ai même cru qu'elles différoient assez des espèces connues et actuellement vivantes, pour qu'on ne dût les rapporter à aucun de leurs genres ; et en conséquence ce *rateau* et ce *porte-voile* ne sont à mes yeux ni un véritable *uranoscope*, ni un véritable *kurte*.

Je ne balancerois pas non plus à regarder comme une espèce éteinte, celles de quelques autres animaux conservés dans l'intérieur des pièces de la collection ichthyolithologique de Vérone, qui ont été adressées au Muséum d'histoire naturelle de France, et notamment un chétodon (à filament dorsal, double et très-long) dont j'ai vu plusieurs exemplaires conservés d'une manière très-curieuse.

Cependant ce n'est qu'avec une grande réserve que nous devons dire qu'une espèce a terminé sa durée : nous ne connoissons pas assez la surface du globe, ni les mers qui l'environnent, pour prononcer formellement qu'on ne trouvera dans aucune eau douce, ni dans aucun parage, des analogues très-ressemblans des individus fossiles que nous n'avons pu encore inscrire dans aucune espèce décrite et vivante.

En effet, il nous reste à découvrir d'immenses contrées situées à des distances plus ou moins grandes de la ligne, dans l'un et l'autre hémisphère, et notamment l'intérieur de la Nouvelle-Hollande et de la terre de Diémen ; celui de la Nouvelle-Guinée et de la Louisiade, le vaste plateau du milieu de l'Afrique, compris entre le tropique du capricorne et le dixième degré de latitude boréale, et cette longue bande qui s'étend dans la partie occidentale de l'Amérique septentrionale, au nord du Nouveau-Mexique, commence près du quarantième degré de latitude, s'avance pendant un grand nombre de degrés vers le nord, et règne sur une largeur de plus de soixante-dix myriamètres entre la lisière encore très-peu connue qui touche le rivage de la mer, et cette chaîne de montagnes très-élevées, nommées maintenant *stony mountains*, dont nous avions conjecturé l'existence, la position, la direction et la hauteur[1], et qui vont depuis Cattana Howes, où le voyageur anglois M. Fidler est parvenu en 1792, jusqu'au bord occidental de l'embouchure dans l'Océan glacial arctique, de la rivière vue par M. Kensie le 12 juillet 1789[2].

Mais n'avons-nous pas encore à reconnoître presque toute la côte occidentale et une partie de la côte du nord de la Nouvelle-Hollande, plusieurs rivages du nord-est de l'Asie et des isles qui en sont voisines, presque tous les points de la côte orientale et de la côte occidentale de l'Afrique depuis une distance assez petite du cap de Bonne-Espérance jusqu'auprès de la

---

[1] Dans un mémoire sur les parties du globe encore inconnues, que je lus dans la séance publique de la société philotechnique, le 20 floréal de la même année, et que mon célèbre collègue, le citoyen Fourcroy, voulut bien lire quelques jours après dans une séance publique du Lycée républicain de Paris.

[2] Consultez une carte très-intéressante d'une grande partie de l'Amérique septentrionale, présentée à la compagnie angloise d'Hudson par M. Arrowsmith, et dont la guerre nous a empêchés d'avoir connoissance avant l'année dernière.

ligne équinoxiale, et par conséquent dans une étendue
de plus de sept cents myriamètres?

Combien de fleuves, combien de lacs, combien de
parages inconnus! Combien ces habitations qui se sont
jusqu'à présent dérobées à nos recherches, peuvent
renfermer d'espèces plus ou moins analogues à celles
dont des individus vivans, ou des restes fossiles, ont
été l'objet de nos descriptions!

Cependant élevons-nous encore plus haut au-dessus
des objets que nous venons de contempler.

Avons-nous quelque moyen de juger de l'ancienneté de ces modifications dont nous venons d'examiner
les caractères et d'indiquer la succession ? Ne pou-
vons-nous pas du moins déterminer quelques époques
pendant lesquelles subsistoient encore ou existoient
déja une ou plusieurs de ces modifications? L'espèce
humaine, trop récente sur le globe, n'a pas pu observer
les durées des diverses nuances de ces altérations, et
compter pendant le cours de ces durées le nombre des
périodes lunaires ou solaires qui se sont succédées.
Mais la Nature n'a-t-elle pas gravé sur le globe quelques
ères auxquelles nous pourrions au moins rapporter une
partie de ces manières d'être des espèces?

Nous ne mesurerons pas le temps par le retour d'un
corps céleste au même point du ciel, mais par ces bouleversemens terribles qui ont agi sur notre planète
plus ou moins profondément.

Nous n'appliquerons pas l'existence des dégradations

des espèces à des temps réguliers et déterminés comme
les années ou les siècles ; mais nous verrons leur con-
cordance avec des événemens dont on connoît déja les
relations des époques, en attendant qu'on ait dévoilé
leur ancienneté absolue.

Ici le flambeau de la géologie nous aide à répandre
quelque clarté au milieu de la nuit des temps.

Elle nous montre comment, en pénétrant dans les
couches du globe, et en examinant l'essence ainsi que
le gisement des minéraux qui les composent, nous
pouvons savoir si nous avons sous les yeux des monumens de l'une ou de l'autre des trois époques que l'on
doit distinguer dans la suite des catastrophes les moins
anciennes de notre terre, les seules qu'il nous soit
permis de reconnoître de loin.

La moins récente de ces révolutions est le dernier
bouleversement général que notre globe a éprouvé, et
qui a laissé de profondes empreintes sur l'universalité
de la surface de la terre.

Après cette catastrophe universelle, il faut placer
dans l'ordre des temps les bouleversemens moins étendus, qui n'ont répandu leurs ravages que sur une grande
partie du globe.

L'on ne peut pas, dans l'état actuel des connoissances
humaines, déterminer les rapports des dates de ces
événemens particuliers ; on ne peut que les attacher
tous à la seconde époque, sans leur assigner à chacun
une place fixée avec précision sur la route du temps.

A la troisième époque, nous mettons les bouleversemens circonscrits comme les seconds, et qui de plus présentent les caractères distinctifs de l'action terrible et destructive des volcans, des feux souterrains, des foudres et des ébranlemens électriques de l'intérieur du globe.

Maintenant si nous voulons appliquer un moment ces principes, nous reconnoîtrons que nous ne pouvons encore rapporter à une de ces époques qu'un petit nombre des modifications par lesquelles les espèces tombent, de dégradation en dégradation, jusqu'à la non-existence.

Nous pouvons dire que le temps où, par exemple, le genre des squales présentoit une grandeur si supérieure à celle des squales observés de nos jours, et où le volume de l'une de leurs espèces l'emportoit près de deux mille fois sur le volume qu'elle offre maintenant, appartient à la seconde des époques que nous venons d'indiquer, et a touché celui où le globe a éprouvé le dernier des bouleversemens non universels et non volcaniques qui aient altéré sa surface auprès de la chaîne des Pyrénées, dont les environs nous ont montré les restes de ces grandes espèces marines, si réduites maintenant dans leurs dimensions.

Nous pouvons assurer également que, lors des convulsions de la terre, des éruptions volcaniques, des vastes incendies et des orages souterrains, dont les effets redoutables se montrent encore si facilement à des yeux exercés et attentifs, auprès de Venise et de l'extrémité de la mer Adriatique, plusieurs espèces, dont les flancs du mont Bolca recèlent les empreintes ou la dépouille, n'avoient pas éprouvé les dégradations dont nous pouvons compter toutes les nuances, ou n'avoient pas encore été reléguées dans les mers chaudes de l'Asie, de l'Afrique ou de l'Amérique méridionale, ou se montroient déja avec tous les traits qu'elles présentent, ainsi que dans les contrées qu'elles habitent aujourd'hui; et enfin, que celles que l'on seroit tenté de considérer comme éteintes, et que du moins on n'a encore retrouvées dans aucun fleuve, dans aucun lac, dans aucune mer, figuroient encore dans l'ensemble des êtres sortis des mains de la puissance créatrice.

Lorsque la science aura étendu son domaine, que de nouveaux observateurs auront parcouru dans tous les sens les terres et les mers, que le génie aura conquis le monde, qu'il aura découvert, compté, décrit et comparé et les êtres qui vivent et les fragmens de ceux dont il ne reste que des dépouilles, qu'il connoîtra et ce qui est et une partie de ce qui a été, qu'au milieu des monts escarpés, sur les rivages de l'Océan, dans le fond des mines et des cavernes souterraines, il interrogera la Nature au nom du Temps, et le Temps au nom de la Nature, quelles comparaisons fécondes ne naîtront pas de toutes parts! quels admirables résultats! quelles vérités sublimes! quels immenses tableaux;

quel nouveau jour se lèvera sur l'état primitif des espèces, sur les rapports qui les lioient dans ces âges si éloignés du nôtre, sur leur nombre plus petit à cette époque antique, sur leurs grandeurs plus rapprochées, sur leurs traits plus différens, sur leurs habitudes plus dissemblables, sur leurs alliances plus difficiles, sur leurs durées plus longues! O heureuse postérité! à combien de jouissances n'es-tu pas réservée, si les passions funestes, l'ambition délirante, la vile cupidité, le dédain de la gloire, l'ignorance présomptueuse, et la fausse science, plus redoutable encore, n'enchaînent tes nobles destinées!

HISTOIRE

HISTOIRE NATURELLE

DES POISSONS.

TREIZIÈME GENRE.

LES DIODONS.

Les mâchoires osseuses, avancées, et chacune d'une seule pièce.

ESPÈCES.	CARACTÈRES.
1. LE DIODON ATINGA.	Le corps alongé; des piquans très-rapprochés les uns des autres; la nageoire de la queue, arrondie.
2. LE DIODON PLUMIER.	Le corps alongé; point de piquans sur les côtés de la tête, qui est plus grosse que la partie antérieure du corps; la nageoire de la queue, arrondie.
3. LE DIODON HOLOCANTHE.	Le corps alongé; des piquans très-rapprochés les uns des autres; la nageoire de la queue, fourchue.
4. LE DIODON TACHETÉ.	Le corps un peu alongé; des piquans très-rapprochés les uns des autres, et deux ou trois fois plus longs sur le dos que sur le ventre; la nageoire de la queue, arrondie; trois grandes taches de chaque côté du corps; une tache en forme de croissant sur la nuque.

TOME II.   1

ESPÈCES.	CARACTÈRES.
5. LE DIODON ORBE.	Le corps sphérique, ou presque sphérique; des piquans forts, courts, et clair-semés.
6. LE DIODON MOLE.	Très-comprimé; demi-ovale; comme tronqué par derrière.

LE DIODON ATINGA*.

LES diodons ont de très-grands rapports, dans leur conformation et dans leurs habitudes, avec les tétrodons et les ovoïdes : mais ils en diffèrent par la forme de leurs mâchoires osseuses, dont chacune ne présente qu'une pièce; et de là vient le nom qu'on leur a donné, et qui désigne qu'ils n'ont que deux dents, l'une en haut, et l'autre en bas. Ils en diffèrent encore par la nature de leurs piquans beaucoup plus longs, beau-

* Nous devons prévenir qu'en rapportant aux différentes espèces de poissons que nous décrivons dans cet ouvrage, le texte ou la figure publiés par différens auteurs, nous n'entendons, en aucune manière, adopter l'opinion de ces écrivains relativement à l'application qu'ils ont pu faire de telle ou telle description ou de telle ou telle planche qu'ils ont citées, à l'animal dont ils se sont occupés. Cet avertissement nous a paru sur-tout nécessaire au commencement de l'histoire des diodons.

Diodon atinga. *Linné, édition de Gmelin.*
Diodon atinga. *Bloch, pl.* 125.
Deux-dents courte-épine. *Bonnaterre, planches de l'Encyclopédie méthodique, pl.* 19, *fig.* 60.
Hérisson de mer. Diodon supernè fuscus, maculis lenticularibus, nigris undique inspersus, ventre albo immaculato. *Commerson, manuscrits déjà cités.*
Deux-dents longue-épine. *Daubenton, Encyclopédie méthodique.*
Brown, Jamaic. p. 456, *n.* 4.
Seb. Mus. 3, *pl.* 23, *fig.* 1 *et* 2 ; *et pl.* 24, *fig.* 10.
Guamajacu atinga. *Marcgrav. Brasil. pl.* 168.
Willughby, Ichthyol. pl. I, 5 ; *I,* 6 ; *et I,* 7.
Jonston, tab. 3, *fig.* 1 ; *et tab.* 39, *fig.* 3.

coup plus gros, beaucoup plus forts, que ceux des tétrodons les mieux armés. Ces piquans sont d'ailleurs très-mobiles, et répandus sur toute la surface de la plupart des diodons. Cette dissémination, ce nombre, cette mobilité, cette grandeur, ont fait regarder, avec raison, les diodons comme les analogues des porc-épics et des hérissons, dans la classe des poissons. La diversité de couleurs que montrent fréquemment ces aiguillons, a dû contribuer encore à ce rapprochement; et comme on a pu en faire un presque semblable entre les cartilagineux que nous examinons, et les vers que l'on a nommés *oursins,* on doit considérer la famille des diodons comme formant un des principaux liens qui réunissent et attachent ensemble la classe des quadrupèdes à mamelles, celle des poissons, et celle des vers.

Ce genre remarquable ne renferme qu'un petit nombre d'espèces: mais le plus grand nombre des naturalistes en ont mal saisi les caractères distinctifs; et comme d'ailleurs elles sont presque toutes très-variables dans plusieurs points de leur conformation extérieure, une grande confusion a régné dans la détermination de ces espèces, dont on a très-souvent trop étendu ou resserré le nombre; et le même désordre s'est trouvé dans l'application que plusieurs auteurs ont faite aux espèces qu'ils avoient admises, des noms donnés aux diodons, ou des descriptions de ces animaux déja publiées. Ce n'est que parce que nous avons été à portée

de comparer de ces cartilagineux de différens âges,
de différens sexes, de différens pays, et pris à des
époques de l'année très-éloignées l'une de l'autre, que
nous avons pu parvenir à fixer le nombre des espèces
de diodons connues jusqu'à présent, à reconnoître
leurs formes distinctives et invariables, et à composer
la table méthodique qui précède cet article.

L'atinga a le corps très-alongé ; chaque narine n'a
qu'une ouverture placée dans une sorte de petit tube ;
les yeux sont assez près du museau ; l'anus en est, au
contraire, à une assez grande distance, et par conséquent la queue proprement dite est très-courte. Les
nageoires du dos et de l'anus se ressemblent beaucoup,
sont petites, et placées au dessus l'une de l'autre ; celle
de la queue est arrondie *.

Les piquans mobiles dont l'atinga peut se hérisser,
sont très-forts, très-longs, creux vers leur racine, variés
de blanc et de noir, et divisés à leur base en trois
pointes qui s'écartent, s'étendent, et vont s'attacher
au dessous des tégumens de l'animal. Ils sont revêtus
d'une membrane plus ou moins déliée, qui n'est qu'une
continuation de la peau du diodon. Cette membrane
s'élève autour de l'aiguillon, jusqu'au dessus de l'extrémité de ce piquant, ou jusqu'à une distance plus ou

---

* A la nageoire du dos   15 ou 16 rayons.
  aux nageoires pectorales 24 ou 25
  à celle de l'anus   15 ou 16
  à celle de la queue   9

moins grande de la pointe de ce dard, qui le plus souvent perce cette membrane et paroît à découvert.

L'atinga est brun ou bleuâtre sur le dos, et blanc sur le ventre; ses nageoires sont quelquefois jaunes dans le milieu de leur surface; et ces mêmes nageoires, ainsi que toute la partie supérieure du poisson, sont semées de petites taches lenticulaires et noires, que l'on voit fréquemment répandues aussi sur le dessous de l'atinga. -

Ce cartilagineux vit au milieu des mers de l'Inde et de l'Amérique, voisines des tropiques, ainsi que dans les environs du cap de Bonne-Espérance. Il s'y nourrit de petits poissons, de cancres, et d'animaux à coquille, dont il brise aisément l'enveloppe dure par le moyen de ses fortes mâchoires. Il ne s'éloigne guère des côtes; et quoiqu'il ne parvienne qu'à la longueur de quinze pouces ou d'un pied et demi, il sait si bien, lorsqu'on l'attaque, se retourner en différens sens, exécuter des mouvemens rapides, s'agiter, se couvrir de ses armes, en présenter la pointe, qu'il est très-difficile et même dangereux de le prendre. Aussi le poursuit-on d'autant moins que sa chair est dure et peu savoureuse.

C'est principalement dans les momens où l'on veut le saisir, qu'il gonfle sa partie inférieure. Il a la faculté de l'enfler comme les tétrodons et les ovoïdes, quoique cependant il paroisse ne pouvoir pas donner à cette portion de son corps un aussi grand degré d'extension. Il augmente ainsi son volume pour donner plus de

force à sa résistance, ou pour s'élever et nager avec
plus de facilité ; il se grossit et se tuméfie particulièrement, lorsqu'après l'avoir saisi, on cherche à le
tenir un moment suspendu par sa nageoire dorsale :
mais, quelque cause qui le contraigne à se boursou-
fler, il détend souvent tout d'un coup sa partie inférieure, et, faisant alors sortir avec rapidité par l'ouverture de sa bouche, par celle de ses branchies, ou
par son anus, le fluide contenu dans son intérieur, il
produit un bruissement semblable à celui que font
entendre les balistes, les ostracions et les tétrodons.

La vessie natatoire de l'atinga est très-grande, ainsi
que celle des tétrodons ; et, d'après la nature de la
membrane qui la compose, il paroît que, préparée
comme celle de l'acipensère huso, elle donneroit une
colle supérieure par sa bonté à celle que l'on pourroit
obtenir de la vésicule aérienne d'un très-grand nombre
d'autres espèces de poissons.

L'estomac du diodon que nous décrivons n'est composé que d'une membrane assez mince ; mais il est
garni de beaucoup d'appendices, qui, comme autant de
petites poches ou d'intestins ouverts uniquement par
un bout, peuvent ou augmenter la quantité des sucs
digestifs, ou contribuer à l'élaboration, à la perfection,
à l'activité de ces sucs, ou prolonger la durée de l'action de ces liquides sur les alimens, en retardant le
passage des substances nutritives dans la partie des
intestins la plus voisine de l'anus.

Ces alimens', quelque dure que soit leur nature; peuvent arriver à l'estomac, d'autant plus broyés et par conséquent susceptibles de subir l'action des liqueurs digestives, qu'indépendamment des mâchoires osseuses qui tiennent lieu à l'animal de deux dents très-larges et très-fortes, l'atinga a deux véritables dents molaires très-grandes, relativement à l'étendue de la cavité de la bouche, à peine convexes, et sillonnées transversalement. L'une occupe presque tout le palais; et l'autre, qui ne cède que très-peu en grandeur à la première, revêt la partie opposée de la gueule, dans l'endroit le plus voisin du devant de la mâchoire inférieure.

. Lorsqu'on a mangé de l'atinga, non seulement on peut éprouver des accidens graves, si on a laissé dans l'intérieur de cet animal quelques restes des alimens qu'il préfère, et qui peuvent être très mal-sains pour l'homme; mais encore, suivant Pison, la vésicule du fiel de ce cartilagineux contient un poison si actif, que si elle crève quand on vide l'animal, ou qu'on l'oublie dans le corps du poisson, elle produit sur ceux qui mangent de l'atinga, les effets les plus funestes: les sens s'émoussent, la langue devient immobile, les membres se roidissent; et à moins qu'on ne soit promptement secouru, une sueur froide ne précède la mort que de quelques instans.

Au reste, si la vésicule du fiel, ou quelque autre portion intérieure du corps de l'atinga, contient un venin dangereux, il ne peut point faire perdre la vie, en parvenant jusqu'au sang des personnes blessées par ce cartilagineux, et en y arrivant par le moyen des longs piquans dont la surface du poisson est hérissée, ainsi que quelques voyageurs l'ont redouté. Ces piquans ne sont point creux jusqu'à leur extrémité; leur cavité ne présente à l'extérieur aucun orifice par lequel le poison pût être versé jusques dans la plaie; et l'on ne découvre aucune communication entre l'intérieur de ces aiguillons, et quelque vésicule propre à contenir et à répandre un suc délétère.

LE DIODON PLUMIER[1].

....
....

Il étoit convenable de désigner ce cartilagineux par le nom du naturaliste auquel nous devons la figure de cette belle espèce de diodon, que l'on trouve dans la zone torride, auprès des côtes orientales de l'Amérique. Ce poisson, que l'on voit aussi auprès des rivages de plusieurs isles américaines, a beaucoup de ressemblance avec l'atinga; mais il en diffère par plusieurs caractères. Premièrement, il est souvent plus alongé, sa longueur totale étant presque toujours quatre fois aussi étendue que sa hauteur. Secondement, il présente un étranglement très-marqué à l'endroit où la tête est attachée au corps, et par conséquent entre les yeux et les nageoires pectorales. Troisièmement, il n'y a pas de piquans sur les côtés de la tête, au dessous, ni sur le devant de cette partie; et au-delà de la nageoire dorsale, la queue est également dénuée d'aiguillons.

Le diodon plumier est bleuâtre avec des taches blanches, presque rondes, assez petites, et très-nombreuses[2].

---

[1] Orbis piscis aculeatus major. *Plumier, dessins sur vélin déja cités.*
Orbis aculeatus, maculis albis notatus, apud insulas americanas vulgò *poisson armé. Plumier, dessins déposés dans le cabinet des estampes de la bibliothèque nationale.*

[2] A la nageoire du dos .... 7 rayons.
à chaque nageoire pectorale 9
à celle de l'anus .... 6 ou 7
à celle de la queue, qui est arrondie, 9 ou 10

LE DIODON HOLOCANTHE [1].

LE trait le plus constant et le plus sensible par lequel la conformation extérieure de l'holocanthe diffère de celle de l'atinga, est la forme de la nageoire de la queue. Cette nageoire, au lieu d'être arrondie comme dans l'atinga, est échancrée, et par conséquent fourchue ou un peu en croissant, dans l'holocanthe. L'ensemble de la tête, du corps et de la queue, est aussi, au moins le plus souvent, moins alongé dans l'holocanthe que dans l'atinga; le dos est plus convexe, et les piquans sont quelquefois plus longs [2]: mais d'ailleurs toutes les formes sont presque semblables; les nuances et la distribution des couleurs ne le sont pas moins; et l'on remarque les mêmes habitudes dans les deux espèces.

Comme l'atinga, l'holocanthe se livre à divers mouvemens très-violens et très-rapides lorsqu'il se sent

---

[1] Diodon hystrix, guara. *Bloch, pl.* 126.

Le deux-dents longue-épine. *Bonnaterre, planches de l'Encyclopédie méthodique, pl.* 19, *fig.* 61.

Diodon atinga holocanthus. *Linné, édition de Gmelin.*

Ostracion oblongus holocanthus, aculeis longissimis teretiformibus, in capite imprimis et in collo. *Artedi, gen.* 60, *syn.* 86.

[2] On trouve souvent à la nageoire du dos 14 rayons.

aux pectorales	21
à celle de l'anus	17
à celle de la queue	10

saisi, et particulièrement lorsqu'il est pris au hameçon. Il se gonfle et se comprime, redresse et couche ses dards, s'élève et s'abaisse avec vîtesse, pour se débarrasser du crochet qui le retient. Ses piquans étant quelquefois plus longs et plus forts que ceux de l'atinga, ses efforts multipliés pour s'échapper et se défendre sont plus redoutés que ceux de cet autre diodon; et, bien loin d'oser le prendre au milieu de l'eau et lorsqu'il jouit encore de toute sa force, on n'ose approcher sa main de son corps jeté et gisant sur le rivage, qu'au moment où sa puissance affoiblie et sa vie près de s'éteindre rendent ses mouvemens à peine sensibles, et ses armes presque nulles.

Au reste, se nourrissant des mêmes animaux que l'atinga, il fréquente les côtes ainsi que ce cartilagineux, et ainsi que la plupart des poissons qui vivent de crabes et d'animaux à coquille. On le trouve dans les mêmes mers que celles où l'on pêche l'atinga.

LE DIODON TACHETÉ *.

COMMERSON a laissé dans ses manuscrits la description de cette espèce de cartilagineux, au sujet de laquelle aucun naturaliste n'a encore rien publié, que l'on a trouvée auprès des côtes de la Nouvelle-Cythère, et à laquelle les navigateurs qui l'ont vue, ont donné le nom de *crapaud marin,* et de *hérisson de mer.* A mesure qu'on s'éloigne de l'atinga, en continuant cependant d'observer les diodons dans l'ordre suivant lequel nous les avons placés, on voit l'alongement du corps diminuer dans les espèces que l'on examine, et la sphéricité presque parfaite succéder enfin à une très-grande différence entre la longueur et les autres dimensions de l'animal. Les holocanthes sont, en effet, moins alongés en général que le tacheté; le tacheté paroît l'être moins que l'holocanthe; des variétés de l'orbe se rapprochent encore davantage de la forme globuleuse, que l'on retrouve presque dans toute son intégrité, lorsqu'on a sous les yeux d'autres individus de cette dernière espèce.

Indépendamment de sa forme moins alongée, le tacheté est séparé de l'atinga et de l'holocanthe par

---

* Diodon muricatum, brunneum, spinis albis, maculis dorsalibus quinque majusculis nigris, occipitali maximâ semilunatâ. *Commerson, manuscrits déja cités.*

la disposition de ses couleurs. Il est brun par-dessus, et blanchâtre par-dessous; il présente sur sa nuque une très-grande tache en forme de croissant, un peu festonnée, et dont les pointes sont tournées vers les yeux. On en voit de chaque côté du corps une autre un peu ovale, située au dessus de la nageoire pectorale, et deux autres transversales, dont la première est au dessous de l'œil, et la seconde entre l'œil et la nageoire pectorale; le dessous du museau est comme entouré d'une tache nuageuse; et enfin on en trouve une presque ronde au dessus du dos, autour de la nageoire dorsale. Au reste, ces différentes taches sont d'un noir plus ou moins foncé.

Toutes les nageoires sont d'un jaune verdâtre *. Les piquans sont blancs, et montrent leurs pointes au dessus de gaînes très-brunes.

Ces mêmes aiguillons, mobiles à la volonté de l'animal, ainsi que ceux de presque tous les autres diodons, sont très-longs sur le dos, mais deux ou trois fois plus courts sur le ventre.

Les narines, situées entre les yeux et l'extrémité du museau, ont les bords de leurs ouvertures relevés de manière à représenter une verrue.

Les yeux sont voilés par une continuation transpa-

* A la nageoire du dos   14 rayons.
  aux nageoires pectorales 24
  à celle de l'anus   14
  à celle de la queue   9

rente du tégument le plus extérieur de l'animal; cependant ils sont gros et très-saillans.

L'ouverture branchiale a la forme d'un segment de
cercle, et est placée verticalement.

On ne compte de chaque côté que trois branchies.

La nageoire de la queue est arrondie; ce qui rapproche un peu le tacheté de l'atinga, mais l'éloigne de
l'holocanthe.

LE DIODON ORBE *.

Ce nom d'*orbe* désigne la forme presque entièrement
sphérique que présente ce cartilagineux. Il ressemble
d'autant plus à une boule, sur-tout lorsqu'il s'est tumé-
fié, que ses nageoires sont très-courtes, et que son
museau étant très-peu avancé, aucune grande proéminence n'altère la rondeur de son ensemble. Les
piquans dont sa surface est hérissée, sont très-forts;

* Deux-dents hérisson. *Bonnaterre, planches de l'Encyclopédie méthodique, pl.* 19, *fig.* 62.

Diodon orbicularis, orbe hérisson. *Bloch, pl.* 127.

Deux-dents courte-épine. *Daubenton, Encyclopédie méthodique.*

Diodon hystrix. *Linné, édition de Gmelin.*

Ostracion bidens sphæricus, aculeis undique densis triquetris. *Artedi,
gen.* 59, *syn.* 86.

Seb. Mus. 3, *tab.* 23, *fig.* 3.

Poisson rond et piquant. Orbis echinatus, orbis muricatus. *Rondelet,
première partie, liv.* 15, *chap.* 3.

Willughby, Ichthyol. tab. I, 4, *fig.* 6; *et* I, 8, *fig.* 1 *et* 2.

Guamajacu, guara, piquitingua, araguagua, camuri. *Marcgrav. Bras.
p.* 158.

Ikan doerian, terpandjang, doeri, doeri-nja. *Valentyn. Ind.* 3, *p.* 458,
n. 357.

Poisson armé. *Dutertre, Antill.* 2, *p.* 209.

Diodon hystrix reticulatus, B. *Linné, édition de Gmelin.*

Ostracion subrotundus, aculeis undique brevibus triquetris raris. *Artedi,
gen.* 59, *syn.* 86.

Diodon subsphæricus aculeatus, aculeis ventralibus singulis maculâ
flavicente notatis, præter maculas quinque nigras. *Commerson, manuscrits
déja cités.*

mais ils sont plus courts, et plus clair-semés à proportion du volume du poisson, que ceux de l'atinga, de l'holocanthe, et du tacheté. Ils paroissent d'ailleurs retenus sous la peau par des racines à trois pointes, plus étendues et plus dures; ils ressemblent davantage à un cône, ou plutôt à une sorte de pyramide triangulaire, dont les faces seroient plus ou moins marquées; ils peuvent faire des blessures plus larges; ils sont moins fragiles; ils donnent à l'animal des moyens de défense plus capables de résister à une longue attaque; et voilà pourquoi l'orbe a été nommé par excellence, et au milieu des autres diodons, le *poisson armé*. C'est sous ce nom que sa dépouille a été conservée pendant si long-temps, suspendue à la voûte de presque tous les muséum d'histoire naturelle, et même dans un grand nombre de cabinets de physique, de laboratoires de pharmacie, et de magasins de drogues étrangères.

Commerson, qui a vu ce poisson en vie dans la mer voisine de Rio-Janeïro, a très-bien décrit les couleurs de cet animal; et c'est d'après lui que nous allons les faire connoître. L'orbe est d'un gris livide sur toute sa surface; mais ce fond est varié par des taches de formes et de nuances différentes. Premièrement, des gouttes blanchâtres sont répandues sur tout le dos; secondement, quatre taches plus grandes, noires, et presque arrondies, sont situées, une auprès de chaque nageoire pectorale, et une sur chaque côté du corps; troisièmement, une cinquième tache également noire, mais très-

échancrée, paroît auprès de la nageoire caudale; quatrièmement, un croissant noirâtre est au dessous de
chaque œil; et cinquièmement, la base de chacun des
aiguillons placés sur le ventre est d'un jaune plus ou
moins pâle.

Au reste, on remarque souvent des variétés dans la
forme du corps de l'orbe, et dans celle de ses aiguillons.
Ces piquans sont quelquefois, par exemple, taillés,
pour ainsi dire, à pans plus sensibles, et attachés par
des racines plus fortes et plus divisées. D'un autre côté,
la sphéricité de l'animal se change en une sorte d'ovoïde,
ou de petit cône, qui le rapproche du tacheté, ou de
l'holocanthe, ou de l'atinga, sur-tout lorsque ces derniers, ayant accidentellement leur partie inférieure
très-gonflée, s'éloignent davantage de la figure alongée,
et sont plus près de la rondeur d'une boule. Mais les
atingas, les holocanthes et les tachetés les plus voisins
de la forme globuleuse seront toujours séparés de
l'orbe dont la sphéricité sera la moins parfaite, par la
conformation des piquans de ce dernier, plus courts,
plus forts, plus clair-semés, mieux enracinés, et plus
comprimés latéralement et sur plusieurs faces, que
ceux des autres diodons *.

L'orbe a, comme d'autres cartilagineux de sa famille,

---

* A la nageoire du dos   14 rayons.
    aux nageoires pectorales   22
    à celle de l'anus   12
    à celle de la queue, qui est arrondie, 10

deux dents molaires presque plates, très-étendues en surface, et situées l'une au palais, et l'autre en bas vers le bout du museau. Sa chair est un aliment plus ou moins dangereux, au moins dans certaines circonstances, comme celle de l'atinga et d'autres diodons.

C'est principalement dans l'orbe que l'on avoit cru voir de véritables poumons en même temps que des branchies; et c'est cette observation qui avoit particulièrement engagé Linné à séparer les cartilagineux des poissons proprement dits, et à les considérer comme appartenant à la classe que ce grand naturaliste a désignée par le nom d'amphibies*.

---

* Voyez le *Discours sur la nature des poissons.*

LE DIODON MOLE *.

Ce diodon, que le savant naturaliste Pallas a fait connoître, a beaucoup de ressemblance avec le tétrodon lune par le grand aplatissement de son corps, qui est très-comprimé par les côtés, et par la forme demi-ovale qu'il présente, lorsqu'on regarde une de ses faces latérales. Mais ces deux poissons appartiennent à deux familles différentes ; il est donc très-aisé de les distinguer l'un de l'autre : d'ailleurs le diodon mole, au lieu de parvenir aux dimensions très-étendues de la lune, n'a encore été vu que de la longueur de quelques pouces ; et l'on n'a encore comparé la grandeur de l'espèce de disque qu'offre le corps de ce cartilagineux, qu'à celle de la paume de la main.

Le sommet de la tête du mole est creusé en petit canal dont les deux bouts sont garnis d'une petite pointe ; le museau est saillant ; la grande dent qui compose la partie antérieure de chaque mâchoire, est plutôt cartilagineuse qu'osseuse. Le dos est armé de deux piquans et de trois tubercules ; on voit aussi deux aiguillons auprès de la gorge, et d'autres piquans sur les côtés du corps ou sur la carène formée par le dessous

* Diodon mola. *Linné, édition de Gmelin.*
Pallas, Spicil. zoolog. 8, p. 39, *tab.* 4, *fig.* 7.
Kœlreuter, nov. Comm. Petropol. 10, p. 440, *tab.* 6.

de l'animal. La partie postérieure du mole paroît comme tronquée. On compte quatorze rayons à chacune de ses nageoires pectorales. On le trouve dans les mers voisines des tropiques, ainsi que les autres espèces de diodons, qui habitent, au reste, non seulement dans les eaux salées qui baignent l'ancien continent, mais dans celles qui avoisinent les rivages du nouveau.

QUATORZIÈME GENRE.

LES SPHÉROÏDES.

*Point de nageoires du dos, de la queue, ni de l'anus;
quatre dents au moins à la mâchoire supérieure.*

ESPÈCE.	CARACTÈRES.
LE SPHÉROÏDE TUBERCULÉ.	Un grand nombre de petits tubercules sur la plus grande partie du corps.

Pl. 1. Pag. 23.

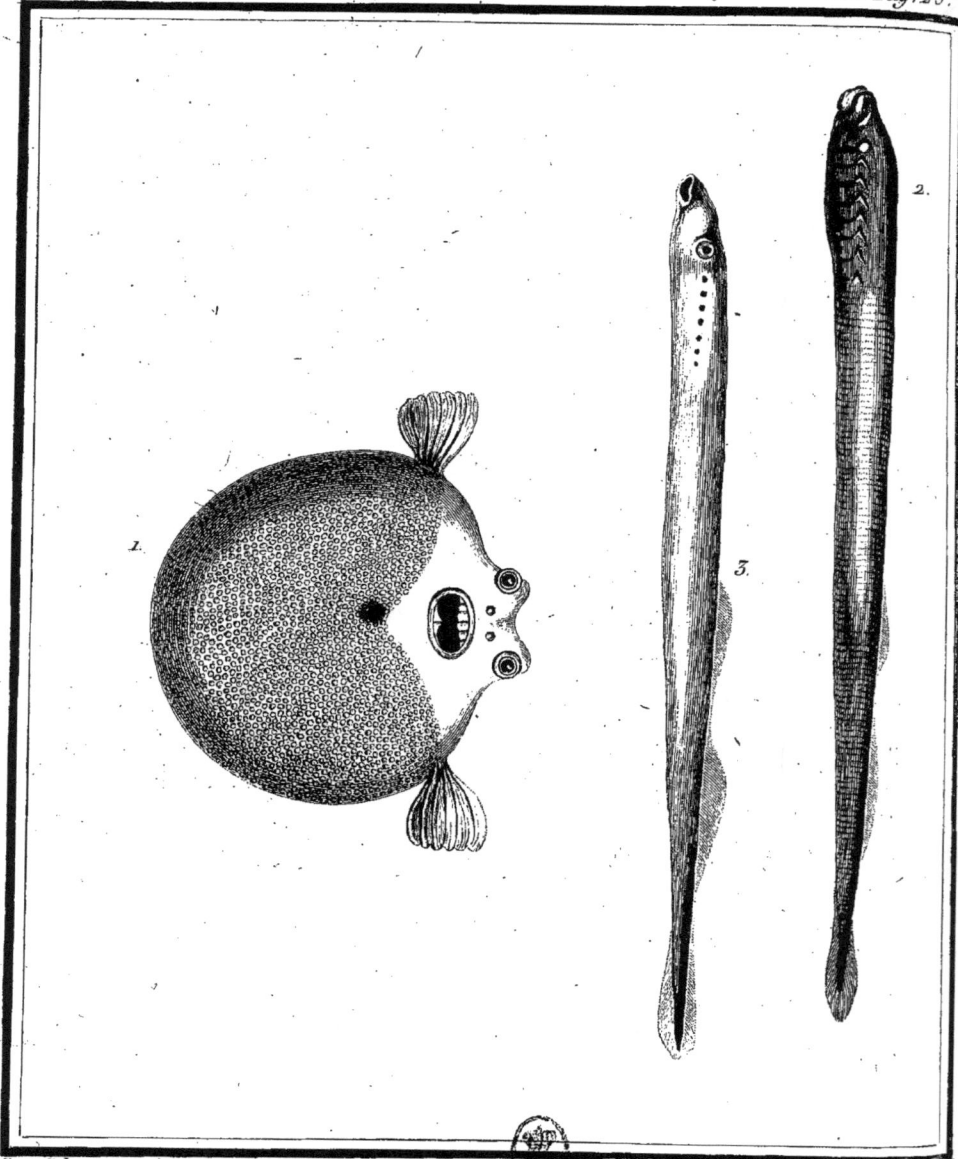

Deeeve. Del.

le Fillair. Sculp.

1. SPHÉROÏDE Tuberculé. 2. PETROMYZON Rouge. 3. PETROMYZON Sucet.

LE SPHÉROÏDE TUBERCULÉ *.

LE naturaliste Plumier a laissé parmi les dessins ori-
ginaux que l'on doit à son zèle éclairé, et qui sont
déposés dans le cabinet des estampes de la bibliothèque
nationale, la figure de ce cartilagineux, que je n'ai pu
inscrire, d'après sa forme extérieure, dans aucun des
genres de poissons déja connus. Il a beaucoup de rapports avec l'ovoïde fascé; mais il en diffère, ainsi qu'on
va le voir, par plusieurs traits essentiels. Il est presque
entièrement sphérique, et voilà pourquoi le nom générique de *sphéroïde* m'a paru lui convenir. Sa forme
globuleuse n'est altérée que par deux saillies très-
marquées, dans chacune desquelles un des deux yeux est
placé. Les deux narines, très-rapprochées, sont situées
entre les yeux et l'ouverture de la bouche, dans l'intérieur de laquelle on voit au moins quatre dents attachées à la mâchoire supérieure, et deux à la mâchoire
d'en bas. Une portion assez considérable des environs
de la bouche n'est recouverte que d'une peau lisse;
mais tout le reste de la surface du corps est parsemé
d'un très-grand nombre de petits tubercules qui m'ont
suggéré le nom spécifique de ce cartilagineux. L'animal

* Orbis minimus non aculeatus. *Plumier, dessins déposés dans le cabinet
des estampes de la bibliothèque nationale.*

ne présente aucun aiguillon; il n'a que deux nageoires:
ce sont deux nageoires pectorales assez étendues, et
dont chacune est soutenue par six ou sept rayons. Il
est à présumer que c'est dans la mer qui baigne les
côtes orientales de la partie de l'Amérique comprise
entre les tropiques, que l'on trouve ce tuberculé, dont
les habitudes doivent ressembler beaucoup à celles de
l'ovoïde fascé.

QUINZIÈME GENRE.

LES SYNGNATHES.

L'ouverture de la bouche très-petite, et placée à l'extrémité d'un museau très-long et presque cylindrique; point de dents; les ouvertures des branchies sur la nuque.

PREMIER SOUS-GENRE.

Une nageoire de la queue, des nageoires pectorales, et une nageoire de l'anus.

ESPÈCES.	CARACTÈRES.
1. LE SYNGN. TROMPETTE.	Le corps à six pans.
2. LE SYNGN. AIGUILLE.	Le corps à sept pans.

SECOND SOUS-GENRE.

Une nageoire de la queue; des nageoires pectorales; point de nageoire de l'anus.

ESPÈCE.	CARACTÈRES.
3. LE SYNGNATHE TUYAU.	Le corps à sept pans.

TROISIÈME SOUS-GENRE.

Une nageoire de la queue; point de nageoires pectorales, ni de nageoire de l'anus.

ESPÈCE.	CARACTÈRES.
4. LE SYNGNATHE PIPE.	{ Trente rayons à la nageoire du dos; cinq à celle de la queue.

QUATRIÈME SOUS-GENRE.

Point de nageoire de la queue; des nageoires pectorales; une nageoire de l'anus.

ESPÈCES.	CARACTÈRES.
5. LE SYNG. HIPPOCAMPE.	{ Cinq excroissances barbues et cartilagineuses au dessus de la tête.
6. LE SYNGNATHE DEUX-PIQUANS.	{ Deux piquans sur la tête.

CINQUIÈME SOUS-GENRE.

Point de nageoire de la queue; des nageoires pectorales; point de nageoire de l'anus.

ESPÈCE.	CARACTÈRES.
7. LE SYNGNATHE BARBE.	Le corps à six pans.

SIXIÈME SOUS-GENRE.

Point de nageoire de la queue, de nageoires pectorales, ni de nageoire de l'anus.

ESPÈCE.	CARACTÈRES.
8. LE SYNGN. OPHIDION.	{ Le corps très-délié; trente-quatre rayons à la nageoire du dos.

LE SYNGNATHE TROMPETTE *.

De toutes les manières dont les poissons viennent au jour, il n'en est point de plus digne d'attention que celle que l'on observe dans la famille des syngnathes, de ces cartilagineux très-alongés, dont les nageoires sont très-petites, et qui par ces deux traits ressemblent beaucoup aux serpens les plus déliés. En effet, non seulement les femelles des syngnathes ne déposent pas leurs œufs, comme celles du plus grand nombre de poissons,

---

* Gagnole , *dans plusieurs départemens méridionaux.*

Syngnathus typhle. *Linné, édition de Gmelin.*

Cheval marin trompette. *Daubenton, Encyclopédie méthodique.*

Id. *Bonnaterre, planches de l'Encyclopédie méthodique.*

Fauna suec. 377.

Syngnathus corpore medio hexagono, caudâ pinnatâ. *Art. gen.* 1, *syn.* 1, *spec.* 3.

Bloch, pl. 91, *fig.* 1.

Klein, miss. pisc. 4, *p.* 42, *n.* 2.

Piscis septimus. *Salvian. Aquat. p.* 68.

Typhle marina. *Bell. Aquat. p.* 448.

Trompette, aiguille d'Aristote. *Rondelet, première partie, liv.* 8, *chap.* 4.

Willughby, Ichthy. p. 158.

Raj. pisc. p. 46.

Gesner, Aquat. p. 9; *icon. anim. p.* 92.

Sea adder. *Borlase, Cornw. p.* 267.

Shorter pipe-fish. *Pennant, Brit. Zoolog.* 3, *p.* 108, *n.* 2, *tab.* 6, *fig.* 2.

Syngnathus pinnis caudæ, ani, pectoralibusque, radiatis, corpore hexagono. *Commerson, manuscrits déja cités.*

sur des bancs de sable, sur des rochers, sur des côtes plus ou moins favorables au développement des fœtus; non seulement elles ne les abandonnent point sur des rivages : mais on diroit que, modèles de la véritable tendresse maternelle, elles consentent à perdre la vie pour la donner aux petits êtres qui leur devront leur existence. On croiroit même qu'elles s'exposent à périr au milieu de douleurs cruelles, pour sauver les jeunes produits de leur propre substance. Jamais l'imagination poétique, qui a voulu quelquefois élever l'instinct des animaux, animer leur sensibilité, ennoblir leurs affections, embellir leurs qualités, et les rapprocher de celles de l'homme, autant qu'une philosophie trop sévère et trop prompte dans ses jugemens a cherché à les dégrader et à les repousser loin d'elle, n'a pu être si facilement séduite lorsqu'elle a erré au milieu des divers grouppes d'animaux dont nous avons entrepris d'écrire l'histoire, et même de tous ceux que l'on a placés, avec raison, plus près de l'homme, ce fils privilégié de la nature, qu'elle ne l'auroit été par le tableau des soins des syngnathes mères, et de toutes les circonstances qui accompagnent le développement de leurs foibles embryons: jamais elle ne se seroit plue à parer de plus de charmes les résultats de l'organisation des êtres vivans et sensibles. Et combien de fois les syngnathes mères n'auroient-elles pas été célébrées dans ces ouvrages charmans, heureux fruits d'une invention brillante et d'un sentiment touchant, que la sagesse reçoit des mains de la poésie pour le bonheur du monde, si le génie qui préside aux sciences naturelles avoit plutôt révélé à celui des beaux arts le secret des phénomènes dérobés à presque tous les yeux, et par les eaux des mers dans lesquelles ils s'opèrent, et par la petitesse des êtres qui les produisent !

Mais au travers de ces voiles précieux et transparens dont l'imagination du poète les auroit enveloppés, qu'auroit vu le physicien? Que peut remarquer dans la reproduction des syngnathes, l'observateur le plus froid et le plus exact? Quels sont ces faits à la vue desquels la poésie auroit bientôt allumé son flambeau ? Oublions les douces images qu'elle auroit fait naître, et ne nous occupons que des devoirs d'un historien fidèle.

On a pensé que les syngnathes étoient hermaphrodites : un savant naturaliste, le professeur Pallas, l'a écrit * ; et ses soupçons à ce sujet ont été fondés sur ce que dans tous les individus de ce genre qu'il a disséqués, il a trouvé des ovaires et des œufs. Peut-être dans cette famille, ainsi que dans plusieurs autres de la classe des poissons, le nombre des femelles l'emporte-t-il de beaucoup sur celui des mâles. Mais, quoi qu'il en soit, les observations d'autres habiles physiciens, et particulièrement celles d'Artedi, qui a vu des syngnathes mâles, ne permettent pas de regarder comme

---

* Pallas, *Spicileg. zoologic.* 8, *p.* 33.

hermaphrodites les cartilagineux dont nous traitons
dans cet article ; et nous sommes dispensés d'admettre
une exception qui auroit été unique non seulement
parmi les poissons, mais même parmi tous les animaux
à sang rouge.

Les jeunes syngnathes sortent des œufs dans lesquels
ils ont été renfermés, pendant que ces mêmes œufs
sont encore attachés au corps de la femelle. L'intérieur
de ces petites enveloppes a donc dû être fécondé avant
leur séparation du corps de la mère. Il en est donc des
syngnathes comme des raies et des squales : le mâle
est obligé de chercher sa femelle, de s'en approcher,
de demeurer auprès d'elle au moins pendant quelques
momens, de faire arriver jusqu'à elle sa liqueur séminale. Il y a donc un véritable accouplement du mâle
et de la femelle dans la famille que nous examinons;
et la force qui les entraîne l'un vers l'autre est d'autant
plus remarquable, qu'elle peut faire supposer l'existence
d'une sorte d'affection mutuelle, très-passagère à la
vérité, mais cependant assez vive, et que ce sentiment,
quelque peu durable qu'il soit, doit influer beaucoup
sur les habitudes de l'animal, et par conséquent sur
l'instinct qui est le résultat de ces habitudes.

Lorsque la liqueur séminale du mâle est parvenue
jusqu'aux œufs de la femelle, ils reçoivent de ce fluide
vivifiant une action analogue à celle que l'on voit
dans tous les œufs fécondés, soit dans le ventre, soit
hors du corps des mères, à quelque espèce d'animal

qu'il faille d'ailleurs les rapporter. L'œuf, imprégné de
la liqueur du mâle, s'anime, se développe, grossit;
et le jeune embryon croît, prend des forces, et se nourrit
de la matière alimentaire renfermée avec lui dans sa
petite coque. Cependant le nombre des œufs que contiennent les ovaires est beaucoup plus grand, à proportion de leur volume, et de la capacité du ventre qui les
renferme, dans les syngnathes que dans les raies ou dans
les squales. Lorsque ces œufs ont acquis un certain
degré de développement, ils sont trop pressés dans
l'espace qu'ils occupent, ils en compriment trop les
parois sensibles et élastiques, pour n'être pas repoussés
hors de l'intérieur du ventre, avant le moment où les
fœtus doivent éclore. Mais ce n'est pas seulement alors
par l'anus qu'ils s'échappent : ils sortent par une fente
longitudinale qui se fait dans le corps, ou, pour mieux
dire, dans la queue de la femelle, auprès de l'anus,
et entre cette ouverture et la nageoire caudale. Cette
fente non seulement sépare des parties molles de la
femelle, mais encore elle désunit des pièces un peu
dures et solides. Ces pièces sont plusieurs portions de
l'enveloppe presque osseuse dans laquelle les syngnathes sont engagés en entier. Ces poissons sont, en
effet, revêtus d'une longue cuirasse qui s'étend depuis
la tête jusqu'à l'extrémité de la queue. Cette cuirasse
est composée d'un très-grand nombre d'anneaux placés
à la suite l'un de l'autre, et dont chacun est articulé
avec celui qui le précède et celui qui le suit. Ces

anneaux ne sont pas circulaires, mais à plusieurs côtés ;
et comme les faces analogues de ces anneaux se cor-
respondent d'un bout à l'autre de l'animal, l'ensemble
de la cuirasse, ou, pour mieux dire, du très-long
étui qu'ils forment, ressemble à un prisme à plusieurs
pans. Le nombre de ces pans varie suivant les espèces,
ainsi que celui des anneaux qui recouvrent le corps
et la queue proprement dite.

En même temps que la sorte de gaîne qui renferme
le poisson présente plusieurs faces disposées dans le
sens de la longueur du syngnathe, elle doit offrir
aussi, aux endroits où ces pans se touchent, des arêtes,
ou lignes saillantes et longitudinales, en nombre égal
à celui des côtés longitudinaux de cet étui prismatique. Une de ces arêtes est placée, au moins le plus
souvent, au milieu de la partie inférieure du corps et
de la queue, dont elle parcourt la longueur. C'est une
portion de cette arête qui, au-delà de l'anus, se change
en fente alongée, pour laisser passer les œufs ; cette
fente se prolonge plus ou moins suivant les individus,
et suivant l'effort occasionné par le nombre des œufs,
soit vers le bout de la queue, soit vers l'autre extrémité du syngnathe.

Cependant les deux pans les plus inférieurs du fourreau prismatique non seulement se séparent à l'endroit
de cette fente, mais ils s'enfoncent, vers l'intérieur du
corps de l'animal, dans le bord longitudinal qui touche
la fente, et se relèvent dans l'autre, de manière qu'au

lieu d'une arête saillante, on voit un petit canal qui
s'étend souvent vers la tête et vers le bout de la queue
du syngnathe, bien au-delà de la place où la division
a lieu. En effet, une dépression semblable à celle que
nous exposons s'opère alors au-delà de la fente, tant vers
le bout de la queue que vers la tête, quoique les deux
pans longitudinaux les plus inférieurs n'y soient pas détachés l'un de l'autre, et qu'ils s'inclinent uniquement
l'un sur l'autre, d'une manière très-différente de celle
qu'ils présentoient avant la production de la séparation.

Lorsqu'une arête saillante ne règne pas longitudinalement dans le milieu de la partie inférieure de
l'animal, le pan qui occupe cette partie inférieure se
partage en deux, et les deux lames alongées qui résultent
de cette fracture, ainsi que les pans collatéraux, s'inclinent de manière à produire un canal analogue à
celui que nous venons de décrire.

C'est dans ce canal, dont la longueur varie suivant
les espèces, et même suivant les individus, que se
placent les œufs à mesure qu'ils sortent du ventre de
la mère : ils y sont disposés sur des rangs plus ou moins
nombreux selon leur grosseur et la largeur du canal;
et ils y sont revêtus d'une peau mince, que les jeunes
syngnathes déchirent facilement lorsqu'ils ont été assez
développés pour percer la coque qui les contenoit.

La femelle porte ainsi ses petits encore renfermés
dans leurs œufs, pendant un temps dont la longueur
varie suivant les diverses circonstances qui peuvent

influer sur l'accroissement des embryons ; elle nage ainsi chargée d'un poids qu'elle conserve avec soin, et qui lui donne d'assez grands rapports avec plusieurs cancres dont les œufs sont également attachés pendant long-temps au dessous de la queue de la mère.

Peut-être n'est-ce qu'au moment où les œufs des syngnathes sont parvenus dans le petit canal qui se creuse au dessous du corps de la femelle, que le mâle s'approche, s'accouple, et les arrose de sa liqueur séminale, laquelle peut pénétrer aisément au travers de la membrane très-peu épaisse qui les maintient. Mais, quoi qu'il en soit, il paroît que, dans la même saison, il peut y avoir plusieurs accouplemens entre le même mâle et la même femelle, et que plusieurs fécondations successives ont lieu comme dans les raies et les squales ; les premiers œufs qui sont un peu développés et vivifiés par la liqueur séminale du mâle passent dans le petit canal, qu'ils remplissent, et dans lequel ils sont ensuite remplacés par d'autres œufs dont l'accroissement moins précoce avoit retardé la fécondation, en les retenant plus long-temps dans le fond de la cavité des ovaires.

Au reste, le phénomène que nous venons de décrire est une nouvelle preuve de l'étendue des blessures, des déchiremens et des autres altérations que les poissons peuvent éprouver dans certaines parties de leur corps, non seulement sans en périr, mais même sans ressentir de graves accidens.

La tête de tous les syngnathes, et particulièrement de la trompette, dont nous traitons dans cet article, est très-petite; le museau est très-alongé, presque cylindrique, un peu relevé par le bout; et c'est à cette extrémité qu'est placée l'ouverture de la bouche, qui est très-étroite, et se ferme par le moyen de la mâchoire inférieure proprement dite, que l'on a prise à tort pour un opercule, et qui, en se relevant, va s'appliquer contre celle d'en haut. Le long tuyau formé par la partie antérieure de la tête a été regardé comme composé des deux mâchoires réunies l'une contre l'autre dans la plus grande partie de leur étendue; et de là vient le nom de *syngnathe* que porte la famille de cartilagineux dont nous nous occupons.

La trompette, non plus que les autres syngnathes, n'a point de langue, ni même de dents. Ce défaut de dents, la petitesse de l'ouverture de sa bouche, et le peu de largeur du long canal que forme la prolongation du museau, forcent la trompette à ne se nourrir que de vers, de larves, de fragmens d'insectes, d'œufs de poissons.

La membrane des branchies des syngnathes, que deux rayons soutiennent, s'étend jusques vers la gorge: l'opercule de cet organe est grand et couvert de stries disposées en rayons; mais cet opercule et cette membrane sont attachés à la tête et au corps proprement dit, dans une si grande partie de leur contour, qu'il ne reste pour le passage de l'eau qu'un orifice placé sur la nuque. On voit donc, sur le derrière de la tête, deux petits trous que l'on prendroit pour des évents analogues à ceux des raies et des squales, mais qui ne sont que les véritables ouvertures des branchies.

Ces branchies sont au nombre de quatre de chaque côté. Ces organes, un peu différens dans leur conformation des branchies du plus grand nombre de poissons, ressemblent, selon Artedi et plusieurs autres naturalistes qui l'ont copié, à une sorte de viscosité pulmonaire, d'un rouge obscur: mais je me suis assuré, en examinant plusieurs individus, et même plusieurs espèces de la famille que nous décrivons, qu'ils étoient composés, à peu près, comme dans la plupart des poissons, excepté que chacune des branchies est quelquefois un peu épaisse à proportion de sa longueur, et que les quatre de chaque côté sont réunies ensemble par une membrane très-mince, laquelle, ne s'appliquant qu'à leur côté extérieur, forme, entre ces quatre parties, trois petits canaux ou cellules, qui ont pu suggérer à Artedi l'expression qu'il a employée. Au reste, cette couleur rougeâtre qu'il a très-bien vue, indique les vaisseaux sanguins très-ramifiés et disséminés sur ces branchies.

Les yeux des syngnathes sont voilés par une membrane très-mince, qui est une continuation du tégument le plus extérieur de l'animal.

Le canal intestinal de la trompette est court et presque sans sinuosités.

La série de vertèbres cartilagineuses qui s'étend depuis la tête jusqu'à l'extrémité de la queue, ne présente aucune espèce de côte : mais les vertèbres qui sont renfermées dans le corps proprement dit, offrent des apophyses latérales assez longues, qui ont quelque ressemblance avec des côtes; et elles montrent ainsi une conformation intermédiaire entre celle des vertèbres des raies et des squales, sur lesquelles on ne voit pas de ces apophyses, et celle des vertèbres des poissons osseux, qui sont garnies de véritables côtes.

L'étui dans lequel elle est enveloppée, présente six pans, tant sur le corps que sur la queue, autour de laquelle cependant ce fourreau n'offre quelquefois que quatre pans longitudinaux.

Le nombre des anneaux qui composent cette cuirasse est ordinairement de dix-huit autour du corps, et de trente-six autour de la queue.

La trompette a une nageoire dorsale comme tous les syngnathes : mais elle a de plus des nageoires pectorales, une nageoire de l'anus, et une nageoire caudale*; organes, dont les trois, ou du moins un ou deux, manquent à quelques espèces de ces animaux, ainsi

---

* A la nageoire du dos 18 rayons.
aux pectorales 12
à celle de l'anus 5
à celle de la queue, qui est un peu arrondie, 10

Un individu de l'espèce de la trompette, observé par Commerson, différoit assez des autres individus de cette même espèce par le nombre des

qu'on peut le voir sur le tableau méthodique des cartilagineux de cette famille.

Elle n'a guère plus d'un pied ou d'un pied et demi
de longueur : sa couleur générale est jaune et variée
de brun ; les nageoires sont grises et très-petites.

On la trouve non seulement dans l'Océan, mais encore dans la Méditerranée, où elle a été assez anciennement et assez bien observée, pour qu'Aristote et
Pline aient connu une partie de ses habitudes, et
notamment la manière dont elle vient au jour.

Sa chair est si peu abondante, que ce poisson est à
peine recherché pour la nourriture de l'homme ; mais
comme il perd difficilement la vie, qu'il ressemble à
un ver, et que, malgré sa cuirasse, qui se prête à plusieurs mouvemens, il peut s'agiter et se contourner en
différens sens, on le pêche pour l'employer à amorcer
des hameçons.

---

rayons de ses nageoires, pour qu'on pût le considérer comme formant une
variété distincte. Il avoit, en effet, à la nageoire dorsale   45 rayons,
à chacune des nageoires pectorales 24
à celle de l'anus   3
à celle de la queue   6

1. SYNGNATHE *Aiguille*. 2. SYNGNATHE *Hippocampe*. 3. PÉGASE *Dragon*.

LE SYNGNATHE AIGUILLE [1],

LE SYNGNATHE TUYAU [2],

ET LE SYNGNATHE PIPE [3].

L'AIGUILLE habite, comme la trompette, dans l'Océan septentrional ; elle présente la même conformation,

---

[1] Syngnathus acus. *Linné, édition de Gmelin.*
Syngnathus corpore medio heptagono, caudâ pinnatâ. *Artedi, gen.* 1 , *syn.* 2 , *spec.* 2.
Bloch, pl. 91, *fig.* 2.
Solenostomus à capite ad caudam heptagonus. *Klein, miss. pisc.* 4, *p.* 24, *n.* 3.
Typhle. *Gesner, Aquat. p.* 1025.
Acus Aristotelis. *Aldrov. pisc. p.* 105.
Willughby, Ichthyol. p. 159, *tab. I,* 25, *fig.* 1.
Raj. pisc. p. 46, *n.* 2.
Seenadel, sacknadel. *Wulff, Ichthy. boruss. p.* 70.
Cheval marin aiguille. *Daubenton, Encyclopédie méthodique.*
Id. *Bonnaterre, planches de l'Encyclopédie méthodique.*

[2] Syngnathus pelagicus. *Linné, édition de Gmelin.*
Cheval marin tuyau de plume. *Daubenton, Encyclopédie méthodique.*
Id. *Bonnaterre, planches de l'Encyclopédie méthodique.*
Syngnathus pelagicus. *Osb. It.* 105.

Nota. La figure 4 de la planche CIX de Bloch, que l'on a rapportée au syngnathe tuyau, représente une variété du syngnathe aiguille.

[3] Syngnathus æquoreus. *Linné, édition de Gmelin.*
Cheval marin pipe. *Daubenton, Encyclopédie méthodique.*
Id. *Bonnaterre, planches de l'Encyclopédie méthodique.*

excepté dans le nombre des faces de sa cuirasse, qui offre sept pans longitudinaux autour de son corps proprement dit, tandis qu'on n'en compte que six sur le fourreau analogue de la trompette. Elle parvient d'ailleurs à une grandeur plus considérable ; elle a quelquefois trois pieds de long ; et l'on voit, sur presque toute sa surface, des taches et des bandes transversales alternativement brunes et rougeâtres. Son anus est un peu plus rapproché de la tête que celui de la trompette, et l'on a écrit que la femelle donnoit le jour à soixante-dix petits *.

Le syngnathe tuyau a autour de son corps une longue enveloppe à sept pans, comme l'aiguille ; mais il s'éloigne de la trompette plus que ce dernier poisson : il n'a point de nageoire de l'anus. On le trouve dans des mers bien éloignées l'une de l'autre : on le voit, en effet, dans la mer Caspienne, dans celle qui baigne les rivages de la Caroline, et dans celle dont les flots agités par les tempêtes battent si fréquemment le cap de Bonne-Espérance et les côtes africaines voisines de ce cap. On l'observe souvent au milieu des fucus ; il est d'un jaune foncé, plus clair sur les nageoires

---

* A la membrane des branchies du syngnathe aiguille 2 rayons.
à chaque nageoire pectorale 14
à celle du dos 36
à celle de l'anus 6
à celle de la queue 19

du dos et de la queue , et relevé par de petites bandes transversales brunes[1].

La forme de la trompette se dégrade encore plus dans le syngnathe pipe que dans les deux autres cartilagineux de la même famille , décrits dans cet article. La pipe n'est pas seulement dénuée de nageoire de l'anus; elle n'a pas même de nageoires pectorales[2].

---

[1] Il y a à la nageoire du dos du syngnathe tuyau 3I rayons.

aux nageoires pectorales	14
à celle de la queue	10
à la cuirasse qui recouvre le corps	18 anneaux.
à celle qui revêt la queue	32

Il paroît qu'on a compté vingt-cinq anneaux dans une variété de cette espèce , vue auprès de la Caroline.

[2] A la nageoire dorsale du syngnathe pipe 3o rayons,
à celle de la queue   5

LE SYNGNATHE HIPPOCAMPE [1],

E T

LE SYNGNATHE DEUX-PIQUANS [2].

QUEL contraste que celui des deux images rappelées par ce mot *hippocampe*, qui désigne en même temps

[1] Cavallo marino, *en Italie.*
Syngnathus hippocampus. *Linné, édition de Gmelin.*
Brunn. pisc. Massil. n. 19.
Mull. prodrom. Zool. danic. n. 327.
Syngnathus corpore quadrangulo, pinnâ caudæ carens, *Artedi, gen.* 1, *syn.* 1.
Bloch, pl. 109, *fig.* 3.
Cheval marin, hippocampe. *Daubenton, Encyclopédie méthodique.*
Id. *Bonnaterre, planches de l'Encyclopédie méthodique.*
Gronov. Zooph. n. 170.
Brown. Jamaic. p. 441, *n.* 1.
Crayracion corpore circumflexo, etc. *Klein, miss. pisc.* 3, *p.* 23, *n.* 32.
Ælian. lib. 14, *c.* 14.
Cheval marin. *Rondelet, des Insectes et Zoophytes, chap.* 9.
Gesner, Aquat. p. 414.
Willughby, Ichth. p. 157, *tab.* I, 25, *fig.* 3 *et* 4.
Raj. pisc. p. 45, 46, *n.* 1, 4.
Hippocampus æquivoca. *Aldrov. pisc. p.* 716.
Cheval marin. *Bellon, Aquat. p.* 444.
Geel zeepaardje. *Valent. Mus. p.* 338, *n.* 130.
Syngnathus hippocampus, le cheval marin. *Appendix du Voyage à la nouvelle Galles méridionale, par Jean White, premier chirurgien de l'expédition commandée par le capitaine Philipp.— pl.* 50, *fig.* 2.
Syngnathus hippocampus. *Commerson, manuscrits déja cités.*
[2] Syngnathus tetragonus. *Linné, édition de Gmelin.*
Thunberg, Act. soc. physiogr. lund, 1, 4, *p.* 301, *n.* 30, *tab.* 4, *fig.* 1 *et* 2.
Syngnathus biaculeatus, épine double. *Bloch, pl.* 121, *fig.* 1 *et* 2.
Cheval marin, épine double. *Bonnaterre, planches de l'Encycl. méthod.*

et un cheval et une chenille! Quel éloignement dans
l'ensemble des êtres vivans et sensibles sépare ces deux
animaux, dont on a voulu voir les traits réunis dans
l'hippocampe, et dont on s'est efforcé de combiner
ensemble les deux idées pour en former l'idée composée du syngnathe que nous décrivons! L'imagination,
qui, au lieu de calculer avec patience les véritables
rapports des objets, se plaît tant à se laisser séduire
par de vaines apparences, et à se laisser entraîner vers
les rapprochemens les plus bizarres, les ressemblances
les plus trompeuses et les résultats les plus merveilleux, a dû d'autant plus jouir en s'abandonnant pleine-
ment au sens de ce mot *hippocampe,* que, par l'adoption
la plus entière de cette expression, elle a exercé, pour
ainsi dire, en même temps, une triple puissance.
Reconnoître, en quelque manière, un cheval dans un
petit cartilagineux, voir dans le même moment une
chenille dans un poisson, et lier ensemble et dans un
même être une chenille et un cheval, ont été trois
opérations simultanées, trois espèces de petits miracles
compris dans un seul acte, trois signes de pouvoir
devenus inséparables, dans lesquels l'imagination s'est
complue sans réserve, parce qu'elle ne trouve de véritable attrait que dans ce qui lui permet de s'attribuer
une sorte de force créatrice : et voilà pourquoi cette
dénomination d'*hippocampe* a été très-anciennement
adoptée ; et voilà pourquoi, lors même qu'elle n'a rap-
pelé qu'une erreur bien reconnue, elle a conservé

assez de charmes secrets pour être généralement
maintenue par les naturalistes. Quelles sont cependant
ces légères apparences qui ont introduit ce mot *hippocampe*, et d'abord quels sont les traits de la conformation extérieure du syngnathe dont nous nous occupons, qui ont réveillé l'idée du cheval, à l'instant où
on a vu ce cartilagineux? Une tête un peu grosse ; la
partie antérieure du corps, plus étroite que la tête et
le corps proprement dit ; ce même corps plus gros que
la queue, qui se recourbe; une nageoire dorsale dans
laquelle on a trouvé de la ressemblance avec une
selle ; et de petits filamens qui, garnissant l'extrémité
de tubercules placés sur la tête et le devant du corps,
ont paru former une petite crinière : tels sont les rapports éloignés qui ont fait penser au cheval ceux qui
ont examiné un hippocampe, pendant que ces mêmes
filamens, ainsi que les anneaux qui revêtent ce cartilagineux, comme ils recouvrent les autres syngnathes,
l'ont fait rapporter aux chenilles à anneaux hérissés de
bouquets de poil.

Mais, en écartant ces deux idées trop étrangères de
chenille et de cheval, déterminons ce qui différencie
l'hippocampe d'avec les autres poissons de sa famille.

Il parvient ordinairement à la longueur de trois ou
quatre décimètres, ou d'environ un pied. Ses yeux sont
gros, argentés et brillans. Les anneaux qui l'enveloppent
sont à sept pans sur le corps, et à quatre pans sur la
queue: chacun de ces pans, qui quelquefois sont très-peu

sensibles, est ordinairement indiqué par un tubercule
garni le plus souvent d'une petite houppe de filamens
déliés. Ces tubercules sont communément plus gros
au dessus de la tête, et l'on en voit particulièrement
cinq d'assez grands au dessus des yeux. On compte
treize anneaux à l'étui qui enveloppe le corps, et de
trente-cinq à trente-huit à celui qui renferme la queue,
laquelle est armée, de chaque côté, de trois aiguillons,
de deux en haut et d'un en bas. Au reste, ce nombre
d'anneaux varie beaucoup, au moins suivant les mers
dans lesquelles on trouve l'hippocampe.

Les couleurs de ce poisson sont aussi très-sujettes
à varier, suivant les pays et même suivant les individus.
Il est ou d'un livide plombé, ou brun, ou noirâtre, ou
verdâtre; et quelque nuance qu'il présente, il est quelquefois orné de petites raies ou de petits points blancs
ou noirs *.

Les branchies de l'hippocampe ont été mal vues par
un grand nombre de naturalistes; et leur petitesse
peut avoir aisément induit en erreur sur leur forme.
Mais je me suis assuré par plusieurs observations,
qu'elles étoient frangées sur deux bords, et semblables,

---

* Il y a à la membrane des branchies 2 rayons.
    à chacune des nageoires pectorales 9
(On en a compté 18, parce que chaque
rayon se divise en deux, presque dès son
origine.)
    à celle de la queue   de 16 à 20
    à celle de l'anus   4

à très-peu près, à celles que nous avons examinées dans plusieurs autres syngnathes, et que nous avons décrites dans l'article de la trompette.

La vésicule aérienne est assez grande; le canal intestinal est presque sans sinuosités. La bouche de l'hippocampe étant d'ailleurs conformée comme celle des autres cartilagineux de son genre, il vit, ainsi que ces derniers, de petits vers marins, de larves, d'insectes aquatiques, d'œufs de poissons peu développés. On le trouve dans presque toutes les mers, dans l'Océan, dans la Méditerranée, dans la mer des Indes. Pendant qu'il est en vie, son corps est alongé comme celui des autres syngnathes : mais lorsqu'il est mort, et sur-tout lorsqu'il commence à se dessécher, sa queue se replie en plusieurs sens, sa tête et la partie antérieure de son corps se recourbent; et c'est dans cet état de déformation qu'on le voit dans les cabinets, et qu'il a été le plus comparé au cheval.

On a attribué à l'hippocampe un grand nombre de propriétés médicinales, et d'autres facultés utiles ou funestes, combinées d'une manière plus ou moins absurde : et comment n'auroit-on pas cherché à douer des vertus les plus merveilleuses et des qualités les plus bizarres, un être dans lequel on s'est obstiné, pendant tant de temps, à réunir par la pensée un poisson, un cheval et une chenille?

Le syngnathe deux-piquans habite dans la mer des Indes. Il est varié de jaune et de brun. Les anneaux

qui composent sa longue cuirasse, ne présentent chacun
que quatre pans; et au dessus des yeux on voit deux
aiguillons courbés en arrière *.

---

* A la membrane des branchies　2 rayons.
　à chaque nageoire pectorale　2r
　à celle du dos　　　　　　34
　à celle de l'anus　　　　　4
　sur le corps　　　　　　17 anneaux.
　sur la queue　　　　　　45

LE SYNGNATHE BARBE [1],

ET

LE SYNGNATHE OPHIDION [2].

NON seulement le barbe n'a point de nageoire caudale; mais encore il n'a pas de nageoire de l'anus. Aussi le voit-on placé dans un cinquième sous-genre sur le tableau méthodique de la famille que nous décrivons.

[1] Syngnathus barbarus. *Linné, édition de Gmelin.*
Cheval marin sexangulaire. *Daubenton, Encyclopédie méthodique.*
Id. *Bonnaterre, planches de l'Encyclopédie méthodique.*

[2] Sea-adder, *sur quelques côtes d'Angleterre.*
Hav-hòl, *en Suède.*
Syngnathus ophidion. *Linné, édition de Gmelin,*
Fauna suec. 275.
Otto, schrift. der Berlin. naturf. fr. 3, *p.* 436.
Syngnathus teres, pinnis pectoralibus caudæque carens. *Artedi, gen.* 1, *syn.* 2, *spec.* 3.
Gronov. Mus. 1, *n.* 2.
Bloch, pl. 91, *fig.* 3.
Klein, miss. pisc. 4, *p.* 26, *n.* 15, *tab.* 5, *fig.* 4.
Willughby, Ichthyolog. p. 160.
Raj. pisc. p. 47.
Sajori. *Kæmpfer, Japon,* 1, *p.* 155.
Little pipe-fish. *Brit. Zoolog.* 3, *p.* 109, *n.* 3, *pl.* 6, *fig.* 3.
Cheval marin serpent. *Daubenton, Encyclopédie méthodique,*
Id, *Bonnaterre, planches de l'Encyclopédie méthodique.*

Son corps est d'ailleurs à six pans longitudinaux [1].

L'ophidion est encore plus dénué de nageoires : il n'en a pas de pectorales ; il n'en montre qu'une qui est située sur le dos [2], et qui est assez peu élevée. De tous les syngnathes il est celui qui ressemble le plus à un serpent, et voilà pourquoi le nom d'*ophidion* lui a été donné, le mot grec *ophis* désignant un serpent. Nous avons cru d'autant plus devoir lui conserver cette dénomination, que son corps est plus menu et plus délié à proportion que celui des autres cartilagineux de son genre. Il parvient quelquefois à la longueur de deux pieds, ou de plus de sept décimètres. Son museau est moins alongé que celui de la trompette. Cet animal est verdâtre avec des bandes transversales et quatre raies longitudinales, plus ou moins interrompues, d'un très-beau bleu. Il habite dans l'Océan septentrional.

[1] A chaque nageoire pectorale du barbe 22 rayons.
à celle du dos   43

[2] A la membrane des branchies de l'ophidion   2 rayons
à la nageoire dorsale   34

QUINZIÈME ORDRE

DE LA CLASSE ENTIÈRE DES POISSONS,

ou TROISIÈME ORDRE

DE LA QUATRIÈME DIVISION DES CARTILAGINEUX.

Poissons thoracins, *ou qui ont une ou deux nageoires situées sous le corps, au dessous ou presque au dessous des nageoires pectorales.*

SEIZIÈME GENRE.

LES CYCLOPTÈRES.

Des dents aiguës aux mâchoires; les nageoires pectorales simples; les nageoires inférieures réunies en forme de disque.

PREMIER SOUS-GENRE.

Les nageoires du dos, de la queue, et de l'anus, séparées l'une de l'autre.

ESPÈCE.	CARACTÈRES.
1. LE CYCLOPTÈRE LOMPE.	Le corps garni de plusieurs rangs de tubercules très-durs.

ESPÈCES.	CARACTÈRES.
2. LE CYCLOPT. ÉPINEUX.	De petites épines sur le corps; des rayons distincts à la première nageoire du dos.
3. LE CYCLOPTÈRE MENU.	Trois tubercules sur le museau.
4. LE CYCL. DOUBLE-ÉPINE.	Le derrière de la tête garni, de chaque côté, d'une épine.
5. LE CYCL. GÉLATINEUX.	Les nageoires pectorales très-larges; l'ouverture de la bouche, tournée vers le haut.
6. LE CYCLOPTÈRE DENTÉ.	L'ouverture de la bouche, presque égale à la largeur de la tête; les dents fortes, coniques, et distribuées en nombre très-inégal, des deux côtés des deux mâchoires.
7. LE CYCLOPT. VENTRU.	Le ventre très-gonflé par une double et très-grande vessie urinaire.
8. LE CYCLOPT. BIMACULÉ.	Les nageoires pectorales situées vers le derrière de la tête, une tache noire sur chaque côté du corps.
9. LE CYCLOPT. SPATULE.	Le museau en forme de spatule.

SECOND SOUS-GENRE.

Les nageoires du dos, de la queue, et de l'anus, réunies.

ESPÈCES	CARACTÈRES.
10. LE CYCLOPT. LIPARIS.	Sept rayons à la membrane des branchies.
11. LE CYCLOPTÈRE RAYÉ.	Un seul rayon à la membrane des branchies; des raies longitudinales.

LE CYCLOPTÈRE LOMPE*.

QUE ceux dont la douce sensibilité recherche avec
tant d'intérêt, et trouve avec tant de plaisir, les images
d'affections touchantes que présentent quelques êtres
heureux au milieu de l'immense ensemble des produits
de la création, sur lesquels la nature a si inégalement
répandu le souffle de la vie et le feu du sentiment,
écoutent un instant ce que plusieurs naturalistes ont
raconté du poisson dont nous écrivons l'histoire. Qu'ils
sachent que parmi ces innombrables habitans des mers,

* Lièvre de mer.
Lump, *ou* sea-owl, *en Angleterre.*
Cock-padd, *en Écosse.*
Haff-podde, *en Irlande.*
Snottolff, *dans la Belgique.*
Stenbeit, *en Danemarck.*
Sjurygg-fisk, *en Suède.*
Rongkiegse, *en Norwège.*
Cyclopterus lumpus. *Linné, édition de Gmelin.*
Mus. ad. fr. 1, *p.* 57.
Faun. suec. 320.
It. scan. 188.
Mull. prodrom. Zoolog. danic. p. 39, *n.* 23.
Bouclier lompe. *Daubenton, Encyclopédie méthodique.*
Id. *Bonnaterre, planches de l'Encyclopédie méthodique.*
Gronov. Mus. 1, 127; *Zooph.* 197.
Bloch, pl. 90.
Oncotion. *Klein, miss. pisc.* 4, *p.* 49, *n.* 1, 2, 3, *tab.* 14, *fig.* 3.

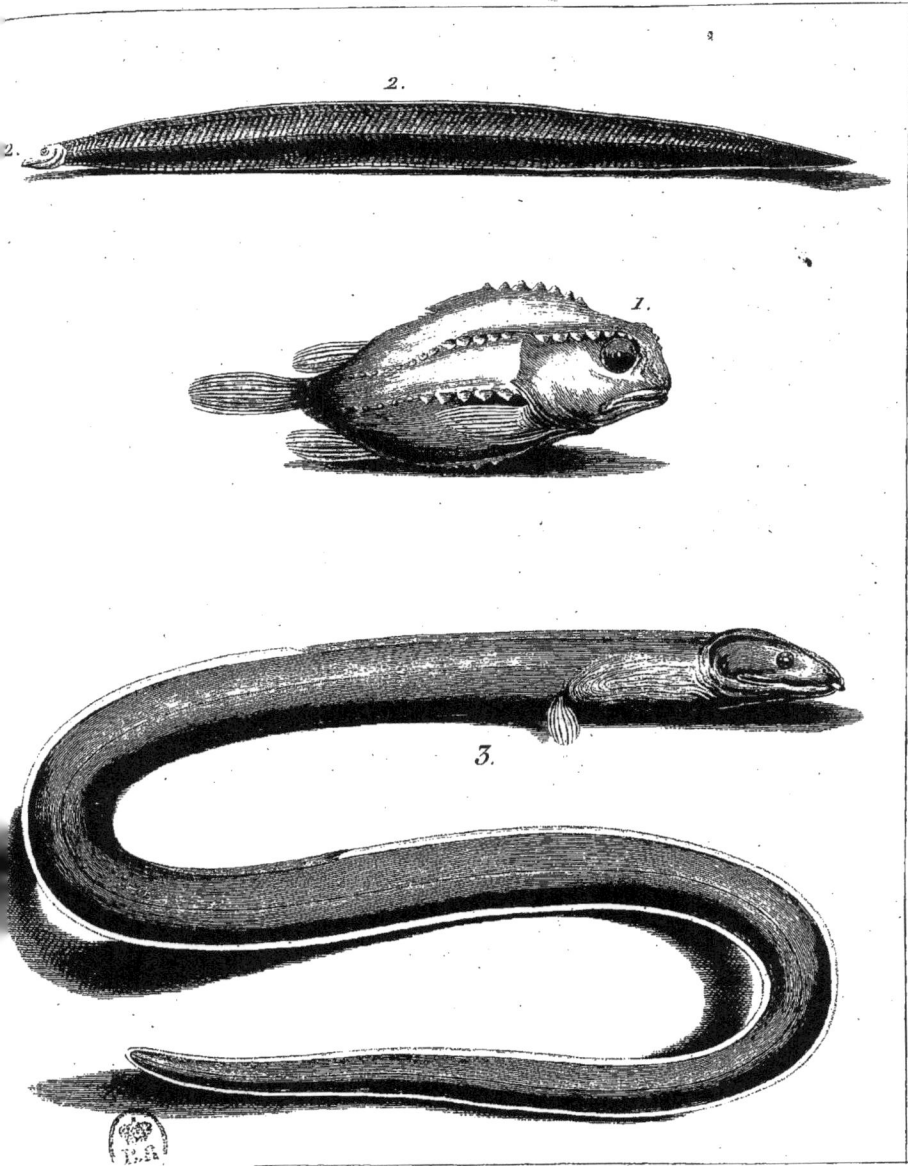

le Villain Sculp.

1. CYCLOPTÈRE Lompe. 2. LEPTOCÉPHALE Morissien. 3. MURÈNE Myre.

qui ne cèdent qu'à un besoin du moment, qu'à un appétit grossier, qu'à une jouissance aussi peu partagée que fugitive, qui ne connoissent ni mère, ni compagne, ni petits, on a écrit qu'il se trouvoit un animal favorisé, qui, par un penchant irrésistible, préféroit une femelle à toutes les autres, s'attachoit à elle, la suivoit dans ses courses, l'aidoit dans ses recherches, la secouroit dans ses dangers, en recevoit des soins aussi empressés que ceux qu'il lui donnoit, facilitoit sa ponte par une sorte de jeux amoureux et de frottemens ménagés; ne perdoit pas sa tendresse avec la laite destinée à féconder les œufs, mais étendoit le sentiment durable qui l'animoit jusques aux petits êtres prêts à

Willughby, Ichthyolog. p. 208, *tab. N,* 11.

Raj. pisc. p. 77.

Lump-fish. *Pennant, Brit. Zoolog.* 3, *p.* 103, *n.* 1.

Seel-nase, haff-padde. *Wulff, Ichth. borussens. p.* 24.

Cyclopterus. *Artedi, gen.* 62, *syn.* 87.

Ostracion rotundo-oblongus, tuberculis utrinque, pinnâ dorsi longissimâ. *Artedi, gen.* 59, *syn.* 86.

Orbis britannici sive Oceani species. *Gesner, German. fol.* 85.

Lumpus Anglorum. *Gesner, paral. p.* 25, *v.* 1284.

Aldrovand. l. 3, *c.* 68, *p.* 479.

Suetolt, *et* bufolt. *Rondelet, première partie, liv.* 15, *chap.* 2.

Jonst. l. 1, *tit.* 1, *c.* 3, *a.* 3, *punct.* 12, *p.* 42, *tab.* 13, *fig.* 1.

Charleton, p. 131.

Schelham, Anat. xiphi. p. 26.

Lepus marinus nostras, orbis species. *Schonev. p.* 41.

Merret, Pin. 186.

Dale, Hist. of. Harv. p. 110.

Orbis rauæ rictu. *Clus. Exot. lib.* 6, *cap.* 25.

Cyclopterus lumpus. *Ascagne, quatrième cahier, pl.* 34.

éclore; gardoit avec celle qu'il avoit choisie, les fruits
de leur union ; les défendoit avec un courage que la
mère éprouvoit aussi, et déployoit même avec plus
de succès , comme plus grande et plus forte, et après
les avoir préservés de la dent cruelle de leurs ennemis
jusqu'au temps où, déja un peu développés, ils pouvoient au moins se dérober à la mort par la fuite;
attendoit, toujours constant et toujours attentif, auprès de sa compagne , qu'un nouveau printemps leur
redonnât de nouveaux plaisirs. Que ce tableau fasse
goûter au moins un moment de bonheur aux ames
pures et tendres. Mais pourquoi cette satisfaction toujours si rare doit-elle être pour eux aussi courte que
le récit qui l'aura fait naître? Pourquoi l'austère vérité
ordonne-t-elle à l'historien de ne pas laisser subsister
une illusion heureuse? Amour sans partage , tendresse
toujours vive , fidélité conjugale , dévouement sans
bornes aux objets de son affection , pourquoi la peinture attendrissante des doux effets que vous produisez,
n'a-t-elle été placée au milieu des mers que par un
cœur aimant et une imagination riante? Pourquoi faut-
il réduire ces habitudes durables que l'on s'est plu à voir
dans l'espèce entière du lompe, et qui seroient pour
l'homme une leçon sans cesse renouvelée de vertus et
de félicité, à quelques faits isolés, à quelques qualités
individuelles et passagères, aux produits d'un instinct
un peu plus étendu, combinés avec les résultats de
circonstances locales , ou d'autres causes fortuites?

Mais, après que la rigoureuse exactitude du naturaliste aura éloigné du lompe, des attributs que lui avoit accordés une erreur honorable pour ses auteurs, le nom de ce cartilagineux rappellera néanmoins encore une supposition toujours chère à ceux qui ne sont pas insensibles ; il aura une sorte de charme secret qui naîtra de ce souvenir, et n'attirera pas peu l'attention de l'esprit même le plus désabusé.

Voyons donc quelles sont les formes et les habitudes réelles du lompe.

Sa tête est courte, mais son front est large. On ne voit qu'un orifice à chaque narine, et ce trou est placé très-près de l'ouverture de sa bouche, qui est très-grande. La langue a beaucoup d'épaisseur et assez de mobilité ; le gosier est garni, ainsi que les mâchoires, d'un grand nombre de dents aiguës.

Le long du corps et de la tête règnent ordinairement sept rangs de gros tubercules, disposés de manière que l'on en compte trois sur chaque côté, et qu'un septième occupe l'espèce de carène longitudinale formée par la partie la plus élevée du corps et de la queue. Ces tubercules, varient non seulement dans le nombre de rangées qu'ils composent, mais encore dans leur conformation, les uns étant aplatis, d'autres arrondis, d'autres terminés par un aiguillon, et ces différentes figures étant même quelquefois placées sur le même individu.

Les deux nageoires inférieures sont arrondies dans

leur contour, et réunies de manière à représenter, lorsqu'elles sont bien déployées, une sorte de bouclier, ou, pour mieux dire, de disque ; et c'est cette réunion, ainsi que cette forme, qui, se retrouvant dans toutes les espèces de la même famille, et constituant un des principaux caractères distinctifs de ce genre, ont fait adopter ce nom de *cycloptère*, qui désigne cette disposition de nageoires en cercle, ou plutôt en disque plus ou moins régulier.

Le lompe a deux nageoires dorsales : mais la plus antérieure n'est soutenue par aucun rayon ; et étant principalement composée de membranes, de tissu cellulaire, et d'une sorte de graisse, elle a reçu le nom d'*adipeuse*.

Ses cartilages sont verdâtres.

Son organe de l'ouïe a paru plus parfait que celui d'un grand nombre d'autres poissons, et plus propre à faire éprouver des sensations délicates ; on a vu, dans le fond de ses yeux, des ramifications de nerfs plus distinctes ; ses nageoires inférieures, réunies en disque, ont été considérées comme un siége particulier du toucher, et une sorte de main assez étendue ; sa peau n'est revêtue que d'écailles peu sensibles ; et enfin nous venons de voir que sa langue présente une surface assez grande et assez molle, et qu'elle est assez mobile pour s'appliquer facilement et par plusieurs points à plusieurs corps savoureux.

Voilà donc bien des raisons pour que l'instinct du

lompe soit plus élevé que celui de plusieurs autres cartilagineux, ainsi qu'on l'a observé ; et cette petite supériorité des résultats de l'organisation du lompe a dû servir à propager l'erreur qui l'a supposé attaché à sa femelle par un sentiment aussi constant que tendre.

Il est très-rare qu'il parvienne à une longueur d'un mètre, ou d'environ trois pieds ; mais son corps est, à proportion de cette dimension, et très-large et très-haut.

Sa couleur varie avec son âge ; le plus souvent il est noirâtre sur le dos, blanchâtre sur les côtés, orangé sur le ventre : les rayons de presque toutes les nageoires sont d'un jaune qui tire sur le rouge ; celle de l'anus et la seconde du dos sont d'ailleurs grises avec des taches presque noires.

On rencontre ce poisson dans un grand nombre de mers ; c'est néanmoins dans l'Océan septentrional qu'on le voit le plus fréquemment. Il y est très-fécond, et sa femelle y dépose ses œufs à peu près vers le temps où l'été y commence.

Il s'y tient souvent attaché au fond de la mer, et aux rochers, sous les saillies desquels il se place pour éviter plus facilement ses ennemis, pour trouver une plus grande quantité des vers marins qu'il recherche, ou pour surprendre avec plus d'avantage les petits poissons dont il se nourrit. C'est par le moyen de ses nageoires inférieures, réunies en forme de disque, qu'il se cramponne, pour ainsi dire, contre les rocs, les bancs, et le fond des mers; et il s'y colle en quelque sorte d'autant plus fortement, que son corps est enduit beaucoup plus que celui de plusieurs autres cartilagineux, d'une humeur visqueuse, assez abondante sur-tout auprès des lèvres, et que quelques auteurs ont en conséquence comparée à de la bave. Cette liqueur gluante étant répandue sur tous les cycloptères, et tous ces animaux ayant d'ailleurs leurs nageoires inférieures conformées et rapprochées comme celles du lompe, ils présentent une habitude analogue à celle que nous remarquons dans le poisson que nous décrivons.

On doit avoir observé plusieurs fois deux lompes placés ainsi très-près l'un de l'autre, et long-temps immobiles sur les rochers ou le sable des mers. On les aura supposés mâle et femelle; on aura pris leur voisinage et leur repos pour l'effet d'une affection mutuelle; et on ne se sera pas cru foiblement autorisé à leur accorder cette longue fidélité et ces attentions durables que l'on s'est plu à représenter sous des couleurs si gracieuses.

Au reste, le suc huileux qui s'épanche sur la surface du lompe, pénètre aussi très-profondément dans l'intérieur de ce poisson; et voilà pourquoi sa chair, quoique mangeable, est muqueuse, molle, et peu agréable.

LE CYCLOPTÈRE ÉPINEUX [1].

CE poisson diffère du lompe, en ce qu'il a le dos et les côtés recouverts d'écailles inégales en grandeur, disposées sans ordre, et dont chacune est garnie, dans son milieu, d'un piquant assez long. La première nageoire du dos est d'ailleurs soutenue par six rayons [2]. L'épineux est noirâtre par-dessus, et blanc par-dessous. On voit à son palais deux tubercules dentelés. On le trouve dans les mers du Nord.

[1] *Oth. Fabricius, Fauna groenlandica, p.* 134.
Bouclier épineux. *Bonnaterre, planches de l'Encyclopédie méthodique.*

[2] A la seconde nageoire du dos 11 rayons.
  à chaque nageoire pectorale   23
  à chaque nageoire inférieure   6
  à celle de l'anus   10
  à celle de la queue   10

LE CYCLOPTÈRE MENU [1].

TROIS tubercules sont placés sur le museau de cet animal. Un long aiguillon tient lieu de première nageoire dorsale [2]. L'on voit de plus, auprès de l'ouverture de chaque branchie, deux tubercules blancs, dont le premier est armé de deux épines, et dont le second est moins saillant et hérissé d'aspérités. Les lèvres sont doubles; le contour du palais est garni, ainsi que les mâchoires, de très-petites dents. L'Océan atlantique est l'habitation ordinaire de cette espèce de cycloptère, dont un individu observé par le professeur Pallas n'avoit qu'un pouce de longueur.

[1] *Pallas, Spicil. zoolog.* 7, p. 12, *tab.* 2, *fig.* 7, 9.
Cyclopterus minutus. *Linné, édition de Gmelin.*
Bouclier menu. *Bonnaterre, planches de l'Encyclopédie méthodique.*

[2] A la membrane des branchies	4 rayons.
à la première nageoire dorsale	1
à la seconde	8
à chaque nageoire pectorale	16
à chaque nageoire inférieure	7
à celle de la queue, qui est arrondie,	10

LE CYCLOPTÈRE DOUBLE-ÉPINE[1].

LES individus de cette espèce, qui paroît réduite à des dimensions presque aussi petites que celles du cycloptère menu, ne présentent pas de tubercules sur leur surface; mais le derrière de leur tête est armé, de chaque côté, d'un double aiguillon. Les nageoires inférieures du cycloptère double-épine ont d'ailleurs une forme particulière à ce cartilagineux. Elles sont réunies : mais chacune de ces nageoires offre deux portions assez distinctes ; la portion antérieure est soutenue par quatre rayons, et l'autre en contient un nombre extrêmement considérable[2]. Ce cycloptère vit dans les Indes.

---

[1] Cyclopterus nudus. *Linné, édition de Gmelin.*
Mus. ad. fr. 1, *p.* 57, *tab.* 27, *fig.* 1.
Bouclier sans tubercules. *Daubenton, Encyclopédie méthodique.*
Id. *Bonnaterre, planches de l'Encyclopédie méthodique.*

[2] A la membrane des branchies   1 rayon.
   à la nageoire dorsale   6 rayons.
   à chaque nageoire pectorale   21
   à chaque nageoire inférieure 100
   à celle de la queue   10

LE CYCLOPTÈRE GÉLATINEUX [1],

LE CYCLOPTÈRE DENTÉ [2],

ET LE CYCLOPTÈRE VENTRU [3].

C'EST au professeur Pallas que nous devons la première description de ces trois cycloptères. Le premier ne pouvoit pas être mieux désigné que par le nom de *gélatineux*, que nous lui avons conservé. En effet, sa peau est molle, dénuée d'écailles facilement visibles, gluante, et abondamment enduite d'une humeur visqueuse, qui découle particulièrement par vingt-quatre orifices, dont deux sont placés entre chaque narine et l'ouverture de la bouche, et dont dix autres règnent depuis chaque commissure des lèvres jusques vers l'opercule branchial qui correspond à cette commis-

---

[1] *Pallas, Spicileg. zoologic.* 7, *p.* 19, *tab.* 3, *fig.* 1, 6.
Cyclopterus gelatinosus. *Linné, édition de Gmelin.*
Bouclier gélatineux. *Bonnaterre, planches de l'Encyclopédie méthodique.*

[2] *Pallas, Spicileg. zoologic.* 7, *p.* 6, *tab.* 1, *fig.* 1, 4.
Cyclopterus dentex. *Linné, édition de Gmelin.*
Bouclier denté. *Bonnaterre, planches de l'Encyclopédie méthodique.*

[3] *Pallas, Spicileg. zoologic.* 7, *p.* 15, *tab.* 2, *fig.* 1, 3.
Cyclopterus ventricosus. *Linné, édition de Gmelin.*
Bouclier ventru, *Bonnaterre, planches de l'Encyclopédie méthodique.*

sure; les lèvres sont doubles, épaisses, charnues, et l'intérieure est aisément étendue en avant, et retirée en arrière par l'animal; les opercules des branchies sont mollasses; les nageoires pectorales qui sont très-larges, les inférieures qui sont très-petites, la dorsale et celle de l'anus qui sont très-longues et vont jusqu'à celle de la queue, sont flasques et soutenues par des rayons très-mous; l'ensemble du corps du poisson est pénétré d'une si grande quantité de matière huileuse, qu'il présente une assez grande transparence; et tous ses muscles sont d'ailleurs si peu fermes, que, même dans l'état du plus grand repos du cycloptère, et quelque temps après sa mort, ils sont soumis à cette sorte de tremblement que tout le monde connoît, et qui appartient à la gelée animale récente. Aussi la chair de ce cartilagineux est-elle très-mauvaise à manger; et dans les pays voisins du Kamtschatka, auprès desquels on pêche ce cycloptère, et où on est accoutumé à ne nourrir les chiens que de restes de poisson, ces animaux même, quoiqu'affamés, ont-ils le dégoût le plus insurmontable pour toutes les portions du gélatineux.

Ce cycloptère parvient ordinairement à la longueur d'un demi-mètre, ou d'environ un pied et demi; son corps est un peu alongé, et va en diminuant de grosseur vers la queue; l'ouverture de sa bouche est tournée vers le haut; sa langue est si petite, qu'on peut à peine la distinguer. Un blanc mêlé de rose compose sa couleur générale ; les opercules sont d'un pourpre foncé, et les nageoires du dos et de l'anus, d'un violet presque noir *.

Le denté est ainsi nommé à cause de la force de ses dents, de leur forme, et de leur distribution irrégulière et remarquable. Elles sont coniques et inégales : on en compte à la mâchoire supérieure, quatre à droite, et trois à gauche ; et la mâchoire inférieure en présente sept à gauche, trois à droite, et dix dans le milieu. La peau qui le revêt est un peu dure, maigre, sans aiguillons, tubercules ni écailles aisément visibles, rougeâtre sur la partie supérieure du corps, et blanchâtre sur l'inférieure. La tête est aplatie par-dessus et par-dessous, très-grande, beaucoup plus large que le corps ; et cependant le diamètre transversal de l'ouverture de la bouche en égale la largeur. Les lèvres sont épaisses, doubles, et garnies, sur leur surface intérieure, de caroncules charnues et très-molles. Les opercules des branchies sont durs et étendus. On voit enfin auprès de l'anus du mâle une prolongation charnue, creuse, percée par le bout, que nous remarquerons dans plusieurs autres espèces de poissons, et

---

* A chaque membrane branchiale du cycloptère gélatineux   7 rayons,
   à la nageoire dorsale   51
   à chaque nageoire pectorale   30
   à celle de l'anus   45
   à celle de la queue   6.

qui sert à répandre sur les œufs la liqueur destinée
à les féconder[1].

Le denté a le ventre assez gros; mais le cycloptère
ventru a cette partie bien plus étendue encore. Elle
est, dans ce dernier cartilagineux, très-proéminente,
ainsi que son nom l'indique; et elle est maintenue dans
cet état de très-grand gonflement par une vessie urinaire double et très-volumineuse. L'ouverture de la
bouche, qui est très-large et placée à la partie supérieure de la tête, laisse voir à chaque mâchoire un
grand nombre de petites dents recourbées, inégales en
longueur, et distribuées sans ordre. Les opercules des
branchies sont attachés, dans presque tout leur contour, aux bords de l'ouverture qu'ils doivent fermer.
La peau dont l'animal est revêtu, est d'ailleurs enduite
d'une mucosité épaisse; toutes les portions de ce cycloptère sont un peu flasques; et une couleur olivâtre
règne sur presque tout le dessus de ce poisson[2].

[1] A la membrane des branchies du denté   2 rayons.
à la nageoire dorsale   8
à chaque nageoire pectorale   23
à chaque nageoire inférieure   4
à celle de l'anus   6
à celle de la queue, qui est arrondie,   10
[2] A la membrane des branchies du ventru   4 rayons.
à la nageoire dorsale   10
à chaque nageoire pectorale   20
à chaque nageoire inférieure   6
à celle de l'anus   9
à celle de la queue   10
Cette dernière est terminée par une ligne presque droite.

TOME II.   9

Le ventru vit, ainsi que le gélatineux, dont il partage jusqu'à un certain point la mollesse, dans la mer qui sépare du Kamtschatka le nord de l'Amérique : on n'y a pas encore observé le denté; on n'a encore vu ce dernier animal que dans les eaux salées qui baignent les rivages de l'Amérique méridionale. Au reste, le denté est quelquefois long de près d'un mètre, tandis que le ventru ne parvient guère qu'à la longueur de trois décimètres, ou d'environ un pied.

LE CYCLOPTÈRE BIMACULÉ *.

O$_N$ rencontre auprès des côtes d'Angleterre ce cartilagineux, sur lequel on n'apperçoit aucun tubercule
ni aucune écaille, non plus que sur les trois cycloptères
que nous venons de décrire dans l'article précédent.
La tête de ce poisson, qui n'a présenté jusqu'à présent que de petites dimensions, est aplatie par-dessus
et plus large que le corps. Les nageoires pectorales
sont attachées presque sur la nuque; et au-delà de
chacune de ces nageoires, on voit sur le côté une tache
noire et arrondie. La tête et le dos sont d'ailleurs d'un
rouge tendre, relevé par la couleur des nageoires qui
sont d'un très-beau blanc. Pennant a le premier fait
connoître ce joli cycloptère, dont la nageoire caudale
est terminée par une ligne droite.

* Pennant, Zóolog. britanniq. 3, suppl. p. 397.
Bouclier à deux taches. Bonnaterre, planches de l'Encyclopédie méthodique,

LE CYCLOPTÈRE SPATULE *.

CE poisson est dénué d'écailles facilement visibles ;
ainsi que presque tous les cartilagineux de sa famille.
Sa couleur est d'un rouge foncé ; et ce qui le distingue
des autres cycloptères, c'est que son museau aplati,
très-long, et élargi à son extrémité, a la forme d'une
spatule.

---

* *Borlase, Histoire naturelle de Cornouailles, pl. 25, fig. 28.*
Bouclier pourpré. *Bonnaterre, planches de l'Encyclopédie méthodique.*

LE CYCLOPTÈRE LIPARIS[1],

ET

LE CYCLOPTÈRE RAYÉ[2].

CES deux cycloptères ont beaucoup de rapports l'un avec l'autre. Tous les deux se rencontrent dans ces mers septentrionales qui paroissent être l'habitation de choix de presque toutes les espèces de leur genre connues jusqu'à présent. Ils semblent même affectionner tous les deux les portions de ces mers les plus voisines du pole et les plus exposées à la rigueur du

---

[1] Cyclopterus liparis. *Linné, édition de Gmelin.*
Cyclopterus liparis, barbu. *Bloch, pl.* 123 , *fig.* 3.
Bouclier liparis. *Daubenton, Encyclopédie méthodique.*
Id. *Bonnaterre, planches de l'Encyclopédie méthodique.*
Gronov. Mus. 2 , 157.
Act. helvetic. 4, *p.* 265, *tab.* 23.
Act. Haarlem. 1 , *p.* 581, *tab.* 9, *fig.* 3 et 4.
Kœlreuter, nov. Comment. petropol. 9, *p.* 6, *tab.* 9, *fig.* 5 et 6.
Brit. Zoolog. 3, *p.* 105, *n.* 2.
Willughby, Ichthyol. app. p. 17, *tab. H,* 6, *fig.* 1.
Raj. pisc. p. 74, *n.* 24.
Borlase, Cornw. f. 28 et 29.

[2] *Lepechin, nov. Comment. petropol.* 18, *p.* 522, *tab.* 5, *fig.* 2 et 3.
Cyclopterus lineatus. *Linné, édition de Gmelin.*
Bouclier rayé. *Bonnaterre, planches de l'Encyclopédie méthodique.*

froid. On voit le liparis auprès de presque toutes les
côtes de la mer Glaciale jusques vers le Kamtschatka,
et souvent dans les embouchures des fleuves qui y
roulent leurs glaces et leurs eaux; et c'est particulièrement dans la mer Blanche que l'on a observé le rayé.
Ces deux cartilagineux ont la nageoire du dos et celle
de l'anus longues et réunies avec celle de la queue;
et leur surface ne présente aucune écaille que l'on
puisse facilement appercevoir. D'ailleurs le liparis, qui
a ordinairement un demi-mètre, ou environ un pied
et demi, de longueur, montre une ligne latérale très-
sensible et placée vers le milieu de la hauteur du corps.
Son museau est un peu arrondi, sa tête large et aplatie,
l'ouverture de sa bouche assez grande, sa lèvre d'en
haut garnie de deux courts barbillons, sa mâchoire
supérieure un peu plus avancée que l'inférieure, et
hérissée, comme cette dernière, de dents petites et
aiguës, sa chair grasse et muqueuse, sa peau lâche et
enduite d'une viscosité épaisse *. Brun sur le dos, jaune
sur les côtés et sur la tête, blanc par-dessous, et quelquefois varié par de petites raies et par des points bruns,
il a les nageoires brunes, excepté les inférieures, qui

---

* A la membrane des branchies du liparis　7 rayons.

à la nageoire dorsale	41
à chaque nageoire pectorale	34
à chaque nageoire inférieure	6
à celle de l'anus	33
à celle de la queue, qui est arrondie,	10

sont bleuâtres. Il se nourrit d'insectes aquatiques, de vers marins, de jeunes poissons, et répand ou féconde ses œufs sur la fin de l'hiver ou au commencement du printemps.

Le rayé est couleur de marron avec des bandes longitudinales blanchâtres, dont les unes sont droites, et les autres ondées ; ses lèvres sont recouvertes d'une peau épaisse, garnie de papilles du côté de l'intérieur de la bouche ; son dos est comme relevé en bosse ; et l'espèce de bouclier formé par les nageoires inférieures est entourée de papilles rougeâtres *.

---

* La nageoire de la queue du rayé est terminée en pointe.

DIX-SEPTIÈME GENRE,

LES LÉPADOGASTÈRES.

Les nageoires pectorales doubles; les nageoires inférieures réunies en forme de disque,

ESPÈCE.	CARACTÈRES.
LE LÉPADOGAST. GOUAN.	Deux barbillons entre les narines et les yeux; cinq rayons à la membrane des branchies.

LE LÉPADOGASTÈRE GOUAN *.

La famille des lépadogastères a beaucoup de traits de ressemblance avec celle des cycloptères; elle est liée particulièrement avec cette dernière par la forme et par la réunion des nageoires inférieures : mais nous avons cru devoir la comprendre dans un genre différent, à cause du caractère remarquable qu'elle présente, et qui consiste dans le nombre des nageoires pectorales. Ces dernières nageoires sont, en effet, au nombre de deux de chaque côté sur les lépadogastères, au lieu qu'on n'en compte que deux en tout sur les cycloptères et sur presque tous les autres poissons déja décrits. Nous n'avons encore pu inscrire dans le genre dont nous nous occupons, qu'une seule espèce, dont nous devons la connoissance au professeur Gouan. Cet habile naturaliste lui a donné le nom de *lépadogastère*, à cause de la conformation de ses nageoires inférieures, qui, réunies ensemble, offrent l'image d'une sorte de conque. Mais comme nous avons adopté cette même dénomination pour désigner le genre de ce poisson, nous avons dû donner à cet animal un autre nom qui indiquât son espèce, et nous n'avons pas cru pouvoir

---

* *Gouan, Histoire des poissons, p.* 106.
Bouclier porte-écuelle. *Bonnaterre, planches de l'Encyclopédie méthodique.*

TOME II.   10

choisir une appellation plus convenable qué celle qui
retracera au souvenir des ichthyologistes le nom du
savant professeur qui a décrit le premier et très-exac-
tement ce cartilagineux.

Le lépadogastère gouan n'a le corps revêtu d'aucune
écaille que l'on puisse appercevoir facilement; mais il
est couvert de petits tubercules bruns. Son museau est
pointu, sa tête plus large que le tronc, sa mâchoire
supérieure plus avancée que l'inférieure. Deux appendices ou filamens déliés s'élèvent entre les narines et
les yeux; et l'on voit, dans l'intérieur de la bouche, des
dents de deux sortes : les unes sont mousses et comme
granuleuses, et les autres aiguës, divisées en deux lobes,
et recourbées en arrière. Chaque côté du corps présente deux nageoires pectorales, dont l'antérieure est
placée un peu plus bas que la postérieure. Celle du dos
est opposée à celle de l'anus; la caudale est arrondie *. Il y a sur la tête trois taches brunes en forme
de croissant, et sur le corps une tache ovale parsemée
de points blancs.

L'individu observé par le citoyen Gouan avoit un
peu plus de trois décimètres de longueur, et avoit été
pêché dans la Méditerranée.

---

* A la membrane des branchies 5 rayons.
  à la nageoire dorsale   11
  à chaque nageoire inférieure   4
  à celle de l'anus   9

SEIZIÈME ORDRE

DE LA CLASSE ENTIÈRE DES POISSONS,

ou QUATRIÈME ORDRE

DE LA QUATRIÈME DIVISION DES CARTILAGINEUX.

Poissons abdominaux, *ou qui ont une ou deux nageoires situées sous l'abdomen.*

DIX-HUITIÈME GENRE.

LES MACRORHINQUES.

Le museau alongé; des dents aux mâchoires; de petites écailles sur le corps.

ESPÈCE.	CARACTÈRES.
LE MACRORHINQUE ARGENTÉ.	Un seul rayon à chaque nageoire ventrale.

LE MACRORHINQUE ARGENTÉ *.

CETTE espèce de poisson décrite par Osbeck lors de son voyage à la Chine, lie par un assez grand nombre de rapports les syngnathes avec les pégases. Elle ne peut cependant appartenir à aucune de ces deux familles, et nous avons dû la placer dans un genre particulier, auquel nous avons donné le nom de *macrorhinque,* pour désigner la forme du museau des animaux que nous y avons inscrits. Le macrorhinque argenté, la seule espèce que nous ayons encore comprise dans ce genre, a, en effet, le museau non seulement pointu, mais très-long. Les deux mâchoires sont d'ailleurs garnies de dents; on en compte plus de trente à la mâchoire supérieure, et celles de la mâchoire inférieure sont moins larges et pointues. La nageoire du dos s'étend depuis la tête jusques à la queue; celles de la poitrine sont très-près de la tête; chacune des ventrales ne présente qu'un seul rayon; et le corps de ce cartilagineux, qui est très-alongé, est, de plus, couvert d'écailles argentées.

Ce poisson vit dans la mer.

---

* *Osbeck, Voyage à la Chine, p.* 107.
Syngnathe argenté. *Bonnaterre, planches de l'Encyclopédie méthodique.*

DIX-NEUVIÈME GENRE.

LES PÉGASES.

Le museau très-alongé; des dents aux mâchoires; le corps couvert de grandes plaques et cuirassé.

ESPÈCES.	CARACTÈRES.
1. LE PÉGASE DRAGON.	Le museau très-peu aplati, et sans dentelures; les nageoires pectorales très-grandes.
2. LE PÉGASE VOLANT.	Le museau aplati et dentelé; les nageoires pectorales très-grandes.
3. LE PÉGASE SPATULE.	Le museau en forme de spatule, et sans dentelures; les nageoires pectorales peu grandes.

LE PÉGASE DRAGON *.

PRESQUE tous les pégases ont leurs nageoires pectorales conformées et étendues de manière à les soutenir
aisément et pendant un temps assez long, non seulement dans le sein des eaux, mais encore au milieu de
l'air de l'atmosphère, qu'elles frappent avec force. Ce
sont en quelque sorte des poissons ailés, que l'on a
bientôt voulu regarder comme les représentans des
animaux terrestres qui possèdent également la faculté
de s'élever au dessus de la surface du globe. Une imagination riante les a particulièrement comparés à ce
coursier fameux que l'antique mythologie plaça sur la
double colline; elle leur en a donné le nom à jamais
célèbre. Le souvenir de suppositions plus merveilleuses,
d'images plus frappantes, de formes plus extraordinaires, de pouvoirs plus terribles, a vu, d'un autre
côté, dans l'espèce de ces animaux que l'on a connue
la première, un portrait un peu ressemblant, quoique
composé dans de très-petites proportions, de cet être

---

* Pegasus draconis. *Linné, édition de Gmelin.*
Pegasus draconis, dragon de mer. *Bloch, pl.* 109, *fig.* 1 *et* 2.
Pégase dragon. *Daubenton, Encyclopédie méthodique.*
Id. *Bonnaterre, planches de l'Encyclopédie méthodique.*
Gronov. Zoophyt. 356, *tab.* 12, *fig.* 2 *et* 3.
Naja lavet jang kitsjil, klein zeedraakje. *Valent. Ind.* 3, *p.* 428, *tab.* 271.
Seba, Mus. 3, *tab.* 34, *fig.* 4.

fabuleux, qui, enfanté par le génie des premiers chantres des nations, adopté par l'ignorance, divinisé par la crainte, a traversé tous les âges et tous les peuples, toujours variant sa figure fantastique, toujours accroissant sa vaine grandeur, toujours ajoutant à sa puissance idéale, et vivra à jamais dans les productions immortelles de la céleste poésie. Ah! sans doute, ils sont bien légers, ces rapports que l'on a voulu indiquer entre de foibles poissons volans découverts au milieu de l'Océan des grandes Indes, et l'énorme dragon dont la peinture présentée par une main habile a si souvent effrayé l'enfance, charmé la jeunesse, et intéressé l'âge mûr, et ce cheval ailé consacré au dieu des vers par les premiers poètes reconnoissans. Mais quelle erreur pourroit ici alarmer le naturaliste philosophe? Laissons subsister des noms sur le sens desquels personne ne peut se méprendre, et qui seront comme le signe heureux d'une nouvelle alliance entre les austères scrutateurs des lois de la nature, et les peintres sublimes de ses admirables ouvrages. Qu'en parcourant l'immense ensemble des êtres innombrables que nous cherchons à faire connoître, les imaginations vives, les cœurs sensibles des poètes ne se croient pas étrangers parmi nous. Qu'ils trouvent au moins des noms hospitaliers qui leur rappellent et leurs inventions hardies, et leurs allégories ingénieuses, et leurs tableaux enchanteurs, et leurs illusions douces; et que, retenus par cet attrait puissant au milieu de nos conceptions

sévères, ils augmentent le charme de nos contempla-
tions en les animant par leur feu créateur.

Comme tous les animaux de sa famille, le pégase
dragon ne parvient guère qu'à un décimètre de longueur : il est donc bien éloigné d'avoir dans l'étendue
de ses dimensions quelque trait de ressemblance avec
les êtres poétiques dont il réunit les noms. Mais tout
son corps est couvert de pièces inégales en étendue,
assez grandes, dures, écailleuses, et par conséquent
analogues à celles que l'on a supposées sur le corps
des dragons; elles sont presque carrées sur le milieu
du dos, triangulaires sur les côtés; et, indépendamment
de cette cuirasse, la queue, qui est longue, étroite, et
très-distincte du corps, est renfermée dans un étui
composé de huit ou neuf anneaux écailleux. Ces anneaux, placés à la suite l'un de l'autre, et articulés
ensemble, ont beaucoup de rapports avec ceux qui
entourent et la queue et le corps des syngnathes; comprimés de même par-dessus, par-dessous, et par les
côtés, ils offrent ordinairement quatre faces, et composent par leur réunion un prisme à quatre pans.

Au dessous du museau, qui est très-alongé, un peu
conique et échancré de chaque côté, on voit l'ouverture de la bouche située à peu près comme celle des
squales et des acipensères, et qui, de même que celle
de ces derniers cartilagineux, a des bords que l'animal
peut un peu retirer et alonger à volonté. Les mâchoires
sont garnies de très-petites dents : les yeux sont gros,

saillans, très-mobiles, et placés sur les faces latérales de la tête; l'iris est jaune : l'opercule des branchies est rayonné.

De chaque côté du corps s'avance une prolongation recouverte d'écailles, et à l'extrémité de laquelle est attachée la nageoire pectorale. Cette nageoire est grande, arrondie, et peut être d'autant plus aisément déployée, qu'une portion assez considérable de membrane sépare chaque rayon, et que tous les rayons simples et non articulés partent d'un centre, ou d'une base très-étroite. Aussi le pégase dragon peut-il, quand il veut, éviter plus sûrement la dent de son ennemi, s'élancer au dessus de la surface de l'eau, et ne retomber qu'après avoir parcouru un espace assez long.

On apperçoit sur la partie inférieure du corps, qui est très-large, une petite éminence longitudinale, à laquelle tiennent les nageoires ventrales, dont chacune ne consiste que dans une sorte de rayon très-long, très-délié, très-mou et très-flexible.

La nageoire dorsale est située sur la queue; elle est très-petite, ainsi que la caudale et celle de l'anus, au dessus de laquelle elle est placée *.

---

* A la nageoire dorsale   4 rayons.
   à chaque nageoire pectorale 9 ou 10
   à chaque nageoire ventrale   1
   à celle de l'anus   5
   à celle de la queue   8
Cette dernière est arrondie.

Au reste, le pégase dragon est communément bleuâtre, et le dessus de son corps est garni de tubercules rayonnés et bruns.

Il vit de petits vers marins, d'œufs de poisson, et des débris de substances organisées qu'il trouve dans la terre grasse du fond des mers.

LE PÉGASE VOLANT *.

Nous avons trouvé dans les manuscrits de Commerson une description très-étendue et très-bien faite de ce pégase, dont on n'a jusqu'à présent indiqué que quelques traits, et dont on ne connoît que très-imparfaitement la forme; et c'est d'après le travail de ce laborieux naturaliste, que nous allons marquer les différences qui séparent du dragon ce cartilagineux.

Le museau est très-alongé, aplati, arrondi et un peu élargi à son extrémité. La face inférieure de ce museau présente un petit canal longitudinal, ainsi que des stries disposées en rayons; et la face supérieure, qui montre un sillon semblable, a ses bords relevés et dentelés.

Sur la tête et derrière les yeux, on voit une fossette rhomboïdale; et derrière le crâne on apperçoit deux cavités profondes et presque pentagones.

Les derniers anneaux de la queue sont garnis d'une petite pointe dans chacun de leurs angles antérieurs et postérieurs.

---

* Pegasus volans. *Linné, édition de Gmelin.*

Pégase volant. *Daubenton, Encyclopédie méthodique.*

Id *Bonnaterre, planches de l'Encyclopédie méthodique.*

Pegasus rostro ensiformi utrinque serrato, caudæ articulis duodecim. *Commerson, manuscrits déja cités.*

On compte communément douze rayons à chacune des nageoires pectorales, qui sont arrondies, très-étendues, et très-propres à donner à l'animal une faculté de s'élancer dans l'air assez grande pour justifier l'épithète de *volant*, qui lui a été assignée.

Chaque nageoire ventrale est composée d'un ou deux rayons très-déliés, très-longs, et très-mobiles *.

Le volant habite, comme les autres pégases, dans les mers de l'Inde; mais il paroît qu'on le voit assez rarement aux environs de l'Isle de France, où Commerson n'a pu observer qu'un individu desséché de cette espèce, individu qui lui avoit été donné par l'officier général Boulocq.

---

* A la nageoire dorsale   5 rayons.
  à celle de l'anus   5.
  à celle de la queue, qui est arrondie, 8

LE PÉGASE SPATULE. *

CE poisson diffère des deux pégases que nous venons
de décrire, par la forme de la queue, dont la partie
antérieure est aussi grosse que la partie postérieure du
corps proprement dit. Le corps est d'ailleurs moins
large à proportion de la longueur de l'animal; le museau, très-alongé, aplati, élargi et arrondi à son extrémité, de manière à représenter une spatule, n'est
point dentelé sur les côtés; et les nageoires pectorales,
beaucoup plus petites que celles des autres pégases,
ne paroissent pas pouvoir donner au cartilagineux
dont nous nous occupons, le pouvoir de s'élancer au
dessus de la surface des eaux. Les anneaux écailleux
qui recouvrent la queue sont plus nombreux que sur
les autres poissons de la même famille; on en compte
quelquefois une douzaine : le prisme, ou plutôt la
pyramide qu'ils composent, est à quatre faces, dont
l'inférieure est plus large que les trois autres; l'anneau
le plus éloigné de la tête est armé de deux petites
pointes.

* Pegasus natans. *Linné, édition de Gmelin.*
Gronov. *Zooph.* 357.
Pégase nageur. *Bloch, pl.* 121, *fig.* 3, 4.
Pégase spatule. *Daubenton, Encyclopédie méthodique.*
Id. *Bonnaterre, planches de l'Encyclopédie méthodique.*

Le pégase spatule est d'un jaune foncé par-dessus, et d'un blanc assez pur par-dessous. Ses nageoires pectorales sont violettes; les autres sont brunes [1].

Cet animal n'a été vu vivant que dans les mers des grandes Indes; et cependant parmi les poissons pétrifiés que l'on trouve dans le mont Bolca près de Vérone, on distingue très-facilement des restes de ce pégase [2].

---

[1] A la nageoire dorsale

à chaque nageoire pectorale

à chaque nageoire inférieure

à celle de l'anus

à celle de la queue, qui est arrondie,

5 rayons.

9

1

5

8

[2] Pegasus natans, rostro elongato spatulæformi, corpore oblongo, tetragono. *Ichthyolithologie de Vérone, par une société de physiciens, seconde partie, pl.* 5, *fig.* 3.

VINGTIÈME GENRE.

LES CENTRISQUES.

Le museau très-alongé; les mâchoires sans dents; le corps très-comprimé; les nageoires ventrales réunies.

ESPÈCES.	CARACTÈRES.
LE CENTRISQUE CUIRASSÉ.	Une cuirasse placée sur le dos, et aussi longue que le corps et la queue réunis.
LE CENTRISQUE SUMPIT.	Une cuirasse placée sur le dos, et plus courte que le corps et la queue réunis.
LE CENTRISQUE BÉCASSE.	Le dos garni de petites écailles.

LE CENTRISQUE CUIRASSÉ *.

Nous avons vu les ostracions, dont la tête, le corps, et une partie de la queue, sont entourés d'une croûte solide et préservatrice, représenter, au milieu de la nombreuse classe des poissons, la tribu remarquable des tortues, qu'une carapace et un plastron très-durs environnent aussi d'une enveloppe presque impénétrable. Mais parmi ces tortues, et particulièrement parmi celles qui, plus rapprochées des poissons, passent la plus grande partie de leur vie au milieu des eaux salées, il en est qui n'ont reçu que des moyens de défense moins complets : la tortue luth, par exemple, qui habite dans la mer Méditerranée, n'est à l'abri que sous une carapace; elle est dénuée de plastron; elle n'a qu'une sorte de cuirasse placée sur son dos. Elle a aussi son analogue parmi les poissons; et c'est la famille des centrisques, et sur-tout le centrisque cuirassé, qui,

---

* Centriscus scutatus. *Linné, édition de Gmelin.*
Id. bécasse bouclier. *Bloch, pl.* 123, *fig.* 2.
Centrisque cuirassé. *Daubenton, Encyclopédie méthodique.*
Id. *Bonnaterre, planches de l'Encyclopédie méthodique.*
Gronov. Mus. 2, p. 18, *n.* 171, *tab.* 7, *fig.* 3; *Zooph. p.* 129, *n.* 396.
Amphisilen. *Klein, miss. pisc.* 4, *p.* 28, *tab.* 6, *fig.* 6.
Seb. Mus. 3, *p.* 107, *tab.* 34, *fig.* 5.
Ikan pisan, mesvisch. *Valent. Ind.* 3, *p.* 420, *n.* 243, *fig.* 243, 254.
Ikan peixe. *Ruysch, Theatr. an. p.* 5, *tab.* 3, *fig.* 7.

comme la tortue luth, a sur son dos une longue cuirasse, terminée, du côté de la queue, par une pointe
aiguë, laquelle a fait donner à tout le genre le nom
de *centrisque* ou d'*aiguillonné*. Si les centrisques sont, à
quelques égards, une sorte de portrait de la tortue
luth, ils n'en sont cependant qu'une image bien diminuée. Quelle différence de grandeur, en effet, entre
une tortue qui parvient à plus de deux mètres de longueur, et des centrisques qui le plus souvent ne sont
longs que de deux décimètres! Tant la nature, cette
cause puissante de toute existence, cette source féconde
de toute beauté, ne cesse de varier par tous les
degrés de la grandeur, aussi-bien que par toutes les
nuances des formes, ces admirables copies par lesquelles elle multiplie avec tant de profusion, et sur
la surface sèche du globe, et au milieu des eaux, les
modèles remarquables sur lesquels on seroit tenté de
croire qu'elle s'est plue à répandre d'une manière plus
particulière le feu de la vie et le principe de la reproduction.

D'ailleurs la cuirasse longue et pointue qui revêt
le dos des centrisques, au lieu de s'étendre presque
horizontalement sur un corps aplati comme dans les
tortues, se plie dans le sens de sa longueur, au dessus
des animaux que nous allons décrire, pour descendre
sur les deux côtés d'un corps très-comprimé. Cette
forme est sur-tout très-marquée dans le centrisque
cuirassé. Ce dernier cartilagineux est, en effet, si

aplati par les côtés, qu'il ressemble quelquefois à une lame longue et large. La cuirasse qui le couvre est composée de pièces écailleuses très-lisses, attachées ensemble, unies de si près, que l'on ne peut quelquefois les distinguer que très-difficilement l'une de l'autre; et si transparentes, que l'on apperçoit très-aisément la lumière au travers du dos de l'animal. Au reste, cette sorte de demi-transparence appartient, d'une manière plus ou moins sensible, à presque toutes les parties du corps du centrisque cuirassé.

La couverture solide qui garantit sa partie supérieure, est terminée, du côté de la nageoire de la queue, par une pointe très-alongée, qui dépasse de beaucoup le bout de cette nageoire caudale; et cette espèce d'aiguillon se divise en deux parties d'égale longueur, dont celle de dessus emboîte à demi l'inférieure, et peut être un peu soulevée au dessus de cette dernière.

Au dessous de ce piquant, et à un grand éloignement du corps proprement dit, est la première nageoire dorsale, qui le plus souvent ne renferme que trois rayons; et dont la membrane est communément attachée à ce même piquant, lequel alors peut être considéré comme un rayon de plus de cette première nageoire dorsale.

Le museau est très-alongé; il est d'ailleurs fait en forme de tube; et c'est à l'extrémité de ce long tuyau qu'est placée l'ouverture de la bouche. Cet orifice est très-étroit: mais quelquefois, et sur-tout après la mort

de l'animal, la membrane qui réunit les deux longues
mâchoires dont le tube est composé, se déchire et
s'oblitère; les deux mâchoires se séparent presque jusqu'au dessous du siége de l'odorat; l'ouverture de la
bouche devient très-grande, et la mâchoire supérieure
se divise longitudinalement en deux ou trois pièces
qui sont comme les élémens du tuyau formé par le
museau. La planche sur laquelle on pourra voir la
figure du centrisque cuirassé, représente l'effet de cet
accident.

L'ouverture des narines est double; celle des branchies est grande et curviligne, l'opercule lisse et trans-
parent.

Chaque côté du corps est garni de dix ou onze pièces
écailleuses, minces, et placées transversalement. Elles
sont relevées dans leur milieu par une arête horizontale; et la suite de toutes les arêtes qui aboutissent
l'une à l'autre, forme une ligne latérale assez saillante.
Ces lames sont un peu arrondies dans leur partie inférieure, et réunies avec les lames du côté opposé par
une portion membraneuse, très-mince, qui fait paroître
le dessous du corps très-carené.

Les nageoires pectorales sont un peu éloignées des
branchies; les ventrales sont réunies, et de plus si
petites et si déliées, que souvent elles échappent à
l'œil, ou sont détachées, par divers accidens, du corps
de l'animal. La seconde dorsale, et celle de l'anus,
sont très-près de celle de la queue dont la colonne

vertébrale est détournée de sa direction, et fléchie, pour ainsi dire, en en-bas, par la partie postérieure de la cuirasse qui la recouvre*.

Les différentes formes remarquables que nous venons de décrire, attirent d'ailleurs l'attention par la beauté et la richesse des couleurs qu'elles présentent : le dos est d'un brun doré brillant, quoique foncé ; les côtés sont argentés et jaunes ; le dessous du corps est rouge avec des raies transversales blanches ; et presque toutes les nageoires sont jaunâtres.

Le poisson qui montre cet éclatant assortiment de plusieurs nuances, vit, comme les pégases, de petits vers marins, et des débris de corps organisés qu'il peut trouver dans la vase ; mais bien loin de jouir, ainsi que les pégases, de la faculté de s'élancer avec force au dessus de la surface de l'eau, il est réduit, par la petitesse de ses nageoires et la roideur d'une grande partie de son corps, à n'exécuter que des mouvemens peu rapides. Il habite dans les mers de l'Inde, ainsi que l'espèce dont nous allons parler.

---

* A la première nageoire du dos   3 rayons.
   à la seconde   11
   à chaque nageoire pectorale   11
   à la ventrale   5
   à celle de l'anus   13
   à celle de la queue, qui est rectiligne, 12

LE CENTRISQUE SUMPIT *.

C E poisson est très-petit; il ne parvient ordinairement qu'à la longueur de cinq ou six centimètres : sa
parure est élégante ; l'éclat de l'argent brille sur les
côtés de son corps, et se change sur sa partie supérieure en une sorte de couleur d'or un peu pâle, que
relèvent quelques raies de différentes couleurs et
placées obliquement. On ne voit sur son dos qu'une
cuirasse assez courte, en comparaison de celle qui
garantit l'espèce de centrisque que nous avons déja
décrite ; et c'est parce que cette arme défensive ne
s'étend pas jusqu'à l'extrémité de la queue, que Pallas,
auquel nous devons la connoissance de cet animal, l'a
désigné par l'épithète d'*armé à la légère*. Cette armure
moins étendue lui donne d'ailleurs des mouvemens
plus libres, qui s'allient fort bien avec l'agrément des
couleurs dont il est peint. Au reste, cette couverture
se termine en pointe, et se réunit, pour ainsi dire, à
une sorte de piquant couché en arrière, un peu mobile, très-aigu, dentelé, creusé par-dessous, et placé

---

* Centriscus sumpit.
Centriscus velitaris. *Linné, édit. de Gmelin.*
Pallas, Spicil. zoolog. 8, p. 36, tab. 4, *fig.* 8.
Centrisque sumpit. *Daubenton, Encyclopédie méthodique.*
Id. *Bonnaterre, planches de l'Encyclopédie méthodique.*

au dessus d'un second aiguillon que le poisson cache à volonté dans une fossette longitudinale. A la suite de ces pointes, que l'on peut considérer comme une première nageoire dorsale, d'autant plus qu'elles sont réunies par une membrane, on voit la seconde nageoire du dos, dans laquelle on compte douze rayons*. Une petite raie saillante s'étend de chaque côté, depuis le bout du museau jusqu'à l'œil; et un petit aiguillon recourbé vers l'anus est placé au devant de cette dernière ouverture.

---

* A la membrane des branchies il y a   3 rayons.
   à chaque nageoire pectorale   13
   à chaque nageoire ventrale   4
   à celle de l'anus   20.
   à celle de la queue   12

LE CENTRISQUE BÉCASSE *.

CET animal, que l'on voit quelquefois dans le marché de Rome, et dans ceux des pays voisins, n'est pas tout-à-fait aussi petit que le sumpit : il présente ordinairement une longueur de plus d'un décimètre, et se distingue facilement de plusieurs autres poissons avec lesquels on l'apporte, par sa couleur qui est d'un rouge

* Centriscus scolopax.

Trombetta, *sur la côte de Gênes.*

Soffietta, *aux environs de Rome.*

Elephas.

Centrisque bécasse. *Daubenton, Encyclopédie méthodique.*

Id. *Bonnaterre, planches de l'Encyclopédie méthodique.*

Centriscus scolopax. *Linné, édit. de Gmelin.*

Bécasse, scolopax, ascalopax. *Rondelet, Histoire des poissons, liv.* 15, *chap.* 4.

Centriscus squamosus. *Bloch, pl.* 123, *fig.* 1.

Gronov. Zooph. p. 128, *n.* 395.

Me erschnepf. *Jonston, lib.* 1, *tit.* 1, *cap.* 1, *a.* 4, *tab.* 1, *n.* 9.

Solenostomus rostro trientem totius piscis æquante. *Klein, miss. pisc.* 4, *p.* 24, *n.* 1.

Gesner, Aquat. p. 838, *icon. anim. p.* 11, *thierb. p.* 4.

Scolopax, *Aldrov. pisc. p.* 298.

Willughby, Ichthy. p. 160, *tab.* 1, 25, *fig.* 2.

Trumpet, or bellows fish. *Raj. pisc. p.* 50.

Charleton, Onom. p. 123.

Balistes aculeis duobus, loco pinnarum ventralium, solitario intrà anum. *Artedi, gen.* 54, *syn.* 82.

tendre et agréable. Les pièces qui composent la couverture supérieure du cuirassé et du sumpit, sont
remplacées sur le centrisque bécasse par des écailles
dures, pointues, et placées les unes au-dessus des
autres; mais on voit un piquant à l'extrémité du dos
de ce cartilagineux, comme sur celui des poissons de
son genre qui sont déja connus. Cet aiguillon très-
fort, denté des deux côtés, et mobile de manière à
pouvoir être couché dans une fossette, est le premier
rayon de la nageoire dorsale antérieure, dans laquelle
on compte quatre rayons en tout; la seconde nageoire
dorsale est composée de dix-sept rayons *. L'extrémité
du long museau du poisson que nous décrivons, est
un peu relevée, et présente l'ouverture de la bouche,
que l'animal peut fermer à volonté par le moyen d'un
opercule attaché au bout de la mâchoire inférieure.
C'est la grande prolongation de ce museau, et la forme
assez ténue de cette sorte de tuyau, qui ont fait comparer le cartilagineux dont nous nous occupons, tantôt
à une bécasse, et tantôt à l'un des quadrupèdes les
plus éloignés de ce poisson par les divers traits de
leur conformation, ainsi que par l'énormité de leur
taille, à l'éléphant, dont le nez s'étend cependant en

---

* A la membrane des branchies	3 rayons.
à chaque nageoire pectorale	17
à chaque nageoire inférieure	5
à celle de l'anus	18
à celle de la queue, qui est arrondie,	9

une trompe bien différente, dans son organisation, du
museau d'un centrisque. La figure de ce même museau
a fait aussi donner le nom de *soufflet* à la bécasse, dont
on s'est beaucoup occupé, parce que ce poisson a une
chair délicate. Le premier rayon des nageoires pectorales de ce centrisque est très-long, les nageoires inférieures sont très-petites ; et l'animal peut les cacher
aisément dans un sillon osseux.

————

ADDITION

AUX ARTICLES

DES PÉTROMYZONS, DES RAIES,

ET DES SQUALES.

Nous croyons ne devoir pas terminer l'histoire des poissons cartilagineux, sans faire connoître deux espèces de pétromyzons, quatre espèces de raies et une espèce de squale, dont nous n'avons reçu des dessins ou des individus que depuis le commencement de l'impression de cet ouvrage. Ces sept espèces sont le pétromyzon rouge, le pétromyzon sucet, la raie tuberculée, la raie églantier, la raie fabronienne, la raie banksienne, et le squale pointillé. Au reste, elles seront inscrites à leur véritable place dans le tableau général des cartilagineux et des osseux, que l'on trouvera à la fin de cette Histoire naturelle des poissons.

SUPPLÉMENT

AU TABLEAU DU GENRE

DES PÉTROMYZONS.

ESPÈCES.	CARACTÈRES.
5. PÉTROMYZON ROUGE. (*Petromyzon ruber.*)	Les yeux très-petits ; la partie de l'animal dans laquelle les branchies sont situées, plus grosse que le corps proprement dit ; les nageoires du dos très-basses ; celle de la queue, lancéolée ; la couleur générale, d'un rouge de sang, ou d'un rouge de brique.
6. PÉTROMYZON SUCET. (*Petromyzon sanguisuga.*)	L'ouverture de la bouche, très-grande, et plus large que la tête ; un grand nombre de dents petites et couleur d'orange ; neuf dents doubles auprès du gosier.

LE PÉTROMYZON ROUGE *.

Nous donnons ce nom à un pétromyzon dont le savant et zélé naturaliste le citoyen Noël, de Rouen, a bien voulu nous envoyer un dessin colorié. Ce poisson se trouve dans la Seine, et est connu des pêcheurs sous le nom de *sept-œil rouge* à cause de sa couleur, ou d'*aveugle* à cause de l'extrême petitesse de ses yeux. On se représentera aisément l'ensemble de ce cartilagineux, qui a beaucoup de rapports avec le lamproyon, si nous ajoutons à ce que nous venons de dire de cet animal, dans le supplément au tableau des pétromyzons, que l'ouverture de la bouche du rouge est beaucoup plus petite que le diamètre de la partie du poisson dans laquelle les branchies sont renfermées ; que la surface supérieure de la tête, du corps et de la queue, offre une nuance plus foncée que les côtés, et que des teintes sanguinolentes se font particulièrement remarquer auprès des ouvertures des organes de la respiration.

* Petromyzon ruber.

LE PÉTROMYZON SUCET [1].

C'EST encore au citoyen Noël que nous devons la description de ce pétromyzon, que les pêcheurs de plusieurs endroits situés sur les rivages de la Seine inférieure ont nommé *sucet* [2]. Il se rapproche beaucoup du lamproyon, ainsi que le rouge; mais il diffère de ces deux poissons, et de tous les autres pétromyzons déja connus, par des traits très-distincts.

Sa longueur ordinaire est de deux décimètres.

Son corps est cylindrique; les deux nageoires dorsales sont basses, un peu adipeuses, et la seconde s'étend présque jusqu'à celle de la queue.

La tête est large; les yeux sont situés assez loin de l'extrémité du museau, plus grands à proportion que ceux du lamproyon, et recouverts par une continuation de la peau de la tête; l'iris est d'une couleur uniforme voisine de celle de l'or ou de celle de l'argent.

Le citoyen Noël, dans la description qu'il a bien voulu me faire parvenir, dit qu'il n'a pas vu d'évent sur la nuque du sucet. Je suis persuadé que ce pétromyzon n'est pas privé de cet orifice particulier, et que la petitesse de cette ouverture a empêché le citoyen

---

[1] Petromyzon sanguisuga.
[2] *Lettre du citoyen Noël au citoyen Lacépède, du mois de prairial, an 7.*

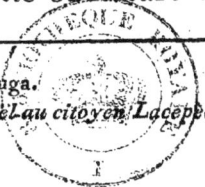

Noël de la distinguer, malgré l'habileté avec laquelle
ce naturaliste observe les poissons. Mais si le sucet ne
présente réellement pas d'évent, il faudra retrancher
la présence de l'organe auquel on a donné ce nom,
des caractères génériques des pétromyzons, diviser la
famille de ces cartilagineux en deux sous-genres, placer
dans le premier de ces grouppes les pétromyzons qui
ont un évent ; composer le second, de ceux qui n'en
auroient pas ; inscrire, par conséquent, dans le premier sous-genre, la lamproie, la pricka, le lamproyon,
le planer, le rouge, et réserver le sucet pour le second
sous-genre.

Au reste, l'ouverture de la bouche du sucet est plus
étendue que la tête n'est large ; et des muscles assez
forts rendent les lèvres extensibles et rétractiles.

Dans l'intérieur de la bouche, on voit un grand
nombre de dents petites, de couleur d'orange, et
placées dans des cellules charnues. Neuf de ces dents
qui entourent circulairement l'entrée de l'œsophage,
sont doubles. La langue est blanchâtre, et garnie de
petites dents ; et au devant de ce dernier organe, on
apperçoit un os demi-circulaire, d'une teinte orangée,
et hérissé de neuf pointes.

La forme de cet os, et la présence de neuf dents
doubles autour du gosier, suffiroient seules pour distinguer le sucet de la lamproie, de la pricka, du lamproyon, du planer et du rouge.

Les pêcheurs de Quevilly, commune auprès de

laquelle le sucet a été particulièrement observé, disent tous qu'on ne voit ce poisson que dans les saisons où l'on pêche les clupées aloses. Soit que ce cartilagineux habite sur les hauts-fonds voisins de l'embouchure de la Seine, soit qu'il s'abandonne, pour ainsi dire, à l'action des marées, et qu'il remonte dans la rivière, comme les lamproies, ce sont les aloses qu'il recherche et qu'il poursuit. Lorsqu'il peut atteindre une de ces clupées, il s'attache à l'endroit de son ventre dont les tégumens sont le plus tendres, et par conséquent à la portion la plus voisine des œufs ou de la laite : se cramponnant, pour ainsi dire, avec ses dents et ses lèvres, il se nourrit de la même manière que les vers auxquels on a donné le nom de *sangsues;* il suce le sang du poisson avec avidité; et il préfère tellement cet aliment à tout autre, que son canal intestinal est presque toujours rempli d'une quantité de sang considérable, dans laquelle on ne distingue aucune autre substance nutritive.

Les pêcheurs croient avoir observé que lorsque les sucets, dont l'habitude que nous venons d'exposer a facilement indiqué le nom, attaquent des saumons, au lieu de s'attacher à des aloses, ils ne peuvent pas se procurer tout le sang qui leur est nécessaire, parce qu'ils percent assez difficilement la peau des saumons; et ils montrent alors par leur maigreur la sorte de disette qu'ils éprouvent.

SUPPLÉMENT

AU TABLEAU DU GENRE

DES RAIES.

TROISIÈME SOUS-GENRE.

Les dents obtuses; des aiguillons sur le corps ou sur la queue.

ESPÈCES	CARACTÈRES.
11. LA RAIE TUBERCULÉE. (*Raja tuberculata.*)	Cinq tubercules blancs, émaillés et très-durs, sur le dos; et cinq autres tubercules semblables sur la queue.
12. LA RAIE ÉGLANTIER. (*Raja eglanteria.*)	Une rangée longitudinale de petits aiguillons sur le dos, qui d'ailleurs est parsemé d'épines encore plus courtes; plus de trois rangs longitudinaux de piquans recourbés, sur la queue.

Espèces dont la forme des dents n'est pas encore connue, et qui n'ont point d'aiguillons.

ESPÈCE,	CARACTÈRES.
24. LA RAIE FABRONIENNE. (*Raja fabroniana.*)	Deux grands appendices sur le devant de la tête; chaque nageoire pectorale aussi longue que le corps proprement dit, très-étroite, et occupant par sa base la portion du côté de l'animal comprise entre la tête et le milieu du corps.

ESPÈCE.	CARACTÈRES.
25. LA RAIE BANKSIENNE. (*Raja banksiana.*)	Deux appendices sur le devant de la tête; point de nageoire sur le dos, ni au bout de la queue; chaque nageoire pectorale plus longue que le corps proprement dit, très-étroite, et à peu près également éloignée, dans son axe longitudinal et dans sa pointe, de la tête et de la queue; les yeux placés sur la partie supérieure de la tête.

LA RAIE TUBERCULÉE *.

CET animal a les dents très-obtuses; il présente d'ailleurs des tubercules pointus, ou aiguillons très-forts, sur le corps et sur la queue: il doit donc être compris dans le troisième sous-genre que nous avons établi dans le genre des raies, et dont les caractères distinctifs consistent dans la forme obtuse des dents, et dans la présence d'aiguillons plus ou moins nombreux sur la queue ou sur le corps.

Le bout du museau de ce cartilagineux est pointu. L'ensemble formé par le corps proprement dit et par les nageoires pectorales, présente un rhombe assez régulier. La queue est longue et déliée : elle est d'ailleurs armée d'un aiguillon très-long, dentelé de deux côtés, et dont les petites dents, semblables à celles d'une scie, sont de plus tournées vers la base de ce piquant.

La tuberculée n'a aucune nageoire sur le dos; le dessus de la plus grande partie de sa queue n'en montre pas non plus : cependant, comme, dans l'individu que j'ai eu sous les yeux, l'extrémité de cette portion de l'animal avoit été détruite par un accident, il se pourroit que l'espèce que nous décrivons eût une

* Raja tuberculata.

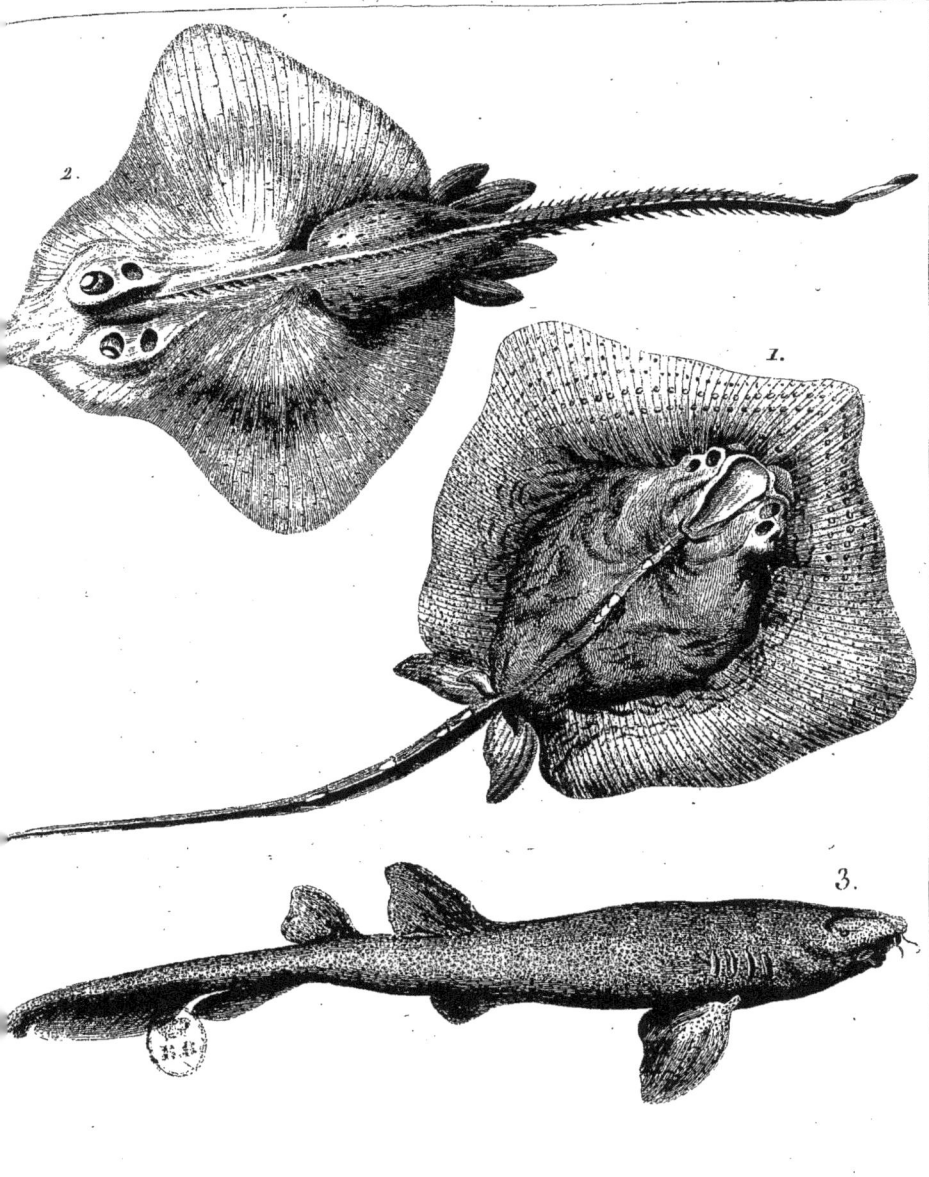

1. RAIE Tuberculée. 2. RAIE Eglantiere. 3. SQUALE Pointillé.

petite nageoire supérieure vers le bout de la queue.

L'animal ne présente que dix aiguillons, indépendamment de celui qui est dentelé ; ces protubérances sont des tubercules plus ou moins pointus, assez gros, très-courts, très-durs, très-blancs, et comme émaillés. Cinq de ces tubercules sont très-rapprochés, et forment sur le dos une rangée longitudinale ; les autres sont placés sur la queue, plus près du dos que du grand aiguillon dentelé, et à des distances inégales les uns des autres.

Pour peu qu'on jette les yeux sur le tableau du genre des raies, que nous avons publié, on verra que celle dont nous décrivons les formes, a beaucoup de rapports, par son aiguillon dentelé et par sa queue déliée, avec la raie aigle, la pastenaque, la lymme, et que, d'un autre côté, elle se rapproche, par ses tubercules, de la raie sephen, dont j'ai découvert que la dépouille étoit apportée en France sous le nom de *peau de requin*, pour y servir à fabriquer le plus beau *galuchat*, celui qui est à grains très-gros et très-aplatis. C'est donc entre la lymme et la sephen qu'il faut placer la raie que nous venons de faire connoître ; et le caractère spécifique qui la sépare tant de l'aigle, de la pastenaque et de la lymme, que de la sephen, et de toutes les raies inscrites dans le troisième sous-genre, est le nombre des tubercules émaillés et très-durs, dont j'ai tiré le nom que je lui ai donné.

Je n'ai pu juger de la couleur de cette espèce, à cause

de l'état de desséchement dans lequel étoit l'individu que j'ai vu, et qui avoit à peu près quatre décimètres de longueur. Elle vit dans les mers voisines de Cayenne ; et l'individu que j'ai examiné, m'a été envoyé par le citoyen Leblond.

RAIE ÉGLANTIER *.

Le citoyen Bosc, connu depuis long-temps par la variété de ses connoissances en histoire naturelle, par son zèle infatigable pour le progrès des sciences, et par sa manière habile et fidèle d'observer et de décrire, a eu l'attention de me faire parvenir, de l'Amérique septentrionale, des dessins et des descriptions de plusieurs poissons encore inconnus des naturalistes. Il a bien voulu me faire témoigner en même temps par notre confrère commun, le professeur Alexandre Brogniard, le desir de voir ce travail publié dans l'*Histoire des poissons*. J'ai accepté avec empressement l'offre agréable et utile du citoyen Bosc. Je ferai donc usage, dans ce volume et dans le suivant, des descriptions qu'il m'a envoyées, ainsi que des dessins qu'il a faits lui-même, et qui ont été gravés avec soin sous mes yeux; et la raie églantier est un de ces poissons dont le public devra la connoissance à ce savant naturaliste.

Le corps de la raie églantier présente à peu près la forme d'un rhomboïde dont toutes les parties saillantes seroient émoussées; il est parsemé d'épines très-

---

* Raja eglanteria.
Raja eglanteria. — Raja dentibus obtusis, corpore rhombeo, aculeato, aculeis minutis, caudâ bipinnatâ, spinis numerosis muricatâ. — Habitat in mari Americam alluente. *Bosc, manuscrits communiqués.*

courtes, souvent même peu sensibles, excepté sur le milieu du dos, où l'on voit une rangée longitudinale de petits aiguillons qui ont deux ou trois centimètres de longueur.

Les yeux sont saillans; l'iris est blanc; le museau obtus; la langue courte, large, lisse; la forme des dents plus ou moins arrondie; la queue presque aussi longue que le corps, et garnie de plusieurs rangs longitudinaux d'épines recourbées de différentes grandeurs, et dont les plus longues forment les trois rangées du milieu et des côtés.

A l'extrémité de cette queue est une petite nageoire, auprès de laquelle on voit, sur la face supérieure de cette même partie de l'animal, une autre nageoire que l'on doit nommer *dorsale*, d'après tout ce que nous avons déja dit, quoiqu'elle ne soit pas placée sur le corps proprement dit de la raie églantier.

On compte cinq rayons à chaque nageoire ventrale.

La raie que nous décrivons est d'une couleur brunâtre en dessus, et blanche en dessous. Elle est assez commune dans la baie de Charles-town : elle y parvient à un demi-mètre de largeur.

D'après les traits de conformation que nous venons d'exposer, on ne sera pas étonné que, sur notre tableau méthodique, nous placions la raie églantier entre la raie tuberculée et la raie bouclée.

Pl. 5. Pag. 190

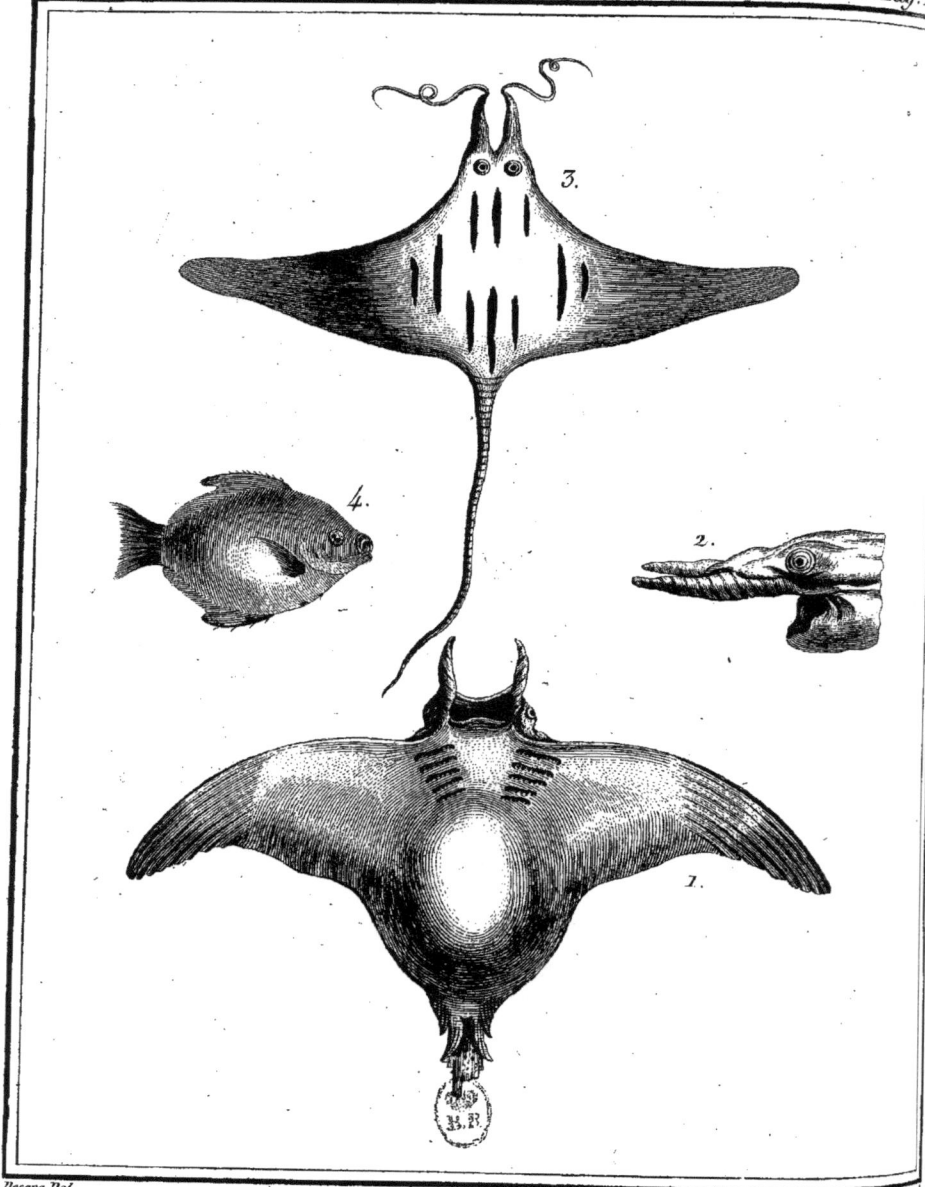

Deseve. Del.

V. Tardieu Sculp.

1. et 2. RAIE Fabronienne. 3. RAIE Banksienne. 4. MONODACTYLE Falciforme).

LA RAIE FABRONIENNE *.

La raie mobular et la raie manatia ne sont pas les
seules qui parviennent à une grandeur, pour ainsi
dire, gigantesque : nous connoissons maintenant deux
autres raies qui présentent aussi de très-grandes
dimensions, et qui d'ailleurs se rapprochent de la
manatia et de la mobular par plusieurs traits de leur
conformation, et particulièrement par un caractère
dont on ne retrouve pas d'analogue sur les autres
cartilagineux du même genre. Ces deux autres raies
sont la fabronienne et la banksienne. Nous allons les
faire connoître successivement. Un individu de la première de ces deux espèces a été pris dans la partie
de la mer Méditerranée voisine de Livourne, et on le
conserve maintenant dans le muséum de Florence.
Nous en devons un dessin et une courte description à
l'habile naturaliste et ingénieux physicien Fabroni, l'un
de ceux qui dirigent ce beau muséum de Toscane, ainsi
qu'un des savans envoyés à Paris par les gouvernemens
étrangers pour y travailler, avec l'Institut national, à la
fixation définitive des nouveaux poids et mesures de
la république françoise ; et voilà pourquoi nous avons

---

* Raja fabroniana.
Raja vacca, *aux environs de Livourne.*

cru devoir donner à cette espèce de cartilagineux le
nom de *raie fabronienne*, qui exprimera notre reconnoissance. L'individu qui fait partie de la collection
de Florence, a quatre mètres, ou environ, d'envergure,
c'est-à-dire, depuis la pointe d'une nageoire pectorale
jusqu'à celle de l'autre nageoire latérale. L'espace compris entre le bout du museau et l'origine de la queue
est à peu près de deux mètres. L'envergure est donc
plus que double de la longueur du corps proprement
dit, tandis que ces deux dimensions sont égales dans
la mobular *, celle de toutes les raies avec laquelle on
pourroit être le plus tenté de confondre la fabronienne.
Chaque nageoire pectorale est d'ailleurs très-étroite,
et la base du triangle que présente sa surface, au lieu
de s'étendre depuis la tête jusqu'au commencement de
la queue, ainsi que sur la mobular, ne s'étend que
jusqu'à vers le milieu de la longueur du corps. Le bord
antérieur de chaque nageoire latérale est d'ailleurs
convexe, et le bord postérieur concave ; ce qui est différent de ce qu'on voit dans la mobular, où le bord de
devant et le bord de derrière de la nageoire pectorale
présentent l'un et l'autre une convexité auprès du corps,
et une concavité auprès de la pointe de la nageoire.
Lorsqu'on regarde la fabronienne par-dessous, on
apperçoit deux nageoires ventrales et deux portions de

---

* On lit dans l'article de la mobular, que la face antérieure de chaque
nageoire pectorale a *six pieds* de longueur: c'est une faute typographique;
il faut lire *près de trois pieds*.

la nageoire de l'anus; lorsque la mobular est également vue par-dessous, les nageoires ventrales cachent une portion des nageoires pectorales, et on ne distingue pas de nageoire de l'anus.

La queue ayant été tronquée, par un accident particulier, dans l'individu de la collection de Toscane, nous ne pouvons rien dire sur la forme de cette partie dans la raie fabronienne.

Mais ce qui mérite particulièrement l'attention des naturalistes, c'est que le devant de la tête de la fabronienne est garni, comme le devant de la tête de la mobular et de la manatia, de deux appendices longs, étroits et mobiles, qui prennent naissance auprès des orbites des yeux, et que l'on a comparés à des cornes. Chacun de ces appendices a quarante-cinq centimètres, ou environ, de longueur, à compter de l'orbite, et par conséquent à peu près le quart de la longueur du corps et de la tête considérés ensemble; il est donc beaucoup plus court, à proportion des autres parties de l'animal, que les appendices de la mobular, lesquels ont de longueur près du tiers de celle de la tête et du corps réunis.

D'après le dessin qui m'a été remis, et une note écrite sur ce même dessin, les deux appendices de la fabronienne sont deux espèces d'*ailerons* ou de nageoires, composés de plusieurs portions cartilagineuses réunies par des membranes ou d'autres parties molles, organisés de manière à pouvoir se déployer comme un éventail, et servant à l'animal non seulement à tâter devant lui, mais encore à approcher sa nourriture de sa bouche.

Voilà donc dans la mobular, dans la manatia, et dans la fabronienne, une conformation particulière que nous allons retrouver dans la banksienne, mais que nous ne connoissons dans aucune autre espèce de poisson, un organe particulier du toucher, un instrument remarquable d'appréhension, une sorte de main propre à saisir les objets avec plus ou moins de facilité; et cette faculté extraordinaire attribuée à ces appendices si dignes par-là de l'observation des physiologistes, est une nouvelle preuve de l'instinct supérieur qui, tout égal d'ailleurs, nous a paru devoir appartenir aux raies qui offrent ces protubérances.

Au reste, la grandeur de la raie que nous décrivons, et la ressemblance vague des cornes des ruminans, avec de grandes portions saillantes placées sur la tête, alongées, un peu cylindriques, et souvent contournées, ont fait donner à la fabronienne le nom de *raie vache* par plusieurs pêcheurs des côtes de la Toscane.

LA RAIE BANKSIENNE *.

Le célèbre naturaliste Fabroni ayant adressé au chevalier Banks, président de la société de Londres, une lettre relative à la raie que nous venons de décrire, cet illustre savant lui fit parvenir, avec sa réponse, une notice et un dessin d'une autre grande raie remarquable comme la mobular, la manatia et la fabronienne, par de longs appendices placés sur le devant de la tête. Fabroni a bien voulu mettre à ma disposition ce dessin et cette notice; et en m'en servant pour le complément de l'histoire des cartilagineux, je me suis empressé de distinguer cette raie par le nom de *banksienne,* afin de donner un témoignage public de la gratitude qu'ont inspirée à tous les amis de l'humanité, les progrès que le respectable président de la société de Londres a fait faire aux sciences naturelles, et les marques d'estime qu'il n'a cessé de donner, dans toutes les circonstances, à ceux de mes compatriotes qui se sont dévoués comme lui au perfectionnement des connoissances humaines.

La banksienne n'a point de nageoire sur le dos, ni au bout de la queue; cette conformation la sépare de la mobular et de la manatia. Elle en est aussi séparée

---

* Raja banksiana.

par d'autres caractères. Chaque nageoire pectorale, plus longue que le corps proprement dit, est plus étroite encore dans la plus grande partie de son étendue et relativement aux différentes dimensions des autres parties de l'animal, que les nageoires pectorales de la fabronienne ; elle représente un triangle isoscèle, dont la base repose sur un des côtés du corps à une distance à peu près égale de la tête et de la queue, et dont le sommet est aussi à peu près également éloigné de la queue et de la tête.

Les yeux, au lieu d'être situés sur les côtés de la tête, comme dans la fabronienne, la manatia et la mobular, sont placés sur la surface supérieure de cette partie de la raie. On voit trois taches longues, étroites, longitudinales, inégales et irrégulières, derrière les yeux ; trois autres semblables auprès de l'origine de la queue, et deux autres également semblables auprès de la base de chaque nageoire pectorale.

Le chevalier Banks dit dans sa note manuscrite, que le dessin de l'animal lui est parvenu des Indes orientales, que les marins donnent à cette raie le nom de *diable de mer,* et qu'elle parvient à un volume si considérable, qu'un individu de la même espèce, pris sur les côtes de la Barbade, n'a pu être tiré à terre que par le moyen *de sept paires de bœufs.* C'est la réunion d'une grandeur peu commune, d'une force analogue, et d'une tête en apparence cornue, qui aura fait nommer la banksienne *diable de mer,* aussi-bien que la mobular.

Au reste, il paroît que la manatia et la banksienne n'ont encore été observées que dans les mers chaudes de l'ancien ou du nouveau continent, pendant qu'on a pêché la mobular et la fabronienne près des rivages septentrionaux de la mer Méditerranée.

Dans le dessin envoyé par le chevalier Banks, on voit un barbillon, ou très-long filament, à l'extrémité de chacun des appendices de la tête; on a même représenté un petit poisson embarrassé et retenu par la raie au milieu de plusieurs contours de l'un de ces filamens. Mais Banks pense que ces barbillons déliés n'ont jamais existé que dans la tête du dessinateur. Nous partageons d'autant plus l'opinion de ce savant, que le dessin qu'il a envoyé au physicien Fabroni n'a pas été fait sur l'animal tiré à terre et observé avec facilité; mais sur ce poisson nageant encore auprès de la surface de la mer; et voilà pourquoi nous avons desiré qu'on retranchât ces filamens dans la copie de ce dessin que nous avons fait faire; voilà pourquoi encore nous n'avons choisi, pour désigner cette espèce, que des caractères sur lesquels il est impossible à un œil un peu attentif de se méprendre même au travers d'une couche d'eau assez épaisse, et sur-tout quand il s'agit d'un poisson en quelque sorte gigantesque. Quoi qu'il en soit, si des observations exactes infirment ce que l'on doit être porté à conclure de l'inspection du dessin transmis par Banks à Fabroni, il sera très-aisé, d'après ce que nous avons dit au sujet de la mobular, de la manatia et de la fabronienne,

d'indiquer les véritables traits distinctifs de la grande
raie à appendices, dont on a fait parvenir au président
de la société de Londres un dessin fait dans les Indes
orientales, ou de la rapporter à la fabronienne, ou à la
manatia, ou à la mobular.

SUPPLÉMENT

AU TABLEAU DU GENRE

DES SQUALES.

PREMIER SOUS-GENRE.

Une nageoire de l'anus, sans évents.

ESPÈCE.	CARACTÈRES.
3. LE SQUALE POINTILLÉ. (*Squalus punctulatus.*)	De petits points blancs sous le corps et sous la queue ; la couleur de la partie inférieure de l'animal plus foncée que celle de la partie supérieure.

LE SQUALE POINTILLÉ *.

C'est le citoyen Leblond, voyageur naturaliste, qui nous a fait parvenir de l'Amérique méridionale un individu de cette espèce. Ce squale pointillé habite, comme la raie tuberculée, les mers voisines de la Guiane. Ce cartilagineux a une nageoire de l'anus, et n'a point d'évents. Il appartient donc au premier sous-genre des squales; et il est aisé de voir par ce que nous allons dire de sa forme extérieure, combien il diffère des espèces déja comprises dans ce sous-genre, où il faudra le placer entre le squale très-grand et le squale glauque.

Sa tête est déprimée, et très-arrondie par-devant; ses dents sont conformées comme celles du squale roussette; on voit de chaque côté cinq ouvertures branchiales; les nageoires pectorales sont assez grandes, et la partie antérieure de leur base est presque aussi avancée vers le museau que la troisième ouverture des branchies. Les nageoires ventrales sont séparées l'une de l'autre; la première nageoire dorsale est placée au-dessus des ventrales, la seconde plus près de la tête que celle de l'anus, et le lobe inférieur de la caudale, très-échancré.

---

* Squalus punctulatus.

On voit un roux uniforme sur le dessus du corps et de la queue ; et la partie inférieure de l'animal présente un fauve plus foncé, parsemé de petits points blancs, qui nous ont indiqué le nom que nous avons cru devoir préférer pour ce cartilagineux.

Au reste, nous devons prévenir que de chaque côté de la tête, et auprès de l'endroit où un évent auroit pu avoir une ouverture, nous avons apperçu une dépression presque imperceptible, qui, malgré un examen attentif, ne nous a montré aucun orifice, mais que l'on voudroit peut-être considérer comme l'extrémité d'un évent proprement dit. Nous ne croyons pas que l'on dût adopter cette opinion, dont nous ne pouvons pas cependant démontrer le peu de fondement, parce que le citoyen Leblond n'a envoyé au Muséum national d'histoire naturelle qu'une simple dépouille d'un squale pointillé. Mais quand bien même le cartilagineux que nous venons de décrire, auroit des évents, et qu'il fallût le transporter, si je puis m'exprimer ainsi, du premier sous-genre dans le second, il n'en appartiendroit pas moins à une espèce encore inconnue aux naturalistes. Il faudroit l'inscrire après le squale isabelle, avec lequel il auroit des rapports d'autant plus grands, que la première nageoire dorsale de l'isabelle s'élève, comme celle du pointillé, au-dessus des ventrales. Il différeroit néanmoins de ce même poisson, en ce que les ouvertures des évents de l'isabelle sont très-grandes, pendant que celles du

pointillé seroient au moins très-petites. D'ailleurs
l'isabelle a une ligne latérale très-sensible. Il présente
sur la partie inférieure du corps et de la queue une
couleur beaucoup plus claire que celle du dos, tandis
que, par une disposition de nuances très-rare sur les
animaux, et particulièrement sur les poissons, la couleur de la partie inférieure de la queue et du corps du
pointillé est plus foncée que la teinte des parties
supérieures de ce dernier squale. Il n'a point de petites
taches sur le ventre, comme le pointillé; il en montre
de plus ou moins grandes sur le dos, où la couleur du
pointillé est, au contraire très-uniforme; et enfin on
n'a vu jusqu'à présent l'isabelle que dans quelques
portions de la mer Pacifique.

SUPPLÉMENT

A L'ARTICLE

DU SQUALE RENARD.

Il nous paroît utile, pour faire bien connoître cette espèce très-remarquable de squale, de donner ici l'extrait d'une notice que nous avons reçue du citoyen Noël de Rouen. Cet observateur, dont les naturalistes estiment depuis long-temps le zèle éclairé et la sévère exactitude, a pu décrire, tant à l'intérieur qu'à l'extérieur, un très-grand individu mâle de cette espèce, qui avoit échoué à Dieppe sur le sable, le premier frimaire de l'an 8 de l'ère françoise. La longueur totale de cet énorme poisson étoit de 484 centimètres, ou quinze pieds; et sa circonférence dans l'endroit le plus gros du corps, de 162 centimètres, ou cinq pieds. Un gris nuancé de bleuâtre distinguoit la partie supérieure de l'animal, de l'inférieure qui étoit blanchâtre. La tête étoit noirâtre; la langue arrondie, grasse, ferme; l'œil très-mobile dans son orbite, et dénué non seulement de membrane clignotante, mais encore de voile formé par une continuation de la peau. Deux lobes composoient la nageoire caudale: le supérieur avoit 234 centimètres de longueur, et 32 centimètres de hauteur, ainsi que 8 centimètres d'épaisseur, à l'endroit où il se séparoit du lobe de dessous.

Le cœur, composé d'une oreillette et d'un ventricule, présentoit la forme d'un triangle alongé; les cinq branchies de chaque côté étoient longues, attachées à sept cartilages très-forts, et d'un rouge foncé après la mort de l'animal.

Un œsophage très-extensible précédoit l'estomac, sur la tunique intérieure duquel on voyoit de petits globules blanchâtres.

La figure du foie, qui offroit deux lobes, ressembloit un peu à celle d'une fourche, ou d'un Y grec.

Le diaphragme étoit triangulaire, et chacun des deux reins noirâtre.

Les vaisseaux spermatiques régnoient le long de la région de l'épine du dos; on appercevoit les testicules dans le fond de l'abdomen; et des deux lobes qui formoient la laite, le droit avoit 13 décimètres de longueur, sur 3 décimètres de largeur, et pesoit 13 kilogrammes; et le gauche, qui pesoit 9 kilogrammes, étoit long de 108 centimètres.

Dimensions de plusieurs parties du squale renard, décrit par le citoyen Noël.

centimèt.

Depuis le bout du museau jusqu'à l'ouverture de la bouche, 11

jusqu'à l'œil, 12

jusqu'à la partie antérieure de la nageoire dorsale, 118

jusqu'à l'une des deux pectorales, 64

centimèt.

De la partie postérieure de l'une des pectorales, à la ventrale correspondante,	67
De la partie postérieure de l'une des ventrales, à l'origine du lobe inférieur de la première nageoire caudale,	53
Largeur de l'ouverture de la bouche,	20
Diamètre de l'œil,	5
Longueur de l'ouverture des narines,	$1\frac{1}{2}$
Hauteur de la première nageoire dorsale,	32
Longueur de chacune des deux nageoires pectorales,	72
Longueur de la nageoire de l'anus,	7
Longueur du lobe inférieur de la nageoire caudale,	21
Longueur du cœur,	18
Largeur du cœur,	10
Longueur de l'œsophage,	27
Longueur de l'estomac,	75
Largeur de l'estomac,	18
Longueur du grand lobe du foie,	32
Longueur du petit lobe du foie,	24
Longueur de la vésicule du fiel,	16
Largeur de la vésicule du fiel,	8
Longueur de la rate,	30
Largeur de la rate,	3
Longueur du rectum,	100
Longueur de l'un des reins,	100
Largeur de chacun des testicules, mesuré à sa base,	31

SUPPLÉMENT

A L'ARTICLE

DU SYNGNATHE TUYAU.

Nous avons vu que le syngnathe tuyau habitoit dans des mers très-éloignées l'une de l'autre, et particulièrement dans la Caspienne, auprès des rivages de la Caroline, et dans les environs du cap de Bonne-Espérance. Nous avons reçu du citoyen Noël de Rouen, plusieurs individus de cette même espèce de syngnathe, qui avoient été pêchés auprès de l'embouchure de la Seine. « Les tuyaux, nous écrit cet estimable observa-« teur, sont pêchés sur les fonds du Tot, de Quille-« beuf, de Berville, de Grestain ». On les prend avec des *guideaux*, sorte de filet dont nous parlerons à l'article du gade colin. Le citoyen Noël les a nommés *aiguillettes*, ou petites aiguilles, parce qu'ils ne parviennent guère, près des côtes de la Manche, qu'à la longueur de deux décimètres. Le corps de ces poissons représente une sorte de prisme à sept faces; mais les trois pans supérieurs se réunissent auprès de la nageoire dorsale, et les deux inférieurs auprès de l'anus, de manière que la queue proprement dite n'offre que

quatre faces longitudinales. La couleur de ces cartilagineux est d'un gris pâle, verdâtre dans leur partie
supérieure, et d'un blanc salé dans leur partie inférieure. Le citoyen Noël a vu dans l'œsophage d'un de
ces animaux une très-petite chevrette, qui, malgré
son peu de volume, en remplissoit toute la capacité,
et n'avoit pu être introduite par l'ouverture de la
bouche qu'après de très-grands efforts. Il a trouvé
aussi dans chacune de deux femelles qu'il a disséquées,
une quarantaine d'œufs assez gros, relativement aux
dimensions de l'animal.

POISSONS OSSEUX.

LORSQUE nous avons, par la pensée, réuni autour de nous les diverses espèces de poissons qui peuplent les mers ou les eaux douces du globe, lorsque nous les avons contraintes, pour ainsi dire, à se distribuer en différens grouppes, suivant l'ordre des rapports qui les distinguent, nous les avons vues se séparer en deux immenses tribus. D'un côté ont paru les poissons cartilagineux; de l'autre, les osseux. Nous nous sommes occupés des premiers; examinons avec soin les seconds. Nous avons assez indiqué les différences qui les séparent; exposons donc, au moins rapidement, les ressemblances qui les rapprochent. Elles sont grandes, en effet, ces ressemblances qui les lient. Les formes extérieures, les organes intérieurs, les armes pour attaquer, les boucliers pour se défendre, la puissance pour nager, l'appareil pour le vol, et jusqu'à cette faculté invisible et terrible de faire éprouver à de grandes distances des commotions violentes et soudaines, tous ces attributs que nous avons remarqués dans les cartilagineux, nous allons les retrouver dans les osseux. Nous pouvons, par exemple, opposer aux pétromyzons et aux gastrobranches, les cécilies, les murènes, les ophis; aux raies, les pleuronectes; aux squales, les ésoces; aux acipensères, les loricaires; aux syngnathes, les

fistulaires; aux pégases, les trigles et les exocets; aux
torpilles et au tétrodon électrique, le gymnote et le
silure, également électriques ou engourdissans. A la
vérité, les diverses conformations des cartilagineux ne
se remontrent dans les osseux qu'altérées, accrues,
diminuées, ou du moins différemment combinées; mais
elles reparoissent avec un assez grand nombre de leurs
premiers traits, pour qu'on les reconnoisse sans peine.
Elles annoncent toujours l'identité de leur origine; elles
attestent l'unité du modèle d'après lequel la Nature a
façonné toutes les espèces de poissons qu'elle a répandues au milieu des eaux. Et que ce type de la vitalité
et de l'animalité de ces innombrables animaux est
digne de l'attention des philosophes! Il n'appartient
pas, en effet, exclusivement à la grande classe dont
nous cherchons à dévoiler les propriétés: son influence
irrésistible embrasse tous les êtres qui ont reçu la
sensibilité. Bien plus, son image est empreinte sur tous
les produits de la matière organisée. La Nature n'a,
pour ainsi dire, créé sur notre globe qu'un seul être
vivant, dont elle a ensuite multiplié des copies plus ou
moins modifiées. Sur la planète que nous habitons,
avec la matière brute que nous foulons aux pieds,
au milieu de l'atmosphère qui nous environne, à la
distance où nous sommes placés des différens corps
célestes qui circulent dans l'espace, et sous l'empire
de cette loi qui commande à tous les corps et les fait
sans cesse graviter les uns vers les autres, il n'y avoit

peut-être qu'un moyen unique de départir aux agré-
gations de la matière la force organique, c'est-à-dire,
le mouvement de la vie et la chaleur du sentiment.
Mais comme cette cause première présente une quantité
infinie de degrés de force et de développement, et que
par conséquent elle a donné naissance à un nombre
incalculable de résultats produits par les différentes
combinaisons de cette série immense de degrés, la
Nature a pu être aussi admirable par la variété des
détails qu'elle a créés, que par la sublime simplicité du
plan unique auquel elle s'est asservie. C'est ainsi qu'en
parcourant le vaste ensemble des êtres qui s'élèvent
au-dessus de la matière brute, nous voyons une diversité, pour ainsi dire, sans bornes, de grandeurs, de
formes et d'organes, devenir, par une suite de toutes
les combinaisons qui ont pu être réalisées, le principe
et le résultat d'une intussusception de substances très-
divisées, de l'élaboration de ces substances dans des
vaisseaux particuliers, de leur réunion dans des canaux
plus ou moins étendus, de leur mélange pour former
un liquide nutritif. C'est ainsi qu'elle est la cause et
l'effet de l'action de ce liquide, qui, présenté dans un
état de division plus ou moins grand aux divers fluides
que renferment l'air de l'atmosphère, ou l'eau des
rivières et des mers, se combine avec celui de ces fluides
vers lequel son essence lui donne la tendance la plus
forte, en reçoit des qualités nouvelles, parcourt toutes
les parties susceptibles d'accroissement ou de conser-

vation, maintient dans les fibres l'irritabilité à laquelle
il doit son mouvement, devient souvent, en terminant sa course plus ou moins longue et plus ou moins
sinueuse, une nouvelle substance plus active encore,
donne par cette métamorphose à l'être organisé le
pouvoir de sentir, ajoute à la faculté d'être mu celle
de se mouvoir, convertit une sujétion passive en une
volonté efficace, et complète ainsi la vie et l'animalité.

Nous venons de voir que les mêmes formes extérieures et intérieures se présentent dans les poissons
cartilagineux et dans les poissons osseux : les résultats
de la conformation prise dans toute son étendue doivent
donc être à peu près les mêmes dans ces deux sous-
classes remarquables. Et voilà pourquoi les osseux nous
offriront des habitudes analogues à celles que nous
avons déja considérées en traitant des cartilagineux,
non seulement dans la manière de venir à la lumière,
mais dans celle de combattre, de fuir, de se cacher, de
se mettre en embuscade, de se nourrir, de rechercher
les eaux les plus salutaires, la température la plus
convenable, les abris les plus sûrs. Voilà pourquoi
encore nous verrons dans les osseux, comme dans les
cartilagineux, l'instinct se dégrader à mesure que des
formes très-déliées et un corps très-alongé seront
remplacés par des proportions moins propres à une
grande variété de mouvemens, et sur-tout par un
aplatissement très-marqué. Nous verrons même ce
décroissement de l'intelligence conservatrice, dont nous

avons déja parlé *, se montrer avec bien plus de régularité dans les poissons osseux que dans les cartilagineux, parce qu'il n'y est pas contre-balancé, comme
dans plusieurs de ces derniers, par des organes particuliers propres à rendre à l'instinct plus de vivacité
que ne peuvent lui en ôter les autres portions de l'organisation.

En continuant de considérer dans tout leur ensemble
les osseux et les cartilagineux, nous remarquerons que
les premiers comprennent un bien plus grand nombre
d'espèces rapprochées de nos demeures par leurs habitations, de nos besoins par leur utilité, de nos plaisirs
par leurs habitudes. C'est principalement leur histoire
qui, entraînant facilement la pensée hors des limites et
des lieux et des temps, rappelle à notre esprit, ou,
pour mieux dire, à notre cœur attendri, et les ruisseaux, et les lacs, et les fleuves, et les jeux innocens
de l'enfance, et les joyeux amusemens d'une jeunesse
aimante sur les bords verdoyans de ces eaux roman-
tiques. On ébranle vivement l'imagination en peignant
l'immense Océan qui soulève majestueusement ses
ondes, et les flots tumultueux mugissant sous la violence des tempêtes, et les énormes habitans des mers
resplendissans au milieu de l'éclatante lumière de la
zone torride, ou luttant avec force contre les énormes
montagnes de glace des contrées polaires : mais on

---

* *Discours sur la nature des poissons.*

émeut profondément l'ame en lui retraçant la surface tranquille d'un lac qui réfléchit la clarté mélancolique de la lune, ou le murmure léger d'une rivière paisible qui serpente au milieu de bocages sombres, ou les mouvemens agiles, les courses rapides, et, pour ainsi dire, les évolutions variées de poissons argentés, qui, en se jouant au milieu d'un ruisseau limpide, troublent seuls le silence et la paix d'une rive ombragée et solitaire. Les premiers tableaux sont pour le génie; les seconds appartiennent à la touchante sensibilité.

SECONDE SOUS-CLASSE.

POISSONS OSSEUX.

Les parties solides de l'intérieur du corps, osseuses.

PREMIÈRE DIVISION.

Poissons qui ont un opercule et une membrane des branchies.

DIX-SEPTIÈME ORDRE

DE LA CLASSE ENTIÈRE DES POISSONS,

ou PREMIER ORDRE

DE LA PREMIÈRE DIVISION DES OSSEUX.

Poissons apodes, *ou qui n'ont pas de nageoires inférieures entre le museau et l'anus.*

VINGT-UNIÈME GENRE.

LES CÉCILIES.

Point de nageoires, l'ouverture des branchies sous le cou.

ESPÈCE.	CARACTÈRES.
LA CÉCILIE BRANDÉRIENNE. (*Cæcilia branderiana.*)	Le corps anguilliforme; le museau très-pointu; les dents aiguës; huit petits trous sur le devant de la tête, sept sur le sommet de cette même partie, sept sur l'occiput.

LA CÉCILIE BRANDÉRIENNE *.

Nous avons dû nous déterminer d'autant plus aisément à placer les cécilies dans un genre différent de toutes les autres familles de poissons osseux, et particulièrement des murènes, parmi lesquelles elles ont été inscrites, qu'elles présentent un caractère distinctif des plus remarquables : elles n'ont absolument aucune sorte de nageoire; et ce défaut constant est d'autant plus digne d'attention, que pendant long-temps on a regardé la présence de plusieurs nageoires, ou au moins d'une de ces parties, comme une marque caractéristique de la classe des poissons. Cette absence totale de ces organes extérieurs de mouvement suffiroit même pour séparer les cécilies de tous les poissons cartilagineux, puisqu'elle n'a encore été observée sur aucun de ces derniers animaux, ainsi qu'on a pu s'en convaincre en lisant leur histoire. D'ailleurs on n'a pas encore découvert un organe de la vue dans les cécilies : elles en paroissent entièrement privées; et par cette cécité, elles s'éloignent non seulement de presque tous les poissons, mais même de presque tous les animaux vertébrés et à sang rouge, parmi lesquels on ne

---

* Cæcilia branderiana.
Muræna cæca. *Linné, édition de Gmelin.*
Murène aveugle. *Bonnaterre, planches de l'Encyclopédie méthodique.*

connoît encore qu'un mammifère nommé *typhle*, et
le genre des cartilagineux nommés *gastrobranches*, qui
aient paru complétement aveugles. C'est donc avec les
gastrobranches qu'il faut particulièrement comparer
les cécilies. D'autres rapports que celui de la privation
de la vue, les lient d'assez près. Les ouvertures des
branchies sont placées sous le corps, dans ces deux
genres; mais dans les gastrobranches elles sont situées
sous le ventre, pendant que dans les cécilies on les
voit sur la partie inférieure du cou. Ces deux familles
ont le corps très-alongé, cylindrique, serpentiforme,
souple comme celui des murènes, enduit d'une humeur
abondante; et on distingue aisément sur la tête des
cécilies les principales ouvertures par lesquelles se
répand cette viscosité. Dans la seule espèce de ce
genre décrite jusqu'à présent, on remarque aisément
huit pores ou petits trous sur le devant de la tête,
sept au sommet de cette même partie, et sept autres
sur l'occiput: ces vingt-deux orifices sont certainement
les extrémités des vaisseaux destinés à porter à la surface du corps la liqueur onctueuse propre à la ramollir
et à la lubrifier. Cette même espèce dont Linné a dû la
première connoissance à Brander, et que nous avons
cru devoir en conséquence nommer *la brandérienne*, a
les mâchoires très-avancées, et garnies de dents très-
aiguës; c'est au-dessous de son museau, qui est très-
pointu, que l'on voit de chaque côté, au bout d'un
très-petit tube, l'ouverture des narines; et de plus,

l'anus est plus près de la tête que de l'extrémité de la queue. Cette cécilie vit dans les eaux de la Méditerranée, auprès des côtes de la Barbarie, où elle a été observée par Brander.

Nous n'avons pas vu cette espèce. Nous soupçonnons qu'elle n'a ni opercule ni membrane des branchies. Si notre conjecture à cet égard étoit fondée, il faudroit ôter les cécilies de la place que nous leur avons donnée dans le tableau général, et les transporter de la tête du premier ordre de la première division des osseux, au premier rang du premier ordre de la quatrième division de ces mêmes osseux.

VINGT-DEUXIÈME GENRE.

LES MONOPTÈRES.

Point d'autre nageoire que celle de la queue ; les ouvertures des narines placées entre les yeux.

ESPÈCE.	CARACTÈRES.
LE MONOPTÈRE JAVANOIS. (*Monopterus javanensis.*)	Le corps plus long que la queue, et dénué d'écailles facilement visibles.

LE MONOPTÈRE JAVANOIS*.

CE poisson n'est pas entièrement privé de nageoires, comme la cécilie brandérienne; mais il n'en a qu'à la queue, et même l'extrémité de cette partie est une sorte de pointe assez déliée, autour de laquelle on n'apperçoit qu'à peine la nageoire caudale. C'est de ce caractère que nous avons tiré le nom de *monoptère*, ou de *poisson à une seule nageoire*, que nous avons donné au genre non encore connu des naturalistes, dans lequel nous avons inscrit le javanois; et cette dénomination de *javanois* indique le pays qu'habite l'espèce dont nous allons décrire rapidement les formes. Cette espèce se trouve en effet dans le détroit de la Sonde, auprès des côtes de l'isle de Java: elle y a été vue par Commerson, auquel nous devons d'être instruits de son existence, et qui a laissé dans ses manuscrits des observations très-détaillées au sujet des formes et des dimensions de cet animal, qu'il avoit rapporté au genre des anguilles ou des congres, parce qu'il n'avoit pas fait attention au caractère tiré du nombre des

---

* Monopterus javanensis.
Conger sive anguilla, desuper è livido nigricans, subteriùs ferruginea, caudâ pinnatâ, apice subnudiusculo peracuto, naribus in oculorum interca-pedine. *Manuscrits de Commerson, cinquième cahier de descriptions zoo-logiques,* 1768.

nageoires. Elle y est très-bonne à manger, et si
nombreuse en individus, que chaque jour les naturels
du pays apportoient une très-grande quantité de ces
monoptères javanois au vaisseau sur lequel étoit
Commerson. Son goût doit ressembler beaucoup à celui
des murènes, dont elle a en très-grande partie la conformation et particulièrement le corps serpentiforme,
visqueux, et dénué d'écailles facilement visibles. La
tête est épaisse, comprimée, bombée cependant vers
l'occiput, et terminée en devant par un museau arrondi.
L'ouverture de la bouche est assez grande : la mâchoire
supérieure n'avance guère au-delà de l'inférieure ;
elles sont toutes les deux garnies de dents courtes et
serrées comme celles d'une lime ; et une rangée de dents
semblables est placée dans l'intérieur de la gueule,
tout autour du palais. La base de la langue, qui est
cartilagineuse et creusée par-dessous en gouttière,
présente deux tubercules blanchâtres. Les ouvertures
des narines ne sont pas placées au haut d'un petit
tube ; on ne les voit pas au-devant des yeux, comme
sur le plus grand nombre de poissons, mais au-dessus
de ces mêmes organes. L'opercule des branchies, mollasse et flasque, paroît comme une duplicature de la
peau ; la membrane branchiale n'est soutenue que par
trois rayons, que l'on ne distingue qu'en disséquant
cette même membrane : les branchies ne sont qu'au
nombre de trois de chaque côté ; les os qui les soutiennent sont très-peu courbés, et ne montrent, dans

leur côté concave, aucune sorte de denticule ni d'aspérité. Si la nageoire caudale renferme des rayons, ils
sont imperceptibles, tant que cette nageoire n'est pas
altérée ; et comme la queue est très-comprimée, cette
dernière partie ressemble assez à une lame d'épée à
deux tranchans. La ligne latérale, plus rapprochée du
dos que du ventre, s'étend depuis les branchies jusqu'à
l'extrémité de cette même queue; elle est presque de la
couleur de l'or. Le dos est d'un brun livide et noirâtre;
les côtés présentent la même nuance, avec de petites
bandes transversales couleur de fer : cette dernière
teinte s'étend sur tout le ventre, qui est sans tache. La
longueur des monoptères javanois est ordinairement
de près de sept décimètres ; leur circonférence, dans
l'endroit le plus gros de leur corps, d'un décimètre; et
leur poids, de plus d'un hectogramme.

VINGT-TROISIÈME GENRE.

LES LEPTOCÉPHALES.

Point de nageoires pectorales ni caudales ; l'ouverture des branchies, située en partie au-dessous de la tête.

ESPÈCE.	CARACTÈRES.
LE LEPTOCÉP. MORRISIEN. (*Leptocephal. morrisianus.*)	Le corps très-alongé et comprimé ; les nageoires du dos et de l'anus, très-longues et très-étroites.

LE LEPTOCÉPHALE MORRISIEN *.

CETTE espèce est la seule que l'on connoisse dans le genre des leptocéphales. Elle n'est point entièrement privée de nageoires, comme les cécilies; elle n'est pas réduite à une seule nageoire, comme les monoptères : mais elle n'a point de nageoire de la queue, ni même de nageoires pectorales ; elle ne présente qu'une na-geoire dorsale et une nageoire de l'anus, toutes les deux très-longues, mais très-étroites, et dont l'une garnit presque toute la partie supérieure de l'animal, pendant que l'autre s'étend depuis l'anus jusque vers l'extrémité de la queue. Le morrisien se rapproche encore des cécilies par la position des ouvertures branchiales, qui sont situées en partie au-dessous de la tête. Son corps n'est cependant pas cylindrique comme celui des cécilies ; il est très-comprimé laté-ralement; et comme ses tégumens extérieurs sont minces, mous et souples, ils indiquent par leurs plis le nombre et la place des différentes petites parties

* Leptocephalus morrisianus.

Leptocephalus Morrisii. *Linné, édition de Gmelin.*

Gronov. Zooph. n. 409, *tab.* 13, *fig.* 3.

Brit. Zoolog. 3, *p.* 125.

Petite tête, hameçon de mer. *Bonnaterre, planches de l'Encyclopédie méthodique.*

musculaires qui composent les grands muscles du dos, des côtés, et du dessous du corps. Ces plis ou ces sillons sont transversaux, mais inclinés et trois fois coudés, de telle sorte qu'ils forment un double rang longitudinal d'espèces de chevrons brisés, dont le sommet est tourné vers la queue. Ces deux rangées sont situées l'une au-dessus et l'autre au-dessous de la ligne latérale, qui est droite, et qui règne d'un bout à l'autre du corps et de la queue, à une distance à peu près égale du bord supérieur et du bord inférieur du poisson; et chacun des chevrons brisés de la rangée d'en-haut rencontre, le long de cette ligne latérale, un de ceux de la rangée d'en-bas, en formant avec ce dernier un angle presque droit.

La tête est très-petite, et comprimée comme le corps, de manière que l'ensemble du poisson ressemblant assez à une lame mince, il n'est pas surprenant que l'animal ait une demi-transparence très-remarquable. Les yeux sont gros; les dents qui garnissent les deux mâchoires, très-petites. Les individus les plus grands n'ont guère plus de douze centimètres de longueur. On trouve les leptocéphales dont nous nous occupons, auprès de la côte de *Holyhead,* et d'autres rivages de la Grande-Bretagne; et on leur a donné le nom qu'ils portent, à cause du savant Anglois Morris, qui les a observés avec soin.

VINGT-QUATRIÈME GENRE.

LES GYMNOTES.

Des nageoires pectorales et de l'anus ; point de nageoires du dos ni de la queue.

PREMIER SOUS-GENRE.

La mâchoire inférieure plus avancée.

ESPÈCES.	CARACTÈRES.
1. LE GYMN. ÉLECTRIQUE. (*Gymnotus electricus.*)	La tête parsemée de petites ouvertures ; la nageoire de l'anus s'étendant jusqu'à l'extrémité de la queue.
2. LE GYMNOTE PUTAOL. (*Gymnotus putaol.*)	La tête petite ; la queue courte ; des raies transversales.
3. LE GYMNOTE BLANC. (*Gymnotus albus.*)	Deux lobes à la lèvre supérieure ; la couleur blanche.

SECOND SOUS-GENRE.

La mâchoire supérieure plus avancée.

ESPÈCES.	CARACTÈRES.
4. LE GYMNOTE CARAPE. (*Gymnotus carapo.*)	La nageoire de l'anus étendue presque jusqu'à l'extrémité de la queue.
5. LE GYMNOTE FIERASFER. (*Gymnotus fierasfer.*)	Une saillie sur le dos ; la nageoire de l'anus ne s'étendant pas jusqu'à l'extrémité de la queue.
6. LE GYMN. LONG-MUSEAU. (*Gymnotus longirostratus.*)	Le museau très-alongé ; la nageoire de l'anus ne s'étendant pas jusqu'à l'extrémité de la queue.

LE GYMNOTE ÉLECTRIQUE *.

Il est bien peu d'animaux que le physicien doive observer avec plus d'attention que le gymnote auquel on a donné jusqu'à présent le nom d'*électrique*. L'explication des effets remarquables qu'il produit dans un grand nombre de circonstances, se lie nécessairement avec la solution de plusieurs questions des plus importantes pour le progrès de la physiologie et de la physique proprement dite. Tâchons donc, en rapprochant quelques vérités éparses, de jeter un nouveau jour sur ce sujet : mais pour suivre avec exactitude le plan que nous nous sommes tracé, et pour ordonner nos idées de la

* Gymnotus electricus.

Siddervis, *en hollandois.*

Zitter fisch, zitter aal, et trill fisch, *en allemand.*

Gymnotus electricus. *Linné, édition de Gmelin.*

Gymnote anguille électrique. *Daubenton, Encyclopédie méthodique.*

Id. *Bonnaterre, planches de l'Encyclopédie méthodique.*

Bloch, pl. 156.

Gronov. Zooph. 169, *tab.* 8, *fig.* 1.

Act. Helvet. 4, *p.* 27, *tab.* 3, *fig.* 1 et 3.

J. B. Leroy, *Journal de physique, etc. vol.* 8, *p.* 331.

Anguille trembleuse, anguille torpille de Cayenne. *Valmont-Bomare, Dictionnaire d'histoire naturelle.*

Siddervis. J. *Nic. Séb. Allamand, Act. Haarl,* 2, *p.* 372.

Frantz vander Lott, Act. Haarl. 6, 2, *p.* 87.

Gymnotus. *Muschenbroeck, introd.* 1, *p.* 290.

Electrical eel. *Hunter, Trans. philos.* 65, 2, *pl.* 9.

Del.

V. Tardieu Sculp.

GYMNOTE *Electrique*. 2. OPHISURE *Ophis*. 3. APTERONOTE *Passan*

manière la plus convenable, commençons par exposer
les caractères véritablement distinctifs du genre auquel
appartient le poisson dont nous allons écrire l'histoire.

Les cécilies ne présentent aucune sorte de nageoires;
les monoptères n'en ont qu'une, qui est située à l'extrémité de la queue; on n'en voit que sur le dos, et auprès
de l'anus, des leptocéphales. Les trois genres d'osseux
que nous venons de considérer, sont donc dénués de
nageoires pectorales. En jetant les yeux sur les gymnotes, nous appercevons ces nageoires latérales pour
la première fois, depuis que nous avons passé à la
considération de la seconde sous-classe de poissons.
Les gymnotes n'ont cependant pas autant de différentes
sortes de nageoires que le plus grand nombre des

Bajon, Journal de physique, janv. 1774; *et Histoire de Cayenne, t.* 2,
p. 287.

Schilling, Diatribe de morbo jaws. Traject. 1770, 8, *p.* 52; *et Act. acad.
Berol. ad an.* 1770, *p.* 68.

Seba, Mus. 3, *p.* 108, *tab.* 34, *fig.* 6.

Poisson trembleur, ou torpille. *Gumilla, Orenoq.* 3, *p.* 136.

Toorpedo, etc. *Descript. Zurinam. Leeward,* 1718, *p.* 194.

Meer-ael, id est, anguilla marina Nieuhoffi. *Rai. Synops. pisc. p.* 149,
n. 4.

Blumenbach, Hanbuch der naturgesch. p. 268.

Behn, Description de l'Orénoque.

Williamson, Trans. philos. t. 65, *p.* 94.

Torpedo of Surinam. *W. Bryant, Trans. of the Americ. society, vol.* 2,
p. 166.

Numb fish, or torporific eel. *H. Collins Flagg, ibid. vol* 2, *p.* 170.

R. Maria de Termeyer, Sielta di opuscoli, t. 4, *p.* 324.

Garden, Trans. philos. t. 65, *p.* 102.

autres poissons osseux qu'il nous reste à examiner. En effet, ils n'en ont ni sur le dos, ni au bout de la queue; et c'est ce dénuement, cette espèce de nudité de leur dos, qui leur a fait donner le nom qu'ils portent, et qui vient du mot grec γυμνος, *dos nud.*

L'ensemble du corps et de la queue des gymnotes est, comme dans les poissons osseux que nous avons déja fait connoître, très-alongé, presque cylindrique, et serpentiforme. Les yeux sont voilés par une membrane qui n'est qu'une continuation du tégument le plus extérieur de la tête. Les opercules des branchies sont très-grands; on compte ordinairement cinq rayons à la membrane branchiale. Le corps proprement dit est très-court, souvent un peu comprimé, et quelquefois terminé par-dessous en forme de carène : l'anus est par conséquent très-près de la tête. Et comme cependant, ainsi que nous venons de le dire, l'ensemble de l'animal, dans le genre des gymnotes, forme une sorte de long cylindre, on voit facilement que la queue proprement dite de tous ces poissons doit être extrêmement longue relativement aux autres parties du corps. Le dessous de cette portion est ordinairement garni, presque dans la totalité de sa longueur, d'une nageoire d'autant plus remarquable, que non seulement elle s'étend sur une ligne très-étendue, mais qu'elle offre même une largeur assez considérable. De plus, les muscles dans lesquels s'insèrent les ailerons osseux auxquels sont attachés les nombreux rayons qui la composent, et les autres muscles très-multipliés qui sont destinés à mouvoir ces rayons, sont conformés et disposés de manière qu'ils représentent comme une seconde nageoire de l'anus, placée entre la véritable et la queue très-prolongée du poisson, ou, pour mieux dire, qu'ils paroissent augmenter de beaucoup, et souvent même du double, la largeur de la nageoire de l'anus.

Tels sont les traits généraux de tous les vrais gymnotes : quelles sont les formes qui distinguent celui que l'on a nommé *électrique ?*

Cette épithète d'*électrique* a déja été donnée à cinq poissons d'espèces très-différentes : à deux cartilagineux et à trois osseux ; à la raie torpille, ainsi qu'à un tétrodon dont nous avons déja parlé ; à un trichiure, à un silure, et au gymnote que nous décrivons. Mais c'est celui dont nous nous occupons dans cet article, qui a le plus frappé l'imagination du vulgaire, excité l'admiration des voyageurs, et étonné le physicien. Quelle a dû être en effet la surprise des premiers observateurs, lorsqu'ils ont vu un poisson en apparence assez foible, assez semblable, d'après le premier coup d'œil, à une anguille ou à un congre, arrêter soudain, et malgré d'assez grandes distances, la poursuite de son ennemi ou la fuite de sa proie, suspendre à l'instant tous les mouvemens de sa victime, la domter par un pouvoir aussi invisible qu'irrésistible, l'immoler avec la rapidité de l'éclair au travers d'un très-large intervalle, les frapper eux-mêmes comme par enchantement, les engourdir, et les enchaîner, pour ainsi dire, dans le moment où ils se croyoient garantis, par l'éloignement, de tout danger et même de toute atteinte! Le merveilleux a disparu même pour les yeux les moins éclairés, mais l'intérêt s'est accru et l'attention a redoublé, lorsqu'on a rapproché de ces effets remarquables les phénomènes de l'électricité, que chaque jour l'on étudioit avec plus de succès. Peut-être cependant croira-t-on, en lisant la suite de cette histoire, que cette puissance invisible et soudaine du gymnote ne peut être considérée que comme une modification de cette force redoutable et en même temps si féconde, qui brille dans l'éclair, retentit dans le tonnerre, renverse, détruit, disperse dans les foudres, et qui, moins resserrée dans ses canaux, moins précipitée dans ses mouvemens, plus douce dans son action, se répand sur tous les points des êtres organisés, en pénètre toute la profondeur, en parcourt toutes les sinuosités, en vivifie tous les élémens. Peut-être faudroit-il, en suivant ce principe et pour éviter toute erreur, ne donner, avec quelques naturalistes, au poisson que nous examinons, que le nom de *gymnote engourdissant*, de *gymnote torporifique*, qui désigne un fait bien prouvé et indépendant de toute théorie. Néanmoins, comme la puissance qu'il exerce devra être rapportée dans toutes les hypothèses à une espèce d'électricité; comme ce mot *électricité* peut être pris pour un mot générique, commun à plusieurs forces plus ou moins voisines et plus ou moins analogues ; comme les phénomènes les plus imposans de l'électricité proprement dite sont tous produits par le gymnote qui fait l'objet de cet article, et enfin comme le plus grand nombre de physiciens lui ont donné depuis long-temps cette épithète d'*élec-trique*, nous avons crû devoir, avec ces derniers savans, la préférer à toute autre dénomination.

Mais avant de montrer en détail ces différens effets, de les comparer, et d'indiquer quelques unes des causes auxquelles il faut les rapporter, achevons le portrait du gymnote électrique : voyons quelles formes parti-culières lui ont été départies, comment et par quels organes il naît, croît, se meut, voyage, et se multiplie au milieu des grands fleuves qui arrosent les bords orientaux de l'Amérique méridionale, de ces contrées ardentes et humides, où le feu de l'atmosphère et l'eau des mers et des rivières se disputent l'empire, où tous les élémens de la reproduction ont été prodigués, où une surabondance de force vitale fait naître les végétaux et les animaux vénéneux, où, si je puis employer cette expression, les excès de la Nature, indépendamment de ceux de l'homme, sacrifient chaque jour tant d'individus aux espèces ; où tous les degrés du développement, entassés, pour ainsi dire, les uns contre les autres, produisent nécessairement toutes les nuances du dépérissement ; où des arbres immenses étendent leurs branches innombrables, pressées,

garnies des fleurs les plus suaves, et chargées d'essaims
d'oiseaux resplendissans des couleurs de l'iris, au-dessus
de savanes noyées, ou d'une vase impure que parcourent de très-grands quadrupèdes ovipares, et que
sillonnent d'énormes serpens aux écailles dorées; où les
eaux douces et salées montrent des légions de poissons dont les rayons du soleil réfléchis avec vivacité
changent, en quelque sorte, les lames luisantes en diamans, en saphirs, en rubis; où l'air, la terre, les mers,
et les êtres vivans, et les corps inanimés, tout attire les
regards du peintre, enflamme l'imagination du poète,
élève le génie du philosophe.

C'est, en effet, auprès de Surinam qu'habite le gymnote électrique; et il paroît même qu'on n'a encore
observé de véritable gymnote que dans l'Amérique
méridionale, dans quelques parties de l'Afrique occidentale, et dans la Méditerranée, ainsi que nous le
ferons remarquer de nouveau en traitant des notoptères.

Le gymnote électrique parvient ordinairement jusqu'à la longueur d'un mètre un ou deux décimètres;
et la circonférence de son corps, dans l'endroit le plus
gros, est alors de trois à quatre décimètres: il a donc
onze ou douze fois plus de longueur que de largeur.
Sa tête est percée de petits trous ou pores très-sensibles,
qui sont les orifices des vaisseaux destinés à répandre
sur sa surface une liqueur visqueuse; des ouvertures
plus petites, mais analogues, sont disséminées en très-

grand nombre sur son corps et sur sa queue : il n'est donc pas surprenant qu'il soit enduit d'une matière gluante très-abondante. Sa peau ne présente d'ailleurs aucune écaille facilement visible. Son museau est arrondi; sa mâchoire inférieure est plus avancée que la supérieure, ainsi qu'on a pu le voir sur le tableau du genre des gymnotes; ses dents sont nombreuses et acérées ; et on voit des verrues sur son palais, ainsi que sur sa langue qui est large.

Les nageoires pectorales sont très-petites et ovales ; celle de l'anus s'étend jusqu'à l'extrémité de la queue, dont le bout, au lieu de se terminer en pointe, paroît comme tronqué.

La couleur de l'animal est noirâtre, et relevée par quelques raies étroites et longitudinales d'une nuance plus foncée.

Quoique la cavité du ventre s'étende au-delà de l'endroit où est située l'ouverture de l'anus, elle est cependant assez courte relativement aux principales dimensions du poisson; mais les effets de cette brièveté sont compensés par les replis du canal intestinal, qui se recourbe plusieurs fois.

Je n'ai pas encore pu me procurer des observations bien sûres et bien précises sur la manière dont le gymnote électrique vient à la lumière : il paroît cependant qu'au moins le plus souvent la femelle pond ses œufs, et qu'ils n'éclosent pas dans le ventre de la mère, comme ceux de la torpille, de plusieurs autres cartilagineux, et même de quelques individus de l'espèce de l'anguille et d'autres osseux, avec lesquels le gymnote que nous examinons a de très-grands rapports.

On ignore également le temps qui est nécessaire à ce même gymnote pour parvenir à son entier développement : mais comme il n'a pas fallu une aussi longue suite d'observations pour s'assurer de la manière dont il exécute ses différens mouvemens, on connoît bien les divers phénomènes relatifs à sa natation ; phénomènes qu'il étoit d'ailleurs aisé d'annoncer d'avance, d'après une inspection attentive de sa conformation extérieure et intérieure.

Nous avons déja fait voir * que la queue des poissons étoit le principal instrument de leur natation. Plus cette partie est étendue, et plus, tout égal d'ailleurs, le poisson doit se mouvoir avec facilité. Mais le gymnote électrique, ainsi que les autres osseux de son genre, a une queue beaucoup plus longue que l'ensemble de la tête et du corps proprement dit ; la hauteur de cette partie est assez considérable ; cette hauteur est augmentée par la nageoire de l'anus, qui en garnit la partie inférieure : l'animal a donc à sa disposition une rame beaucoup plus longue et beaucoup plus haute à proportion que celle de presque tous les autres poissons ; cette rame peut donc agir à la fois sur de grandes lames d'eau. Les muscles destinés à la mouvoir

* *Discours sur la nature des poissons.*

sont très-puissans; le gymnote la remue avec une agilité très - remarquable : les deux élémens de la force, la masse et la vîtesse, sont donc ici réunis; et en effet, l'animal nage avec vigueur et rapidité.

Comme tous les poissons très-alongés, plus ou moins cylindriques, et dont le corps est entretenu dans une grande souplesse par une viscosité copieuse et souvent renouvelée, il agit successivement sur l'eau qui l'environne par diverses portions de son corps ou de sa queue, qu'il met en mouvement les unes après les autres, dans l'ordre de leur moindre éloignement de la tête; il ondule; il partage son action en plusieurs actions particulières, dont il combine les degrés de force et les directions de la manière la plus convenable pour vaincre les obstacles et parvenir à son but; il commence à recourber les parties antérieures de sa queue, lorsqu'il veut aller en avant; il contourne, au contraire, avant toutes les autres, les parties postérieures de cette même queue, lorsqu'il desire d'aller en arrière *; et, ainsi que nous l'expliquerons un peu plus en détail en traitant de l'anguille, il se meut de la même manière que les serpens qui rampent sur la terre; il nage comme eux; il *serpente* véritablement au milieu des eaux.

On a cru pendant quelque temps, et même quelques naturalistes très-habiles ont publié, que le gymnote

* Garden, *à l'endroit déja cité.*

électrique n'avoit pas de vessie aérienne ou natatoire. On a pu être induit en erreur par la position de cette vessie dans l'électrique, position sur laquelle nous allons revenir en décrivant l'organe torporifique de cet animal. Mais, quoi qu'il en soit de la cause de cette erreur, cette vessie est entourée de plusieurs rameaux de vaisseaux sanguins que Hunter a fait connoître, et qui partent de la grande artère qui passe au-dessous de l'épine dorsale du poisson; et il nous paroît utile de faire observer que cette disposition de vaisseaux sanguins favorise l'opinion du savant naturaliste Fischer, bibliothécaire de l'école centrale de Mayence, qui, dans un ouvrage très-intéressant sur la respiration des poissons, a montré comment il seroit possible que la vessie aérienne de ces animaux servît non seulement à faciliter leur natation, mais encore à suppléer à leur respiration et à maintenir leur sang dans l'état le plus propre à conserver leur vie.

Il ne manque donc rien au gymnote électrique de ce qui peut donner des mouvemens prompts et long-temps soutenus; et comme parmi les causes de la rapidité avec laquelle il nage, nous avons compté la facilité avec laquelle il peut se plier en différens sens, et par conséquent appliquer des parties plus ou moins grandes de son corps aux divers objets qu'il rencontre, il doit jouir d'un toucher plus délicat et présenter un instinct plus relevé que ceux d'un très-grand nombre de poissons.

Cette intelligence particulière lui fait distinguer aisément les moyens d'atteindre les animaux marins dont il fait sa nourriture, et ceux dont il doit éviter l'approche dangereuse. La vîtesse de sa natation le transporte dans des temps très-courts auprès de sa proie, ou loin de ses ennemis; et lorsqu'il n'a plus qu'à immoler des victimes dont il s'est assez approché, ou à repousser ceux des poissons supérieurs en force auxquels il n'a point échappé par la fuite, il déploie la puissance redoutable qui lui a été accordée, il met en jeu sa vertu engourdissante, il frappe à grands coups, et répand autour de lui la mort ou la stupeur. Cette qualité torporifique du gymnote électrique découvert, dit-on, auprès de Cayenne, par *Van-Berkel**, a été observée dans le même pays, par le naturaliste Richer, dès 1671. Mais ce n'est que quatre-vingts ans, ou environ, après cette époque, que ce même gymnote a été de nouveau examiné avec attention par La Condamine, Ingram, Gravesand, Allamand, Muschenbroeck, Gronou, Vander-Lott, Fermin, Bankroft, et d'autres habiles physiciens qui l'ont vu dans l'Amérique méridionale, ou l'ont fait apporter avec soin en Europe. Ce n'est que vers 1773 que Williamson à Philadelphie, Garden dans la Caroline, Walsh, Pringle, Magellan, etc. à Londres, ont apperçu les phénomènes les plus propres à dévoiler le principe de la force torporifique de ce

---

* *Sammlung seltener und merkwürdiger reise geschichten;* vol. 1, Memmingen, 1789; p. 220.

poisson. L'organe particulier dans lequel réside cette vertu, et que Hunter a si bien décrit, n'a été connu qu'à peu près dans le même temps, pendant que l'organe électrique de la torpille a été vu par Stenon dès avant 1673, et peut-être vers la même année par Lorenzini. Et l'on ne doit pas être étonné de cette différence entre un gymnote que l'on n'a rencontré, en quelque sorte, que dans une partie de l'Amérique méridionale ou de l'Afrique, et une raie qui habite sur les côtes de la mer d'Europe. D'un autre côté, le gymnote torporifique n'ayant été fréquemment observé que depuis le commencement de l'époque brillante de la physique moderne, il n'a point été l'objet d'autant de théories plus ou moins ingénieuses, et cependant plus ou moins dénuées de preuves, que la torpille. On n'a eu, dans le fond, qu'une même manière de considérer la nature des divers phénomènes présentés par le gymnote : on les a rapportés ou à l'électricité proprement dite, ou à une force dérivée de cette puissance. Et comment des physiciens instruits des effets de l'électricité n'auroient-ils pas été entraînés à ne voir que des faits analogues dans les produits du pouvoir du gymnote engourdissant ?

Lorsqu'on touche cet animal avec une seule main, on n'éprouve pas de commotion, ou on n'en ressent qu'une extrêmement foible : mais la secousse est très-forte lorsqu'on applique les deux mains sur le poisson, et qu'elles sont séparées l'une de l'autre par une distance assez grande. N'à-t-on pas ici une image de ce qui se passe lorsqu'on cherche à recevoir un coup électrique par le moyen d'un plateau de verre garni convenablement de plaques métalliques, et connu sous le nom de *carreau fulminant?* Si on n'approche qu'une main et qu'on ne touche qu'une surface, à peine est-on frappé; mais on reçoit une commotion violente si on emploie les deux mains, et si en s'appliquant aux deux surfaces, elles les déchargent à la fois.

Comme dans les expériences électriques, le coup reçu par le moyen des deux mains a pu être assez fort pour donner aux deux bras une paralysie de plusieurs années *.

Les métaux, l'eau, les corps mouillés, et toutes les autres substances conductrices de l'électricité, transmettent la vertu engourdissante du gymnote; et voilà pourquoi on est frappé au milieu des fleuves, quoiqu'on soit encore à une assez grande distance de l'animal; et voilà pourquoi encore les petits poissons, pour lesquels cette secousse est beaucoup plus dangereuse, éprouvent une commotion dont ils meurent à l'instant, quoiqu'ils soient éloignés de plus de cinq mètres de l'animal torporifique.

Ainsi qu'avec l'électricité, l'espèce d'arc de cercle que forment les deux mains et que parcourt la force engourdissante, peut être très-agrandi, sans que la

---

* Henri Collins Flagg, *à l'endroit déja cité.*

commotion soit sensiblement diminuée; et vingt-sept personnes se tenant par la main et composant une chaîne dont les deux bouts aboutissoient à deux points de la surface du gymnote, séparés par un assez grand intervalle, ont ressenti, pour ainsi dire, à la fois, une secousse très-vive. Les différens observateurs, ou les diverses substances facilement perméables à l'électricité, qui sont comme les anneaux de cette chaîne, peuvent même être éloignés l'un de l'autre de près d'un décimètre, sans que cette interruption apparente dans la route préparée arrête la vertu torporifique qui en parcourt également tous les points.

Mais pour que le gymnote jouisse de tout son pouvoir, il faut souvent qu'il se soit, pour ainsi dire, progressivement animé. Ordinairement les premières commotions qu'il fait éprouver, ne sont pas les plus fortes; elles deviennent plus vives à mesure qu'il s'évertue, s'agite, s'irrite; elles sont terribles lorsque, si je puis employer les expressions de plusieurs observateurs, il est livré à une sorte de rage.

Quand il a ainsi frappé à coups redoublés autour de lui, il s'écoule fréquemment un intervalle assez marqué avant qu'il ne fasse ressentir de secousse, soit qu'il ait besoin de donner quelques momens de repos à des organes qui viennent d'être violemment exercés, ou soit qu'il emploie ce temps plus ou moins court à ramasser dans ces mêmes organes une nouvelle quantité d'un fluide foudroyant ou torporifique.

Cependant il paroît qu'il peut produire non seulement une commotion, mais même plusieurs secousses
successives, quoiqu'il soit plongé dans l'eau *d'un vase
isolé*, c'est-à-dire, d'un vase entouré de matières qui
ne laissent passer dans l'intérieur de ce récipient aucune
quantité de fluide propre à remplacer celle qu'on
pourroit supposer dissipée dans l'acte qui frappe et
engourdit.

Quoi qu'il en soit, on a assuré qu'en serrant fortement le gymnote par le dos, on lui ôtoit le libre exer-
cice de ses organes extérieurs, et on suspendoit les
effets de la vertu dite *électrique* qu'il possède. Ce fait
est bien plus d'accord avec les résultats du plus grand
nombre d'expériences faites sur le gymnote, que l'opinion d'un savant physicien qui a écrit que l'aimant
attiroit ce poisson, et que par son contact cette substance lui enlevoit sa propriété torporifique. Mais, s'il
est vrai que des nègres sont parvenus à manier et à
retenir impunément hors de l'eau le gymnote électrique, on pourroit croire, avec plusieurs naturalistes,
qu'ils emploient, pour se délivrer ainsi d'une commotion dangereuse, des morceaux de bois qui, par leur
nature, ne peuvent pas transmettre la vertu électrique
ou engourdissante, qu'ils évitent tout contact immédiat
avec l'animal, et qu'ils ne le touchent que par l'intermédiaire de ces bois non conducteurs de l'électricité.

Au reste, le gymnote torporifique présente un autre
phénomène bien digne d'attention, que nous tâcherons

d'expliquer avant la fin de cet article, et qui ne sur-
prendra pas les physiciens instruits des belles expériences relatives aux divers mouvemens musculaires
que l'on peut exciter dans les animaux pendant leur
vie ou après leur mort, et que l'on a nommées *galvaniques*, à cause de leur premier auteur, le citoyen
Galvani. Il est arrivé plusieurs fois * qu'après la mort
du gymnote, il étoit encore, pendant quelque temps,
impossible de le toucher sans éprouver de secousse.

Mais nous avons à exposer encore de plus grands
rapports entre les effets de l'électricité et ceux de la
vertu du gymnote engourdissant. Le premier de ces
rapports très-remarquables est l'analogie des instrumens dont on se sert dans les laboratoires de physique
pour obtenir de fortes commotions électriques, avec les
organes particuliers que le gymnote emploie pour faire
naître des ébranlemens plus ou moins violens. Voici
en quoi consistent ces organes, que Hunter a très-bien
décrits.

L'animal renferme quatre organes torporifiques,
deux grands et deux petits. L'ensemble de ces quatre
organes est si étendu, qu'il compose environ la moitié
des parties musculeuses et des autres parties molles du
gymnote, et peut être le tiers de la totalité du poisson.

Chacun des deux grands organes engourdissans
occupe un des côtés du gymnote, depuis l'abdomen

---

* Voyez Henri Collins Flagg, *à l'endroit que nous avons déja indiqué.*

jusqu'à l'extrémité de la queue ; et comme nous avons
déja vu que cet abdomen étoit très-court, et qu'on
pourroit croire, au premier coup d'œil, que l'animal n'a
qu'une tête et une queue très-prolongée, on peut juger
aisément de la longueur très-considérable de ces deux
grands organes. Ils se terminent vers le bout de la
queue comme par un point; et ils sont assez larges
pour n'être séparés l'un de l'autre que vers le haut
par les muscles dorsaux, vers le milieu du corps par la
vessie natatoire, et vers le bas par une cloison particulière avec laquelle ils s'unissent intimement, pendant
qu'ils sont attachés par une membrane cellulaire,
lâche, mais très-forte, aux autres parties qu'ils touchent.

De chaque côté du gymnote, un petit organe torporifique, situé au-dessous du grand, commence et finit
à peu près aux mêmes points que ce dernier, se termine de même par une sorte de pointe, présente par
conséquent la figure d'un long triangle, ou, pour mieux
dire, d'une longue pyramide triangulaire, et s'élargit
néanmoins un peu vers le milieu de la queue.

Entre le petit organe de droite et le petit organe de
gauche, s'étendent longitudinalement les muscles sous-
caudaux, et la longue série d'*ailerons* ou soutiens osseux
des rayons très-nombreux de la nageoire de l'anus.

Ces deux petits organes sont d'ailleurs séparés des
deux grands organes supérieurs par une membrane
longitudinale et presque horizontale, qui s'attache d'un
côté à la cloison verticale par laquelle les deux grands

organes sont écartés l'un de l'autre dans leur partie inférieure, et qui tient, par le côté opposé, à la peau de l'animal.

De plus, cette disposition générale est telle, que lorsqu'on enlève la peau de l'une des faces latérales de la queue du gymnote, on voit facilement le grand organe, tandis que, pour appercevoir le petit qui est au-dessous, il faut ôter les muscles latéraux qui accompagnent la longue nageoire de l'anus.

Mais quelle est la composition intérieure de chacun de ces quatre organes grands ou petits?

L'intérieur de chacun de ces instrumens, en quelque sorte électriques, présente un grand nombre de séparations horizontales, coupées presque à angles droits par d'autres séparations à peu près verticales.

Les premières séparations sont non seulement horizontales, mais situées dans le sens de la longueur du poisson, et parallèles les unes aux autres. Leur largeur est égale à celle de l'organe, et par conséquent, dans beaucoup d'endroits, à la moitié de la largeur de l'animal, ou environ. Elles ont des longueurs inégales. Les plus voisines du bord supérieur sont aussi longues ou presque aussi longues que l'organe; les inférieures se terminent plus près de leur origine; et l'organe finit, vers l'extrémité de la queue, par un bout trop aminci pour qu'on puisse voir s'il y est encore composé de plus d'une de ces séparations longitudinales.

Ces membranes horizontales sont éloignées l'une de

l'autre, du côté de la peau, par un intervalle qui est ordinairement de près d'un millimètre; du côté de l'intérieur du corps, on les voit plus rapprochées, et même, dans plusieurs points, réunies deux à deux; et elles sont comme onduleuses dans les petits organes. Hunter en a compté trente-quatre dans un des deux grands organes d'un gymnote de sept décimètres, ou à peu près, de longueur, et quatorze dans un des petits organes du même individu.

Les séparations verticales qui coupent à angles droits les membranes longitudinales, sont membraneuses, unies, minces, et si serrées l'une contre l'autre, qu'elles paroissent se toucher. Hunter en a vu environ deux cent quarante dans une longueur de vingt-cinq milli-mètres, ou à peu près.

C'est avec ce quadruple et très-grand appareil dans lequel les surfaces ont été multipliées avec tant de profusion, que le gymnote parvient à donner des ébran-lemens violens, et à produire le phénomène qui établit le second des deux principaux rapports par lesquels sa vertu engourdissante se rapproche de la force élec-trique. Ce phénomène consiste dans des étincelles entièrement semblables à celles que l'on doit à l'élec-tricité. On les voit, comme dans un grand nombre d'ex-périences électriques proprement dites, paroître dans les petits intervalles qui séparent les diverses portions de la chaîne le long de laquelle on fait circuler la force engourdissante. Ces étincelles ont été vues pour la première fois à Londres par Walsh, Pringle et Magellan. Il a suffi à Walsh, pour les obtenir, de composer une partie de la chaîne destinée à être parcourue par la force torporifique, de deux lames de métal, isolées sur un carreau de verre, et assez rapprochées pour ne laisser entre elles qu'un très-petit intervalle; et on a distingué avec facilité ces lueurs, lorsque l'ensemble de l'appareil s'est trouvé placé dans une chambre entièrement dénuée de toute autre lumière. On obtient une lueur semblable, lorsqu'on substitue une grande torpille à un gymnote électrique, ainsi que l'a appris Galvani dans un mémoire que nous avons déja cité*; mais elle est plus foible que le petit éclair dû à la puissance du gymnote, et l'on doit presque toujours avoir besoin d'un microscope dirigé vers le petit intervalle dans lequel on l'attend, pour la distinguer sans erreur.

Au reste, pour voir bien nettement comment le gymnote électrique donne naissance et à de petites étincelles et à de vives commotions, formons-nous de ces organes engourdissans la véritable idée que nous devons en avoir.

On peut supposer qu'un grand assemblage de membranes horizontales ou verticales est un composé de substances presque aussi peu capables de transmettre la force électrique que le verre et les autres matières auxquelles on a donné le nom d'*idioélectriques*, ou de

---

* *Discours sur la nature des poissons.*

non conductrices, et dont on se sert pour former ces vases foudroyans appelés *bouteilles de Leyde*, ou ces carreaux aussi fulminans, dont nous avons déja parlé plus d'une fois. Il faut considérer les quatre organes du gymnote comme nous avons considéré les deux organes de la torpille : il faut voir dans ces instrumens une suite nombreuse de petits carreaux de la nature des carreaux foudroyans, une batterie composée d'une quantité extrêmement considérable de pièces en quelque sorte électriques. Et comme la force d'une batterie de cette sorte doit s'évaluer par l'étendue plus ou moins grande de la surface des carreaux ou des vases qui la forment, j'ai calculé quelle pourroit être la grandeur d'un ensemble que l'on supposeroit produit par les surfaces réunies de toutes les membranes verticales et horizontales que renferment les quatre organes torporifiques d'un gymnote long de treize décimètres, en ne comptant cependant pour chaque membrane que la surface d'un des grands côtés de cette cloison : j'ai trouvé que cet ensemble présenteroit une étendue au moins de treize mètres carrés, c'est-à-dire, à très-peu près, de cent vingt-trois pieds également carrés. Si l'on se rappelle maintenant que nous avons cru expliquer d'une manière très-satisfaisante la puissance de faire éprouver de fortes commotions qu'a reçue la torpille, en montrant que les surfaces des diverses portions de ses deux organes électriques pouvoient égaler par leur réunion cinquante-huit pieds carrés, et si l'on se

souvient en même temps des effets terribles que produisent dans nos laboratoires des carreaux de verre
dont la surface n'est que de quelques pieds, on ne sera
pas étonné qu'un animal qui renferme dans son intérieur et peut employer à volonté un instrument électrique de cent vingt-trois pieds carrés de surface,
puisse frapper des coups tels que ceux que nous avons
déja décrits *.

Pour rendre plus sensible l'analogie qui existe entre
un carreau fulminant et les organes torporifiques du
gymnote, il faut faire voir comment cette grande surface de treize mètres carrés peut être électrisée par
le frottement, de la même manière qu'un carreau
foudroyant ou magique. Nous avons déja fait remarquer que le gymnote nage principalement par une
suite des ondulations successives et promptes qu'il im-
prime à sa queue, c'est-à-dire, à cette longue partie
de son corps qui renferme ses quatre organes. Sa natation ordinaire, ses mouvemens extraordinaires, ses
courses rapides, ses agitations, l'espèce d'irritation à
laquelle il peut se livrer, toutes ces causes doivent
produire sur les surfaces des membranes horizontales
et verticales un frottement suffisant pour y accumuler

---

* Nous croyons devoir faire observer ici que dans l'article de la torpille,
il s'est glissé deux fautes d'impression. A la dernière ligne de la page 102
du premier volume in-4°, au lieu de *cent décimètres*, il faut lire *trois
cents*; et à la troisième ligne de la page suivante, au lieu de *quatorze*, il
faut lire *quarante*.

d'un côté, et raréfier de l'autre, ou du moins pour y exciter, réveiller, accroître ou diminuer le fluide unique ou les deux fluides auxquels on a rapporté les phénomènes électriques et tous les effets analogues ; et comme par une suite de la division de l'organe engourdissant du gymnote en deux grands et en deux petits, et de la sous-division de ces quatre organes en membranes horizontales et verticales, les communications peuvent n'être pas toujours très-faciles ni très-promptes entre les diverses parties de ce grand instrument, on peut croire que le rétablissement du fluide ou des fluides dont nous venons de parler, dans leur premier état, ne se fait souvent que successivement dans plusieurs portions des quatre organes. Les organes ne se déchargent donc que par des coups successifs; et voilà pourquoi, indépendamment d'autre raison, un gymnote placé dans un vase isolé peut continuer, pendant quelque temps, de donner des commotions; et de plus, voilà pourquoi il peut rester dans les organes d'un gymnote qui vient de mourir, assez de parties chargées pour qu'on en reçoive un certain nombre de secousses plus ou moins vives *.

---

* Un des meilleurs moyens de parvenir à la véritable théorie des effets produits par le gymnote engourdissant et par les autres poissons torporifiques, est d'avoir recours aux belles expériences électriques et aux idées très-ingénieuses dont on trouvera l'exposition dans une lettre qui m'a été adressée par le citoyen Aldini, de l'Institut national de Bologne, et que cet habile physicien a publiée dans cette ville, il y a environ un an (en 1797 *v.st.*).

Et ces fluides, quels qu'ils soient, d'où peut-on présumer qu'ils tirent leur origine? ou, pour éviter le plus possible toute hypothèse, quelle est la source plus ou moins immédiate de cette force électrique, ou presque électrique, départie aux quatre organes dont nous venons d'exposer la structure?

Cette source est dans les nerfs, qui, dans le gymnote engourdissant, ont des dimensions et une distribution qu'il est utile d'examiner rapidement.

Premièrement, les nerfs qui partent de la moelle épinière, sont plus larges que dans les poissons d'une grandeur égale, et plus que cela ne paroît nécessaire pour l'entretien de la vie du gymnote.

Secondement, Hunter a fait connoître un nerf remarquable qui, dans plusieurs poissons, s'étend depuis le cerveau jusqu'auprès de l'extrémité de la queue en donnant naissance à plusieurs ramifications, passe, à peu près, à une égale distance de l'épine et de la peau du dos dans la murène anguille, et se trouve immédiatement au-dessous de la peau dans le gade morue. Ce nerf est plus large, tout égal d'ailleurs, et s'approche de l'épine dorsale dans le gymnote électrique, beaucoup plus que dans plusieurs autres poissons.

Troisièmement, des deux côtés de chaque vertèbre du gymnote torporifique, part un nerf qui donne des ramifications aux muscles du dos. Ce nerf se répand entre ces muscles dorsaux et l'épine; il envoie de petites branches jusqu'à la surface extérieure du grand organe

dans lequel pénètrent plusieurs de ces rameaux, et sur
lequel ces rameaux déliés se distribuent en passant
entre cet organe et la peau du côté de l'animal. Il
continue cependant sa route, d'abord entre les muscles
dorsaux et la vessie natatoire, et ensuite entre cette
même vessie natatoire et l'organe électrique. Là il se
divise en nouvelles branches. Ces branches vont vers
la cloison verticale que nous avons déja indiquée, et
qui est située entre les deux grands organes électriques.
Elles s'y séparent en branches plus petites qui se
dirigent vers les ailerons et les muscles de la nageoire
de l'anus, et se perdent, après avoir répandu des ramifications dans cette même nageoire, dans ses muscles,
dans le petit organe et dans le grand organe électrique.

Les rameaux qui entrent dans les organes électriques
sont, à la vérité, très-petits; mais cependant ils le sont
moins que ceux de toute autre partie du système sen-
sitif.

Tels sont les canaux qui font circuler dans les quatre
instrumens du gymnote le principe de la force engourdissante; et ces canaux le reçoivent eux-mêmes du
cerveau, d'où tous les nerfs émanent. Et comment en
effet ne pas considérer dans le gymnote, ainsi que
dans les autres poissons engourdissans, le cerveau
comme la première source de la vertu particulière qui
les distingue, lorsque nous savons, par les expériences
d'un habile physicien, que la soustraction du cerveau

d'une torpille anéantit l'électricité ou la force torporifique de ce cartilagineux, lors même qu'il paroît encore aussi plein de vie qu'avant d'avoir subi cette opération, pendant qu'en arrachant le cœur de cette raie, on ne la prive pas, avant un temps plus ou moins long, de la faculté de faire éprouver des commotions et des tremblemens [1] ?

Au reste, ne perdons jamais de vue que si nous ne voyons pas de mammifère, de cétacée, d'oiseau, de quadrupède ovipare, ni de serpent, doué de cette faculté électrique ou engourdissante, que l'on a déja bien constatée au moins dans deux poissons cartilagineux et dans trois poissons osseux, c'est parce qu'il faut, pour donner naissance à cette faculté, et l'abondance d'un fluide ou d'un principe quelconque que les nerfs paroissent posséder et fournir, et un ou plusieurs instrumens organisés de manière à présenter une très-grande surface, capables par conséquent d'agir avec efficacité sur des fluides voisins [2], et composés d'ailleurs d'une substance peu conductrice d'électricité, telle par exemple que des matières visqueuses, huileuses et résineuses. Or, de tous les animaux qui ont un sang

---

[1] *Mémoires de Galvani*, Bologne, 1797.

[2] J'ai publié en 1781, que l'on devoit déduire l'explication du plus grand nombre de phénomènes électriques, de l'accroissement que produit dans l'affinité que les corps exercent sur les fluides qui les environnent, la division de ces mêmes corps en plusieurs parties, et par conséquent l'augmentation de leur surface.

rouge et des vertèbres, aucun, tout égal d'ailleurs, ne présente, comme les poissons, une quantité plus ou moins grande d'huile et de liqueurs gluantes et visqueuses.

On remarque sur-tout dans le gymnote engourdissant, une très-grande abondance de cette matière huileuse, de cette substance non conductrice, ainsi que nous l'avons déja observé. Cette onctuosité est très-sensible, même sur la membrane qui sépare de chaque côté le grand organe du petit; et voilà pourquoi, indépendamment de l'étendue de la surface de ses organes torporifiques, bien supérieure à celle des organes analogues de la torpille, il paroît posséder une plus grande vertu électrique que cette dernière. D'ailleurs il habite un climat plus chaud que celui de cette raie, et par conséquent dans lequel toutes les combinaisons et toutes les décompositions intérieures peuvent s'opérer avec plus de vîtesse et de facilité : et de plus, quelle différence entre la fréquence et l'agilité des évolutions du gymnote, et là nature ainsi que le nombre des mouvemens ordinaires de la torpille !

Mais si les poissons sont organisés d'une manière plus favorable que les autres animaux à vertèbres et à sang rouge, relativement à la puissance d'ébranler et d'engourdir, étant doués d'une très-grande irritabilité, ils doivent être aussi beaucoup plus sensibles à tous les effets électriques, beaucoup plus soumis au pouvoir des animaux torporifiques, et par conséquent plus exposés à devenir la victime du gymnote de Surinam *.

Cette considération peut servir à expliquer pourquoi certaines personnes, et particulièrement les femmes qui ont une fièvre nerveuse, peuvent toucher un gymnote électrique sans ressentir de secousse ; et ces faits curieux rapportés par le savant et infatigable Frédéric-Alexandre Humboltz, s'accordent avec ceux qui ont été observés dans la Caroline méridionale par Henri Collins Flagg. D'après ce dernier physicien, on ne peut pas douter que plusieurs Nègres, plusieurs Indiens, et d'autres personnes, ne puissent arrêter le cours de la vertu électrique ou engourdissante du gymnote de Surinam, et interrompre une chaîne préparée pour son passage ; et cette interruption a été produite spécialement par une femme que l'auteur connoissoit depuis long-temps, et qui avoit la maladie à laquelle plusieurs médecins donnent le nom de *fièvre hectique.*

C'est en étudiant les ouvrages de Galvani, de Humboltz, et des autres observateurs qui s'occupent de travaux analogues à ceux de ces deux physiciens, qu'on pourra parvenir à avoir une idée plus précise des ressemblances et des différences qui existent entre la vertu engourdissante du gymnote, ainsi que des autres poissons appelés *électriques,* et l'électricité proprement

---

* C'est par une raison semblable que lorsqu'une torpille ne donne plus de commotion sensible, on obtient des signes de la vertu qui lui reste encore, en soumettant à son action une grenouille préparée comme pour les expériences galvaniques. Voyez les *Mémoires de Galvani,* déja cités.

dite. Mais pourquoi faut-il qu'en terminant cet article, j'apprenne que les sciences viennent de perdre l'un de ces savans justement célèbres, le citoyen Galvani, pendant que Humboltz, commençant une longue suite de voyages lointains, utiles et dangereux, nous force de mêler l'expression de la crainte que le sentiment inspire, à celle des grandes espérances que donnent ses lumières, et de la reconnoissance que l'on doit à son zèle toujours croissant!

LE GYMNOTE PUTAOL[1].

CE gymnote ressemble beaucoup à l'électrique; indépendamment d'autres traits de conformité, il a de même la mâchoire inférieure plus avancée que la supérieure. Sa tête est petite, sa queue courte, sa couleur jaunâtre, avec des raies transversales, souvent ondées, et brunes, ou rousses, ou blanches. Il vit dans les eaux du Brésil[2].

---

[1] Gymnotus putaol.

Gymnotus fasciatus. *Linné, édition de Gmelin.*

Gymnote putaol. *Bonnaterre, planches de l'Encyclopédie méthodique.*

Pallas, Spicilegia zoolog. 7, *p.* 35.

Seba, Mus. 3, *tab.* 32, *fig.* 1 *et* 2.

Carapo. 2. *Marcg. Bras. p.* 120. — *Piso, Ind, p.* 72.

Kurz schwanz, *Bloch, pl.* 107, *fig.* 1.

[2] On compte à chaque nageoire pectorale 13 rayons, et à celle de l'anus 193

LE GYMNOTE BLANC [1].

CE gymnote a la mâchoire inférieure plus avancée que la supérieure; il appartient donc au premier sous-genre, comme l'électrique et le putaol. Il en diffère par sa couleur, qui est ordinairement d'un blanc presque sans tache, par les proportions de quelques parties de son corps, particulièrement par le rapport de son diamètre à sa longueur, et par une espèce de lobe que l'on voit de chaque côté de la lèvre supérieure, auprès de la commissure des lèvres. Ce poisson se trouve à Surinam et dans les environs, comme l'électrique [2].

---

[1] Gymnotus albus.
Id. *Linné, édition de Gmelin.*
Seba, Mus. 3, *pl.* 32, *fig.* 3.
Pallas, Spicil. zoolog. 7, *p.* 36.

[2] Il y a à chaque nageoire pectorale 13 rayons.
   et à celle de l'anus   180

LE GYMNOTE CARAPE[1],

LE GYMNOTE FIERASFER[2],

ET LE GYMNOTE LONG-MUSEAU[3].

Nous croyons pouvoir réunir dans cet article la description de trois poissons qui, indépendamment des

---

[1] Gymnotus carapo.
Id. *Linné, édition de Gmelin.*
Gymnote carape. *Daubenton, Encyclopédie méthodique.*
Id. *Bonnaterre, planches de l'Encyclopédie méthodique.*
Gronov. Zooph. 168. *Mus.* 1 ; *p.* 29, *n.* 72.
Gymnotus. *Artedi, gen.* 25, *syn.* 43.
Amœnit. acad. Lugd. Batav. 1749, *p.* 600, *tab.* 11, *fig.* 6.
Mus. ad. Fr. 1, *p.* 76.
Carapo Brasiliensibus. *Marcgr. Bras. l.* 4, *c.* 14, *p.* 170. — *Piso, Hist. nat.
Ind. utr. p.* 72.
Willughby, p. 115, *tab.* G. 7, *fig.* 4.
Ray. Pisc. p. 41, *n.* 10.
Langschwanz. *Bloch, pl.* 157, *fig.* 2.
Seba, Mus. 3, *pl.* 32, *fig.* 1.

[2] Gymnotus fierasfer.
Gymnote fierasfer. *Bonnaterre, planches de l'Encyclopédie méthodique.*
Gymnotus acus. *Linné, édition de Gmelin.*
Brunn. Pisc. Massil. p. 13, *n.* 24.

[3] Gymnotus longirostratus.
Gymnotus rostratus. *Linné, édition de Gmelin.*
Gymnote museau long. *Daubenton, Encyclopédie méthodique.*
Id. *Bonnaterre, planches de l'Encyclopédie méthodique.*
Seba, Mus. 3, *p.* 99, *tab.* 32, *fig.* 5.
Gronov. Zooph. 167, *Mus.* 73.

caractères communs à tous les gymnotes, et par lesquels ils se rapprochent l'un de l'autre, sont encore
liés par un trait particulier, distinctif du second sous-
genre des osseux dont nous nous occupons, et qui
consiste dans la prolongation de la mâchoire supérieure, plus avancée que celle de dessous.

Le carape, le premier de ces trois gymnotes, dont on
dit que la chair est presque toujours agréable au goût,
habite dans les eaux douces de l'Amérique méridionale,
et particulièrement dans celles du Brésil. Sa nageoire
de l'anus ne s'étend pas tout-à-fait jusqu'à l'extrémité
de la queue, qui se termine par un filament délié. Sa
couleur générale est brune ; son dos est noirâtre, tacheté
de brun *.

Le fierasfer a été décrit pour la première fois par
Brunnich, dans son Histoire des poissons des environs
de Marseille. Il est blanchâtre, avec des taches rougeâtres et brunes, qui font paroître son dos comme
nuageux : le bleuâtre règne sur sa partie inférieure.
La nageoire de l'anus ne s'étend pas jusqu'au bout de
la queue. On voit sur le dos une saillie qui n'est pas
une nageoire, mais que l'on peut considérer, en quelque
sorte, comme un rudiment de cet organe, comme une
indication de l'existence de cette partie dans un si grand
nombre de poissons, et qui rapproche le genre des

---

* On compte à la membrane des branchies   5 rayons.
        à chacune des nageoires pectorales 10
        à celle de l'anus   ·   230

gymnotes de presque toutes les autres familles de ces animaux. Au reste, il est à remarquer que le seul gymnote qui ne vit pas dans les eaux de l'Amérique méridionale, et qu'on trouve dans celles de la mer Méditerranée, est aussi le seul qui présente sur sa partie supérieure une sorte de commencement de cette nageoire dorsale qui appartient à tant d'osseux et de cartilagineux [1].

Des mâchoires très-avancées, et conformées, ainsi que rapprochées l'une de l'autre, de manière à ressembler à un tube, suffiroient seules pour distinguer le long-museau de tous les autres gymnotes. On voit aisément l'origine de son nom. La nageoire de l'anus est beaucoup plus courte que la queue, qui d'ailleurs finit par une sorte de fil très-délié, comme celle du carape. La couleur est blanchâtre, et diversifiée par des taches irrégulières et brunes. On trouve le long-museau dans l'Amérique méridionale, ainsi que nous venons de l'indiquer [2].

---

[1] A la membrane des branchies   5 rayons.
  à chacune des nageoires pectorales 16
  à celle de l'anus   60

[2] A chaque nageoire pectorale   19 rayons.
  à celle de l'anus   296

VINGT-CINQUIÈME GENRE.

LES TRICHIURES.

Point de nageoire caudale; le corps et la queue très-alongés, très-comprimés, et en forme de lame; les opercules des branchies placés très-près des yeux.

ESPÈCES.	CARACTÈRES.
1. LE TRICHIURE LEPTURE. (*Trichiurus lepturus.*)	La mâchoire inférieure plus avancée que la supérieure.
2. LE TRICH. ÉLECTRIQUE. (*Trichiurus electricus.*)	Les deux mâchoires également avancées.

LE TRICHIURE LEPTURE *.

Les trichiures sont encore de ces poissons apodes qui ne présentent aucune nageoire à l'extrémité de la queue. On les sépare cependant très-aisément de ces osseux qui n'ont pas de véritable nageoire caudale. En effet leur corps très-alongé et très-comprimé ressemble à une lame d'épée, ou, si on le veut, à un ruban ; et voilà pourquoi le lepture, qui réunit à cette conformation la couleur et l'éclat de l'argent, a été nommé *ceinture d'argent*, ou *ceinture argentée*. D'ailleurs les opercules des branchies sont placés beaucoup plus près des yeux sur les trichiures que sur les autres poissons avec les-quels on pourroit les confondre.

A ces traits généraux réunissons les traits particu-

* Trichiurus lepturus.

Paille-en-cul, *par plusieurs voyageurs et naturalistes.*

Trichiurus lepturus. *Linné, édition de Gmelin.*

Trichiure ceinture d'argent. *Daubenton, Encyclopédie méthodique.*

Id. *Bonnaterre, planches de l'Encyclopédie méthodique.*

Lepturus. *Artedi, spec.* iii.

Gymnogaster. *Gronov. Mus.* i , *n.* 47.

Id. *Brown, Jamai.* 444, *tab.* 45, *fig.* 4.

Enchelyopus. *Seba, Mus.* 3, *tab.* 33, *fig.* i.

Id. *Klein, Miss.* 4, *p.* 52, *n.* 3.

Mucu Brasil. *Willughby, Ichthyol. tab.* G. 7, *fig.* 7.

Mucu. *Marcgr. Brasil.* 161.

Ubirre. *De Laet, Annot. ad Marcgr.*

Lepturus. *Mus. ad. Fr.* i , *p.* 76, *tab.* 26, *fig.* 2.

Spitz schwanz. *Bloch, pl.* 158.

Pl. 7. Pag. 182.

2.

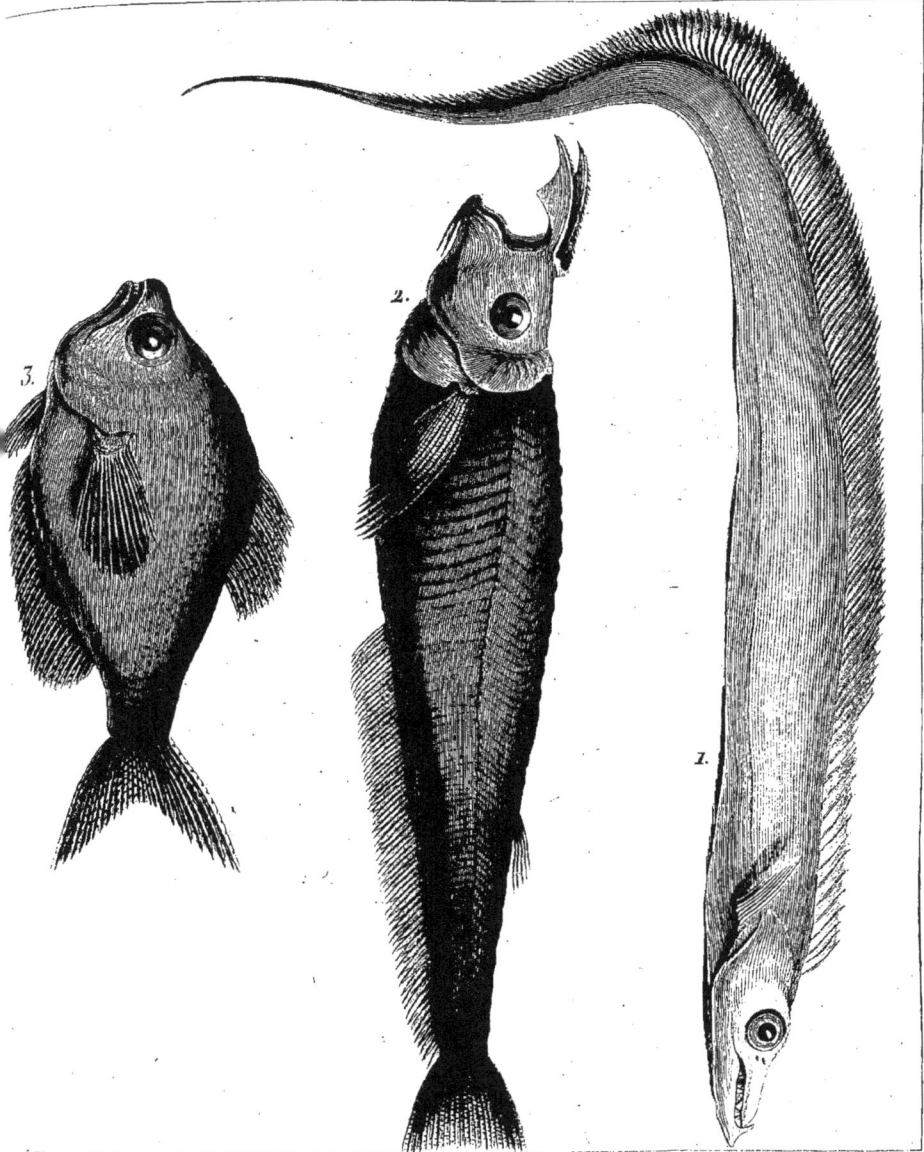

3.

2.

1.

.Del.   le Villain Sculp.

TRICHIURE Lepture. 2 ODONTOGNATHE Aiguillonné. 3. KURTE Blochien 2.

liers du lepture, et voyons, si je puis employer cette expression, cette bande argentine et vivante se dérouler, pour ainsi dire, s'agiter, se plier, s'étendre, se raccourcir, s'avancer en différens sens, décrire avec rapidité mille courbes enlacées les unes dans les autres, monter, descendre, s'élancer, et s'échapper enfin avec la vîtesse d'une flèche, ou plutôt, en quelque sorte, avec celle de l'éclair.

La tête du lepture est étroite, alongée, et comprimée comme son corps et sa queue. L'ouverture de sa bouche est grande. Ses dents sont mobiles, au moins en très-grand nombre; et ce caractère que nous avons vu dans les squales, et par conséquent dans les plus féroces des cartilagineux, observons d'avance que nous le remarquerons dans la plupart des osseux qui se font distinguer par leur voracité. Indépendamment de cette mobilité qui donne à l'animal la faculté de présenter ses crochets sous l'angle le plus convenable, et de retenir sa proie avec plus de facilité, plusieurs des dents des mâchoires du lepture, et particulièrement celles qui avoisinent le bout du museau, sont longues et recourbées vers leur pointe; les autres sont courtes et aiguës. On n'en voit pas sur la langue, ni sur le palais; mais on en apperçoit de très-petites sur deux os placés vers le gosier.

Les yeux sont grands, très-rapprochés du sommet de la tête, et remarquables par un iris doré et bordé de blanc autour de la prunelle.

L'opercule, composé d'une seule lame, et membraneux dans une partie de son contour, ferme une large
ouverture branchiale *. Une ligne latérale couleur d'or
s'étend sans sinuosités depuis cet opercule jusqu'à l'extrémité de la queue. L'anus est assez près de la tête.

Les nageoires pectorales sont très-petites et ne renferment que onze rayons ; mais la nageoire dorsale en
comprend ordinairement cent dix-sept, et règne depuis
la nuque jusqu'à une très-petite distance du bout de
la queue.

On ne voit pas de véritable nageoire de l'anus : à la
place qu'occuperoit cette nageoire, on trouve seulement de cent à cent vingt, et le plus souvent cent
dix aiguillons très-courts, assez éloignés les uns des
autres, dont la première moitié, ou à peu près, est
recourbée vers la queue, et dont la seconde moitié
est fléchie vers la tête.

La queue du lepture, presque toujours très-déliée
et terminée par une sorte de prolongation assez semblable à un fil ou à un cheveu, a fait donner à ce
poisson le nom de *lepture*, qui signifie *petite queue*,
ainsi que celui de *trichiure*, qui veut dire *queue en
cheveu*, et que l'on a étendu, comme nom générique,
à toute la petite famille dont nous nous occupons.
Cependant, comme cette queue très-longue est en
même temps assez comprimée pour avoir été comparée

---

* On compte sept rayons à la membrane des branchies.

à une lame, comme le corps et la tête présentent une conformation semblable, et que tous les muscles de l'animal paroissent doués d'une énergie très-soutenue, on supposera sans peine dans le lepture une mobilité rare, une natation très-rapide, une grande souplesse dans les mouvemens, pour peu que l'on rappelle ce que nous avons déja exposé plus d'une fois sur la cause de la natation célère des poissons *. Et en effet, les voyageurs s'accordent à attribuer au lepture une agilité singulière et une vélocité extraordinaire. S'agitant presque sans cesse par de nombreuses sinuosités, ondulant en différens sens, serpentant aussi facilement que tout autre habitant des eaux, il s'élève, s'abaisse, arrive et disparoît avec une promptitude dont à peine on peut se former une idée. Frappant violemment l'eau par ses deux grandes surfaces latérales, il peut se donner assez de force pour s'élancer au-dessus de la surface des fleuves et des lacs ; et comme il est couvert par-tout de très-

---

* La collection du Muséum renferme une variété du lepture, qu'il est aisé de distinguer par la forme du bout de la queue. Cette partie, au lieu de se terminer par une prolongation filamenteuse, paroît comme tronquée assez loin de sa véritable extrémité ; elle présente, à l'endroit où elle finit, une ligne droite et verticale. Et quoique nous ayons vu deux individus avec cette conformation particulière, nous ne savons pas si au lieu d'une variété plus ou moins constante, nous n'avons pas eu uniquement sous les yeux deux produits d'accidens semblables ou analogues, deux résultats d'une sorte d'amputation extraordinaire, dont on trouve plusieurs exemples parmi les animaux à sang froid, qu'ils peuvent subir sans en périr, et qui, pour les deux individus dont nous parlons, auroit emporté la portion la plus déliée de leur queue.

petites écailles blanches et éclatantes, et, si je puis parler ainsi, d'une sorte de poussière d'argent que relève l'or de ses iris et de ses lignes latérales, il brille et dans le sein des ondes, et au milieu de l'air, particulièrement lorsque, cédant à sa voracité qui est très-grande, animé par une affection puissante, ajoutant par l'effet de ses mouvemens à la vivacité de ses couleurs, et déployant sa riche parure sous un ciel enflammé, il jaillit de dessus les eaux, et, poursuivant sa proie avec plus d'ardeur que de précautions, saute jusque dans les barques et au milieu des pêcheurs. Cette bande d'argent si décorée, si élastique, si vive, si agile, a quelquefois plus d'un mètre de longueur.

Le lepture vit au milieu de l'eau douce. On le trouve, comme plusieurs gymnotes, dans l'Amérique méridionale. Il n'est pas étranger néanmoins aux contrées orientales de l'ancien continent : il se trouve dans la Chine ; et nous avons vu une image très-fidèle de ce poisson dans un recueil de peintures chinoises données par la république batave à la république françoise, déposées maintenant dans le Muséum national d'histoire naturelle, et dont nous avons déja parlé dans cet ouvrage.

Au reste, la beauté et la vivacité du lepture sont si propres à plaire aux yeux, à parer une retraite, à charmer des loisirs, qu'il n'est pas surprenant que les Chinois l'aient remarqué, observé, dessiné ; et vraisemblablement ce peuple, qui a su tirer un si grand parti des poissons pour ses plaisirs, pour son commerce, pour sa nourriture, ne se sera pas contenté de multiplier les portraits de cette espèce; il aura voulu aussi en répandre les individus dans ses nombreuses eaux, dans ses larges rivières, dans ses lacs enchanteurs.

LE TRICHIURE ÉLECTRIQUE *.

On a reconnu dans ce trichiure une faculté analogue à celle de la torpille et du gymnote torporifique. Mais comme, en découvrant ses effets, on n'a observé aucun phénomène particulier propre à jeter un nouveau jour sur cette puissance que nous avons long-temps considérée en traitant du gymnote engourdissant et de la torpille, nous croyons devoir nous contenter de dire que le trichiure électrique est séparé du lepture, non seulement par la conformation de ses mâchoires, qui sont toutes les deux également avancées, mais encore par la forme de ses dents, toutes extrêmement petites. D'ailleurs le bout de la queue n'est pas aussi aigu que dans le lepture. De plus, au lieu de présenter l'or et l'argent qui décorent ce dernier poisson, il n'offre que des couleurs ternes; il est brun et tacheté. S'il a été doué de la puissance, il est donc bien éloigné d'avoir reçu l'éclat de la beauté. C'est dans les mers de l'Inde qu'il exerce le pouvoir qui lui a été départi.

* Trichiurus electricus.
Paille-en-cul, *par quelques naturalistes et voyageurs.*
Trichiurus electricus. *Linné, édition de Gmelin.*
Anguilla Indica. *Willughby, Append. tab.* 3, *fig.* 3.
Raj. Pisc. p. 171.
Nieuh. It. Ind. 2, *p.* 270.

VINGT-SIXIÈME GENRE.

LES NOTOPTÈRES.

Des nageoires pectorales, de l'anus et du dos ; point de nageoire caudale ; le corps très-court.

ESPÈCES	CARACTÈRES.
1. LE NOTOPT. KAPIRAT. (*Notopterus kapirat.*)	La nageoire du dos très-courte.
2. LE NOTOPT. ÉCAILLEUX. (*Notopterus squamosus.*)	La nageoire du dos très-longue; le corps couvert de petites écailles arrondies.

LE NOTOPTÈRE KAPIRAT *.

Les deux poissons dont nous allons donner la description, ont été jusqu'à présent confondus avec les
gymnotes : mais la précision que nous croyons devoir
introduire dans la distribution des objets de notre
étude, et les principes sur lesquels la classification des
animaux nous a paru devoir être fondée, ne nous ont
pas permis de laisser réunis des poissons dont les uns
n'ont reçu le nom de *gymnotes* que parce que leur dos
est entièrement dénué de nageoires, et d'autres osseux
qui au contraire ont une nageoire dorsale plus ou
moins étendue. Nous avons donné à l'ensemble de ces
derniers le nom générique de *notoptère*, dont plusieurs
naturalistes se sont servis jusqu'à présent pour désigner le kapirat, la première espèce de ce groupe, et
qui, venant de deux mots grecs, dont l'un signifie *dos*,
et l'autre *aile* ou *nageoire*, indique la présence d'une
nageoire dorsale. Les noms de ces deux genres très-
voisins annoncent donc la véritable différence qui les

* Notopterus kapirat.
Ikan pengay, *dans l'Inde.*
Gymnotus notopterus. *Linné, édition de Gmelin.*
Gymnotus kapirat. *Bonnaterre, planches de l'Encyclopédie méthodique.*
Pengay, *seu* kapirat. *Renard, Poiss.* 1, *p.* 16, *n.* 90.
Tima marina, *seu* hippuris. *Bontius, Ind. c.* 25, *p.* 78.

sépare; on pourroit même, à la rigueur, dire la seule différence générique bien sensible et bien constante qui les écarte l'un de l'autre. Le kapirat sur-tout seroit aisément assimilé en tout, ou presque en tout, à un gymnote, si on le privoit de la nageoire qu'il a sur le dos.

Ce poisson qui fait le sujet de cet article, se trouve dans la mer voisine d'Amboine. Il ne parvient ordinairement qu'à la longueur de deux ou trois décimètres. Son museau est court et arrondi; on apperçoit une petite ouverture, ou un pore très-sensible, au-dessus de ses yeux qui sont grands. La mâchoire supérieure est garnie de dents égales et très-peu serrées ; la mâchoire inférieure en présente sur son bord extérieur de plus grandes et de plus éloignées encore les unes des autres ; et de plus, on voit sur le bord intérieur de cette même mâchoire d'en-bas, ainsi que sur celui du palais, une série de dents très-petites. L'opercule des branchies est garni d'écailles et membraneux dans son contour. La gorge et l'anus sont très-rapprochés. L'étendue de la nageoire de l'anus*, et la forme très-alongée de la queue, sont assez remarquables pour avoir fait donner au kapirat, par Bontius,

---

* A la membrane des branchies   6 rayons.
  à la nageoire du dos   7
  à chacune des nageoires pectorales 13
  à la nageoire de l'anus   116

le nom d'*hippuris*, qui veut dire *queue de cheval*. Et enfin ce notoptère brille des couleurs de l'or et de l'argent qui sont répandues sur les très-petites écailles dont sa peau est revêtue.

LE NOTOPTÈRE ÉCAILLEUX *.

COMME nous n'avons pas vu ce poisson, nous ne pouvons que présumer qu'il ne présente pas de véritable nageoire caudale. Si le bout de sa queue étoit cependant garni d'une nageoire distincte et véritablement propre à cette extrémité, il faudroit le séparer des notoptères, et le comprendre dans un genre particulier. Mais si au contraire, et comme nous le pensons, il n'a point de nageoire que l'on doive appeler *caudale*, il offre tous les caractères que nous avons assignés au genre des notoptères, et il doit être inscrit à la suite du kapirat. Il diffère néanmoins de ce dernier animal, non seulement parce que sa nageoire dorsale, au lieu d'être courte et de ne renfermer que sept rayons, en comprend un très-grand nombre et s'étend presque depuis la nuque jusqu'à la queue, mais encore parce qu'il est revêtu, même sur la tête, d'écailles assez grandes et presque toujours arrondies, qui nous ont suggéré son nom spécifique.

On voit au-devant de chacune de ses narines un petit barbillon qui paroît comme tronqué. Il y a sur la tête plusieurs pores très-visibles, et cinq très-petits enfoncemens. Les dents sont acérées; et l'entre-deux

---

* Notopterus squamosus.
Gymnotus Asiaticus. *Linné, édition de Gmelin.*

des branches de la mâchoire supérieure en est garni. La ligne latérale est droite, excepté au-dessus de l'anus, où elle se fléchit vers le bas. La couleur de l'écailleux est obscure, avec des bandes transversales brunes. Il devient ordinairement un peu plus grand que le kapirat, et il habite, comme ce dernier poisson, dans les mers de l'Asie *.

Tous les vrais gymnotes connus jusqu'à présent vivent donc dans les eaux de l'Amérique méridionale, ou de l'Afrique occidentale, excepté le fierasfer, que l'on a pêché dans la Méditerranée, pendant qu'on ne trouve que dans les mers de l'Asie les notoptères déja découverts.

---

* A la membrane des branchies, 5 rayons.

VINGT-SEPTIÈME GENRE.

LES OPHISURES.

*Point de nageoire caudale; le corps et la queue cylin-
driques et très-alongés relativement à leur diamètre; la
tête petite; les narines tubulées; la nageoire dorsale et
celles de l'anus, très-longues et très-basses.*

ESPÈCES.	CARACTÈRES.
1. L'OPHISURE OPHIS. (*Ophisurus ophis.*)	De grandes taches rondes ou ovales.
2. L'OPHISURE SERPENT. (*Ophisurus serpens.*)	Point de taches, ou de très-petites taches.

L'OPHISURE OPHIS*.

CEUX qui auront un peu réfléchi aux différens principes qui nous dirigent dans nos distributions méthodiques, ne seront pas surpris que nous séparions les deux espèces suivantes du genre des murènes, dans lequel elles ont été inscrites jusqu'à présent. En effet, elles en diffèrent par l'absence d'une nageoire caudale. On leur a depuis long-temps donné le nom de *serpens marins;* et comme un des grands rapports qui les lient avec les véritables serpens, consiste dans la forme déliée du bout de leur queue, dénué de nageoire, ainsi que l'extrémité de la queue des vrais reptiles, nous avons cru devoir donner au grouppe qu'elles vont composer, le nom d'*ophisure*, qui veut dire *queue de serpent.*

La première de ces deux espèces est celle à laquelle j'ai conservé le nom particulier d'*ophis,* qui, en grec, signifie *serpent.* Son ensemble a beaucoup de confor-

---

* Ophisurus ophis.
Muræna ophis. *Linné, édition de Gmelin.*
Murène serpent taché. *Daubenton, Encyclopédie méthodique.*
Id. *Bonnaterre, planches de l'Encyclopédie méthodique.*
Muræna teres, gracilis, maculosa, etc. *Artedi, gen.* 24, *syn.* 41.
Bloch, pl. 154.
Serpens marinus maculosus. *Lister, Append. p.* 19.
Raj. p. 37.

mité avec celui des véritables reptiles; et sa manière de se mouvoir sinueuse, vive et rapide, rapproche ses habitudes de celles de ces derniers animaux. Il se contourne d'ailleurs avec facilité; il se roule et déroule; et ces évolutions sont d'autant plus agréables à voir, que ses proportions sont très-sveltes, et ses couleurs gracieuses. Le plus souvent son diamètre le plus grand n'est que la trentième ou même la quarantième partie de sa longueur totale, qui s'étend quelquefois au-delà de plus d'un mètre; et sa petite tête, son corps, sa queue, ainsi que sa longue et très-basse nageoire dorsale, présentent sur un fond blanc, ou blanchâtre, plusieurs rangs longitudinaux de taches rondes ou ovales, qui, par leur nuance foncée et leur demi-régularité, contrastent très-bien avec la teinte du fond.

On voit des dents recourbées, non seulement le long des mâchoires, mais encore au palais. L'ophis habite dans les mers européennes *.

---

* A la membrane des branchies   10 rayons.
  à chacune des nageoires pectorales   10
  à la nageoire du dos   136
  à celle de l'anus   79

L'OPHISURE SERPENT *.

CETTE seconde espèce d'ophisure est plus grande que la première : elle parvient fréquemment à la longueur de près de deux mètres. Elle habite non seulement dans les eaux salées voisines de la campagne de Rome, mais encore dans plusieurs autres parties de la mer Méditerranée. Elle y a été nommée plus souvent que presque tous les autres poissons, *serpent marin,* et elle y a été connue d'Aristote, qui la distinguoit par le même nom de *serpent marin,* de *serpent de mer.* Ses habitudes ressemblent beaucoup à celles de l'ophis : ses mouvemens sont aussi agiles, ses inflexions aussi multipliées, ses circonvolutions aussi faciles, sa natation aussi rapide,

---

* Ophisurus serpens.
Muræna serpens. *Linné, édition de Gmelin.*
Murène serpent sans tache. *Daubenton, Encyclopédie méthodique.*
Id. *Bonnaterre, planches de l'Encyclopédie méthodique.*
Muræna exactè teres, etc. *Artedi, gen.* 24, *syn.* 41.
Οφις Θαλάττιος. *Arist. lib.* 2, *cap.* 14; *et lib.* 9, *cap.* 37.
Serpens marinus. *Salv. fol.* 57, *a. ad iconem, et fol.* 58, *a.*
Serpent marin. *Rondelet, première partie, liv.* 14, *chap.* 6.
Gesner, p. 862, 864, 1037, *et (germ.) fol.* 47, *b.*
Aldrov. lib. 3, *cap.* 24, *p.* 346.
Jonston, lib. 1, *tit.* 1, *cap.* 2, *a.* 5, *p.* 16, *tab.* 4, *fig.* 5.
Charlet. Onom. p. 155.
Willughby, p. 107.
Raj. p. 36.
Serpent marin. *Valmont-Bomare, Dictionnaire d'histoire naturelle.*

et ses courses ou ses jeux plus propres encore à charmer les yeux de ceux qui sont à portée de l'observer, parce qu'elle offre des dimensions plus grandes, sans cesser d'avoir des proportions aussi sveltes. On ne voit pas sur son corps les taches rondes ou ovales qui distinguent l'ophis. Elle est jaunâtre sur le dos, blanchâtre sur sa partie inférieure; et sa nageoire dorsale ainsi que celle de l'anus sont lisérées de noir.

On compte dix rayons à la membrane des branchies, et seize à chacune des nageoires pectorales.

VINGT-HUITIÈME GENRE.

LES TRIURES.

La nageoire de la queue très-courte; celle du dos et celle de l'anus étendues jusqu'au-dessus et au-dessous de celle de la queue ; le museau avancé en forme de tube; une seule dent à chaque mâchoire.

ESPÈCE.	CARACTÈRES.
LE TR. BOUGAINVILLIEN. (*Triurus bougainvillianus.*)	Une valvule en forme de croissant, et fermant, à la volouté de l'animal, la partie de l'ouverture des branchies laissée libre par la membrane branchiale qui est attachée à la tête ou au corps dans presque tout son contour.

LE TRIURE BOUGAINVILLIEN *.

Nous venons d'écrire l'histoire des poissons apodes renfermés dans la première division des osseux, et qui sont dénués de nageoire caudale : examinons maintenant ceux du même ordre qui en sont pourvus; et commençons par ceux qui n'en ayant qu'une assez courte, lient, par une nuance intermédiaire, les premiers avec les seconds. Plaçons ici, en conséquence, ce que nous avons à dire d'un poisson du premier ordre des osseux, dont les manuscrits du savant Commerson nous ont présenté la description, qui n'a été encore observé par aucun autre naturaliste, et que nous avons dû inscrire dans un genre particulier.

Nous avons déja donné le nom de *commerson* à une lophie ; donnons au poisson que nous allons décrire, le nom de notre fameux navigateur et mon respectable confrère Bougainville, avec lequel Commerson voyageoit dans la mer du Sud, lorsqu'il eut occasion d'examiner le triure dont nous allons parler.

Ce fut entre le 26 et le 27ᵉ degré de latitude australe,

---

* Triurus bougainvillianus.

Tricaud, *ou* bacha de mer; triurus, vel triplurus, vel tricaudus bidens, rictu fistulari, pinnis ventralibus careus, caudâ subfimbriatâ, abortivâ, pinnis dorsi et ani huic adjectitiis succedaneisque. *Commerson, manuscrits déja cités.*

et près du 103 ou du 104e degré de longitude, qu'un
hasard mit Commerson à même de voir cette espèce
très-digne d'attention par ses formes extérieures. On
venoit de prendre plusieurs poissons du genre des
scombres. Commerson les ayant promptement disséqués, trouva dans l'estomac d'un seul de ces animaux
cinq triures très-entiers, et que la force digestive du
scombre n'avoit encore altérés en aucune manière.
Leur forme extraordinaire frappa, dit Commerson, les
gens de l'équipage, qui s'écrièrent tous qu'ils n'avoient
jamais vu de semblables poissons. Quant à lui, il crut
bientôt après avoir retiré ces cinq triures de l'estomac
du scombre, en voir plusieurs de la même espèce se
jouer sur la surface de la mer. Il étoit alors dans le
mois de février de 1768 (*v. st.*). Quoi qu'il en soit,
voici quels sont les traits de cette espèce d'osseux apode,
dont les individus examinés par le très-exact et très-
éclairé Commerson avoient à peu près la grandeur et
l'aspect d'un hareng ordinaire.

La couleur du triure bougainvillien est d'un brun
rougeâtre qui se change en argenté sous la tête, et
en incarnat, ou plutôt en vineux blanchâtre, sur les
côtés, ainsi que sur la partie inférieure du corps et
de la queue, et qui est relevé par une tache d'un blanc
très-éclatant derrière la base des nageoires pectorales.

L'ensemble du corps et de la queue est comprimé, et
alongé de manière que la longueur totale de l'animal,
sa plus grande hauteur et sa plus grande largeur, sont

dans le même rapport que 71, 18 et 10. Ce même ensemble est d'ailleurs entièrement dénué de piquans, et revêtu d'écailles si petites et si enfoncées, pour ainsi dire, dans la peau à laquelle elles sont attachées, qu'à la première inspection, on pourroit croire l'animal entièrement sans écailles.

La tête, qui est comprimée comme le corps, et qui de plus est un peu aplatie par-dessus, se termine par un museau très-prolongé fait en forme de tube assez étroit, et dont l'extrémité présente pour toute ouverture de la bouche, un orifice rond, et que l'animal ne peut pas fermer.

Dans le fond de cette sorte de tuyau sont les deux mâchoires osseuses, composées chacune d'une seule dent incisive et triangulaire. On n'apperçoit pas d'autres dents ni sur le palais, ni sur la langue, qui est très-courte, cartilagineuse, et cependant un peu charnue dans son bout antérieur, lequel est arrondi.

Les ouvertures des narines sont très-petites et placées plus près des orbites que de l'extrémité du museau. Les yeux sont assez grands, peu convexes, dépourvus de ce voile membraneux que nous avons fait remarquer sur ceux des gymnotes, des ophisures, et d'autres poissons; et l'iris brille des couleurs de l'or et de l'argent.

C'est au-dessous de la peau qu'est placé chaque opercule branchial, qui d'ailleurs est composé d'une lame osseuse, longue, et en forme de faux. La membrane branchiale renferme cinq rayons un peu aplatis et courbés, qu'on ne peut cependant appercevoir qu'à l'aide de la dissection. Cette membrane est attachée à la tête ou au corps dans presque tout son contour, de manière qu'elle ne laisse pour toute ouverture des branchies qu'un très-petit orifice situé dans le point le plus éloigné du museau. Nous avons vu une conformation analogue en traitant des syngnathes ; nous la retrouverons sur les callionymes et sur quelques autres poissons : mais ce qui la rend sur-tout très-remarquable dans le triure que nous faisons connoître, c'est qu'elle offre un trait de plus dont nous ne connoissons pas d'exemple dans la classe entière des poissons ; et voilà pourquoi nous en avons tiré le caractère distinctif du bougainvillien. Cette particularité consiste dans une valvule en forme de croissant, charnue, mollasse, et qui, attachée au bord antérieur de l'orifice branchial, le ferme à la volonté de l'animal, en se rabattant sur le côté postérieur. Le triure bougainvillien est donc de tous les poissons connus celui qui a reçu l'appareil le plus compliqué pour empêcher l'eau d'entrer dans la cavité branchiale, ou de sortir de cette cavité en passant par l'ouverture des branchies ; il a un opercule, une membrane et une valvule ; et la réunion, dans cet animal, de ces trois moyens d'arrêter l'entrée ou la sortie de l'eau , est d'autant plus digne d'attention, que, d'après les expressions de Commerson, il paroît que ce triure ne peut pas fermer à sa volonté l'orifice placé à l'extrémité du long tube formé par son museau, et que ce tube peut servir de passage à l'eau pour entrer par la bouche dans la véritable cavité branchiale, ou pour en sortir.

Mais nous avons assez parlé des organes du triure relatifs à la respiration.

On ne voit pas de ligne latérale bien sensible. Le bas du ventre se termine en carène aiguë dans presque toute sa longueur; et l'anus, qui est situé à l'extrémité de l'abdomen, consiste dans une ouverture un peu alongée.

Les nageoires pectorales sont petites, délicates, transparentes, paroissent presque triangulaires lorsqu'elles sont déployées, et renferment douze ou treize rayons.

La nageoire de l'anus, composée de quinze rayons mous, ou environ, se dirige en arrière; et sa pointe aiguë s'étend presque aussi loin que le bord postérieur de la nageoire de la queue, dont elle représente un supplément, et paroît même former une partie.

La nageoire dorsale ne se montre pas moins comme une auxiliaire de la nageoire de la queue. Formée d'un égal nombre de rayons que celle de l'anus, partant d'un point plus éloigné de la tête, et ayant un tiers de longueur de plus, elle s'étend en arrière non seulement presque autant que la nageoire caudale, mais encore plus loin que cette dernière. Et comme les deux nageoires dorsale et de l'anus touchent d'ailleurs la nageoire de la queue, cette nageoire caudale semble, au premier coup d'œil, être composée de trois parties bien distinctes; on croit voir trois queues à l'animal; et de là viennent les dénominations de *triurus*, de *triplurus*, de *tricaud*, c'est-à-dire, d'animal *à trois queues*, de *bacha de la mer*, etc. employées par Commerson, et dont nous avons conservé le nom générique de *triurus*, *triure*.

Au reste, la nageoire caudale proprement dite est si courte, que, quoique composée d'une vingtaine de rayons, elle ressemble beaucoup plus à l'ébauche d'un organe qu'à une partie entièrement formée. Elle paroît frangée, parce que les rayons qu'elle renferme sont mous, articulés, et très-divisés vers leur extrémité.

Le triure bougainvillien n'auroit donc pas vraisemblablement une grande force pour nager au milieu des eaux de la mer, si la nature et le peu de surface de sa véritable nageoire caudale n'étoient compensés par la forme, la position et la direction de la nageoire du dos et de celle de l'anus; mais nous pensons, avec Commerson, que, par le secours de ces deux nageoires accessoires, le triure doit se mouvoir avec facilité, et s'élancer avec vîtesse dans le sein des mers qu'il habite.

Telle est l'image que nous pouvons former du triure bougainvillien, en réunissant les traits précieux transmis par Commerson.

Quant à l'organisation intérieure de ce poisson, voici ce qu'en a écrit notre voyageur.

Le foie est d'un rouge très-pâle, parsemé de points

sanguins, et composé de deux lobes convexes, inégaux, et dont le droit est le plus grand.

Le canal intestinal est étroit, diminue insensiblement de grosseur depuis le pylore, se recourbe et se replie sur sa direction quatre ou cinq fois.

Commerson n'a trouvé qu'une matière liquide et blanchâtre dans l'estomac, qui est petit, et placé transversalement.

Le cœur est presque triangulaire, d'un rouge pâle, avec une oreillette très-rouge.

Commerson n'a pas vu de vésicule natatoire ; mais il ne sait pas si son scalpel ne l'a pas détruite.

Le poids du plus grand des triures bougainvilliens examinés par ce naturaliste, étoit, à très-peu près, de 132 grammes.

VINGT-NEUVIÈME GENRE.

LES APTÉRONOTES.

Une nageoire de la queue; point de nageoire du dos; les mâchoires non extensibles.

ESPÈCE.	CARACTÈRES.
L'APTÉRONOTE PASSAN. (*Apteronotus passan.*)	Un long filament charnu, placé au-dessus de la partie supérieure de la queue.

L'APTÉRONOTE PASSAN *.

LE nom d'*aptéronote*, qui veut dire *sans nageoire sur le dos*, désigne la même conformation que celui de *gymnote*, qui signifie *dos nud*. Et en effet, le passan, comme les gymnotes, n'a pas de nageoire dorsale ; mais nous avons dû le séparer de ces derniers, parce qu'indépendamment d'autres grandes différences, il a une nageoire caudale, dont ils ne présentent aucun linéament. Nous l'avons donc inscrit dans un genre particulier, auquel cependant nous avons été bien aises de donner un nom qui, en faisant éviter toute équivoque, rappelât ses rapports, et, pour ainsi dire, sa parenté avec la famille des gymnotes.

Le passan a le museau très-obtus ; la tête dénuée d'écailles sensibles, et parsemée de très-petits trous destinés à répandre une humeur visqueuse ; l'ouverture de la bouche étendue jusqu'au-delà des yeux, qui sont voilés par une membrane comme ceux des gymnotes ; les orifices des narines à une distance à peu près égale des yeux et du bout du museau ; et les deux mâchoires

---

* Apteronotus passan.
Gymnote passan. *Daubenton, Encyclopédie méthodique.*
Id. *Bonnaterre, planches de l'Encyclopédie méthodique.*
Gymnotus albifrons. *Linné, édition de Gmelin.*
Pallas, Spicil. zoolog. 7, *p.* 35, *tab.* 6, *fig.* 1.

festonnées de manière que la mâchoire supérieure présente une portion saillante à son extrémité, ainsi que
quatre autres parties avancées, deux d'un côté et deux
de l'autre, et que la mâchoire inférieure oppose un
enfoncement à chaque saillie et une saillie à chaque
enfoncement de la mâchoire d'en-haut, dans laquelle
d'ailleurs elle s'emboîte.

Les opercules des branchies sont attachés dans la
plus grande partie de leur contour, et les ouvertures
branchiales un peu en demi-cercle.

Par une conformation bien rare, et bien remarquable
même à côté de celles qu'offrent les apodes de la première division des osseux et particulièrement les gymnotes, l'anus est si près de la tête, qu'il est situé dans
le petit espace anguleux qui sépare les deux membranes
branchiales, et très-près du point où elles se réunissent. Derrière l'anus, on voit un orifice que l'on croit
destiné à la sortie de la laite, ou des œufs.

Mais nous allons décrire une conformation plus singulière encore.

Vers le milieu de la partie supérieure de l'animal
comprise entre la tête et la nageoire caudale, commence une sorte de filament, ou de lanière charnue
très-longue et très-déliée. Le savant naturaliste du
Nord, le célèbre Pallas, auquel on doit un si grand
nombre de découvertes en histoire naturelle, a le
premier fait attention à cette espèce de lanière. En
voyant que ce long filament convexe par-dessus et

comme excavé par - dessous répondoit à une sorte de
canal longitudinal dont les dimensions paroissoient
se rapporter exactement à celles du filament, il fut
d'abórd tenté de croire que l'on avoit entaillé le dos de
l'animal, et qu'on en avoit détaché une lanière, au
point qu'elle ne fût retenue que par son extrémité antérieure. Il s'apperçut cependant bientôt que la conformation qu'il avoit sous ses yeux, étoit naturelle : mais
l'état d'altération dans lequel étoit apparemment le
passan de la collection de l'académie de Pétersbourg,
empêcha ce savant professeur de connoître dans tous
ses détails la véritable conformation du filament ; et
comme depuis la description publiée par ce naturaliste on n'a pas cru devoir chercher à ajouter à ce qu'il
a écrit, la vraie forme de cette portion du passan n'est
pas encore connue de ceux qui cultivent les sciences
naturelles. La voici telle que j'ai pu la voir sur un
individu très-bien conservé qui faisoit partie de la
collection donnée à la France par la république batave;
et la figure que j'ai fait dessiner et graver en donnera
une idée très-nette.

Cette lanière charnue est en effet convexe par-
dessus, concave par-dessous, attachée par son gros
bout vers le milieu du dos de l'aptéronote, et répon-
dant à un canal dont les dimensions diminuent à mesure qu'elle devient plus déliée, ainsi que l'a très-bien
dit le professeur Pallas ; mais ce que ce naturaliste n'a
pas été à même de voir, et ce qui est plus extraordi-

naire ; c'est que ce filament est attaché aussi, par son bout le plus menu, très-près de l'origine de la nageoire de la queue. Lorsqu'on le soulève, on le voit retenu par ses deux bouts, formant une espèce d'arc dont la queue de l'animal est la corde ; et de plus on apperçoit très-distinctement une douzaine de petits fils qui vont du canal longitudinal à cette lanière , la retiennent comme par autant de liens , sont inclinés vers la nageoire caudale, et se couchent dans le canal longitudinal, lorsqu'on laisse retomber le grand filament dans la longue gouttière qu'il remplit alors en entier.

C'est de la présence de cette lanière que nous avons tiré le caractère spécifique du passan.

La nageoire de l'anus commençant très-près de cette dernière ouverture, s'étend presque depuis la gorge jusqu'à la base de la nageoire caudale ; elle comprend de 147 à 152 rayons *.

Le corps et la queue sont couverts d'écailles petites et arrondies.

L'animal est de deux couleurs , d'un noir plus ou moins foncé, et d'un blanc éclatant. Ce blanc de neige s'étend sur le museau ; il règne ensuite en forme de bande étroite depuis le devant de la tête jusqu'à la partie postérieure de la queue, qui est blanche ainsi que la nageoire caudale, et la dernière partie de celle

---

* A chacune des nageoires pectorales, de 15 à 16 rayons-
à celle de la queue,   de 20 à 24

de l'anus. C'est cette portion très-blanche de la nageoire de l'anus, dont l'image a été oubliée par quelques uns de ceux qui ont représenté le passan ; et voilà pourquoi on lui a attribué une nageoire de l'anus beaucoup plus courte que celle qu'il a réellement.

Cet aptéronote parvient quelquefois jusqu'à la longueur de quatre décimètres. On le trouve dans les environs de Surinam.

TRENTIÈME GENRE.

LES RÉGALECS.

Des nageoires pectorales, du dos, et de la queue ; point de nageoire de l'anus, ni de série d'aiguillons à la place de cette dernière nageoire ; le corps et la queue très-alongés.

ESPÈCES.	CARACTÈRES.
1. LE RÉGALEC GLESNE. (*Regalecus glesne.*)	Un long filament auprès de chaque nageoire pectorale ; une nageoire dorsale régnant depuis la nuque jusqu'à la nageoire de la queue, avec laquelle elle est réunie.
2. LE RÉGALEC LANCÉOLÉ. (*Regalecus lanceolatus.*)	La nageoire de la queue lancéolée ; les opercules composés seulement de deux ou trois pièces.

LE RÉGALEC GLESNE *.

Plus on fait de progrès dans l'étude des corps organisés, et plus on est convaincu de cette vérité importante, que toutes les formes compatibles avec la conservation des espèces, non seulement existent, mais
encore sont combinées les unes avec les autres de toutes
les manières qui peuvent se concilier avec la durée de
ces mêmes espèces. L'histoire des poissons apodes de la
première division des osseux nous fournit un exemple
remarquable de cette variété de combinaisons. Dans les
dix-neuf genres de cet ordre, les diverses nageoires du
dos, de la poitrine, de l'anus, et de la queue, montrent
en effet par leur présence, ou par leur absence, un assez
grand nombre de modes différens. Les cécilies sont
absolument sans nageoires ; les monoptères n'en ont
qu'une qui est placée au bout de la queue ; on en voit
deux sur les leptocéphales, dont le dos est garni d'une
de ces deux nageoires, pendant que l'autre est située
entre leur queue et leur anus ; les trichiures n'en ont
que sur le dos et des deux côtés de la poitrine ; les

---

* Regalecus glesne.
Sild konge , sild tulst , *en Norvége.*
Regalecus glesne. *Ascagne, figures enluminées d'histoire naturelle, cah,*
2, *p.* 5, *pl.* 11.
Muller, Zoologiæ Danicæ prodromus.
Régalec glesne. *Bonnaterre, planches de l'Encyclopédie méthodique.*

gymnotes, qui en ont de pectorales et une de l'anus, en sont dénués sur le dos et à l'extrémité de la queue; les notoptères et les ophisures en déploient uniquement sur le dos, au-delà de l'anus, et des deux côtés de la partie antérieure de leur corps; les triures ne réunissent aux nageoires du dos, de la poitrine et de l'anus, que des rudimens d'une nageoire de la queue; on apperçoit une nageoire caudale, deux pectorales et une nageoire de l'anus sur les aptéronotes, mais leur dos est sans nageoire; les quatre sortes de nageoires ont été données aux odontognathes, aux murènes, aux ammodytes, aux ophidies, aux macrognathes, aux xiphias, aux anarhiques, aux coméphores, aux stromatées, aux rhombes; et enfin les régalecs ont reçu une nageoire du dos, une nageoire de la queue, et deux pectorales, sans aucune apparence de nageoire de l'anus.

Cette absence d'une nageoire anale suffiroit seule pour séparer le genre des régalecs de tous les autres genres de son ordre, excepté de celui des cécilies, de celui des monoptères, et de celui des trichiures; mais comme les trichiures ont une série d'aiguillons à la place de la nageoire anale, que les monoptères n'ont qu'une seule nageoire, et que les cécilies n'en ont pas du tout, on peut dire que cet entier dénuement de nageoire de l'anus distingue véritablement les régalecs de tous les apodes inscrits dans la première division des poissons osseux, et avec lesquels on pourroit les confondre.

Le naturaliste Ascanius est le premier auteur qui ait fait mention du régalec. On n'a compté jusqu'à présent dans ce genre, qu'une espèce que l'on nomme *glesne*, et qui habite auprès des côtes de Norvége. Le régalec glesne a d'assez grands rapports avec les trichiures et les ophisures. Le corps et la queue sont très-alongés et comprimés, les mâchoires armées de dents nombreuses, les opercules composés de cinq ou six pièces, les membranes branchiales soutenues par cinq ou six rayons, les nageoires pectorales très-petites. Au-dessous de chacune de ces deux dernières nageoires, on voit un filament renflé par le bout, et dont la longueur est égale ordinairement au tiers de celle de l'animal. On compte, en quelque sorte, deux nageoires dorsales : la première, qui cependant est une série de piquans plutôt qu'une véritable nageoire, commence dès le sommet de la tête, et est composée de huit aiguillons ; la seconde s'étend depuis la nuque jusqu'à la nageoire caudale, avec laquelle elle se réunit et se confond.

Tout le corps du poisson est argenté, semé de petits points noirs disposés en raies longitudinales, et varié dans ses nuances par trois bandes brunes placées transversalement sur la partie postérieure de la queue.

Comme on le rencontre souvent, ainsi que la chimère arctique, au milieu des innombrables légions de harengs, qu'il est argenté comme ces derniers animaux, qu'il a l'air de les conduire, et qu'il parvient à des

dimensions assez considérables, on l'a nommé, ainsi
que la chimère du Nord, *roi des harengs;* et c'est ce
que désigne le nom générique de *régalec,* qui lui a été
conservé.

LE RÉGALEC LANCÉOLÉ *.

Nous plaçons dans le même genre que le glesne, une espèce de poisson dont nous avons vu une figure coloriée, exécutée avec beaucoup de soin, et parmi les dessins chinois cédés par la Hollande à la France, et desquels nous avons déja parlé plusieurs fois. Nous avons donné à ce régalec, dont les naturalistes d'Europe n'ont encore publié aucune description, le nom spécifique de *lancéolé*, parce que la nageoire qui termine sa queue a la forme d'un fer de lance. Cet animal est dénué d'une nageoire de l'anus comme le glesne : il a, comme ce dernier osseux, deux nageoires dorsales, très-basses et très-rapprochées; mais ces deux nageoires sont, en quelque sorte, triangulaires : la première n'est point composée d'aiguillons détachés, et la seconde ne se confond pas avec l'anale comme sur le glesne. Chacun des opercules n'est composé que de deux ou trois pièces, tandis qu'on en compte cinq ou six dans chaque opercule du régalec de Norvége. Le lancéolé a d'ailleurs le corps très-alongé et serpentiforme, comme le régalec d'Europe; mais ce poisson chinois, au lieu d'être argenté, est d'une couleur d'or mêlée de brun.

* Regalecus lanceolatus.
Ce régalec est représenté sous le nom d'*ophidie chinoise*, dans la planche vingt-deuxième du premier volume de cette *Histoire des poissons*.

TRENTE-UNIÈME GENRE.

LES ODONTOGNATHES.

Une lame longue, large, recourbée, dentelée, placée de chaque côté de la mâchoire supérieure, et entraînée par tous les mouvemens de la mâchoire de dessous.

ESPÈCE.	CARACTÈRES.
L'ODONT. AIGUILLONNÉ. (*Odontagnath. mucronatus.*)	Huit aiguillons recourbés, situés sur la poitrine ; vingt-huit autres aiguillons disposés sur deux rangs longitudinaux, et placés sur le ventre.

L'ODONTOGNATHE AIGUILLONNÉ *.

PARMI plusieurs poissons que le citoyen Leblond nous
a fait parvenir assez récemment de Cayenne, s'est
trouvé celui que j'ai cru devoir nommer *odontognathe
aiguillonné*. Non seulement cet osseux n'a encore été
décrit par aucun naturaliste, mais il ne peut être placé
dans aucun des genres admis jusqu'à présent par ceux
qui cultivent l'histoire naturelle. Sa tête, son corps et
sa queue sont très-comprimés. Mais ce qui doit le faire
observer avec le plus d'attention, c'est le mécanisme
particulier que présentent ses mâchoires, et dont on
ne trouve d'exemple dans aucun poisson connu. Montrons en quoi consiste ce mécanisme.

La mâchoire inférieure, plus longue que la supérieure, est très-relevée contre cette dernière, lorsque
l'animal a sa bouche entièrement fermée; elle est même
si redressée dans cette position, qu'elle paroît presque
verticale. Elle s'abaisse, en quelque sorte, comme un
pont-levis, lorsque le poisson ouvre sa bouche; et on
s'apperçoit facilement alors qu'elle forme une espèce
de petite nacelle écailleuse, très-transparente, sillon-
née par-dessous, et finement dentelée sur ses bords.

Cette mâchoire de dessous entraîne en avant, lors-

* Odontognathus mucronatus.

qu'elle s'abaisse, deux pièces très-longues, ou, pour
mieux dire, deux lames très-plates, irrégulières, de
substance écailleuse, un peu recourbées à leur bout
postérieur, plus larges à leur origine qu'à leur autre
extrémité, dentelées sur leur bord antérieur, et attachées l'une d'un côté, l'autre de l'autre, à la partie la
plus saillante de la mâchoire supérieure. Lorsque ces
deux lames ont obéi le plus possible au mouvement
en en-bas de la mâchoire inférieure, elles se trouvent
avancées de manière que leurs extrémités dépassent la
verticale que l'on peut supposer tirée du bout du
museau vers le plan horizontal sur lequel le poisson
repose. C'est au milieu de ces deux pièces que l'on voit
alors la mâchoire inférieure abaissée et étendue en
avant; et dans cette attitude, le contour de la bouche
est formé par cette même mâchoire de dessous, et par
les deux lames dentelées qui sont devenues comme les
deux-côtés de la mâchoire supérieure.

Tant que la bouche reste ouverte, les lames dépassent
par le bas la mâchoire inférieure; mais lorsque celle-ci
remonte pour s'appliquer de nouveau contre la mâchoire supérieure et fermer la bouche, chacune des
deux pièces se couche contre un des opercules, et
paroît n'en être que le bord antérieur dentelé.

C'est des dentelures que nous venons d'indiquer
en montrant le singulier mécanisme des mâchoires de
l'aiguillonné, que nous avons tiré le nom générique
de cet animal, *odontognathe* signifiant par un seul mot,

ainsi que cela est nécessaire pour la dénomination d'un genre, *à mâchoires dentelées*.

Au milieu de ces mâchoires organisées d'une manière si particulière, on voit une langue pointue et assez libre dans ses mouvemens. Les opercules, composés de plusieurs pièces, sont très-transparens dans leur partie postérieure, écailleux et très-argentés dans leur partie antérieure. La membrane des branchies, qui est soutenue par cinq rayons, est aussi argentée par-dessus ; et il n'est pas inutile de faire observer à ceux qui auront encore présentes à leur esprit les idées que notre premier Discours renferme sur les couleurs des poissons, que dans un très-grand nombre d'osseux qui vivent aux environs de la Guiane et d'autres contrées équatoriales de l'Amérique, la membrane branchiale est plus ou moins couverte de ces écailles très-petites et très-éclatantes qui argentent les diverses parties sur lesquelles elles sont répandues.

La poitrine, terminée vers le bas en carène aiguë, présente sur cette sorte d'arête huit aiguillons recourbés. On distingue de plus, au travers des tégumens et de chaque côté du corps, quatorze côtes peu courbées, dont chacune est terminée par un aiguillon saillant à l'extérieur, et se réunit, pour former le dessous du ventre, à celle qui lui est analogue dans le côté du corps opposé à celui auquel elle appartient. Il résulte de cet arrangement, que la carène du ventre est garnie de vingt-huit aiguillons disposés sur deux rangs longitudinaux; et c'est de cette double rangée que vient le nom spécifique d'*aiguillonné*, par lequel nous avons cru devoir distinguer le poisson osseux que nous décrivons.

La nageoire de l'anus est très-longue, et s'étend presque jusqu'à la base de celle de la queue, qui est fourchue *.

Celle du dos est placée sur la queue proprement dite, vers les trois quarts de la longueur totale de l'animal; mais elle est très-petite.

D'après l'état dans lequel nous avons vu l'individu envoyé au Muséum national d'histoire naturelle par le citoyen Leblond, et conservé déja depuis quelque temps dans de l'alcool affoibli, nous pouvons seulement conjecturer que l'odontognathe aiguillonné présente, sur presque tout son corps, le vif éclat de l'argent. Nous le présumons d'autant plus, que cet animal a reçu dans les environs de Cayenne, suivant le citoyen Leblond, le nom vulgaire de *sardine*, nom donné depuis long-temps à une clupée argentée sur une grande partie de son corps, et qui d'ailleurs n'a aucune ressemblance extérieure bien frappante avec l'aiguillonné. Comme la sardine, l'odontognathe dont nous parlons, est bon à manger, et vit dans l'eau salée. Il parvient à la longueur de trois décimètres.

---

* A chacune des nageoires pectorales 12 rayons.

à la nageoire du dos	6 ou 7
à celle de l'anus	80
à celle de la queue	19

TRENTE-DEUXIÈME GENRE.

LES MURÈNES.

Des nageoires pectorales, dorsale, caudale, et de l'anus; les narines tubulées; les yeux voilés par une membrane; le corps serpentiforme et visqueux.

ESPÈCES.	CARACTÈRES.
1. LA MURÈNE ANGUILLE. (*Murœna anguilla.*)	La mâchoire inférieure plus avancée que la supérieure; cent rayons, ou environ, à la nageoire de l'anus; le dessus du corps et de la queue sans tache.
2. LA MURÈNE TACHETÉE. (*Murœna guttata.*)	La mâchoire inférieure plus avancée que la supérieure; trente-six rayons, ou environ, à la nageoire de l'anus; la couleur verdâtre; de petites taches noires; une grande tache de chaque côté et auprès de la tête.
3. LA MURÈNE MYRE. (*Murœna myrus.*)	Le museau un peu pointu; deux petits appendices un peu cylindriques à la lèvre supérieure; la nageoire du dos toute cendrée, ou blanche et lisérée de noir.
4. LA MURÈNE CONGRE. (*Murœna conger.*)	Deux appendices un peu cylindriques à la lèvre supérieure; la ligne latérale blanche.

LA MURÈNE ANGUILLE *.

Il est peu d'animaux dont on doive se retracer l'image avec autant de plaisir que celle de la murène anguille. Elle peut être offerte, cette image gracieuse, et à l'enfance folâtre, que la variété des évolutions amuse, et à la vive jeunesse, que la rapidité des mouvemens enflamme, et à la beauté, que la grace, la

* Muræna anguilla.

Margaignon (anguille mâle), *dans plusieurs départemens méridionaux de France.*

Fine (anguille femelle), *ibid.*

Paglietane, *dans plusieurs contrées d'Italie.*

Gavonchi, *ibid.*

Musini, *ibid.*

Miglioramenti, *lorsqu'elle pèse six kilogrammes; auprès des lacs ou marais de Commachio, d'Orbitello, etc. en Italie.*

Capitoni, *lorsqu'elle a le même poids;* ibid.

Rocche, *lorsque son poids est de deux kilogrammes;* ibid.

Anguillacci, *lorsque son poids n'est que d'un kilogramme et demi;* ibid.

Presciatti, *lorsqu'elle est très-petite;* ibid.

Ahl, *en allemand.*

Al, *en suédois.*

Eel, *en anglois.*

Muræna anguilla. *Linné, édition de Gmelin.*

Murène anguille. *Daubenton, Encyclopédie méthodique.*

Id. *Bonnaterre, planches de l'Encyclopédie méthodique.*

Muræna unicolor, etc. *Artedi, spec.* 66, *gen.* 24, *syn.* 39.

Gron. Mus. 1, *p.* 16, *n.* 45; *Zooph. p.* 40, *n.* 66.

Eel, *Brit. Zoolog.* 3, *p.* 142, *n.* 12.

Bloch, pl. 73.

souplesse, la légéreté, intéressent et séduisent, et à la sensibilité, que les affections douces et constantes touchent si profondément, et à la philosophie même, qui se plaît à contempler et le principe et l'effet d'un instinct supérieur. Nous l'avons déja vu, cet instinct supérieur, dans l'énorme et terrible requin : mais il y étoit le ministre d'une voracité insatiable, d'une cruauté sanguinaire, d'une force dévastatrice. Nous avons trouvé dans les poissons électriques une puissance, pour ainsi dire, magique ; mais ils n'ont pas eu la beauté en partage. Nous avons eu à représenter des formes remarquables ; presque toujours leurs couleurs

---

Anguille. *Valmont-Bomare, Dictionnaire d'histoire naturelle.*

H' ἐγχέλυς. *Homer. Iliad. lib.* 21.

Id. *Arist. lib.* 2, *cap.* 13, 15, 17; *lib.* 4, *cap.* 8, 11; *lib.* 5, *cap.* 5; *lib.* 6, *cap.* 13, 16; *et lib.* 8, *cap.* 2.

Id. *Athen. lib.* 7.

Id. *Ælian. lib.* 14, *cap.* 8.

Id. *Oppian. Hal. lib.* 1.

Anguilla. *Varro, lib.* 4.

Id. *Plin. lib.* 9, *cap.* 21, 22, 51; *et lib.* 32, *cap.* 2.

Id. *Cuba, lib.* 3, *cap.* 2, *fol.* 71, *a.*

Id. *Bellon.*

Id. *Rondelet, seconde partie, Des poissons de rivière, chap.* 20.

Id. *Salvian. fol.* 64, *a.* 66, *etc.*

Id. *Gesner, p.* 40; *et germ. fol.* 177, *b.*

Id. *Schonev. p.* 14.

Id. *Aldrov. lib.* 4, *cap.* 14, *p.* 544.

Id. *Jonston, lib.* 2, *tit.* 2, *cap.* 4, *p.* 114; *tab.* 24, *fig.* 7.

Id. *Charlet. p.* 153.

Id. *Willughby, p.* 109.

Id. *Raj. p.* 37.

Id. *Laurent. Roberg. Pisc. Upsal. p.* 4.

étoient ternes et obscures. Des nuances éclatantes ont frappé nos regards ; rarement elles ont été unies avec des proportions agréables ; plus rarement encore elles ont servi de parure à un être d'un instinct élevé. Et cette sorte d'intelligence, ce mélange de l'éclat des métaux, et des couleurs de l'arc céleste, cette rare conformation de toutes les parties qui forment un même tout et qu'un heureux accord a rassemblées, quand les avons-nous vus départis avec des habitudes, pour ainsi dire, sociales, des affections douces, et des jouissances, en quelque sorte, sentimentales ? C'est cette réunion si digne d'intérêt, que nous allons cependant montrer dans l'anguille. Et lorsque nous aurons compris sous un seul point de vue sa forme déliée, ses proportions sveltes, ses couleurs élégantes, ses flexions gracieuses, ses circonvolutions faciles, ses élans rapides, sa natation soutenue, ses mouvemens semblables à ceux du serpent, son industrie, son instinct, son affection pour sa compagne, son espèce de sociabilité ; et les avantages que l'homme en retire chaque jour, on ne sera pas surpris que les Grecques et les Romaines les plus fameuses par leurs charmes aient donné sa forme à un de leurs ornemens les plus recherchés, et que l'on doive en reconnoître les traits, de même que ceux des murénophis, sur de riches bracelets antiques, peut-être aussi souvent que ceux des couleuvres venimeuses dont on a voulu pendant long-temps retrouver exclusivement l'image dans ces objets

de luxe et de parure; on ne sera pas même étonné que
ce peuple ancien et célèbre qui adoroit tous les objets
dans lesquels il voyoit quelque empreinte de la beauté,
de la bonté, de la prévoyance, du pouvoir ou du cour-
roux célestes, et qui se prosternoit devant les ibis et
les crocodiles, eût aussi accordé les honneurs divins à
l'animal que nous examinons. C'est ainsi que nous
avons vu l'énorme serpent devin obliger, par l'effroi,
des nations encore peu civilisées des deux continens,
à courber une tête tremblante devant sa force redoutable, que l'ignorance et la terreur avoient divinisée;
et c'est ainsi encore que par l'effet d'une mythologie
plus excusable sans doute, mais bien plus surprenante,
car, fille cette fois de la reconnoissance et non pas
de la crainte, elle consacroit l'utilité et non pas la
puissance, les premiers habitans de l'isle Saint-Domingue, de même que les Troglodytes dont Pline a
parlé dans son Histoire naturelle, vénéroient leur dieu
sous la forme d'une tortue *.

On ne s'attendoit peut-être pas à trouver dans l'anguille tant de droits à l'attention. Quel est néanmoins
celui qui n'a pas vu cet animal? Quel est celui qui ne
croit pas être bien instruit de ce qui concerne un

* Le citoyen François (de Neufchâteau), membre de l'Institut national,
m'écrivoit le 16 germinal de l'an 6, pendant qu'il étoit encore membre du
Directoire exécutif, et dans une lettre savante et philosophique : « J'ai vu
« à Saint-Domingue des vases qui servoient dans les cérémonies des premiers
« habitans de l'isle. Ces vases, composés d'une sorte de lave grossièrement
« taillée, figurent des tortues. »

poisson que l'on pêche sur tant de rivages, que l'on trouve sur tant de tables frugales ou somptueuses, dont le nom est si souvent prononcé, et dont la facilité à s'échapper des mains qui le retiennent avec trop de force, est devenue un objet de proverbe pour le sens borné du vulgaire, aussi-bien que pour la prudence éclairée du sage? Mais, depuis Aristote jusqu'à nous, les naturalistes, les Apicius, les savans, les ignorans, les têtes fortes, les esprits foibles, se sont occupés de l'anguille; et voilà pourquoi elle a été le sujet de tant d'erreurs séduisantes, de préjugés ridicules, de contes puériles, au milieu desquels très-peu d'observateurs ont distingué les formes et les habitudes propres à inspirer ainsi qu'à satisfaire une curiosité raisonnable.

Tâchons de démêler le vrai d'avec le faux; représentons l'anguille telle qu'elle est.

Ses nageoires pectorales sont assez petites, et ses autres nageoires assez étroites, pour qu'on puisse la confondre de loin avec un véritable serpent : elle a de même le corps très-alongé et presque cylindrique. Sa tête est menue, le museau un peu pointu, et la mâchoire inférieure plus avancée que la supérieure.

L'ouverture de chaque narine est placée au bout d'un très-petit tube qui s'élève au-dessus de la partie supérieure de la tête; et une prolongation des tégumens les plus extérieurs s'étend en forme de membrane au-dessus des yeux, et les couvre d'un voile demi-transparent, comme celui que nous avons observé sur les yeux des gymnotes, des ophisures et des aptéronotes.

Les lèvres sont garnies d'un grand nombre de petits orifices par lesquels se répand une liqueur onctueuse; une rangée de petites ouvertures analogues compose, de chaque côté de l'animal, la ligne que l'on a nommée *latérale*; et c'est ainsi que l'anguille est perpétuellement arrosée de cette substance qui la rend si visqueuse. Sa peau est, sur tous les points de son corps, enduite de cette humeur gluante qui la fait paroître comme vernie. Elle est pénétrée de cette sorte d'huile qui rend ses mouvemens très-souples; et l'on voit déja pourquoi elle glisse si facilement au milieu des mains inexpérimentées qui, la serrant avec trop de force, augmentent le jeu de ses muscles, facilitent ses efforts, et, ne pouvant la saisir par aucune aspérité, la sentent couler et s'échapper comme un fluide *. A la vérité, cette même peau est garnie d'écailles dont on se sert même, dans plusieurs pays du Nord, pour donner une sorte d'éclat argentin au ciment dont on enduit les édifices : mais ces écailles sont si petites, que plusieurs physiciens en ont nié l'existence; et elles sont attachées de manière que le toucher le plus délicat ne les fait pas reconnoître sur l'animal vivant, et que même un œil perçant ne les découvre que lorsque l'anguille est morte, et la peau

---

* Le mot *murœna,* qui vient du mot grec μύρειν, lequel signifie *couler,* *s'échapper,* désigne cette faculté de l'anguille et des autres poissons de son genre.

assez desséchée pour que les petites lames écailleuses se séparent facilement.

On apperçoit plusieurs rangs de petites dents, non seulement aux deux mâchoires, à la partie antérieure du palais, et sur deux os situés au-dessus du gosier, mais encore sur deux autres os un peu plus longs et placés à l'origine des branchies.

L'ouverture de ces branchies est petite, très-voisine de la nageoire pectorale, verticale, étroite, et un peu en croissant.

On a de la peine à distinguer les dix rayons que contient communément la membrane destinée à fermer cette ouverture; et les quatre branchies de chaque côté sont garnies de vaisseaux sanguins dans leur partie convexe, et dénuées de toute apophyse et de tout tubercule dans leur partie concave.

Les nageoires du dos et de l'anus sont si basses, que la première s'élève à peine au-dessus du dos d'un soixantième de la longueur totale. Elles sont d'ailleurs réunies à celle de la queue, de manière qu'on a bien de la peine à déterminer la fin de l'une et le commencement de l'autre; et on peut les considérer comme une bande très-étroite qui commence sur le dos à une certaine distance de la tête, s'étend jusqu'au bout de la queue, entoure cette extrémité, y forme une pointe assez aiguë, revient au-dessous de l'animal jusqu'à l'anus, et présente toujours assez peu de hauteur pour laisser subsister les plus grands rapports entre le corps du serpent et celui de l'anguille.

L'épaisseur de la partie membraneuse de ces trois nageoires réunies, fait qu'on ne compte que très-difficilement les petits rayons qu'elles renferment, et qui sont ordinairement au nombre de plus de mille, depuis le commencement de la nageoire dorsale jusqu'au bout de la queue.

Les couleurs que l'anguille présente sont toujours agréables, mais elles varient assez fréquemment; et il paroît que leurs nuances dépendent beaucoup de l'âge de l'animal *, et de la qualité de l'eau au milieu de laquelle il vit. Lorsque cette eau est limoneuse, le dessus du corps de la murène que nous décrivons est d'un beau noir, et le dessous d'un jaune plus ou moins clair. Mais si l'eau est pure et limpide, si elle coule sur un fond de sable, les teintes qu'offre l'anguille sont plus vives et plus riantes : sa partie supérieure est d'un verd nuancé, quelquefois même rayé d'un brun qui le fait ressortir ; et le blanc du lait, ou la couleur de l'argent, brillent sur la partie inférieure du poisson. D'ailleurs la nageoire de l'anus est communément lisérée de blanc, et celle du dos, de rouge. Le blanc, le rouge et le verd, ces couleurs que la Nature sait marier avec tant de grace et fondre les unes dans les autres par des nuances si-douces, composent donc l'une des parures élégantes que l'espèce de l'anguille a reçues, et

---

* *Voyage de Spallanzani dans les deux Siciles,* traduction du savant et élégant écrivain le citoyen Toscan, bibliothécaire du Muséum national d'histoire naturelle.

celle qu'elle déploie lorsqu'elle passe sa vie au milieu d'une eau claire, vive et pure.

Au reste, les couleurs de l'anguille paroissent quelquefois d'autant plus variées par les différens reflets rapides et successifs de la lumière plus ou moins intense qui parvient jusqu'aux diverses parties de l'animal, que les mouvemens très-prompts et très-multipliés de cette murène peuvent faire changer à chaque instant l'aspect de ces mêmes portions colorées. Cette agilité est secondée par la nature de la charpente osseuse du corps et de la queue de l'animal. Ses vertèbres un peu comprimées et par conséquent un peu étroites à proportion de leur longueur, pliantes et petites, peuvent se prêter aux diverses circonvolutions qu'elle a besoin d'exécuter. A ces vertèbres, qui communément sont au nombre de cent seize, sont attachées des côtes très-courtes, retenues par une adhérence très-légère aux apophyses des vertèbres, et très-propres à favoriser les sinuosités nécessaires à la natation de la murène. De plus, les muscles sont soutenus et fortifiés dans leur action par une quantité très-considérable de petits os disséminés entre leurs divers faisceaux, et connus sous le nom d'*arêtes* proprement dites, ou de *petites arêtes*. Ces os intermusculaires, que l'on ne voit dans aucune autre classe d'animaux que dans celle des poissons, et qui n'appartiennent même qu'à un certain nombre de poissons osseux, sont d'autant plus grands qu'ils sont placés plus près de la tête; et ceux qui occupent la partie antérieure de l'animal, sont communément divisés en deux petites branches.

Un instinct relevé ajoute aussi à la fréquence des mouvemens ; et nous avons déja indiqué * que l'anguille, ainsi que les autres poissons osseux et serpentiformes, avoit le cerveau plus étendu, plus alongé, composé de lobes moins inégaux, plus développés et plus nombreux, que le cerveau de la plupart des poissons dont il nous reste à parler, et particulièrement de ceux qui ont le corps très-aplati, comme les pleuronectes.

Le cœur est quadrangulaire ; l'aorte grande ; le foie rougeâtre, divisé en deux lobes, dont le gauche est le plus volumineux ; la vésicule du fiel séparée du foie comme dans plusieurs espèces de serpens ; la rate alongée et triangulaire ; la vessie natatoire très-grande, attachée à l'épine, et garnie par-devant d'un long conduit à gaz ; le canal intestinal dénué de ces appendices que l'on remarque auprès du pylore de plusieurs espèces de poissons, et presque sans sinuosités, ce qui indique la force des sucs digestifs de l'anguille, et en général l'activité de ses humeurs et l'intensité de son principe vital.

Les murènes anguilles parviennent à une grandeur très-considérable : il n'est pas très-rare d'en trouver en Angleterre, ainsi qu'en Italie, du poids de huit à dix

* *Discours sur la nature des poissons.*

kilogrammes. Dans l'Albanie, on en a vu dont on a
comparé la grosseur à celle de la cuisse d'un homme;
et des observateurs très-dignes de foi ont assuré que,
dans des lacs de la Prusse, on en avoit pêché qui étoient
longues de trois à quatre mètres. On a même écrit que
le Gange en avoit nourri de plus de dix mètres de
longueur; mais ce ne peut être qu'une erreur, et l'on
aura vraisemblablement donné le nom d'*anguille* à
quelque grand serpent, à quelque boa devin que l'on
aura apperçu de loin, nageant au-dessus de la surface
du grand fleuve de l'Inde.

Quoi qu'il en soit, la croissance de l'anguille se fait
très-lentement; et nous avons sur la durée de son
développement quelques expériences précises et cu-
rieuses qui m'ont été communiquées par un très-bon
observateur, le citoyen Septfontaines, auquel j'ai eu
plusieurs fois, en écrivant cette Histoire naturelle,
l'occasion de témoigner ma juste reconnoissance.

Au mois de juin 1779 (*v. st.*), ce naturaliste mit
soixante anguilles dans un réservoir; elles avoient alors
environ dix-neuf centimètres. Au mois de septembre
1783, leur longueur n'étoit que de quarante à qua-
rante-trois centimètres; au mois d'octobre 1786, cette
même longueur n'étoit que de cinquante-un centimètres; et enfin, en juillet 1788, ces anguilles n'étoient
longues que de cinquante-cinq centimètres au plus.
Elles ne s'étoient donc alongées en neuf ans que de
vingt-six centimètres.

Avec de l'agilité, de la souplesse, de la force dans les muscles, de la grandeur dans les dimensions, il est facile à la murène que nous examinons, de parcourir des espaces étendus, de surmonter plusieurs obstacles, de faire de grands voyages, de remonter contre des courans rapides *. Aussi va-t-elle périodiquement, tantôt des lacs ou des rivages voisins de la source des rivières vers les embouchures des fleuves, et tantôt de la mer vers les sources ou les lacs. Mais, dans ces migrations régulières, elle suit quelquefois un ordre différent de celui qu'observent la plupart des poissons voyageurs. Elle obéit aux mêmes lois; elle est régie de même par les causes dont nous avons tâché d'indiquer la nature dans notre premier Discours : mais tel est l'ensemble de ses organes extérieurs et de ceux que son intérieur renferme, que la température des eaux, la qualité des alimens, la tranquillité ou le tumulte des rivages, la pureté du fluide, exercent, dans certaines circonstances, sur ce poisson vif et sensible, une action très-différente de celle qu'ils font éprouver au plus grand nombre des autres poissons non sédentaires. Lorsque le printemps commence de régner, ces derniers remontent des embouchures des fleuves vers les points les plus élevés des rivières ; quelques anguilles, au contraire, s'abandonnant alors au cours des eaux, vont

---

* *Voyage de Spallanzani dans les deux Siciles,* traduit par le citoyen Toscan, vol. VI, page 143.

des lacs dans les fleuves qui en sortent, et des fleuves vers les côtes maritimes.

Dans quelques contrées, et particulièrement auprès des lagunes de Venise, les anguilles remontent, dans le printemps, ou à peu près, de la mer Adriatique vers les lacs et les marais, et notamment vers ceux de Commachio, que la pêche des anguilles a rendus célèbres. Elles y arrivent par le Pô, quoique très-jeunes; mais elles n'en sortent pendant l'automne pour retourner vers les rivages de la mer, que lorsqu'elles ont acquis un assez grand développement, et qu'elles sont devenues presque adultes *. La tendance à l'imitation, cette cause puissante de plusieurs actions très-remarquables des animaux, et la sorte de prudence qui paroît diriger quelques unes des habitudes des anguilles, les déterminent à préférer la nuit au jour pour ces migrations de la mer dans les lacs, et pour ces retours des lacs dans la mer. Celles qui vont, vers la fin de la belle saison, des marais de Commachio dans la mer de Venise, choisissent même pour leur voyage les nuits les plus obscures, et sur-tout celles dont les ténèbres sont épaissies par la présence de nuages orageux. Une clarté plus ou moins vive, la lumière de la lune, des feux allumés sur le rivage, suffisent souvent pour les arrêter dans leur natation vers les côtes marines. Mais

---

* *Voyage de Spallanzani dans les deux Siciles,* traduit par le citoyen Toscan, vol. VI, page 143.

lorsque ces lueurs qu'elles redoutent ne suspendent pas
leurs mouvemens, elles sont poussées vers la mer par
un instinct si fort, ou, pour mieux dire, par une cause
si énergique, qu'elles s'engagent entre des rangées de
roseaux que les pêcheurs disposent au fond de l'eau
pour les conduire à leur gré, et que, parvenant sans
résistance et par le moyen de ces tranchées aux en-
ceintes dans lesquelles on a voulu les attirer, elles
s'entassent dans ces espèces de petits parcs, au point
de surmonter la surface de l'eau, au lieu de chercher
à revenir dans l'habitation qu'elles viennent de quitter*.

Pendant cette longue course, ainsi que pendant le
retour des environs de la mer vers les eaux douces
élevées, les anguilles se nourrissent, aussi-bien que
pendant qu'elles sont stationnaires, d'insectes, de vers,
d'œufs et de petites espèces de poissons. Elles attaquent
quelquefois des animaux un peu plus gros. Le citoyen
Septfontaines en a vu une de quatre-vingt-quatre
centimètres présenter un nouveau rapport avec les
serpens, en se jetant sur deux jeunes canards éclos de
la veille, et en les avalant assez facilement pour qu'on
pût les retirer presque entiers de ses intestins. Dans
certaines circonstances, elles se contentent de la chair
de presque tous les animaux morts qu'elles rencontrent
au milieu des eaux; mais elles causent souvent de grands

*Voyage de Spallanzani dans les deux Siciles, vol. VI, pages 148 et 150.

ravages dans les rivières. Le citoyen Noël nous écrit que dans la basse Seine elles détruisent beaucoup d'éperlans, de clupées feintes, et de brèmes.

Ce n'est pas cependant sans danger qu'elles recherchent l'aliment qui leur convient le mieux : malgré leur souplesse, leur vivacité, la vîtesse de leur fuite, elles ont des ennemis auxquels il leur est très-difficile d'échapper. Les loutres, plusieurs oiseaux d'eau, et les grands oiseaux de rivage, tels que les grues, les hérons et les cigognes, les pêchent avec habileté et les retiennent avec adresse ; les hérons sur-tout ont dans la dentelure d'un de leurs ongles, des espèces de crochets qu'ils enfoncent dans le corps de l'anguille, et qui rendent inutiles tous les efforts qu'elle fait pour glisser au milieu de leurs doigts. Les poissons qui parviennent à une longueur un peu considérable, et, par exemple, le brochet et l'acipensère esturgeon, en font aussi leur proie ; et comme les esturgeons l'avalent toute entière et souvent sans la blesser, il arrive que, déliée, visqueuse et flexible, elle parcourt toutes les sinuosités de leur canal intestinal, sort par leur anus, et se dérobe, par une prompte natation, à une nouvelle poursuite. Il n'est presque personne qui n'ait vu un lombric avalé par des canards sortir de même des intestins de cet oiseau, dont il avoit suivi tous les replis ; et cependant c'est le fait que nous venons d'exposer, qui a donné lieu à un conte absurde accrédité pendant long-temps, à l'opinion de quelques observateurs très-peu instruits de l'organisation intérieure des animaux, et qui ont dit que l'anguille entroit ainsi volontairement dans le corps de l'esturgeon, pour aller y chercher des œufs dont elle, aimoit beaucoup à se nourrir.

Mais voici un trait très-remarquable dans l'histoire d'un poisson, et qui a été vu trop de fois pour qu'on puisse en douter. L'anguille, pour laquelle les petits vers des prés, et même quelques végétaux, comme, par exemple, les pois nouvellement semés, sont un aliment peut-être plus agréable encore que des œufs ou des poissons, sort de l'eau pour se procurer ce genre de nourriture. Elle rampe sur le rivage par un mécanisme semblable à celui qui la fait nager au milieu des fleuves; elle s'éloigne de l'eau à des distances assez considérables, exécutant avec son corps serpentiforme tous les mouvemens qui donnent aux couleuvres la faculté de s'avancer ou de reculer; et après avoir fouillé dans la terre avec son museau pointu, pour se saisir des pois ou des petits vers, elle regagne en serpentant le lac ou la rivière dont elle étoit sortie, et vers lequel elle tend avec assez de vîtesse, lorsque le terrain ne lui oppose pas trop d'obstacles, c'est-à-dire, de trop grandes inégalités.

Au reste, pendant que la conformation de son corps et de sa queue lui permet de se mouvoir sur la terre sèche, l'organisation de ses branchies lui donne la faculté d'être pendant un temps assez long hors de l'eau douce

ou salée sans en périr. En effet, nous avons vu qu'une
des grandes causes de la mort des poissons que l'on
retient dans l'atmosphère, est le grand desséchement
qu'éprouvent leurs branchies, et qui produit la rupture
des artères et des veines branchiales, dont le sang, qui
n'est plus alors contre-balancé par un fluide aqueux
environnant, tend d'ailleurs sans contrainte à rompre
les membranes qui le contiennent. Mais l'anguille peut
conserver plus facilement que beaucoup d'autres poissons, l'humidité, et par conséquent la ductilité et la
ténacité des vaisseaux sanguins de ses branchies; elle
peut clore exactement l'ouverture de sa bouche; l'orifice branchial, par lequel un air desséchant paroîtroit
devoir s'introduire en abondance, est très-étroit et peu
alongé; l'opercule et la membrane sont placés et conformés de manière à fermer parfaitement cet orifice;
et de plus, la liqueur gluante et copieuse dont l'animal
est imprégné, entretient la mollesse de toutes les portions des branchies. Nous devons encore ajouter que,
soit pour être moins exposée aux attaques des animaux
qui cherchent à la dévorer, et à la poursuite des pêcheurs qui veulent en faire leur proie, soit pour obéir
à quelque autre cause que l'on pourroit trouver sans
beaucoup de peine, et qu'il est, dans ce moment, inutile de considérer, l'anguille ne va à terre, au moins le
plus fréquemment, que pendant la nuit. Une vapeur
humide est très-souvent alors répandue dans l'atmosphère; le desséchement de ses branchies ne peut avoir

lieu que plus difficilement; et l'on doit voir maintenant pourquoi, dès le temps de Pline *, on avoit observé
en Italie que l'anguille peut vivre hors de l'eau jusqu'à
six jours, lorsqu'il ne souffle pas un vent méridional,
dont l'effet le plus ordinaire, dans cette partie de
l'Europe, est de faire évaporer l'humidité avec beaucoup de vîtesse.

Pendant le jour, la murène anguille, moins occupée
de se procurer l'aliment qu'elle desire, se tient presque
toujours dans un repos réparateur, et dérobée aux yeux
de ses ennemis par un asyle qu'elle prépare avec soin.
Elle se creuse avec son museau une retraite plus ou
moins grande dans la terre molle du fond des lacs et
des rivières; et par une attention particulière, résultat
remarquable d'une expérience dont l'effet se maintient
de génération en génération, cette espèce de terrier a
deux ouvertures, de telle sorte que si elle est attaquée
d'un côté, elle peut s'échapper de l'autre. Cette industrie, pareille à celle des animaux les plus précaution-
nés, est une nouvelle preuve de cette supériorité d'instinct que nous avons dû attribuer à l'anguille dès le
moment où nous avons considéré dans ce poisson le
volume et la forme du cerveau, l'organisation plus
soignée des siéges de l'odorat, et enfin la flexibilité et
la longueur du corps et de la queue, qui, souples et
continuellement humectés, s'appliquent dans toute

---

* Pline, *liv.* 9, *chap.* 1.

leur étendue à presque toutes les surfaces, en reçoivent des impressions que des écailles presque insensibles ne peuvent ni arrêter, ni, en quelque sorte, diminuer, et doivent donner à l'animal un toucher assez vif et assez délicat.

Il est à remarquer que les anguilles, qui, par une suite de la longueur et de la flexibilité de leur corps, peuvent, dans tous les sens, agir sur l'eau presque avec la même facilité et par conséquent reculer presque aussi vîte qu'elles avancent, pénètrent souvent la queue la première dans les trous qu'elles forment dans la vase, et qu'elles creusent quelquefois cette cavité avec cette même queue, aussi bien qu'avec leur tête[1].

Lorsqu'il fait très-chaud, ou dans quelques autres circonstances, l'anguille quitte cependant quelquefois, même vers le milieu du jour, cet asyle qu'elle sait se donner. On la voit très-souvent alors s'approcher de la surface de l'eau, se placer au-dessous d'un amas de mousse flottante ou de plantes aquatiques, y demeurer immobile, et paroître se plaire dans cette sorte d'inaction et sous cet abri passager[2]. On seroit même tenté de croire qu'elle se livre quelquefois à une espèce de demi-sommeil sous ce toit de feuilles et de mousse. Le citoyen Septfontaines nous a écrit, en effet, dans le temps, qu'il avoit vu plusieurs fois une anguille dans

---

[1] *Voyage de Spallanzani*, vol. VI, page 154.

[2] *Lettre du citoyen Septfontaines au citoyen Lacepède*, datée d'Ardres, le 13 juillet 1788 (*v. st.*).

la situation dont nous venons de parler, qu'il étoit parvenu à s'en approcher, à élever progressivement la voix, à faire tinter plusieurs clefs l'une contre l'autre, à faire sonner très-près de la tête du poisson plus de quarante coups d'une montre à répétition, sans produire dans l'animal aucun mouvement de crainte, et que la murène ne s'étoit plongée au fond de l'eau que lorsqu'il s'étoit avancé brusquement vers elle, ou qu'il avoit ébranlé la plante touffue sous laquelle elle goûtoit le repos.

De tous les poissons osseux, l'anguille n'est cependant pas celui dont l'ouïe est la moins sensible. On sait depuis long-temps qu'elle peut devenir familière au point d'accourir vers la voix ou l'instrument qui l'appelle et qui lui annonce la nourriture qu'elle préfère.

Les murènes anguilles sont en très-grand nombre par-tout où elles trouvent l'eau, la température, l'aliment qui leur conviennent, et où elles ne sont pas privées de toute sûreté. Voilà pourquoi, dans plusieurs des endroits où l'on s'est occupé de la pêche de ces poissons, on en a pris une immense quantité. Pline a écrit que dans le lac Benaco des environs de Vérone, les tempêtes qui, vers la fin de l'automne, en bouleversoient les flots, agitoient, entraînoient et rouloient, pour ainsi dire, un nombre si considérable d'anguilles, qu'on les prenoit par milliers à l'endroit où le fleuve venoit de sortir du lac. Martini rapporte dans son Dictionnaire, qu'autrefois on en pêchoit jusqu'à soixante mille dans un seul jour, et avec un seul filet. On lit dans l'ouvrage de Redi sur les animaux vivans dans les animaux vivans, que lors du second passage des anguilles dans l'Arno, c'est-à-dire, lorsqu'elles remontent de la mer vers les sources de ce fleuve de Toscane, plus de deux cent mille peuvent tomber dans les filets, quoique dans un très-court espace de temps. Il y en a une si grande abondance dans les marais de Commachio, qu'en 1782 on en pêcha 990,000 kilogrammes *. Dans le Jutland, il est des rivages vers lesquels, dans certaines saisons, on prend quelquefois d'un seul coup de filet plus de neuf mille anguilles, dont quelques unes pèsent de quatre à cinq kilogrammes. Et nous savons, par le citoyen Noël, qu'à Cléon près d'Elbeuf, et même auprès de presque toutes les rives de la basse Seine, il passe des troupes ou plutôt des légions si considérables de petites anguilles, qu'on en remplit des seaux et des baquets.

Cette abondance n'a pas empêché le goût le plus difficile en bonne chère, et le luxe même le plus somptueux, de rechercher l'anguille, et de la servir dans leurs banquets. Cependant sa viscosité, le suc huileux dont elle est imprégnée, la difficulté avec laquelle les estomacs délicats en digèrent la chair, sa ressemblance avec un serpent, l'ont fait regarder dans certains pays, comme un aliment un peu mal-sain par les médecins,

---

* Spallanzani, *Voyage dans les deux Siciles,* vol. VI, page 151.

et comme un être impur par les esprits superstitieux.
Elle est comprise parmi les poissons en apparence
dénués d'écailles, que les lois religieuses des Juifs
interdisoient à ce peuple ; et les réglemens de Numa ne
permettoient pas de les servir dans les sacrifices, sur
les tables des dieux[1]. Mais les défenses de quelques
législateurs, et les recommandations de ceux qui ont
écrit sur l'hygiène, ont été peu suivies et peu imitées ;
la saveur agréable de la chair de l'anguille, et le peu
de rareté de cette espèce, l'ont emporté sur ces ordres
ou ces conseils : on s'est rassuré par l'exemple d'un
grand nombre d'hommes, à la vérité, laborieux, qui,
vivant au milieu des marais, et ne se nourrissant que
d'anguilles, comme les pêcheurs des lacs de Commachio auprès de Venise, ont cependant joui d'une santé
assez forte, présenté un tempérament robuste, atteint
une vieillesse avancée[2] ; et l'on a, dans tous les temps
et dans presque tous les pays, consacré d'autant plus
d'instans à la pêche assez facile de cette murène, que
sa peau peut servir à beaucoup d'usages, que dans
plusieurs contrées on en fait des liens assez forts, et
que dans d'autres, comme, par exemple, dans quelques
parties de la Tartarie, et particulièrement dans celles
qui avoisinent la Chine, cette même peau remplace,
sans trop de désavantages, les vitres des fenêtres.

---

[1] Pline, *liv.* 32, *chap.* 2.

[2] Spallanzani, *Voyage déja cité*, vol. VI, page 143.

Dans plusieurs pays de l'Europe, et notamment aux environs de l'embouchure de la Seine, on prend les anguilles avec des *haims* ou *hameçons*. Les plus petites sont attirées par des lombrics ou vers de terre, plus que par toute autre amorce : on emploie contre les plus grandes, des haims garnis de moules, d'autres animaux à coquilles, ou de jeunes éperlans. Lorsqu'on pêche les anguilles pendant la nuit, on se sert d'un filet nommé *seine drue,* et pour la description duquel nous renvoyons le lecteur à l'article de la *raie bouclée*. On substitue quelquefois à cette *seine* un autre filet appelé, dans la rivière de Seine, *dranguel,* ou *dranguet dru,* dont les mailles sont encore plus serrées que celles de la *seine drue;* et le citoyen Noël nous fait observer, dans une note qu'il nous a adressée, que c'est par une suite de cette substitution, et parce qu'en général on exécute mal les lois relatives à la police des pêches, que les pêcheurs de la Seine détruisent une grande quantité d'anguilles du premier âge et qui n'ont encore atteint qu'une longueur d'un ou deux décimètres, pendant qu'ils prennent, peut-être plus inutilement encore, dans ce même dranguet, beaucoup de frai de barbeau, de vaudoise, de brème, et d'autres poissons recherchés. Mais l'usage de ce filet à mailles très-serrées n'est pas la seule cause contraire à l'avantageuse reproduction, ou, pour mieux dire, à l'accroissement convenable des anguilles dans la Seine : le citoyen Noël nous en fait remarquer deux autres dans la note que nous venons de citer. Premièrement, les pêcheurs de cette rivière ont recours quelquefois, pour la pêche de ces murènes, à la *vermille,* sorte de corde garnie de vers, à laquelle les très-jeunes individus de cette espèce viennent s'attacher très-fortement, et par le moyen de laquelle on enlève des milliers de ces petits animaux. Secondement, les fossés qui communiquent avec la basse Seine, ont assez peu de pente pour que les petites anguilles, poussées par le flux dans ces fossés, y restent à sec lorsque la marée se retire, et y périssent en nombre extrêmement considérable, par l'effet de la grande chaleur du soleil de prairial.

Au reste, c'est le plus souvent depuis le commencement du printemps jusque vers la fin de l'automne, qu'on pêche les murènes anguilles avec facilité. On a communément assez de peine à les prendre au milieu de l'hiver, au moins à des latitudes un peu élevées : elles se cachent, pendant cette saison, ou dans les terriers qu'elles se sont creusés, ou dans quelques autres asyles à peu près semblables. Elles se réunissent même en assez grand nombre, se serrent de très-près, et s'amoncellent dans ces retraites, où il paroît qu'elles s'engourdissent lorsque le froid est rigoureux. On en a quelquefois trouvé cent quatre-vingts dans un trou de quarante décimètres cubes; et le citoyen Noël nous mande qu'à Aisiey près de Quillebeuf, on en prend souvent, pendant l'hiver, de très-grandes quantités, en fouillant dans le sable, entre les pierres du rivage. Si l'eau dans laquelle elles se trouvent est peu profonde, si par ce peu d'épaisseur des couches du fluide elles sont moins à couvert des impressions funestes du froid, elles périssent dans leur terrier, malgré toutes leurs précautions [1]; et le savant Spallanzani rapporte qu'un hiver fit périr, dans les marais de Commachio, une si grande quantité d'anguilles, qu'elles pesoient 1,800,000 kilogrammes [2].

Dans toute autre circonstance, une grande quantité d'eau n'est pas aussi nécessaire aux murènes dont nous nous occupons, que plusieurs auteurs l'ont prétendu. Le citoyen Septfontaines a pris dans une fosse qui contenoit à peine quatre cents décimètres cubes de ce fluide, une anguille d'une grosseur très-considérable; et la distance de la fosse à toutes les eaux de l'arrondissement, ainsi que le défaut de toute communication entre ces mêmes eaux et la petite mare, ne lui ont pas permis de douter que cet animal n'eût vécu très-long-temps dans cet étroit espace, des effets duquel l'état de sa chair prouvoit qu'il n'avoit pas souffert [3].

Nous devons ajouter néanmoins que si la chaleur est assez vive pour produire une très-grande évaporation et altérer les plantes qui croissent dans l'eau, ce fluide

---

[1] Pline, *liv.* 9, *chap.* 21.

[2] *Voyage de Spallanzani,* vol. VI, pag. 154.

[3] *Lettre du citoyen Septfontaines,* du 13 juillet 1788.

peut être corrompu au point de devenir mortel pour
l'anguille, qui s'efforce en vain, en s'abritant alors dans
la fange, de se soustraire à l'influence funeste de cette
chaleur desséchante.

On a écrit aussi que l'anguille ne supportoit pas des
changemens rapides et très-marqués dans la qualité
des eaux au milieu desquelles elle habitoit. Cependant
le citoyen Septfontaines a prouvé plusieurs fois qu'on
pouvoit la transporter, sans lui faire courir aucun danger, d'une rivière bourbeuse dans le vivier le plus
limpide, du sein d'une eau froide dans celui d'une eau
tempérée. Il s'est assuré que des changemens inverses
ne nuisoient pas davantage à ce poisson, et sur trois
cents individus qui ont éprouvé sous ses yeux ces
diverses transmigrations, et qui les ont essuyées dans
différentes saisons, il n'en a péri que quinze, qui lui
ont paru ne succomber qu'à la fatigue du transport, et
aux suites de leur réunion et de leur séjour très-prolongé dans un vaisseau trop peu spacieux.

Néanmoins, lorsque leur passage d'un réservoir dans
un autre, quelle que soit la nature de l'eau de ces viviers,
a lieu pendant des chaleurs excessives, il arrive souvent que les anguilles gagnent une maladie épidémique
pour ces animaux, et dont les symptômes consistent
dans des taches blanches qui leur surviennent. Nous
verrons, dans notre Discours sur la manière de multiplier et de conserver les individus des diverses espèces
de poissons, quels remèdes on peut opposer aux effets

de cette maladie, dont des taches blanches et acciden-
telles dénotent la présence.

Les murènes dont nous parlons sont sujettes, ainsi
que plusieurs autres poissons, et particulièrement ceux
que l'homme élève avec plus ou moins de soin, à
d'autres maladies dont nous traiterons dans la suite de
cet ouvrage, et dont quelques unes peuvent être cau-
sées par une grande abondance de vers dans quelque
partie intérieure de leur corps, comme, par exemple,
dans leurs intestins.

Pendant la plupart de ces dérangemens, lorsque les
suites peuvent en être très-graves, l'anguille se tient
renfermée dans son terrier, ou, si elle manque d'asyle,
elle remonte souvent vers la superficie de l'eau; elle
s'y agite, va, revient sans but déterminé, tournoie sur
elle-même, ressemble par ses mouvemens à un serpent prêt à se noyer et luttant encore un peu contre
les flots. Son corps enflé d'un bout à l'autre, et par-là
devenu plus léger relativement au fluide dans lequel
elle nage, la soulève et la retient ainsi vers la surface
de l'eau. Au bout de quelque temps, sa peau se flétrit
et devient blanche; et lorsqu'elle éprouve cette altération, signe d'une mort prochaine, on diroit qu'elle ne
prend plus soin de conserver une vie qu'elle sent ne
pouvoir plus retenir : ses nageoires se remuent encore
un peu; ses yeux paroissent encore se tourner vers les
objets qui l'entourent : mais sans force, sans précaution, sans intérêt inutile pour sa sûreté, elle s'aban-

donne, pour ainsi dire, et souffre qu'on l'approche, qu'on la touche, qu'on l'enlève même sans qu'elle cherche à s'échapper[1].

Au reste, lorsque des maladies ne dérangent pas l'organisation intérieure de l'anguille, lorsque sa vie n'est attaquée que par des blessures, elle la perd assez difficilement; le principe vital paroît disséminé d'une manière assez indépendante, si je puis employer ce mot, dans les diverses parties de cette murène, pour qu'il ne puisse être éteint que lorsqu'on cherche à l'anéantir dans plusieurs points à la fois; et, de même que dans plusieurs serpens et particulièrement dans la vipère, une heure après la séparation du tronc et de la tête, l'une et l'autre de ces portions peuvent donner encore des signes d'une grande irritabilité.

Cette vitalité tenace est une des causes de la longue vie que nous croyons devoir attribuer aux anguilles, ainsi qu'à la plupart des autres poissons. Toutes les analogies indiquent cette durée considérable, malgré ce qu'ont écrit plusieurs auteurs, qui ont voulu limiter la vie de ces murènes à quinze ans, et même à huit années: et d'ailleurs nous savons, de manière à ne pouvoir pas en douter, qu'au bout de six ans une anguille ne pèse quelquefois que cinq hectogrammes[2]; que des anguilles conservées pendant neuf ans n'ont acquis

---

[1] Lettre, déja citée, du citoyen Septfontaines.
[2] Actes de l'académie de Stockholm, Mém. de Hans Hederstrœm.

qu'une longueur de vingt - six centimètres; que ces anguilles, avant d'être devenues l'objet d'une observation précise, avoient déja dix-neuf centimètres, et par conséquent devoient être âgées de cinq ou six ans; qu'à la fin de l'expérience elles avoient au moins quatorze ans; qu'à cet âge de quatorze ans elles ne présentoient encore que le quart ou tout au plus le tiers de la longueur des grandes anguilles pêchées dans des lacs de la Prusse*, et qu'elles n'auroient pu parvenir à cette dernière dimension qu'après un intervalle de quatre-vingts ans. Les anguilles de trois ou quatre mètres de longueur, vues dans des lacs de la Prusse par des observateurs dignes de foi, avoient donc au moins quatre - vingt - quatorze ans : nous devons dire que des preuves de fait et des témoignages irrécusables se réunissent aux probabilités fondées sur les analogies les plus grandes, pour nous faire attribuer une longue vie à la murène anguille.

Mais comment se perpétue cette espèce utile et curieuse? L'anguille vient d'un véritable œuf, comme tous les poissons. L'œuf éclot le plus souvent dans le ventre de la mère, comme celui des raies, des squales, de plusieurs blennies, de plusieurs silures; la pression sur la partie inférieure du corps de la mère facilite la sortie des petits déja éclos. Ces faits bien vus, bien constatés par les naturalistes récens, sont simples et

---

* Lettre du citoyen Septfontaines.

conformes aux vérités physiologiques les mieux prou-
vées, aux résultats les plus sûrs des recherches anato-
miques sur les poissons et particulièrement sur l'anguille ; et cependant combien, depuis deux mille ans,
ils ont été altérés et dénaturés par une trop grande
confiance dans des observations précipitées et mal
faites, qui ont séduit les plus beaux génies, parmi lesquels nous comptons non seulement Pline, mais même
Aristote! Lorsque les anguilles mettent bas leurs petits,
communément elles reposent sur la vase du fond des
eaux ; c'est au milieu de cette terre ou de ce sable hu-
mecté qu'on voit frétiller les murènes qui viennent de
paroître à la lumière: Aristote a pensé que leur génération étoit due à cette fange [1]. Les mères vont quelquefois frotter leur ventre contre des rochers ou d'autres
corps durs, pour se débarrasser plus facilement des
petits déja éclos dans leur intérieur; Pline a écrit que
par ce frottement elles faisoient jaillir des fragmens de
leur corps, qui s'animoient, et que telle étoit la seule
origine des jeunes murènes dont nous exposons la véritable manière de naître [2]. D'autres anciens auteurs ont
placé cette même origine dans les chairs corrompues
des cadavres des chevaux ou d'autres animaux jetés
dans l'eau, cadavres autour desquels doivent souvent
fourmiller de très-jeunes anguilles forcées de s'en

---

[1] Arist. *Histoire des animaux*, liv. 6, chap. 16.
[2] Pline, *liv.* 9, *chap.* 51.

nourrir par le défaut de tout autre aliment placé à leur portée. A des époques bien plus rapprochées de nous, Helmont a cru que les anguilles venoient de la rosée du mois de mai ; et Leuwenhoeck a pris la peine de montrer la cause de cette erreur, en faisant voir que dans cette belle partie du printemps, lorsque l'atmosphère est tranquille, et que le calme règne sur l'eau, la portion de ce fluide la plus chaude est la plus voisine de la surface, et que c'est cette couche plus échauffée, plus vivifiante, et plus analogue à leur état de foiblesse, que les jeunes anguilles peuvent alors préférer. Schwenckfeld, de Breslaw en Silésie, a fait naître les murènes anguilles des branchies du cyprin bordelière; Schoneveld, de Kiel dans le Holstein, a voulu qu'elles vinssent à la lumière sur la peau des gades morues, ou des salmones éperlans. Ils ont pris l'un et l'autre pour de très-petites murènes anguilles, des gordius, des sangsues, ou d'autres vers qui s'attachent à la peau ou aux branchies de plusieurs poissons. Eller, Charleton, Fahlberg, Gesner, Birckholtz, ont connu, au contraire, la véritable manière dont se reproduit l'espèce que nous décrivons. Plusieurs observateurs des temps récens sont tombés, à la vérité, dans une erreur combattue même par Aristote, en prenant les vers qu'ils voyoient dans les intestins des anguilles qu'ils disséquoient, pour des fœtus de ces animaux. Leuwenhoeck a eu tort de chercher les œufs de ces poissons dans leur vessie urinaire, et Vallisnieri dans leur vessie natatoire : mais Muller, et peut-être Mondini, ont vu les ovaires ainsi que les œufs de la femelle; et la laite du mâle a été également reconnue.

D'après toutes ces considérations, on doit éprouver un assez grand étonnement, et ce vif intérêt qu'inspirent les recherches et les doutes d'un des plus habiles et des plus célèbres physiciens, lorsqu'on lit dans le *Voyage de Spallanzani* *, que des millions d'anguilles ont été pêchées dans les marais, les lacs ou les fleuves de l'Italie et de la Sicile, sans qu'on ait vu dans leur intérieur ni œufs ni fœtus. Ce savant observateur explique ce phénomène, en disant que les anguilles ne multiplient que dans la mer; et voilà pourquoi, continue-t-il, on n'en trouve pas, suivant Senebier, dans le lac de Genève, jusqu'auquel la chûte du Rhône ne leur permet pas de remonter, tandis qu'on en pêche dans le lac de Neufchâtel, qui communique avec la mer par le Rhin et le lac de Brenna. Il invite, en conséquence, les naturalistes à faire de nouvelles recherches sur les anguilles qu'ils rencontreront au milieu des eaux salées, et de la mer proprement dite, dans le temps du frai de ces animaux, c'est-à-dire, vers le milieu de l'automne, ou le commencement de l'hiver.

Les œufs de l'anguille éclosant presque toujours dans le ventre de la mère, y doivent être fécondés: il est donc nécessaire qu'il y ait dans cette espèce un véritable

* Pages 167, 177, 181.

accouplement du mâle avec la femelle, comme dans celles des raies, des squales, des syngnathes, des blennies et des silures; ce qui confirme ce que nous avons déja dit de la nature de ses affections. Et comme la conformation des murènes est semblable en beaucoup de points à celle des serpens, l'accouplement des serpens et celui des murènes doivent avoir lieu, à peu près, de la même manière. Rondelet a vu, en effet, le mâle et la femelle entrelacés dans le moment de leur réunion la plus intime, comme deux couleuvres le sont dans des circonstances analogues; et ce fait a été observé depuis par plusieurs naturalistes.

Dans l'anguille, comme dans tous les autres poissons qui éclosent dans le ventre de leur mère, les œufs renfermés dans l'intérieur de la femelle sont beaucoup plus volumineux que ceux qui sont pondus par les espèces de poissons auxquelles on n'a pas donné le nom de *vivipares* ou de *vipères :* le nombre de ces œufs doit donc être beaucoup plus petit dans les premiers que dans les seconds; et c'est ce qui a été reconnu plus d'une fois.

L'anguille est féconde au moins dès sa douzième année. Le citoyen Septfontaines a trouvé des petits bien formés dans le ventre d'une femelle qui n'avoit encore que trente-cinq centimètres de longueur, et qui, par conséquent, pouvoit n'être âgée que de douze ans. Cette espèce croissant au moins jusqu'à sa quatre-vingt-quatorzième année, chaque individu femelle peut produire pendant un intervalle de quatre-vingt-deux ans ; et ceci sert à expliquer la grande quantité d'anguilles que l'on rencontre dans les eaux qui leur conviennent. Cependant, comme le nombre des petits qu'elles peuvent mettre au jour chaque année est très-limité, et que, d'un autre côté, les accidens, les maladies, l'activité des pêcheurs, et la voracité des grands poissons, des loutres, et des oiseaux d'eau, en détruisent fréquemment une multitude, on ne peut se rendre raison de leur multiplication qu'en leur attribuant une vie et même un temps de fécondité beaucoup plus longs qu'un siècle, et beaucoup plus analogues à la nature des poissons, ainsi qu'à la longévité qui en est la suite.

Au reste, il paroît que dans certaines contrées, et dans quelques circonstances, il arrive aux œufs de l'anguille ce qui survient quelquefois à ceux des raies, des squales, des blennies, des silures, etc. ; c'est que la femelle s'en débarrasse avant que les petits ne soient éclos ; et l'on peut le conclure des expressions employées par quelques naturalistes en traitant de cette murène, et notamment par Redi dans son ouvrage des animaux vivans dans les animaux vivans.

Tous les climats peuvent convenir à l'anguille : on la pêche dans des contrées très-chaudes, à la Jamaïque, dans d'autres portions de l'Amérique voisines des tropiques, dans les Indes orientales ; elle n'est point étrangère aux régions glacées, à l'Islande, au Groen-

land; et on la trouve dans toutes les contrées tempé-
rées, depuis la Chine, où elle a été figurée très-exacte-
ment pour l'intéressante suite de dessins donnés par la
Hollande à la France et déposés dans le Muséum
d'histoire naturelle, jusqu'aux côtes occidentales de la
république et à ses départemens méridionaux, dans
lesquels les murènes de cette espèce deviennent très-
belles et très-bonnes, particulièrement celles qui vivent
dans le bassin si célébré de la poétique fontaine de
Vaucluse¹.

Dans des temps plus reculés et antérieurs aux dernières catastrophes que le globe a éprouvées, ces mêmes
murènes ont dû être aussi très-répandues en Europe,
ou du moins très-multipliées dans un grand nombre de
contrées, puisqu'on reconnoît leurs restes, ou leur empreinte, dans presque tous les amas de poissons pétrifiés ou fossiles que les naturalistes ont été à portée
d'examiner, et sur-tout dans celui que l'on a découvert
à Æningen, auprès du lac de Constance, et dont une
notice a été envoyée dans le temps par le célèbre
Lavater à l'illustre Saussure².

Nous ne devons pas cesser de nous occuper de l'anguille sans faire mention de quelques murènes que
nous considérerons comme de simples variétés de cette

---

¹ Note communiquée vers 1788 par l'evêque d'Uzès, ami très-zélé et
très-éclairé des sciences naturelles.

² *Voyage dans les Alpes*, par Horace-Bénédict de Saussure, vol. IV,
parag. 1533.

espèce, jusqu'au moment où de nouveaux faits nous les feront regarder comme constituant des espèces particulières. Ces variétés sont au nombre de cinq : deux diffèrent par leur couleur de l'anguille commune ; les autres trois en sont distinguées par leur forme. Nous devons la connoissance de la première à Spallanzani ; et la notice des autres nous a été envoyée par le citoyen Noël de Rouen, que nous avons si souvent le plaisir de citer.

Premièrement, celle de ces variétés qui a été indiquée par Spallanzani, se trouve dans les marais de Chiozza auprès de Venise. Elle est jaune sous le ventre, constamment plus petite que l'anguille ordinaire ; et ses habitudes ont cela de remarquable, qu'elle ne quitte pas périodiquement ses marais, comme l'espèce commune, pour aller, vers la fin de la saison des chaleurs, passer un temps plus ou moins long dans la mer. Elle porte un nom particulier : on la nomme *acerine*.

Secondement, des pêcheurs de la Seine disent avoir remarqué que les premières anguilles qu'ils prennent sont plus blanches que celles qui sont pêchées plus tard. Selon d'autres, de même que les anguilles sont communément plus rouges sur les fonds de roche, et deviennent en peu de jours d'une teinte plus foncée lorsqu'on les a mises dans des réservoirs, elles sont plus blanches sur des fonds de sable. Mais, indépendamment de ces nuances plus ou moins constantes que présentent les anguilles communes, on observe dans la Seine une anguille qui vient de la mer lorsque les marées sont fortes, et qui remonte dans la rivière en même temps que les merlans. Sa tête est un peu menue. Elle est d'ailleurs très-belle et communément assez grosse. On la prend quelquefois avec la *seine* *; mais le plus souvent on la pêche avec une ligne dont les appâts sont des éperlans et d'autres petits poissons.

Troisièmement, le *pimperneau* est, suivant plusieurs pêcheurs, une autre anguille de la Seine, qui a la tête menue comme l'anguille blanche, mais qui de plus l'a très-alongée, et dont la couleur est brune.

Quatrièmement, une autre anguille de la même rivière est nommée *guiseau*. Elle a la tête plus courte et un peu plus large que l'anguille commune. Le guiseau a d'ailleurs le corps plus court; son œil est plus gros, sa chair plus ferme, sa graisse plus délicate. Sa couleur varie du noir au brun, au gris sale, au roussâtre.

On le prend depuis *le Hoc* jusqu'à *Villequier*, et rarement au-dessus. Le citoyen Noël pense que le bon goût de sa chair est dû à la nourriture substantielle et douce qu'il trouve sur les bancs de l'embouchure de la Seine, ou au grand nombre de jeunes et petits poissons qui pullulent sur les fonds voisins de la mer. Il croit aussi que cette murène a beaucoup de rapports,

---

* Voyez, à l'article de la *raie bouclée*, la description du filet appelé *seine*.

par la délicatesse de sa chair, avec l'anguille que l'on
pêche dans l'Eure, et que l'on désigne par le nom de
breteau. Les troupes de guiseaux sont quelquefois *de-*
trillées, suivant l'expression des pêcheurs, c'est-à-dire
qu'ils ne sont, dans certaines circonstances, mêlés avec
aucune autre murène; et d'autres fois on pêche, dans
le même temps, des quantités presque égales d'anguilles communes et de guiseaux. Un pêcheur de Villequier a dit au citoyen Noël qu'il avoit pris, un jour,
d'un seul coup de filet, cinq cents guiseaux, au pied
du château d'Orcheb.

Cinquièmement, *l'anguille chien* a la tête plus longue
que la commune, comme le pimperneau, et plus large,
comme le guiseau. Cette partie du corps est d'ailleurs
aplatie. Ses yeux sont gros. Ses dimensions sont assez
grandes; mais son ensemble est peu agréable à la vue, et
sa chair est filamenteuse. On dit qu'elle a des barbillons
à la bouche. Je n'ai pas été à même de vérifier l'existence
de ces barbillons, qui peut-être ne sont que les petits
tubes à l'extrémité desquels sont placés les orifices des
narines. *L'anguille chien* est très-goulue; et de là vient
le nom qu'on lui a donné. Elle dévore les petits poissons
qu'elle peut saisir dans les nasses, déchire les filets,
ronge même les fils de fer des lignes. Lorsqu'elle est
prise à l'hameçon, on remarque qu'elle a avalé l'haim
de manière à le faire parvenir jusqu'à l'œsophage, tandis
que les anguilles ordinaires ne sont retenues avec l'hameçon que par la partie antérieure de leur palais. On

la pêche avec plus de facilité vers le commencement de l'automne ; elle paroît se plaire beaucoup sur les fonds qui sont au-dessus de Candeleu. Dans l'automne —de l'an 6 de l'ère françoise, une troupe d'*anguilles chiens* remonta jusqu'au passage du Croisset : elle y resta trois ou quatre jours ; et n'y trouvant pas apparemment une nourriture suffisante ou convenable, elle redescendit vers la mer.

LA MURÈNE TACHETÉE[1],

ET

LA MURÈNE MYRE[2].

FORSKAEL a vu dans l'Arabie la murène tachetée, et en a publié le premier la description. Cette murène a la mâchoire inférieure plus avancée que la supérieure, comme l'anguille, avec laquelle elle a d'ailleurs beaucoup de ressemblance ; mais elle en diffère par une callosité placée entre les yeux, par le nombre des rayons de ses nageoires ainsi que de sa membrane branchiale[3],

---

[1] Muræna maculata.
Muræna guttata. *Linné, édition de Gmelin.*
Forskael, Faun. Arab. p. 22, n. 1.
Murène ponctuée. *Bonnaterre, planches de l'Encyclopédie méthodique.*

[2] Muræna myrus.
Muræna myrus. *Linné, édition de Gmelin.*
Murène myre. *Daubenton, Encyclopédie méthodique.*
Id. *Bonnaterre, planches de l'Encyclopédie méthodique.*
Serpens marinus alter, caudâ compressâ. *Willughby, p. 108.*
Raj. p. 36.
Muræna rostro acuto, lituris albidis vario, etc. *Artedi, gen. 24, syn. 40.*

[3] A la membrane branchiale de la murène tachetée, 6 rayons.

à la nageoire du dos	43
à chacune des pectorales	9, ou à peu près.
à la nageoire de l'anus	36
à celle de la queue	10

et par la disposition de ses couleurs. Elle est d'un verd de mer, relevé par un grand nombre de taches noires; et une tache plus grande est placée auprès de la tête, de chaque côté du corps.

La myre habite dans une mer très-voisine des contrées dans lesquelles on a pêché la tachetée : on la trouve dans la Méditerranée. Son museau est un peu pointu; les bords des mâchoires et le milieu du palais sont garnis de deux ou trois rangées de petites dents presque égales; deux appendices très-courts et un peu cylindriques sont placés sur la lèvre supérieure [1]. Plusieurs raies blanchâtres, les unes longitudinales et les autres transversales, règnent sur la partie supérieure de la tête. La nageoire du dos, celle de la queue, et celle de l'anus, qui sont réunies, présentent une belle couleur blanche et un liséré d'un noir foncé. Telles sont du moins les couleurs que l'on remarque sur le plus grand nombre de myres : mais Forskael a fait connoître une murène qu'il regarde comme une variété de l'espèce que nous décrivons, et qui est d'un gris cendré sur toute sa surface [2]. On a soupçonné que cette variété contenoit dans sa tête un poison plus ou moins actif. Pour peu qu'on se souvienne de ce que nous avons dit au sujet des qualités vénéneuses des poissons, on verra sans peine de

---

[1] A la membrane des branchies de la murène myre, 10 rayons.
à chacune de ses nageoires pectorales   16

[2] Forskael, *Faun. Arab. p.* 22, *n.* 2.

quelle nature devront être les observations dont cette
variété sera l'objet, pour que l'opinion des naturalistes
soit fixée sur la faculté malfaisante attribuée à ces murènes myres d'une couleur cendrée. Au reste, si l'existence d'un véritable poison dans quelque vaisseau de la
tête de cette variété est bien constatée, il faudra, sans
hésiter, la considérer comme une espèce différente de
toutes les murènes déja connues.

LA MURÈNE CONGRE *.

LE congre a beaucoup de rapports avec l'anguille : mais
il en diffère par les proportions de ses diverses parties ;
par la plus grande longueur des petits appendices cylin-

* Muræna conger.

Anguille de mer.

Filat, *auprès des côtes méridionales de France.*

Conger eel, *en Angleterre.*

Bronco, *dans plusieurs contrées de l'Italie.*

Muræna conger. *Linné, édition de Gmelin.*

Murène congre. *Daubenton, Encyclopédie méthodique.*

Id. *Bonnaterre, planches de l'Encyclopédie méthodique.*

Bloch, pl. 155.

'Ο κόγγρος. *Arist. lib.* 1, *cap.* 5; *lib.* 2, *cap.* 13, 15, 17; *lib.* 3, *cap.* 10; *lib.* 6,
cap. 17; *lib.* 8, *cap.* 12, 13, 15; *et lib.* 9, *cap.* 2.

Γόγγρος. *Athen. lib.* 7, *p.* 288.

Oppian. Hal. lib. 1, *p.* 5 *et* 20.

Conger. *Plin. lib.* 9, *cap.* 16, 20.

Cub. lib. 3, *cap.* 22, *f.* 75 *b.*

P. Jov. cap. 30, *p.* 102.

Bellon.

Wotton, lib. 8, *c.* 166, *f.* 148 *b.*

Congre. *Rondelet, première partie, liv.* 14, *chap.* 1.

Conger. *Salvian. fol.* 66, *b;* 67, *a, b.*

Gesner, p. 290.

Jonston, l. 1, *tit.* 1, *c.* 2, *art.* 6, *tab.* 4, *fig.* 7, *Thaum. p.* 411.

Congrus. *Aldrov. lib.* 3, *cap.* 25, *p.* 349.

Charleton, p. 125.

Willughby, p. 111.

Raj. p. 37.

Congre, anguille de mer. *Valmont-Bomare, Dict. d'hist. naturelle.*

driques placés sur le museau, et que l'on a nommés *bar-billons;* par le diamètre de ses yeux, qui sont plus gros; par la nuance noire que présente presque toujours le bord supérieur de sa nageoire dorsale ; par la place de cette nageoire, ordinairement plus rapprochée de la tête; par la manière dont se montre aux yeux la ligne latérale composée d'une longue série de points blancs ; par sa couleur, qui sur sa partie supérieure est blanche, ou cendrée, ou noire, suivant les plages qu'il fréquente, qui sur sa partie inférieure est blanche, et qui d'ailleurs offre fréquemment des teintes vertes sur la tête, des teintes bleues sur le dos, et des teintes jaunes sous le corps ainsi que sous la queue; par ses dimensions supérieures à celles de l'anguille, puisqu'il n'est pas très-rare de lui voir de trente à quarante décimètres de longueur, avec une circonférence de près de cinq décimètres, et que, suivant Gesner, il peut parvenir à une longueur de près de six mètres; et enfin par la nature de son habitation, qu'il choisit presque toujours au milieu des eaux salées. On le trouve dans toutes les grandes mers de l'ancien et du nouveau continent; il est très-répandu sur-tout dans l'Océan d'Europe, sur les côtes d'Angleterre et de France, dans la Méditerranée, où il a été très-recherché des anciens, et dans la Propontide, où il l'a été dans des temps moins reculés *. Ses œufs sont enveloppés d'une matière graisseuse très-abondante.

* Bellon, *liv. 1, chap.* 64.

Il est très-vorace ; et comme il est grand et fort, il peut se procurer aisément l'aliment qui lui est nécessaire.

La recherche à laquelle le besoin et la faim le réduisent, est d'ailleurs d'autant moins pénible, qu'il vit presque toujours auprès de l'embouchure des grands fleuves, où il se tient comme en embuscade pour faire sa proie et des poissons qui descendent des rivières dans la mer, et de ceux qui remontent de la mer dans les rivières. Il se jette avec vîtesse sur ces animaux ; il les empêche de s'échapper, en s'entortillant autour d'eux, comme un serpent autour de sa victime ; il les renferme, pour ainsi dire, dans un filet, et c'est de là que vient le nom de *filat* (filet) qu'on lui a donné dans plusieurs départemens méridionaux de France. C'est aussi de cette manière qu'il attaque et retient dans ses contours sinueux les poulpes ou sépies, ainsi que les crabes qu'il rencontre dépouillés de leur têt. Mais s'il est dangereux pour un grand nombre d'habitans de la mer, il est exposé à beaucoup d'ennemis : l'homme le poursuit avec ardeur dans les pays où sa chair est estimée ; les très-grands poissons le dévorent ; la langouste le combat avec avantage ; et les murénophis, qui sont les murènes des anciens, le pressent avec une force supérieure. En vain, lorsqu'il se défend contre ces derniers animaux, emploie-t-il la faculté qu'il a reçue de s'attacher fortement avec sa queue qu'il replie ; en vain oppose-t-il par-là une plus grande résistance à la murénophis qui veut l'entraîner : ses efforts sont bientôt surmontés ; et cette partie de son corps, dont il voudroit le plus se servir pour diminuer son infériorité dans une lutte trop iné-gale, est d'ailleurs dévorée, souvent dès la première approche, par la murénophis. On a pris souvent des congres ainsi mutilés, et portant l'empreinte des dents acérées de leur ennemie. Au reste, on assure que la queue du congre se reproduit quelquefois ; ce qui seroit une nouvelle preuve de ce que nous avons dit de la vitalité des poissons, dans notre premier Discours.

Redi a trouvé dans plusieurs parties de l'intérieur de congres qu'il a disséqués, et, par exemple, sur la tunique externe de l'estomac, le foie, les muscles du ventre, la tunique extérieure des ovaires, et entre les deux tu-niques de la vessie urinaire, des hydatides à vessie blanche, de la grosseur d'une plume de coq, et de la longueur de vingt-cinq à trente centimètres *.

Sur plusieurs côtes de l'Océan européen, on prend les congres par le moyen de plusieurs lignes longues chacune de cent trente ou cent quarante mètres, char-gées, à une de leurs extrémités, d'un plomb assez pe-sant pour n'être pas soulevé par l'action de l'eau sur la ligne, et garnies de vingt-cinq ou trente piles ou cordes, au bout de chacune desquelles sont un haim et un appât.

---

* A la membrane des branchies .... 10 rayons.
à chacune des nageoires pectorales 19
aux trois nageoires réunies du dos, de la queue et de
l'anus, plus de 300

Lorsqu'on veut faire sécher des congres pour les envoyer à des distances assez grandes des rivages sur lesquels on les pêche, on les ouvre par-dessous, depuis la tête jusque vers l'extrémité de la queue; on fait des entailles dans les chairs trop épaisses; on les tient ouverts par le moyen d'un bâton qui va d'une extrémité à l'autre de l'animal; on les suspend à l'air; et lorsqu'ils sont bien secs, on les rassemble ordinairement par paquets dont chacun pèse dix myriagrammes, ou environ.

TRENTE-TROISIÈME GENRE.

LES AMMODYTES.

Une nageoire de l'anus; celle de la queue séparée de la nageoire de l'anus et de celle du dos; la tête comprimée et plus étroite que le corps; la lèvre supérieure double; la mâchoire inférieure étroite et pointue; le corps très-alongé.

ESPÈCE.	CARACTÈRE.
L'AMMODYTE APPAT. *(Ammodytes alliciens.)*	{ La nageoire de la queue fourchue.

L'AMMODYTE APPAT*.

On n'a encore inscrit que cette espèce dans le genre de l'ammodyte: elle a beaucoup de rapports avec l'anguille, ainsi qu'on a pu en juger par la seule énonciation des caractères distinctifs de son genre; et comme elle a d'ailleurs l'habitude de s'enfoncer dans le sable des mers, elle a été appelée *anguille de sable* en Suède, en Danemarck, en Angleterre, en Allemagne, en France, et a reçu le nom générique d'*ammodyte*, lequel désigne un animal qui plonge, pour ainsi dire, dans le sable. Sa tête comprimée, plus étroite que le corps, et pointue par-devant, est l'instrument qu'elle emploie pour creuser la vase molle,

* Ammodytes alliciens.
Sül, *en Norvége.*
Sandspiring, *en Allemagne.*
Sand-eel, launce, *en Angleterre.*
Grig, *dans son jeune âge, en Angleterre.*
Lançon, *sur plusieurs côtes de France.*
Tobis, *en Suède et en Danemarck.*
Ammodytes tobianus. *Linné, édition de Gmelin.*
Ammodyte appât de vase. *Daubenton, Encyclopédie méthodique.*
Id. *Bonnaterre, planches de l'Encyclopédie méthodique.*
Ammodytes. *Artedi, gen.* 16, *spec.* 35, *syn.* 29.
Gronov. Zooph. p. 113, *n.* 104; *Mus.* 1, *p.* 13, *n.* 35.
Faun. Suecic. 302.
It. Scan. 141.
It. Oel. 87.

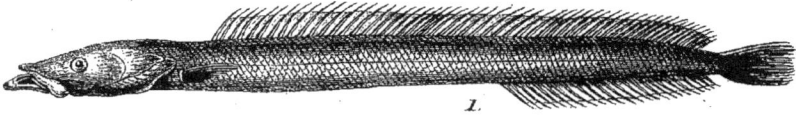

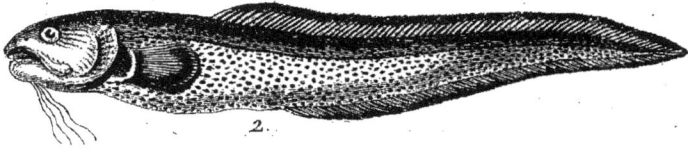

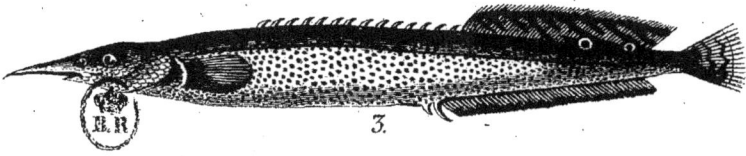

Pl. 8. Pag. 274

AMMODYTE *Appât*. 2. OPHIDIE *Barbu*. 3. MACROGNATHE *Aiguillonné*.

et pénétrer dans le sable des rivages jusqu'à la profondeur de deux décimètres ou environ. Elle s'enterre ainsi par une habitude semblable à l'une de celles que nous avons remarquées dans l'anguille, à laquelle nous venons de dire qu'elle ressemble par tant de traits ; et deux causes la portent à se cacher dans cet asyle souterrain : non seulement elle cherche dans le sable les dragonneaux et les autres vers dont elle aime à se nourrir, mais encore elle tâche de se dérober dans cette retraite à la dent de plusieurs poissons voraces, et particulièrement des scombres, qui la préfèrent à toute autre proie. De petits cétacées même en font souvent leur aliment de choix ; et on a vu des dauphins poursuivre l'ammodyte jusque dans le limon du rivage, retourner le sable avec leur museau, et y fouiller assez avant pour déter-

Mus. Adol. Frid. I , *p.* 75.

Bloch, pl. 75 , *fig.* 2.

Piscis sandilz dictus. *Salvian. Aquat. p.* 69 , *b , et* 70 , *b.*

Sandilz Anglorum. *Aldrov. Pisc. p.* 252 , 254.

Sandilz. *Jonston, Pisc. p.* 90 , *tab.* 21 , *fig.* I.

Sandels *or* launce. *Raj. Pisc. p.* 38 , *n.* 165 , *tab.* 11 , *fig.* 12.

Sand-launce. *Brit. Zoolog.* 3 , *p.* 156 , *n.* 65 , *pl.* 25.

Tobis , sandaal. *Fisch. naturg. Liefl. p.* 114.

Anguille de sable. *Valmont-Bomare, Dictionnaire d'histoire naturelle.*

Tobianus. *Schonev. p.* 76.

Ammocætus, exocætus marinus, ammodytes. *Gesner, germ. fol.* 39.

Ammodytes Gesneri. *Willughby, p.* 113.

Ammodytes Anglorum verus. *Jago (in Raj. Syn.), p.* 165.

Anguilla de arena. *Charl. p.* 146.

Ammodytes tobianus. *Ascagne, pl.* I.

rer et saisir le foible poisson. Ce goût très-marqué des scombres et d'autres grands osseux pour cet ammodyte le fait employer comme appât dans plusieurs pêches; et voilà d'où vient le nom spécifique que nous lui avons conservé.

C'est vers le printemps que la femelle dépose ses œufs très-près de la côte. Mais nous avons assez parlé des habitudes de cette espèce : voyons rapidement ses principales formes.

Sa mâchoire inférieure est plus avancée que la supérieure; deux os hérissés de petites dents sont placés auprès du gosier; la langue est alongée, libre en grande partie, et lisse; l'orifice de chaque narine est double; les yeux ne sont pas voilés par une peau demi-transparente, comme ceux de l'anguille. La membrane des branchies est soutenue par sept rayons * ; l'ouverture qu'elle ferme est très-grande; et les deux branchies antérieures sont garnies, dans leur concavité, d'un seul rang d'apophyses, tandis que les deux autres en présentent deux rangées. On voit de chaque côté du corps trois lignes latérales; mais au moins une de ces trois lignes paroît n'indiquer que la séparation des muscles. Les écailles qui recouvrent l'ammodyte appât sont très-petites; la nageoire dorsale est assez haute, et s'étend

---

* A la nageoire du dos   60 rayons.
    à chaque nageoire pectorale 12
    à la nageoire de l'anus   28
    à celle de la queue   16

presque depuis la tête jusqu'à une très-petite distance de l'extrémité de la queue, dont l'ouverture de l'anus est plus près que de la tête.

Le foie ne paroît pas divisé en lobes ; un cœcum ou grand appendice est placé auprès du pylore ; le canal intestinal est grêle, long et contourné, et la surface du péritoine parsemée de points noirs.

On compte ordinairement soixante-trois vertèbres avec lesquelles les côtes sont légèrement articulées ; ce qui donne à l'animal la facilité de se plier en différens sens, et même de se rouler en spirale, comme une couleuvre. Les intervalles des muscles présentent de petites arêtes qui sont un peu appuyées contre l'épine du dos. La chair est peu délicate.

La couleur générale de l'ammodyte appât est d'un bleu argentin, plus clair sur la partie inférieure du poisson que sur la supérieure. On voit des raies blanches et bleuâtres placées alternativement sur l'abdomen ; et une tache brune se fait remarquer auprès de l'anus.

TRENTE-QUATRIÈME GENRE.

LES OPHIDIES.

La tête couverte de grandes pièces écailleuses; le corps et la queue comprimés en forme de lame, et garnis de petites écailles; la membrane des branchies très-large; les nageoires du dos, de la queue et de l'anus, réunies.

PREMIER SOUS-GENRE.

Des barbillons aux mâchoires.

ESPÈCE.	CARACTÈRES.
1. L'OPHIDIE BARBU. (*Ophidium barbatum.*)	Quatre barbillons à la mâchoire inférieure; la mâchoire supérieure plus avancée que l'inférieure.

SECOND SOUS-GENRE.

Point de barbillons aux mâchoires.

ESPÈCES.	CARACTÈRES.
2. L'OPHIDIE IMBERBE. (*Ophidium imberbe.*)	La nageoire de la queue un peu arrondie.
3. L'OPHIDIE UNERNAK. (*Ophidium unernak.*)	Une ou plusieurs cannelures longitudinales au-dessus du museau; la nageoire de la queue pointue; la mâchoire inférieure un peu plus avancée que la supérieure.

L'OPHIDIE BARBU[1],

L'OPHIDIE IMBERBE[2],

ET L'OPHIDIE UNERNAK[3].

C'EST au milieu des eaux salées qu'on rencontre les ophidies. Le barbu habite particulièrement dans la mer Rouge et dans la Méditerranée, dont il fréquente même

[1] Ophidium barbatum.
Donzelle, *sur les côtes françoises de la Méditerranée.*
Ophidium barbatum. *Linné, édition de Gmelin.*
Broussonnet, Act. anglic. 71 , 1 , *p.* 436 , *tab.* 23.
Donzelle barbue. *Daubenton, Encyclopédie méthodique.*
Id. *Bonnaterre, planches de l'Encyclopédie méthodique.*
Ophid. maxillâ inferiore cirris quatuor. *Artedi, gen.* 25 , *syn.* 42.
Ophidion pisciculus congro similis. *Plin. lib.* 32 , *cap.* 9.
Ophidion, donzelle. *Rondelet, première partie, liv.* 13 , *chap.* 2.
Grillus vulgaris, aselli species. *Bellon, Aquat. p.* 132.
Ophidion Plinii. *Gesner, p.* 91 , 104.
Id. *Aldrov. lib.* 3 , *cap.* 26 , *p.* 353.
Id. *Jonst. lib.* 1 , *tit.* 1 , *cap.* 2 , *a*, 6, *tab.* 5 , *f.* 2.
Ophidion Plinii et Rondeletii. *Willughby, Ichthyol. p.* 112 , *tab.* G , 7 , *fig.* 6.
Id. *Raj. p.* 38.
Bloch, pl. 159 , *fig.* 1.
Enchelyopus barbatus. *Klein, miss. pisc.* 4 , *p.* 52 , *n.* 4.
Ophidium maxillâ inferiore breviore , etc. *Brunn. Pisc. Massil. p.* 15 , *n.* 25.

[2] Ophidium imberbe.
Nügnogen , *sur plusieurs rivages de l'Europe septentrionale.*
Ophidium imberbe. *Linné, édition de Gmelin.*
Donzelle imberbe. *Daubenton, Encyclopédie méthodique.*

les rivages septentrionaux. Il a beaucoup de ressemblance, ainsi que les autres espèces de son genre,
avec les murènes et les ammodytes : mais la réunion des
nageoires du dos, de la queue et de l'anus, suffiroit
pour qu'on ne confondît pas les ophidies avec les ammodytes ; et les traits génériques que nous venons
d'exposer à la tête du tableau méthodique du genre que
nous décrivons, séparent ce même genre de celui des
murènes. Pour achever de donner une idée nette de la
conformation du barbu, nous pouvons nous contenter
d'ajouter aux caractères génériques, sous-génériques et
spécifiques, que nous avons tracés dans cette table méthodique des ophidies, que le barbu a les yeux voilés
par une membrane demi-transparente, comme les
gymnotes, les murènes, et d'autres poissons ; que sa
lèvre supérieure est double et épaisse ; que l'on voit de

Id. *Bonnaterre, planches de l'Encyclopédie méthodique,*
Ophidion cirris carens. *Artedi, gen.* 24, *syn.* 42.
Ophidion flavum, *vel* ophidium imberbe. *Rondelet, première partie,*
liv. 13, *chap.* 2.
Id. *Willughby, p.* 113,
Id. *Raj. p.* 39.
Id. *Schonev. p.* 53.
Ophidion, *Schelhammer, Anat. xiph. p.* 23, 24,
Faun. Suecic. 319.
Brit. Zoolog. app. t. 93.
Enchelyopus flavus imberbis. *Klein, pisc. miss.* 4, *p.* 55, *n.* 5.

[3] Ophidium unernak.
Ot. Fabricii Faun. Groenland. p. 141, *n.* 99.
Ophidium viride. *Linné, édition de Gmelin.*
Donzelle unernak. *Bonnaterre, planches de l'Encyclopédie méthodique.*

petites dents à ses mâchoires, sur son palais, auprès de son gosier; que sa langue est étroite, courte et lisse; que sa membrane branchiale présente sept rayons '; que sa ligne latérale est droite, et que l'anus est plus près de la tête que du bout de la queue.

Quant à ses couleurs, en voici l'ordre et les nuances. Le corps et la queue sont d'un argenté mêlé de teintes couleur de chair, relevé sur le dos par du bleuâtre, et varié par un grand nombre de petites taches. La ligne latérale est brune; les nageoires pectorales sont également brunes, mais avec un liséré gris; et celles du dos, de l'anus et de la queue, sont ordinairement blanches et bordées de noir.

Cet ophidion a la chair délicate, aussi-bien que l'imberbe. Ce dernier, qui n'a pas de barbillons, ainsi qu'on peut le voir sur le tableau méthodique de son genre, et comme son nom l'indique, est d'une couleur jaune. On le trouve non seulement dans la Méditerranée, où on le pêche particulièrement auprès des côtes méridionales de France, mais encore dans l'Océan d'Europe, et même auprès de rivages très-septentrionaux '.

' A la nageoire du dos du barbu, 124 rayons,
à chacune des pectorales 20
à celle de l'anus 115

' A la nageoire du dos de l'imberbe, 79 rayons.
à chacune des pectorales 11
à celle de l'anus 41
à celle de la queue 18

C'est vers ces mêmes plages boréales, et jusque dans la mer du Groenland, qu'habite l'unernàk dont on doit la connoissance au naturaliste Othon Fabricius. Sa couleur n'est ni argentée comme celle du barbu, ni jaune comme celle de l'imberbe, mais d'un beau verd que l'on voit régner sur toutes les parties de son corps, excepté sur les nageoires du dos, de l'anus, de la queue, et le dessous du ventre, qui sont blancs. Ses mâchoires sont sans barbillons, comme celles de l'imberbe; sa tête est large; ses yeux sont gros; l'ouverture de sa bouche est très-grande *. Il est très-bon à manger comme les autres ophidies : mais comme il passe une grande partie de sa vie dans la haute mer, on le rencontre plus rarement.

Il parvient aux dimensions de plusieurs gades, avec lesquels on l'a souvent comparé, et par conséquent devient plus grand que le barbu, dont la longueur n'est ordinairement que de trois à quatre décimètres.

---

* A chacune des nageoires pectorales de l'unernàk, 10 ou 11 rayons.

TRENTE-CINQUIÈME GENRE.

LES MACROGNATHES.

La mâchoire supérieure très-avancée et en forme de trompe; le corps et la queue comprimés comme une lame; les nageoires du dos et de l'anus distinctes de celle de la queue.

ESPÈCES.	CARACTÈRES.
1. LE MACR. AIGUILLONNÉ. (*Macrognathus aculeatus.*)	Quatorze aiguillons au-devant de la nageoire du dos.
2. LE MACROGN. ARMÉ. (*Macrognathus armatus.*)	Trente-trois aiguillons au-devant de la nageoire du dos.

LE MACROGNATHE AIGUILLONNÉ *.

CE nom générique de *macrognathe*, qui signifie *longue mâchoire*, désigne le très-grand alongement de la mâchoire supérieure de l'espèce que nous allons décrire, et que nous avons cru devoir séparer des ophidies, non seulement à cause de sa conformation qui est très-différente de celle de ces derniers osseux, mais encore à cause de ses habitudes. En effet, les ophidies se tiennent au milieu des eaux salées, et l'aiguillonné habite dans les eaux douces : il y vit des petits vers et des débris de corps organisés qu'il trouve dans la vase du fond des lacs ou des rivières. Sa mâchoire supérieure lui donne beaucoup de facilité pour fouiller dans la terre humectée, et y chercher sa nourriture : elle est un peu pointue, et extrêmement prolongée ; aussi a-t-elle été comparée à une sorte de trompe.

Le docteur Bloch, qui a examiné et décrit avec beaucoup de soin un individu de cette espèce, n'a vu de dents ni à cette mâchoire supérieure, ni à l'inférieure,

---

* Macrognathus aculeatus.
Ophidium aculeatum. *Linné, édition de Gmelin.*
Bloch, pl. 159, *fig.* 2.
Donzelle trompe. *Bonnaterre, planches de l'Encyclopédie méthodique.*
Willughby, Ichthyol. append. tab. 10, *fig.* 1.
Pentophthalmos. *Raj. Pisc. p.* 159, *n.* 19.
Nieuhof, Ind. 2, *p.* 228, *fig.* 1.

ni au palais, ni au gosier; ce qui s'accorde avec la nature
molle des petits animaux sans défense, ou des parcelles
végétales ou animales que recherche l'aiguillonné. L'o-
percule des branchies n'est composé que d'une lame. Au-
devant de la nageoire du dos, on voit une rangée longitudinale de quatorze aiguillons recourbés, et séparés
l'un de l'autre; et deux autres aiguillons semblables
sont placés entre la nageoire de l'anus et l'ouverture du
même nom, qui est plus loin de la tête que du bout de
la queue *.

D'ailleurs les couleurs de l'animal sont agréables; sa
partie supérieure est rougeâtre, et l'inférieure argentée. Les nageoires pectorales sont brunes à leur base,
et violettes dans le reste de leur surface. Celle du dos
est rougeâtre variée de brun, et remarquable par deux
taches rondes, noires, bordées de blanchâtre, et semblables à une prunelle entourée de son iris. La nageoire
de l'anus est rougeâtre avec un liséré noir; et un bleu
nuancé de noir règne sur la nageoire de la queue, qui
est un peu arrondie.

La chair de l'aiguillonné est très-bonne à manger.
On le pêche dans les grandes Indes. Il parvient ordinairement à la longueur de seize à vingt-un centimètres.

---

* A la membrane des branchies   16 rayons.
à la nageoire du dos   51
à chacune des nageoires pectorales   16
à celle de l'anus   53
à celle de la queue   14

LE MACROGNATHE ARMÉ*.

Nous avons trouvé un individu de cette espèce encore inconnue aux naturalistes, dans une collection de poissons desséchés cédés par la Hollande à la France avec un grand nombre d'autres objets précieux d'histoire naturelle. Elle diffère de l'armé par plusieurs traits de sa conformation et par sa grandeur : l'individu que nous avons décrit étoit long de près de trente-six centimètres, tandis que l'aiguillonné n'en a communément qu'une vingtaine de longueur totale. La mâchoire supérieure est façonnée en trompe : mais elle n'est pas aussi prolongée que dans l'aiguillonné ; elle ne dépasse l'inférieure que de la moitié de sa longueur. Les deux mâchoires sont garnies de plusieurs rangs de très-petites dents, et l'aiguillonné n'en a ni aux mâchoires, ni au gosier, ni au palais. On voit un piquant auprès de chaque œil de l'armé, et trois piquans à chacun de ses opercules. Au lieu de quatorze rayons recourbés, on en compte trente-trois au-devant de la nageoire du dos, et chacun de ces aiguillons disposés en série longitudinale est renfermé en-partie dans une sorte de gaine. Les nageoires du dos et de l'anus ne sont pas séparées par un grand intervalle de celle de la queue, comme dans l'aiguillonné ;

---

* Macrognathus armatus.

mais elles la touchent immédiatement, et n'en sont distinguées que par une petite échancrure dans leur membrane. L'état dans lequel étoit l'individu que nous avons examiné, ne nous a pas permis de compter exactement le nombre des rayons de ses nageoires : mais nous en avons trouvé plus de soixante-dix dans celle du dos, et plus de vingt dans chaque pectorale; et cependant le docteur Bloch n'en a vu que seize dans chacune des pectorales de l'aiguillonné, et cinquante-une dans la nageoire dorsale de ce dernier macrognathe.

Au reste, l'armé a, comme l'espèce décrite par le docteur Bloch, deux aiguillons recourbés au-devant de la nageoire de l'anus.

Nous ignorons dans quel pays vit le macrognathe armé.

TRENTE-SIXIÈME GENRE.

LES XIPHIAS.

La mâchoire supérieure prolongée en forme de lame ou d'épée, et d'une longueur au moins égale au tiers de la longueur totale de l'animal.

ESPÈCES.	CARACTÈRES.
1. LE XIPHIAS ESPADON. (*Xiphias gladius*).	La prolongation du museau, plate, sillonnée par-dessus et par-dessous, et tranchante sur ses bords.
2. LE XIPHIAS ÉPÉE. (*Xiphias ensis.*)	La prolongation du museau, convexe par-dessus, non sillonnée, et émoussée sur ses bords.

———

1. XIPHIAS *Espadon.* 2. ANARHIQUE *Loup.* 3. STROMATÉE *Paru.*

LE XIPHIAS ESPADON*.

Voici un de ces géans de la mer, de ces émules de plusieurs cétacées dont ils ont reçu le nom, de ces

* Xiphias gladius.

Sward fisk, *en Suède.*

Sword fish, *en Angleterre.*

Pesce spado, *en Italie.*

Emperador, *ibid.*

Xiphias gladius. *Linné, édition de Gmelin.*

Glaive espadon. *Daubenton, Encyclopédie méthodique.*

Id. *Bonnaterre, planches de l'Encyclopédie méthodique.*

Ξιφίας. *Aristot. lib.* 2 , *cap.* 13 , 15 ; *et lib,* 8 , *cap.* 19.

Id. *Athen. lib.* 7, *p.* 314.

Id. *Ælian. lib.* 9, *cap.* 40, *p.* 548 ; *et lib.* 14 , *cap.* 23.

Id. *Oppian. lib.* 1 , *p.* 8; *et lib.* 2 , *p.* 48.

Xiphias, *seu* gladius. *Plin. lib.* 9, *cap.* 15 ; *et lib.* 32, *cap.* 2 *et* 11.

Wotton, lib. 8 , *cap.* 189 , *fol.* 167, *b.*

Empereur. *Rondelet, première partie, liv.* 8 , *chap.* 14.

Zifius, *par plusieurs anciens auteurs.*

Xiphias, *id est* gladius piscis. *Gesner, p.* 1049.

Xiphias, *seu* gladius. *Jonston, lib,* 1 , *tit.* 1 , *cap.* 2, *a.* 3 , *tab.* 4 , *fig.* 2.

Xiphias piscis, Latinis gladius. *Willughby, p.* 161.

Id. *Raj. p.* 52.

Gladius , *vel* xiphias. *Schonev. p.* 35.

Gladius. *Cuba, lib.* 3 , *cap.* 39, *fol.* 80, *a.*

Salv. fol. 126 , *ad iconem, et* 127.

Gladius. *Aldrov. lib.* 3 , *cap.* 21 , *p.* 332.

Bloch, pl. 76.

Xiphias. *Klein, miss. pisc.* 4 , *p.* 17, *n.* 1, 2, 4, *tab.* 1, *fig.* 2 , *et tab.* 2, *fig.* 1.

Empereur. *Valmont-Bomare, Dictionnaire d'histoire naturelle.*

Schelhamer, Anat. æiphii piscis. Hamb. 1707.

Berthol. cent. 2 , *c.* 16.

dominateurs de l'Océan qui réunissent une grande force à des dimensions très-étendues. Au premier aspect, le xiphias espadon nous rappelle les grands acipensères, ou plutôt les énormes squales et même le terrible requin. Il est l'analogue de ces derniers; il tient parmi les osseux une place semblable à celle que les squales occupent parmi les cartilagineux; il a reçu comme eux une grande taille, des muscles vigoureux, un corps agile, une arme redoutable, un courage intrépide, tous les attributs de la puissance; et cependant tels sont les résultats de la différence de ses armes à celles du requin et des autres squales, qu'abusant bien moins de son pouvoir, il ne porte pas sans cesse autour de lui, comme ces derniers, le carnage et la dévastation. Lorsqu'il mesure ses forces contre les grands habitans des eaux, ce sont plutôt des ennemis dangereux pour lui qu'il repousse, que des victimes qu'il poursuit. Il se contente souvent, pour sa nourriture, d'algues et d'autres plantes marines; et bien loin d'attaquer et de chercher à dévorer les animaux de son espèce, il se plaît avec eux; il aime sur-tout à suivre sa femelle, lors même qu'il n'obéit pas à ce besoin passager, mais impérieux, que ne peut vaincre la plus horrible férocité. Il paroît donc avoir et des habitudes douces et des affections vives. On peut lui supposer une assez grande sensibilité; et si l'on doit comparer le requin au tigre, le xiphias peut être considéré comme l'analogue du lion.

Mais les effets de son organisation ne sont pas seuls

remarquables ; sa forme est aussi très-digne d'attention. Sa tête sur-tout frappe par sa conformation singulière. Les deux os de la mâchoire supérieure se prolongent en avant , se réunissent , et s'étendent de manière que leur longueur égale à peu près le tiers de la longueur totale de l'animal. Dans cette prolongation, leur matière s'organise de manière à présenter un grand nombre de petits cylindres, ou plutôt de petits tubes longitudinaux: ils forment une lame étroite et plate, qui s'amincit et se rétrécit de plus en plus jusqu'à son extrémité, et dont les bords sont tranchans comme ceux d'un espadon ou d'un sabre antique. Trois sillons longitudinaux règnent sur la surface supérieure de cette longue lame , au bout de laquelle parvient celui du milieu ; et l'on apperçoit un sillon semblable sur la face inférieure de cette même prolongation. Une extension de l'os frontal triangulaire, pointue et très-alongée , concourt à la formation de la face supérieure de la lame , en s'étendant entre les deux os maxillaires , au moins jusque vers le tiers de la longueur de cette arme ; et sur la face inférieure de cette lame osseuse , on voit une extension analogue et également triangulaire des os palatins s'avancer entre les deux os maxillaires , mais moins loin que l'extension pointue de l'os frontal. Ce sabre à deux tranchans est d'ailleurs revêtu d'une peau légèrement chagrinée.

La mâchoire inférieure est pointue par-devant ; et sa longueur égalant le tiers de la longueur de la lame tubulée , c'est-à-dire , le neuvième de la longueur totale de l'animal, il n'est pas surprenant que l'ouverture de la bouche soit grande ; ses deux bords sont garnis d'un nombre considérable de petits tubercules très-durs, ou plutôt de petites dents tournées vers le gosier, auprès duquel sont quelques os hérissés de pointes. La langue est forte et libre dans ses mouvemens. Les yeux sont saillans, et l'iris est verdâtre.

L'espadon a d'ailleurs le corps et la queue très-alongés. L'orifice des branchies est grand, et son opercule composé de deux pièces; sept ou huit rayons soutiennent la membrane branchiale. Les nageoires sont en forme de faux, excepté celle de la queue, qui est en croissant *. Une membrane adipeuse placée au-dessous d'une peau mince, couvre tout le poisson.

La ligne latérale est pointillée de noir : cette même couleur règne sur le dos de l'animal, dont la partie inférieure est blanche. Les nageoires pectorales sont jaunâtres; celle du dos est brune, et toutes les autres présentent un gris cendré.

L'espadon habite dans un grand nombre de mers. On le trouve dans l'Océan d'Europe, dans la Méditerranée, et jusque dans les mers australes. On le rencontre aussi entre l'Afrique et l'Amérique: mais, dans ces derniers parages, sa nageoire du dos paroît être constamment

---

* A la nageoire du dos .... 42 rayons.
  à chacune des pectorales 17
  à celle de l'anus 18
  à celle de la queue 26

plus grande et tachetée ; et c'est aux espadons, qui, par les dimensions et les couleurs de leur nageoire dorsale, composent une variété plus ou moins durable, que l'on doit, ce me semble, rapporter le nom brasilien de *gue-bucu* *.

Les xiphias espadons ont des muscles très-puissans : leur intérieur renferme de plus une grande vessie nata-toire ; ils nagent avec vîtesse ; ils peuvent atteindre avec facilité de très-grands habitans de la mer. Parvenus quelquefois à la longueur de plus de sept mètres, frap-pant leurs ennemis avec un glaive pointu et tranchant de plus de deux mètres, ils mettent en fuite, ou com-battent avec avantage, les jeunes et les petits cétacées, dont les tégumens sont aisément traversés par leur arme osseuse, qu'ils poussent avec violence, qu'ils précipitent avec rapidité, et dont ils accroissent la puissance de toute celle de leur masse et de leur vîtesse. On a écrit que dans les mers dont les côtes sont peuplées d'énormes crocodiles, ils savoient se placer avec agilité au-dessous de ces animaux cuirassés, et leur percer le ventre avec adresse à l'endroit où les écailles sont le moins épaisses et le moins fortement attachées. On pourroit même, à la rigueur, croire, avec Pline, que lorsque leur ardeur est exaltée, que leur instinct est troublé, ou qu'ils sont le jouet de vagues furieuses qui les roulent et les lancent, ils se jettent avec tant de force contre les bords des

---

* Voyez Marcgrave, *Brasil. lib.* 4, *cap.* 15, *p.* 171.

embarcations, que leur arme se brise, et que la pointe
de leur glaive pénètre dans l'épaisseur du bord, et y
demeure attachée, comme on y a vu quelquefois également implantés des fragmens de l'arme dentelée du
squale scie, ou de la dure défense du narval.

Malgré cette vîtesse, cette vigueur, cette adresse,
cette agilité, ces armes, ce pouvoir, l'espadon se contente souvent, ainsi que nous venons de le dire, d'une
nourriture purement végétale. Il n'a pas de grandes
dents incisives ni laniaires; et les rapports de l'abondance et de la nature de ses sucs digestifs avec la longueur et la forme de son canal intestinal, sont tels,
qu'il préfère fréquemment aux poissons qu'il pourroit
saisir, des algues et d'autres plantes marines: aussi sa
chair est-elle assez communément bonne à manger, et
même très-agréable au goût; aussi lorsque la présence
d'un ennemi dangereux ne le contraint pas à faire usage
de sa puissance, a-t-il des habitudes assez douces. On
ne le rencontre presque jamais seul : lorsqu'il voyage,
c'est quelquefois avec un compagnon, et presque
toujours avec une compagne; et cette association par
paires prouve d'autant plus que les espadons sont
susceptibles d'affection les uns pour les autres, qu'on
ne doit pas supposer qu'ils sont réunis pour atteindre
la même proie ou éviter le même ennemi, ainsi qu'on
peut le croire de l'assemblage désordonné d'un très-
grand nombre d'animaux. Un sentiment différent de
la faim ou de la crainte peut seul, en produisant une

sorte de choix, faire naître et conserver cet arrangement deux à deux ; et de plus leur sensibilité doit être considérée comme assez vive, puisque la femelle ne donne pas le jour à des petits tout formés, que par conséquent il n'y a pas d'accouplement dans cette espèce, que cette même femelle ne va déposer ses œufs vers les rivages de l'Océan que lors de la fin du printemps ou le commencement de l'été, et que cependant le mâle suit fidèlement sa compagne dans toutes les saisons de l'année.

La saveur agréable et la qualité très-nourrissante de la chair de l'espadon font que dans plusieurs contrées on le pêche avec soin. Souvent la recherche qu'on fait de cet animal, est d'autant plus infructueuse, qu'avec son long sabre il déchire et met en mille pièces les filets par le moyen desquels on a voulu le saisir. Mais d'autres fois, et dans certains temps de l'année, des insectes aquatiques s'attachent à sa peau au-dessous de ses nageoires pectorales, ou dans d'autres endroits d'où il ne peut les faire tomber, malgré tous ses efforts ; et quoiqu'il se frotte contre les algues, le sable ou les rochers, ils se cramponnent avec obstination, et le font souffrir si vivement, qu'agité, furieux, en délire comme le lion et les autres grands animaux terrestres sur lesquels se précipite la mouche du désert, il va au-devant du plus grand des dangers, se jette au milieu des filets, s'élance sur le rivage, ou s'élève au-dessus de la surface de l'eau, et retombe jusque dans les barques des pêcheurs.

LE XIPHIAS ÉPÉE*.

La description de cette espèce n'a encore été publiée par aucun naturaliste. Nous n'avons vu de ce poisson que la partie antérieure de la tête : mais comme c'est dans cette portion du corps que sont placés les caractères distinctifs des xiphias, nous avons pu rapporter l'épée à ce genre; et comme d'ailleurs cette même partie antérieure ne nous a pas seulement présenté les formes particulières à la famille dont nous nous occupons, mais nous a montré de plus des traits remarquables et très-différens de ceux de l'espadon, nous avons dû séparer de cette dernière espèce l'animal auquel avoit appartenu cette portion, et nous avons donné le nom d'*épée* à ce xiphias encore inconnu.

Voici les grandes différences qui distinguent l'épée de l'espadon, et qui suffiroient seules pour empêcher de les réunir, quand bien même le corps et la queue de l'épée seroient entièrement semblables à la queue et au corps de l'espadon.

Dans ce dernier animal, la prolongation est plate : elle est convexe dans l'épée.

L'arme de l'espadon est aiguë sur ses bords comme un sabre à deux tranchans; celle de l'épée est très-

___

* Xiphias ensis.

arrondie le long de ses côtés, et par conséquent n'est point propre à tailler ou couper.

La lame de l'espadon est très-mince : la défense de l'épée est presque aussi épaisse, ou, ce qui est ici la même chose, presque aussi haute que large.

On voit trois sillons longitudinaux sur la face supérieure du sabre de l'espadon, et un sillon également longitudinal sur la face inférieure de ce même sabre : on n'apperçoit de sillon sur aucune des surfaces de la prolongation osseuse de l'épée.

Une extension de l'os frontal, pointue et triangulaire, s'avance au milieu des os maxillaires supérieurs de l'espadon, jusqu'au-delà de sa mâchoire inférieure : une extension analogue n'est presque pas sensible dans l'épée.

Une seconde extension pointue et triangulaire, appartenant aux os intermaxillaires, se prolonge dans l'espadon sur la face inférieure de l'arme, mais ne va pas jusqu'au-dessus du bout de la mâchoire inférieure : dans l'épée elle dépasse de beaucoup cette dernière extrémité.

La peau qui couvre la lame de l'espadon est légèrement chagrinée : celle qui revêt la défense de l'épée présente des grains bien plus gros ; et sous les os maxillaires, à l'endroit qui répond à la mâchoire inférieure, les tubercules de cette peau se changent, pour ainsi dire, en petites dents recourbées vers le gosier.

Voilà donc sept différences qui ne permettent pas de

rapporter à la même espèce l'espadon et l'épée. Il peut d'ailleurs résulter de cette diversité dans la forme des armes, une variété assez grande dans les habitudes, une espèce ayant reçu un glaive qui tranche et coupe, et l'autre espèce une épée qui perce et déchire.

Au reste, la portion de la tête d'un xiphias épée, qui nous a montré la conformation que nous venons d'exposer, fait partie de la collection du Muséum national d'histoire naturelle.

TRENTE-SEPTIÈME GENRE.

LES ANARHIQUES.

Le museau arrondi; plus de cinq dents coniques à chaque mâchoire; des dents molaires en haut et en bas; une longue nageoire dorsale.

ESPÈCES	CARACTÈRES.
1. L'ANARHIQUE LOUP. (*Anarhichas lupus.*)	Quatre os maxillaires à chaque mâchoire; les dents osseuses et très-dures.
2. L'ANARHIQUE KARRAK. (*Anarhichas karrak.*)	Huit dents cartilagineuses et très-aiguës à la partie antérieure de chaque mâchoire.
3. L'ANARH. PANTHÉRIN. (*Anarhichas pantherinus.*)	Les lèvres doubles; la nageoire de la queue un peu lancéolée; des taches rondes et brunes sur le corps et la queue.

L'ANARHIQUE LOUP[*].

CE poisson peut figurer avec avantage à côté du xiphias, et par sa force, et par sa grandeur. Il parvient quelquefois, au moins dans les mers très-profondes, jusqu'à la longueur de cinq mètres ; et s'il n'est point armé d'un glaive comme l'espadon et l'épée, s'il ne paroît pas se mouvoir au milieu des ondes avec autant d'agilité que ces derniers animaux, il a reçu des dents redoutables, et par leur nombre, et par leur forme, et par leur du-

[*] Anarhichas lupus.

Sea-wolf, *en Angleterre.*

Anarrhichas lupus. *Linné, édition de Gmelin.*

Loup-marin crapaudine. *Daubenton, Encyclopédie méthodique.*

Id. *Bonnaterre, planches de l'Encyclopédie méthodique.*

Lupus marinus nostras. *Schonev. p.* 45.

Lupus marinus Schoneveldii. *Jonston, tab.* 47, *fig.* 2.

Lupus marinus nostras et Schoneveldii. *Willughby, p.* 130, *tab.* H, 3, *fig.* 1.

Lupus marinus. *Raj. pisc.* 40.

Anarhichas scansor. *Gesner (germ.) fol.* 63, a.

Anarhichas. *Artedi, gen.* 23, *syn.* 38.

Gronov. Mus. 1, *p.* 16, *n.* 44; *Zooph. p.* 131, *n.* 400.

Anarrhichas lupus non maculatus. *Müller, Prodrom. Zoolog. Dan. p.* 40, *n.* 332.

Ot. Fabric. Faun. Groenland. p. 138, *n.* 7.

Bloch, pl. 74.

Latargus. *Klein, miss. pisc.* 4, *p.* 16.

Ravenous. *Brit. Zoolog.* 3, *p.* 157, *tab.* 24.

Sea-wolf. *Olear. Mus.* 53, *tab.* 27, *fig.* 2.

Loup marin, lupus marinus piscis. *Valmont-Bomare, Dictionnaire d'histoire naturelle.*

reté ; il présente même des moyens plus puissans de destruction que le xiphias, et il nage avec assez de vîtesse pour atteindre facilement sa proie. Son organisation intérieure lui donne d'ailleurs une très-grande voracité. Féroce comme les squales ; terrible pour la plupart des habitans des mers, vrai loup de l'Océan, il porte le ravage parmi le plus grand nombre de poissons, comme la bête sauvage dont il a reçu le nom, parmi les troupeaux sans défense ; et bien loin d'offrir ces marques d'une affection douce, cette durée dans l'attachement, ces traits d'une sorte de sociabilité que nous avons vus dans le xiphias, il montre, par l'usage constant qu'il fait de ses armes, tous les signes de la cruauté, et justifie le nom de *ravisseur* qui lui a été donné dans presque toutes les contrées et par divers observateurs. Son corps et sa queue sont alongés et comprimés : aussi nage-t-il en serpentant comme les trichiures, ou plutôt comme les murènes et le plus grand nombre de poissons de l'ordre que nous examinons ; et c'est vraisemblablement parce que les diverses ondulations de son corps et de sa queue lui permettent quelquefois, et pendant quelques momens, de ramper comme l'anguille, et de s'avancer le long des rivages, qu'il a été appelé *grimpeur* par quelques naturalistes. Sa peau est forte, épaisse, gluante, ainsi que celle de l'anguille ; ce qui lui donne la facilité de s'échapper comme cette murène, lorsqu'on veut le saisir ; et les petites écailles dont ce tégument est revêtu, sont attachées à cette peau visqueuse, ou cachées sous l'épiderme, de manière qu'on ne peut pas aisément les distinguer.

La tête de l'anarhique que nous décrivons, est grosse, le museau arrondi, le front un peu élevé, l'ouverture de la bouche très-grande ; les lèvres sont membraneuses, mais fortes, et les mâchoires d'autant plus puissantes, que chacune de ces deux parties de la tête est composée, de chaque côté, de deux os bien distincts, grands, durs, solides, réunis par des cartilages, et s'arcboutant mutuellement. C'est au-devant de ces doubles mâchoires, qu'on voit, tant en haut qu'en bas, au moins six dents coniques propres à couper ou plutôt à déchirer, divergentes, et cependant ressemblant un peu, par leur forme, leur volume et leur position, à celles du loup et de plusieurs autres quadrupèdes carnassiers. On voit d'ailleurs cinq rangs de dents molaires supérieures, plus ou moins irrégulières, plus ou moins convexes, et trois rangs de molaires inférieures semblables. La langue est courte, lisse, et un peu arrondie à son extrémité. Les yeux sont ovales.

Il résulte donc de l'ensemble de toutes ces formes que présente la tête de l'anarhique loup, que lorsque la gueule est ouverte, cette même tête a beaucoup de rapports avec celle de quelques quadrupèdes, et particulièrement de plusieurs phoques ; et voilà donc cet anarhique rapproché des mammifères carnassiers, non seulement par ses habitudes, mais encore par la nature de ses armes et par ses organes extérieurs les plus remarquables.

Au reste, comment le loup ne seroit-il pas compris parmi les dévastateurs de l'Océan? Il montre ces dents terribles avec lesquelles une proie est si facilement saisie, retenue, déchirée ou écrasée : et de plus, ses intestins étant très-courts, ne doit-il pas avoir des sucs digestifs d'une grande activité, et qui, par l'action qu'ils exercent sur ce canal intestinal, ainsi que sur son estomac, dans les momens où ils ne contiennent pas une nourriture copieuse, lui font éprouver vivement le tourment de la faim, et le forcent à poursuivre avec ardeur, et souvent à immoler avec une sorte de rage, de nombreuses victimes? Quelques dents de moins, ou plutôt quelques décimètres de plus dans la longueur du canal intestinal, auroient rendu ses habitudes assez douces.

Mais les animaux n'ont pas, comme l'homme, cette raison céleste, cette intelligence supérieure qui rappelle, embrasse ou prévoit tous les instans et tous les lieux, qui combat avec succès la puissance de la nature par la force du génie, et, compensant le moral par le physique, et le physique par le moral, accroît ou diminue à son gré l'influence de l'habitude, et donne à la volonté l'indépendance et l'empire.

L'anarhique loup, condamné donc, par sa conformation et par la qualité de ses habitudes, à rechercher presque sans cesse un nouvel aliment, est non seulement féroce, mais très-vorace : il se jette goulument sur ce qui peut appaiser ses appétits violens. Il dévore

304 HISTOIRE NATURELLE

non seulement des poissons, mais des crabes et des
coquillages; il les avale même avec tant de précipitation,
que souvent de gros fragmens de dépouilles d'animaux
testacées, et des coquilles entières, parviennent jusque
dans son estomac, quoiqu'il eût pu les concasser et les
broyer avec ses nombreuses molaires. Ces coquilles
entières et ces fragmens ne sont cependant pas digérés
ou dissous par ses sucs digestifs, quelqu'actives que
soient ces humeurs, pendant le peu de séjour qu'ils
font dans un canal intestinal très-court, et dont le
loup est pressé de les chasser, pour les remplacer par
des substances nouvelles propres à appaiser sa faim
sans cesse renaissante. D'ailleurs l'estomac de cet anarhique n'a pas la force nécessaire pour les réduire, par
la trituration, en très-petites parties: mais ce poisson
s'en débarrasse presque toujours avec beaucoup de facilité, parce que l'ouverture de son anus est très-considérable et susceptible d'une assez grande extension.

C'est dans l'Océan septentrional que se trouve le
loup. On ne le voit ordinairement en Europe qu'à des
latitudes un peu élevées; on l'a reconnu à Botany-bay
sur la côte orientale de la Nouvelle-Hollande * : mais il
se tient communément pendant une grande partie de
l'année à des distances considérables de toute terre
et dans les profondeurs des mers; il ne se montre pas

* *Voyage de Tench, capitaine de la Charlotte, à la baie Botanique, en*
1787 (v. st.)

pendant l'hiver près des rivages septentrionaux de l'Europe et de l'Amérique ; et c'est à la fin du printemps que sa femelle dépose ordinairement ses œufs sur les plantes marines qui croissent auprès des côtes.

Il s'élance avec impétuosité ; et malgré cette rapidité au moins momentanée, plusieurs naturalistes ont écrit que sa natation paroît lente quand on la compare à celle des xiphias : sa force est néanmoins très-grande, et ses dimensions sont favorables à des mouvemens rapides. Ne pourroit-on pas dire que les muscles de sa tête, qui serre, déchire ou écrase avec tant de facilité, sont beaucoup plus énergiques que ceux de sa queue, tandis que, dans les xiphias, les muscles de la queue sont plus puissans que ceux de la tête, armée sans doute d'un glaive redoutable, mais dénuée de dents, et qui ne concasse ni ne brise. Nous devons d'autant plus le présumer, que la natation, dont les vrais principes accélérateurs sont dans la queue, n'est ordinairement soumise à aucune cause retardatrice très-marquée, qui ne réside dans une partie antérieure de l'animal trop pesante ou trop étendue en avant. N'avons-nous pas vu que la prolongation de la tête des xiphias égale en longueur le tiers de l'ensemble du poisson ? et de quel pouvoir ne doivent pas être doués les muscles caudaux de ces animaux, pour leur imprimer, malgré la résistance de leur partie antérieure, la vîtesse dont on les voit jouir ?

Ne pourroit-on pas d'ailleurs ajouter que quand

TOME II. 39

bien même la nature, la forme, le volume et la position des muscles caudaux leur donneroient à proportion la même force dans le loup et dans les xiphias, cet anarhique devroit s'avancer, tout égal d'ailleurs, avec moins de rapidité que ces derniers, parce que sa tête assez grosse, arrondie et relevée, doit fendre l'eau de la mer avec moins de facilité que le glaive mince et étroit des xiphias?

Quoi qu'il en soit de la force de la queue du loup, celle de sa tête est si considérable, et ses dents sont si puissantes, qu'on ne le pêche dans beaucoup d'endroits qu'avec des précautions particulières. Dans la mer d'O-kotsk, auprès du Kamtschatka, vers le cinquante-troisième degré de latitude, on cherche à prendre le loup avec des *seines* ou filets faits de lanières de cuir, et par conséquent plus propres à résister à ses efforts. Dans ce même Kamtschatka, le célèbre voyageur Steller a vu un individu de cette espèce que l'on venoit de pêcher, irrité de ses blessures et de sa captivité, saisir avec fureur et briser comme un verre une sorte de coutelas avec lequel on vouloit achever de le tuer, et mordre avec rage des bâtons et des morceaux de bois dont on se servoit pour le frapper.

Au reste, on va avec d'autant plus de constance à la poursuite du loup, qu'il peut fournir une grande quantité d'aliment, et que sa chair, suivant Ascagne, est, dans certaines circonstances, aussi bonne que celle de l'anguille. Les habitans du Groenland le pêchent aussi pour sa peau, qui leur sert à faire des bourses et quelques autres ustensiles.

Le loup a été nommé *crapaudine*, parce qu'on a regardé comme provenant de cet animal, de petits corps fossiles, connus depuis long-temps sous le nom de *bufonites* ou de *crapaudines*. Ces bufonites ont reçu la dénomination qu'on leur a donnée dès les premiers momens où l'on s'en est occupé, à cause de l'origine qu'on leur a dès-lors attribuée. On a supposé que ces petits corps étoient des pierres sorties de la tête d'un crapaud, en latin *bufo*. Ils sont d'une forme plus ou moins convexe d'un côté, planes ou concaves de l'autre, d'une figure quelquefois régulière et quelquefois irrégulière, et communément gris ou bruns, ou roux, ou d'un rouge noirâtre. Par une suite de la fausse opinion qu'on avoit adoptée sur leur nature, on les a considérés pendant quelque temps comme des pierres fines du second ordre : mais lorsque l'histoire naturelle a eu fait de plus grands progrès, on s'est bientôt apperçu que ces prétendues pierres fines n'étoient que des dents de poisson pétrifiées, et presque toujours des molaires. Les uns les ont regardées comme des dents d'anarhique, d'autres comme des dents du spare dorade, d'autres comme des dents de poissons osseux différens de la dorade et de l'anarhique. Ils ont tous eu raison, en ce sens qu'on doit rapporter ces fossiles à plusieurs espèces de poissons, très-peu semblables l'une à l'autre ; et telle a été l'opinion de Wallérius. La plus grande partie de ces dents nous ont paru néanmoins avoir appartenu à des dorades ou à des anarhiques. Au reste, il est très-aisé de séparer parmi ces fossiles les dents molaires du loup d'avec celles du spare dorade : les dernières ont une régularité et une convexité que l'on ne voit pas dans les premières. Mais pour être de quelque utilité aux géologues, et leur donner des bases certaines d'après lesquelles ils puissent lire sur les corps pétrifiés et fossiles quelques points de l'histoire des anciennes révolutions du globe, nous tâcherons de montrer, dans notre Discours sur les parties solides des poissons, les véritables caractères des dents d'un assez grand nombre d'espèces de ces animaux.

Le loup est d'un noir cendré par-dessus, et d'un blanc plus ou moins pur par-dessous ; ce qui lui donne un nouveau rapport extérieur avec plusieurs cétacées. Mais peut-être ne doit-on regarder que comme une variété de cette espèce, l'anarhique que l'on a désigné par le nom de *strié* [1], qui présente en effet des stries irrégulières, presque transversales, et brunes, et qui a été pêché auprès des rivages de la Grande-Bretagne [2].

[1] Anarhichas strigosus. *Linné, édition de Gmelin.* Brit. Zoolog. 3, n. 65, p. 119.

[2] A la membrane des branchies du loup, 6 rayons.
à la nageoire dorsale 74
à chacune des nageoires pectorales 20
à celle de l'anus 46
à celle de la queue 16
On a compté, à chacune des pectorales de l'anarhique strié, 18 rayons, et à celle de la queue du même animal, 13

L'ANARHIQUE KARRAK[1],

ET

L'ANARHIQUE PANTHÉRIN[2].

CES deux espèces habitent dans l'Océan septentrional ; la première dans la mer du Groenland, et la seconde dans la mer Glaciale. Elles ont d'ailleurs beaucoup de rapports l'une avec l'autre.

Le karrak a les yeux très-gros et rapprochés du sommet de la tête, qui a, dit-on, quelque ressemblance vague avec celle d'un chien. L'ouverture de sa bouche est grande ; les deux mâchoires présentent de chaque côté trois dents aiguës et inégales ; et dans l'intervalle qui sépare par-devant ces deux triolets, on compte deux autres dents plus petites.

[1] Anarhichas karrak.
Anarhichas minor. *Linné, édition de Gmelin.*
Loup marin karrak. *Bonnaterre, planches de l'Encyclopédie méthodique.*
Ot. Fabric. Faun. Groenland. p. 139, *n.* 936.
Anarhichas minor. *Müller, Prodrom. Zoolog. Dan.*
Olafs. Island. p. 592, *t.* 42.

[2] Anarhichas pantherinus.
Kusatschka, *en Russie.*
Anarhichas pantherinus. *Linné, édition de Gmelin.*
Zoview, Act. Petrop. 1781, 1, p. 271, *tab.* 6.

La nageoire dorsale s'étend depuis le cou jusqu'à une très-petite distance de la nageoire de la queue *.

Le karrak est ordinairement d'un gris noirâtre, et ne parvient pas à des dimensions aussi considérables que le loup.

Peut-être le panthérin est-il communément encore moins grand que le karrak; peut-être a-t-on eu raison d'écrire que sa longueur ordinaire n'est que d'environ un mètre. On lui a donné le nom que j'ai cru devoir lui conserver, parce que sur un fond plus ou moins jaunâtre, et par conséquent d'une teinte assez semblable à la couleur de la panthère, il présente, sur presque toute sa surface, des taches rondes et brunes.

Sa tête est un peu sphérique; ses lèvres sont doubles. Au travers de la large ouverture de sa gueule, on apperçoit aisément, de chaque côté de la mâchoire supérieure, deux rangs de dents coniques et plus ou moins recourbées, et deux rangées de dents molaires. Entre les quatre rangs de dents coniques, on voit quatre autres dents placées longitudinalement; et entre les quatre rangées de dents molaires, paroît sur le palais une série longitudinale de sept dents très-fortes, et dont les deux premières sont ordinairement séparées des autres. La mâchoire inférieure est armée, de chaque

---

* A la nageoire dorsale du karrak, 70 rayons.
    à chacune des pectorales   20
    à celle de l'anus   44
    à celle de la queue   21

côté, de deux rangs de dents molaires, et de deux ou
trois rangées de dents coniques.

Les yeux sont grands et assez éloignés l'un de l'autre.
La nageoire du dos, qui ne commence qu'à une certaine distance de la nuque, touche celle de la queue ;
et ces deux derniers caractères suffiroient pour séparer
le panthérin du karrak, dont la nageoire caudale est
un peu éloignée de celle du dos, et dont les yeux sont
rapprochés sur le sommet de la tête. Deux lames composent chaque opercule branchial ; on ne voit pas de
ligne latérale. Les nageoires pectorales sont arrondies
comme celles du loup ; la nageoire de la queue est un
peu lancéolée *.

Au reste, suivant l'auteur russe Zoview, qui a fait
connoître le panthérin, on ne mange guère en Russie
de cet anarhique, quoiqu'on y vante la bonté de sa
chair.

---

* A la membrane branchiale du panthérin, 7 rayons.
à la nageoire dorsale — 67
à chacune des pectorales — 20
à celle de l'anus — 44
à celle de la queue — 20

TRENTE-HUITIÈME GENRE.

LES COMÉPHORES.

Le corps alongé et comprimé; la tête et l'ouverture de la bouche très-grandes; le museau large et déprimé; les dents très-petites; deux nageoires dorsales; plusieurs rayons de la seconde, garnis de longs filamens.

ESPÈCE.	CARACTÈRE.
LE COMÉPHORE BAÏKAL, (*Comephorus baïkalensis.*)	Les nageoires pectorales, de la longueur de la moitié du corps.

LE COMÉPHORE BAÏKAL*.

C E poisson a déja été décrit sous le nom de *callionyme;* mais il manque de nageoires inférieures placées au-devant de l'anus. Dès-lors il ne peut être inscrit ni dans le genre ni même dans l'ordre des vrais callionymes, qui sont des jugulaires; il doit être compris parmi les apodes; et les caractères remarquables qui le distinguent, exigent qu'on le place, parmi ces derniers, dans un genre particulier.

Le célèbre professeur Pallas l'a fait connoître. Il l'a découvert dans le Baïkal, ce lac fameux de l'Asie russe, et si voisin du territoire chinois. Le coméphore que nous décrivons se tient pendant l'hiver dans les endroits de ce lac où les eaux sont le plus profondes; et ce n'est que pendant l'été qu'il s'approche des rivages en troupes nombreuses. Comme plusieurs autres apodes de la première division des osseux, il a le corps alongé, comprimé, et enduit d'une matière huileuse très-abondante. La tête est grande, aplatie par-dessus et par les côtés, garnie de deux tubercules auprès des tempes; le museau large; la bouche très-ouverte; la mâchoire

---

* Comephorus baïkalensis.

Pallas, It. 3, *p.* 707, *n.* 49.

Callionyme baïkal. *Bonnaterre, planches de l'Encyclopédie méthodique.*
Callionymus baïkalensis. *Linné, édition de Gmelin.*

inférieure plus avancée que la supérieure , et hérissée comme cette dernière, excepté à son sommet, de dents très-petites, crochues et aiguës ; la membrane branchiale très-lâche , et soutenue par des rayons très-éloignés l'un de l'autre ; et la ligne latérale assez rapprochée du dos.

La première nageoire dorsale est peu étendue : mais quinze rayons au moins de la seconde sont terminés par de longs filamens semblables à des cheveux ; et cette conformation nous a suggéré le nom générique de *porte-cheveux* (coméphore), que nous avons donné au baïkal. Les nageoires pectorales sont si prolongées , qu'elles égalent en longueur la moitié de l'animal ; pour peu qu'elles eussent plus de surface , qu'elles fussent plus facilement extensibles , et que le baïkal pût les agiter avec plus de vîtesse , ce poisson pourroit non seulement nager avec rapidité , mais s'élever et parcourir un arc de cercle considérable au-dessus de la surface des eaux, comme quelques pégases , les trigles, les exocets, etc. [1].

La nageoire de la queue est fourchue [2].

---

[1] *Discours sur la nature des poissons.*

[2] A la membrane des branchies

A la membrane des branchies	6 rayons.
à la première nageoire du dos	8
à la seconde	28.
à chacune des nageoires pectorales	13
à celle de l'anus	32.
à celle de la queue	13.

TRENTE-NEUVIÈME GENRE.

LES STROMATÉES.

Le corps très-comprimé et ovale.

ESPÈCES.	CARACTÈRES.
1. LE STROMAT. FIATOLE. (*Stromateus fiatola.*)	Des dents au palais; deux lignes latérales de chaque côté; plusieurs bandes transversales.
2. LE STROMATÉE PARU. (*Stromateus paru.*)	Point de dents au palais; une seule ligne latérale de chaque côté; point de bandes transversales.

LE STROMATÉE FIATOLE.*

Tous les apodes de la première division des osseux que nous avons déja examinés, ont le corps plus ou moins alongé, cylindrique et serpentiforme. Dans les stromatées, les proportions générales sont bien différentes : l'animal est très-comprimé par les côtés, et les deux surfaces latérales que produit cette compression, sont assez hautes, relativement à leur longueur, pour représenter un ovale plus ou moins régulier. Cette con-

---

* Stromateus fiatola.

Lisette, *sur quelques rivages de la mer Adriatique.*

Lampuga, *dans quelques contrées de l'Italie.*

Stromateus fiatola. *Linné, édition de Gmelin.*

Stromate fiatole. *Daubenton, Encyclopédie méthodique.*

Id. *Bonnaterre, planches de l'Encyclopédie méthodique.*

Stromateus. *Artedi, gen.* 19, *syn.* 33.

Fiatole, *et* stromatée. *Rondelet, première partie, liv.* 8, *chap.* 20.

Trouchou. *Rondelet, première partie, liv.* 8, *chap.* 19. (Nous verrons dans la suite de cet ouvrage, que le stromatée décrit dans Rondelet, *première partie, liv.* 5, *chap.* 24, et le *stromateus* d'Athénée, *liv.* 7, *p.* 322, rapporté par Artedi à l'espèce que nous examinons, non seulement n'appartiennent pas à cette espèce ni au genre que nous décrivons, mais même ne doivent pas être compris dans l'ordre des apodes de la première division des osseux.)

Fiatola Romæ dicta. *Jonst. lib.* 1, *tit.* 3, *cap.* 1, *a.* 13, *tab.* 19, *n.* 8.

Fiatola Romæ dicta. *Gesner, p.* 925, *et* (germ.) *fol.* 31.

Willughby, Ichthyol. p. 156.

Raj. p. 50.

Fiatole. *Valmont-Bomare, Dictionnaire d'histoire naturelle.*

formation unique parmi les apodes que nous décrivons, suffit pour empêcher de confondre les stromatées avec les autres genres de son ordre.

Parmi ces stromatées, l'espèce la plus anciennement connue est celle que l'on nomme *fiatole*, et que l'on trouve dans la mer Méditerranée ainsi que dans la mer Rouge. Ses couleurs sont agréables et brillantes; et leur éclat frappe d'autant plus les yeux, qu'elles sont répandues sur les larges surfaces latérales dont nous venons de parler. Ordinairement ce beau poisson est bleu dans sa partie supérieure, et blanc dans sa partie inférieure, avec du rouge autour des lèvres; et ces trois couleurs, que leurs nuances et leurs reflets marient et fondent les unes dans les autres, plaisent d'autant plus sur la fiatole, qu'elles sont relevées par des raies transversales étroites, mais nombreuses, et communément dorées, qui s'étendent en zigzag sur chacun des côtés de l'animal.

La bouche est petite; les mâchoires et le palais sont garnis de dents; la langue est large et lisse; chaque côté du corps présente deux lignes latérales, l'une courbe, et l'autre presque droite; la nageoire de la queue est très-fourchue*; et si on cherche, par le moyen de la dissection, à connoître les formes intérieures de

* A la nageoire dorsale 46 rayons.
  à chacune des nageoires pectorales 25
  à celle de l'anus 34

la fiatole, on trouve un estomac rendu en quelque sorte double par un étranglement, et un très-grand nombre d'appendices ou de petits tubes intestinaux ouverts seulement par un bout et placés auprès du pylore.

LE STROMATÉE PARU *.

CETTE espèce n'est pas peinte de couleurs aussi variées que la fiatole, mais elle resplendit de l'éclat de l'or et de l'argent ; l'or brille sur sa partie supérieure , et le dessous de ce poisson réfléchit une teinte argentée très-vive. Elle habite dans l'Amérique méridionale et dans les grandes Indes , particulièrement auprès de Tranquebar ; et sa chair est blanche , tendre et exquise.

Sa langue est large , lisse , et assez libre dans ses mouvemens ; ses mâchoires sont hérissées de dents petites et aigues : mais on n'en voit pas sur le palais , comme dans la fiatole, et quelques osselets arrondis paroissent aux environs du gosier.

L'ouverture des branchies est très-grande ; l'opercule composé d'une seule lame bordée d'une membrane. Une seule ligne latérale assez large et argentée règne de chaque côté de l'animal. Les écailles du paru sont petites , minces , et tombent facilement. Cet osseux

---

* Stromateus paru.
Stromateus paru. *Linné, édition de Gmelin.*
Stromateus unicolor. *Linné, douzième édition.*
Stromateus striis carens. *Bloch, pl.* 160.
Stromate paru. *Daubenton, Encyclopédie méthodique.*
Id. *Bonnaterre, planches de l'Encyclopédie méthodique.*
Pampus. *Sloan. Jamaïc.* 2 , *p.* 281 , *tab.* 250 , *fig.* 4.
Pampus. *Raj. pisc.* 51.

ne présente jamais que de petites dimensions, non plus que la fiatole : aussi ne se nourrit-il que de vers marins, et de poissons très-jeunes et très-foibles [1].

On trouve dans les eaux du Chili un stromatée décrit par Molina [2], dont le dos, au lieu d'être doré, est d'un bleu céleste, et qui ne parvient guère qu'à la longueur de deux ou trois décimètres. Nous pensons, avec le professeur Gmelin, que ce stromatée, qui ne paroît différer du paru que par la couleur du dos, n'est peut-être qu'une variété de cette dernière espèce.

---

[1] A la membrane des branchies .... 2 rayons.
à la nageoire du dos 50
à chacune des pectorales 24
à celle de l'anus 42
à celle de la queue, qui est très-fourchue, 18

[2] *Molin. Hist. nat. Chil. p.* 199, *n.* 8.
Stromateus cumarca. Linné, édition de Gmelin.
Stromate cumarca. Bonnaterre, planches de l'Encyclopédie méthodique.

QUARANTIÈME GENRE.

LES RHOMBES.

Le corps très-comprimé et assez court; chaque côté de l'animal représentant une sorte de rhombe; des aiguillons ou rayons non articulés aux nageoires du dos ou de l'anus.

ESPÈCE.	CARACTÈRES.
LE RHOMBE ALÉPIDOTE. (*Rhombus alepidotus.*)	Le corps dénué d'écailles facilement visibles; les nageoires du dos et de l'anus, en forme de faux.

LE RHOMBE ALÉPIDOTE *.

CE poisson, que le docteur Garden avoit envoyé de la Caroline à Linné, et que l'illustre naturaliste de Suède a fait connoître aux amis des sciences, a été inscrit jusqu'à présent dans le genre des chétodons : mais indépendamment de plusieurs autres traits qui le séparent de ces derniers osseux, l'absence de nageoires inférieures, placées au-devant de l'anus, non seulement l'écarte du genre des chétodons, mais oblige à ne pas le placer dans le même ordre que ces thoracins, et à le comprendre dans celui des apodes dont nous nous occupons. Nous l'y avons mis à la suite des stromatées, avec lesquels la très-grande compression, la hauteur et la briéveté de l'ensemble formé par son corps et par sa queue, lui donnent beaucoup de rapports. Il en diffère cependant par plusieurs caractères, et notamment par la figure rhomboïdale des faces latérales, qui sont ovales dans les stromatées, et par la nature de plusieurs rayons de la nageoire du dos ou de celle de l'anus, dans lesquelles on ne remarque aucune articulation, et qui sont de véritables aiguillons.

* Rhombus alepidotus.
Chætodon alepidotus. *Linné, édition de Gmelin.*
Chétodon nud. *Daubenton, Encyclopédie méthodique.*
Id. *Bonnaterre, planches de l'Encyclopédie méthodique.*

La peau de l'alépidote ne présente d'ailleurs aucune écaille facilement visible ; et cette sorte de nudité qui lui a fait attribuer le nom de *nud*, ainsi que celui que j'ai cru devoir lui conserver, empêcheroit seule de le confondre avec les stromatées, et lui donne une nouvelle ressemblance avec les cécilies, les gymnotes, les murènes, et plusieurs autres apodes de la première division des osseux.

Ses mâchoires ne présentent qu'un seul rang de dents ; on voit sur chaque côté de l'animal deux lignes latérales, dont la supérieure suit le contour du dos, et dont l'inférieure est droite, et paroît indiquer les intervalles des muscles. Les nageoires du dos et de l'anus sont placées au-dessus l'une de l'autre, et offrent la forme d'une faux ; celle de la queue est fourchue *.

Le rhombe alépidote est bleuâtre dans sa partie supérieure. Nous ignorons si on le trouve dans quelque autre contrée que la Caroline.

---

* 6 rayons à la membrane branchiale.
3 aiguillons et 48 rayons articulés à la nageoire dorsale.
24 rayons à chaque nageoire pectorale.
3 aiguillons et 44 rayons articulés à la nageoire de l'anus.
23 rayons à la nageoire de la queue.

DIX-HUITIÈME ORDRE

DE LA CLASSE ENTIÈRE DES POISSONS,

ou SECOND ORDRE

DE LA PREMIÈRE DIVISION DES OSSEUX.

Poissons jugulaires, *ou qui ont des nageoires situées sous la gorge.*

QUARANTE-UNIÈME GENRE.

LES MURÉNOÏDES.

Un seul rayon à chacune des nageoires jugulaires; trois rayons à la membrane des branchies; le corps alongé, comprimé et en forme de lame.

ESPÈCE.	CARACTÈRE.
LE MURÉNOÏDE SUJEF. (*Murænoïdes sujef.*)	Les mâchoires également avancées.

LE MURÉNOIDE SUJEF*.

CE poisson a été inscrit parmi les blennies : mais il
nous a paru en être séparé par de grandes différences.
De plus, ses caractères ne permettent de le placer dans
aucun autre genre des jugulaires. Nous nous sommes
donc vus obligés de le comprendre dans un genre particulier ; et comme les deux nageoires qu'il a sous la
gorge sont très-petites, composées d'un seul rayon, et
quelquefois difficiles à appercevoir, nous l'avons mis à
la tête des jugulaires, qu'il lie avec les apodes par cette
forme de nageoires inférieures. Il a d'ailleurs des rapports très-nombreux avec les murènes et les trichiures.
Son corps est alongé, aplati latéralement, et fait en
forme de lame d'épée, ainsi que celui des trichiures ; et
les écailles qui le revêtent sont aussi difficiles à distinguer que celles des murènes et particulièrement de
l'anguille. Un double rang de dents garnit les deux
mâchoires. La tête présente quelquefois de petits tubercules : le dessus de cette partie est triangulaire et un
peu convexe. Trois rayons soutiennent seuls la membrane des branchies. L'ouverture de l'anus est située à
peu près vers le milieu de la longueur du corps. La

---

* Murænoïdes sujef.
Sujef, Act. acad. Petropol. 1779, 2, p. 195, *tab.* 6, *fig.* 1.
Blennius murænoïdes. *Linné, édition de Gmelin.*

couleur de l'animal est d'un gris cendré qui s'éclaircit et se change en blanchâtre sur la tête et sur le ventre. Ce murénoïde est ordinairement long de deux déci-mètres ; et nous lui avons donné le nom de *sujef*, afin de consacrer la reconnoissance que l'on doit au savant qui l'a fait connoître.

QUARANTE-DEUXIÈME GENRE.

LES CALLIONYMES.

La tête plus grosse que le corps; les ouvertures branchiales sur la nuque; les nageoires jugulaires très-éloignées l'une de l'autre; le corps et la queue garnis d'écailles à peine visibles.

PREMIER SOUS-GENRE.

Les yeux très-rapprochés l'un de l'autre.

ESPÈCES.	CARACTÈRES.
1. LE CALLIONYME LYRE. (*Callionymus lyra.*)	Le premier rayon de la première nageoire dorsale, de la longueur du corps et de la queue; l'ouverture de la bouche très-grande; la nageoire de la queue arrondie.
2. LE CALL. DRAGONNEAU. (*Callionymus dracunculus.*)	Les rayons de la première nageoire du dos beaucoup plus courts que le corps et la queue; l'ouverture de la bouche très-grande; la nageoire de la queue arrondie.
3. LE CALLIONYME FLÈCHE. *Callionymus sagitta.*)	Trois rayons à la membrane des branchies; l'ouverture de la bouche petite; la nageoire de la queue arrondie.
4. LE CALLION. JAPONOIS. (*Callionymus japonicus.*)	Le premier rayon de la première nageoire dorsale terminé par deux filamens; la nageoire de la queue fourchue.

SECOND SOUS-GENRE.

Les yeux très-peu rapprochés l'un de l'autre.

ESPÈCE.	CARACTÈRES.
5. LE CALLION. POINTILLÉ. (*Callionymus punctulatus.*)	L'ouverture de la bouche très-petite; la nageoire de la queue arrondie.

1. CALLIONYME Lyre. 2 . GADE Morue. 3. GADE Mustelle .

LE CALLIONYME LYRE[1].

CALLIONYME[2], *LYRE;* quelles images agréables, quels souvenirs touchans rappellent ces deux noms ! Beauté

[1] Callionymus lyra.

Lavandière, *sur quelques côtes françoises de l'Océan.*

Callionymus lyra. *Linné, édition de Gmelin.*

Callionyme lacert. *Daubenton, Encyclopédie méthodique.*

Id. *Bonnaterre, planches de l'Encyclopédie méthodique.*

Faun. Suec. 304.

Strom. Sondm.

Uranoscopus, ossiculo primo, etc. *Gronov. Mus.* 1, *n.* 64.

Cottus, ossiculis pinnæ dorsalis longitudine corporis. *Gronov. Act. Ups.* 1740, *p.* 121, *tab.* 8.

Bloch, pl. 161.

Corystion ossiculo pinnæ dorsalis primo longissimo. *Klein, Miss. pisc.* 5, *p.* 93, *n.* 14.

Lyra harvicensis. *Petiv. Gazoph.* 1, *p.* 1, *n.* 1, *tab.* 22, *fig.* 2.

Exocæti tertium genus. *Seba, Mus.* 3, *tab.* 30, *fig.* 7.

Id. *Bellon, Aquat. p.* 223.

Yellow gurnard. *Tyson, Act. Angl.* 24, *n.* 293, 1749, *fig.* 1.

Dracunculus. *Gesn. Aquat. p.* 80; *Icon. anim. p.* 84.

Cottus, pinnâ secundâ dorsi albâ. *Artedi, gen.* 49, *syn.* 77.

Id. *Aldrov. pisc. p.* 262.

Id. *Jonst. pisc. p.* 91, *tab.* 21, *fig.* 4.

Id. *Willughby, Ichthyol. tab. H,* 6, *fig.* 3.

Lacert. *Rondelet, première partie, liv.* 10, *chap.* 11.

Gemmeous dragoned. *Penn. Brit. Zoolog.* 3, *p.* 164, *n.* 69, *tab.* 27.

Doucet, *et* souris de mer. *Duhamel, Traité des pêches, seconde partie, cinquième section, chap.* 5, *art.* 2.

[2] *Callionyme* vient du grec, et signifie *beau nom.*

céleste, art enchanteur de la musique, toi qui charmes les yeux, et toi qui émeus si profondément les cœurs sensibles, ces deux noms ingénieusement assortis renouvellent, pour ainsi dire, en la retraçant à la mémoire, votre douce mais irrésistible puissance. Vous que la plus aimable des mythologies fit naître du sein des flots azurés ou sur des rives fortunées, qui près des poétiques rivages de la Grèce héroïque formâtes une alliance si heureuse, confondîtes vos myrtes avec vos lauriers, et échangeâtes vos couronnes, que vos images riantes embellissent à jamais les tableaux des peintres de la nature : béni soit celui qui, par deux noms adroitement rapprochés, associa vos emblèmes comme vos deux pouvoirs magiques avoient été réunis, et qui ne voulut pas qu'un des plus beaux habitans d'une mer témoin de votre double origine pût exposer aux regards du naturaliste attentif ses couleurs brillantes, ni l'espèce de lyre qui paroît s'élever sur son dos, sans ramener l'imagination séduite et vers le dieu des arts, et vers la divinité qui les anime et dont le berceau fut placé sur les ondes ! Non, nous ne voudrons pas séparer deux noms dont l'union est d'ailleurs consacrée par le génie; nous ne ferons pas de vains efforts pour empêcher les amis de la science de l'être aussi des graces; nous ne croirons pas qu'une sévérité inutile doive repousser avec austérité des sentimens consolateurs ; et si nous devons chercher à dissiper les nuages que l'ignorance et l'erreur ont rassemblés devant la Nature, à déchirer ces voiles ridicules et surchargés d'ornemens étrangers dont la main mal-adroite d'un mauvais goût froidement imitateur a entouré le sanctuaire de cette Nature si admirable et si féconde, nous n'oublierons pas que nous ne pouvons la connoître telle qu'elle est, qu'en ne blessant aucun de ses attraits.

Nous dirons donc toujours *callionyme lyre*. Mais voyons ce qui a mérité au poisson que nous allons examiner, l'espèce de consécration qu'on en a faite, lorsqu'on lui a donné la dénomination remarquable que nous lui conservons.

Nous avons sous les yeux l'un des premiers poissons jugulaires que nous avons cru devoir placer sur notre tableau ; et déja nous pouvons voir des traits très-prononcés de ces formes qui attireront souvent notre attention, lorsque nous décrirons les osseux thoracins et les osseux abdominaux. Mais à des proportions particulières dans la tête, à des nageoires élevées ou prolongées, à des piquans plus ou moins nombreux, les callionymes, et sur-tout la lyre, réunissent un corps et une queue encore un peu serpentiformes, et une peau dénuée d'écailles facilement visibles. Ils montrent un grand nombre de titres de parenté avec les apodes que nous venons d'étudier.

Et si de ce coup d'œil général nous passons à des considérations plus précises, nous trouverons que la tête est plus large que le corps ; très-peu convexe par-dessus, et plus aplatie encore par-dessous. Les yeux sont très-rapprochés l'un de l'autre. On a écrit qu'ils étoient garnis d'une membrane clignotante : mais nous nous sommes assurés que ce qu'on a pris pour une telle membrane, n'est qu'une saillie du tégument le plus extérieur de la tête, laquelle se prolonge un peu au-dessus de chaque œil, ainsi qu'on a pu l'observer sur le plus grand nombre de raies et de squales.

L'ouverture de la bouche est très-grande ; les lèvres sont épaisses, les mâchoires hérissées de plusieurs petites dents, et les mouvemens de la langue assez libres. On voit à l'extrémité des os maxillaires un aiguillon divisé en branches dont le nombre paroît varier. L'opercule branchial n'est composé que d'une seule lame : mais il est attaché, ainsi que la membrane branchiale, à la tête ou au corps de l'animal, dans une si grande partie de sa circonférence, qu'il ne reste d'autre ouverture pour la sortie ou pour l'introduction de l'eau, qu'une très-petite fente placée de chaque côté au-dessus de la nuque, et qui, par ses dimensions, sa position et sa figure, ressemble beaucoup à un évent.

L'ouverture de l'anus est beaucoup plus près de la tête que de la nageoire de la queue. La ligne latérale est droite.

Sur le dos s'élèvent deux nageoires : la plus voisine de la tête est composée de quatre ou de cinq et même quelquefois de sept rayons. Le premier est si alongé et dépasse la membrane en s'étendant à une si grande hauteur, que sa longueur égale l'intervalle qui sépare la nuque du bout de la queue. Les trois ou quatre qui viennent ensuite sont beaucoup moins longs, et décroissent dans une telle proportion, que le plus souvent ils paroissent être entre eux et avec le premier dans les mêmes rapports que des cordes d'un instrument destinées à donner, par les seules différences de leur longueur, les tons *ut*, *ut* octave, *sol*, *ut* double octave, et *mi*, c'est-à-dire, l'accord le plus parfait de tous ceux que la musique admet. Au-delà, deux autres rayons plus courts encore se montrent quelquefois et paroissent représenter des cordes destinées à faire entendre des sons plus élevés que le *mi*; et voilà donc une sorte de lyre à cordes harmoniquement proportionnées, qu'on a cru, pour ainsi dire, trouver sur le dos du callionyme dont nous parlons; et comment dès-lors se seroit-on refusé à l'appeller *lyre* ou *porte-lyre* * ?

Les autres nageoires, et particulièrement celle de l'anus et la seconde du dos, qui se prolongent vers l'extrémité de la queue en bandelette membraneuse, ont une assez grande étendue, et forment de larges surfaces sur lesquelles les belles nuances de la lyre peuvent, en se déployant, justifier son nom de *callionyme*. Les

---

* A la membrane des branchies   6 rayons.
   à la première nageoire dorsale, de   4 à 7
   à la seconde nageoire du dos   10
   à chacune des pectorales   18
   à chacune des nageoires jugulaires   6.
   à celle de l'anus   10
   à celle de la queue, qui est arrondie,   9.

tons de couleur qui dominent au milieu de ces nuances, sont le jaune, le bleu, le blanc, et le brun, qui les encadre, pour ainsi dire.

Le jaune règne sur les côtés du dos, sur la partie supérieure des deux nageoires dorsales, et sur toutes les autres nageoires, excepté celle de l'anus. Le bleu paroît avec des teintes plus ou moins foncées sur cette nageoire de l'anus, sur les deux nageoires dorsales où il forme des raies souvent ondées, sur les côtés où il est distribué en taches irrégulières. Le blanc occupe la partie inférieure de l'animal.

Ces nuances, dont l'éclat, la variété et l'harmonie distinguent le callionyme lyre, sont une nouvelle preuve des rapports que nous avons indiqués dans notre Discours sur la nature des poissons, entre les couleurs de ces animaux et la nature de leurs alimens: nous avons vu que très-fréquemment les poissons les plus richement colorés étoient ceux qui se nourrissoient de mollusques ou de vers. La lyre a reçu une parure magnifique, et communément elle recherche des oursins et des astéries.

Au reste, ce callionyme ne parvient guère qu'à la longueur de quatre ou cinq décimètres: on le trouve non seulement dans la Méditerranée, mais encore dans d'autres mers australes ou septentrionales; et on dit que, dans presque tous les climats qu'il habite sa chair est blanche et agréable au goût.

LE CALLIONYME DRAGONNEAU[1].

CE callionyme habite les mêmes mers que la lyre, avec laquelle il a de très-grands rapports; il n'en diffère même d'une manière très-sensible que par la brièveté et les proportions des rayons qui soutiennent la première nageoire dorsale, par le nombre des rayons des autres nageoires[2], par la forme de la ligne latérale qu'on a souvent de la peine à distinguer, et par les nuances et la disposition de ses couleurs. Beaucoup moins brillantes que celles de la lyre, ces teintes sont brunes sur la tête et le dos, argentées avec des taches sur la partie inférieure de l'animal; et ces tons simples

---

[1] Callionymus dracunculus.
Callionyme dragonneau. *Daubenton, Encyclopédie méthodique.*
Id. *Bonnaterre, planches de l'Encyclopédie méthodique.*
Callionymus dracunculus. *Linné, édition de Gmelin.*
Müller, Zoolog. Dan. tab. 20.
Uranoscopus ossiculo primo pinnæ dorsalis primæ unciali. *Gronov. Mus.*
1, *n.* 63.
Bloch, pl. 162, *fig.* 2.
Sordid dragoned. *Pennant, Brit. Zoolog.* 3, *p.* 167, *tab.* 27.

[2] A la première nageoire dorsale 4 rayons.
   à la seconde nageoire du dos   10
   à chacune des pectorales   19
   à chacune des jugulaires   6
   à celle de l'anus   9
   à celle de la queue   10

et très-peu éclatans ne sont relevés communément
que par un peu de verdâtre que l'on voit sur les nageoires de la poitrine et de l'anus, du verdâtre mêlé
à du jaune qui distingue les nageoires jugulaires, et
du jaune qui s'étend par raies sur la seconde nageoire
dorsale, ainsi que sur celle de la queue.

D'ailleurs la chair du dragonneau est, comme celle
de la lyre, blanche et d'un goût agréable. Il n'est donc
pas surprenant que quelques naturalistes, et particulièrement le professeur Gmelin, aient soupçonné que
ces deux callionymes pourroient bien être de la même
espèce, mais d'un sexe différent. Nous n'avons pas pu
nous procurer assez de renseignemens précis pour
nous assurer de l'opinion que l'on doit avoir relativement à la conjecture de ces savans ; et dans le doute,
nous nous sommes conformés à l'usage du plus grand
nombre des auteurs qui ont écrit sur l'ichthyologie,
en séparant de la lyre le callionyme dragonneau, qu'il
sera, au reste, aisé de retrancher de notre tableau
méthodique.

LE CALLIONYME FLÈCHE[1],

ET

LE CALLIONYME JAPONOIS[2].

CES deux espèces appartiennent, comme la lyre et le dragonneau, au premier sous-genre des callionymes; c'est-à-dire, elles ont les yeux très-rapprochés l'un de l'autre. L'illustre Pallas a fait connoître la première, et le savant Houttuyn la seconde.

La flèche décrite par le naturaliste de Pétersbourg avoit à peine un décimètre de longueur. L'espèce à laquelle appartenoit cet individu, vit dans la mer qui entoure l'isle d'Amboine; elle est, dans sa partie supérieure, d'un brun mêlé de taches irrégulières et nuageuses d'un gris blanchâtre, qui règne en s'éclaircissant

[1] Callionymus sagitta.
Callionymus sagitta. *Linné, édition de Gmelin.*
Pallas, Spicileg. zoolog. 8, p. 29, *tab.* 4, *fig.* 4 et 5.
Callionyme flèche. *Daubenton, Encyclopédie méthodique.*
Id. *Bonnaterre, planches de l'Encyclopédie méthodique.*

[2] Callionymus japonicus.
Callionymus japonicus. *Linné, édition de Gmelin.*
Houttuyn, Act. Haarlem. 20, 2, p. 313, *n.* 1.
Callionyme du Japon. *Bonnaterre, planches de l'Encyclopédie méthodique.*

sur la partie inférieure. Des taches ou des points bruns
paroissent sur le haut de la nageoire caudale et sur
les nageoires jugulaires; une bande très-noire se montre
sur la partie postérieure de la première nageoire dorsale; et la seconde du dos, ainsi que les pectorales, sont
très-transparentes, et variées de brun et de blanc *.
Voici, d'ailleurs, les principaux caractères par lesquels
la flèche est séparée de la lyre. L'ouverture de la bouche
est très-petite ; les lèvres sont minces et étroites ; les
opercules des branchies sont mous, et composés, au
moins, de deux lames, dont la première se termine
par une longue pointe, et présente, dans son bord
postérieur, une dentelure très-sensible; on ne voit que
trois rayons à la membrane branchiale ; la première
nageoire du dos et celle de l'anus sont très-basses,
ou, ce qui est la même chose, forment une bande très-
étroite.

Le nom de *callionyme japonois* indique qu'il vit dans
des mers assez voisines de celles dans lesquelles on
trouve la flèche. Il parvient à la longueur de trois décimètres, ou environ. Il présente différentes nuances. Sa
première nageoire dorsale montre une tache noire,

---

* A la membrane des branchies.   3 rayons.
  à la première dorsale   4.
  à la seconde   9.
  à chacune des pectorales   11.
  à chacune des jugulaires   5.
  à la nageoire de l'anus   8.
  à celle de la queue   10.

ronde, et entourée de manière à représenter l'iris d'un œil ; les rayons de cette même nageoire sont noirs, et le premier de ces rayons se termine par deux filamens assez longs, ce qui forme un caractère extrêmement rare dans les divers genres de poissons. La seconde nageoire du dos est blanchâtre ; les nageoires pectorales sont arrondies, les jugulaires très-grandes ; et celle de la queue est très-alongée et fourchue *.

* A la première nageoire dorsale   4 rayons.
   à la seconde   10
   à chacune des pectorales   17
   à chacune des jugulaires   5
   à celle de l'anus   8
   à celle de la queue   9

LE CALLIONYME POINTILLÉ *.

CE poisson, qui appartient au second sous-genre des callionymes, et qui, par conséquent, a les yeux assez éloignés l'un de l'autre, ne présente que de très-petites dimensions. L'individu mesuré par le naturaliste Pallas, qui a fait connoître cette espèce, n'étoit que de la grandeur *du petit doigt de la main.* Ce callionyme est d'ailleurs varié de brun et de gris, et parsemé, sur toutes les places grises, de points blancs et brillans; le blanchâtre règne sur la partie inférieure de l'animal; la seconde nageoire du dos est brune avec des raies blanches et parallèles; les pectorales sont transparentes, et de plus pointillées de blanc à leur base, de même que celle de la queue; les rayons de ces trois nageoires présentent d'ailleurs une ou deux places brunes; les jugulaires sont noires dans leur centre, et blanches dans leur circonférence; et la nageoire de l'anus est blanche à sa base et noire dans le reste de son étendue.

---

* Callionymus punctulatus.
Callionymus ocellatus. *Linné, édition de Gmelin.*
Pallas, Spicileg. zoolog. 8, *p.* 25, *tab.* 4, *fig.* 13.
Callionyme œillé. *Daubenton, Encyclopédie méthodique.*
Callionyme petit argus. *Bonnaterre, planches de l'Encyclopédie méthodique.*

Telles sont les couleurs des deux sexes; mais voici les différences qu'ils offrent dans leurs nuances : la première nageoire du dos du mâle est toute noire; celle de la femelle montre une grande variété de tons qui se déploient d'autant plus facilement que cette nageoire est plus haute que celle du mâle. Sur la partie inférieure de cet instrument de natation, s'étendent des raies brunes relevées par une bordure blanche et par une bordure plus extérieure et noire; et sur la partie supérieure, on voit quatre ou cinq taches rondes, noires dans leur centre, entourées d'un cercle blanc bordé de noir, et imitant un iris avec sa prunelle.

Ces dimensions plus considérables et ces couleurs plus vives et plus variées d'un organe sont ordinairement dans les poissons, comme dans presque tous les autres animaux, un apanage du mâle, plutôt que de la femelle; et l'on doit remarquer de plus dans la femelle du callionyme pointillé un appendice conique situé au-delà de l'anus, qui, étant très-petit, peut être couché et caché aisément dans une sorte de fossette, et qui vraisemblablement sert à l'émission des œufs *.

---

* A la membrane des branchies   5 ou 6 rayons.
  à la première nageoire dorsale   4
  à la seconde   8
  à chacune des pectorales   20
  à chacune des jugulaires   5
  à celle de l'anus   7
  à celle de la queue   10

Dans les deux sexes, l'ouverture de la bouche est très-petite ; les lèvres sont épaisses ; la supérieure est double, l'opercule branchial garni d'un piquant, et la ligne latérale assez droite.

QUARANTE-TROISIÈME GENRE.

LES CALLIOMORES.

La tête plus grosse que le corps; les ouvertures bran-chiales placées sur les côtés de l'animal; les nageoires jugulaires très-éloignées l'une de l'autre; le corps et la queue garnis d'écailles à peine visibles.

ESPÈCE.	CARACTÈRES.
LE CALLIOMORE INDIEN. (*Calliomorus indicus.*)	Sept rayons à la membrane des branchies; deux aiguillons à la première pièce, et un aiguillon à la seconde de chaque opercule.

LE CALLIOMORE INDIEN *.

CE mot *calliomore*, formé par contraction de deux mots grecs, dont l'un est καλλιονυμος, et l'autre veut dire *limitrophe, voisin*, etc., désigne les grands rapports qui rapprochent le poisson que nous allons décrire, des vrais callionymes; il a même été inscrit jusqu'à présent dans le même genre que ces derniers animaux: mais il nous a paru en différer par trop de caractères essentiels, pour que les principes qui nous dirigent dans nos distributions méthodiques, nous aient permis de ne pas l'en séparer.

Le calliomore indien a des teintes bien différentes, par leur peu d'éclat et leur uniformité, des couleurs variées et brillantes qui parent les callionymes, et surtout la lyre : il est d'un gris plus ou moins livide. L'ensemble de son corps et de sa queue est d'ailleurs très-déprimé, c'est-à-dire, aplati de haut en bas ; ce qui le lie avec les uranoscopes dont nous allons parler, et ne contribue pas peu à déterminer la place qu'il doit occuper dans un tableau général des poissons. Les ouvertures de ses branchies sont placées sur les côtés de la tête, au lieu de l'être sur la nuque, comme

---

* Calliomorus indicus.
Callionymus indicus. *Linné, édition de Gmelin.*
Callionyme indien. *Bonnaterre, planches de l'Encyclopédie méthodique.*

celles des branchies des callionymes ; ces orifices ont de plus beaucoup de largeur ; la membrane qui sert à les fermer est soutenue par sept rayons ; et l'opercule, composé de deux lames, présente deux piquans sur la première de ces deux pièces, et un piquant sur la seconde.

La mâchoire inférieure est un peu plus avancée que celle de dessus ; l'on voit sur la tête des rugosités disposées longitudinalement ; et le premier rayon de la première nageoire dorsale est très-court et séparé des autres *.

C'est en Asie que l'on trouve le calliomore indien.

---

* A la première nageoire dorsale   7 rayons.
   à la seconde   13
   à chacune des pectorales   20
   à chacune des jugulaires   6
   à la nageoire de l'anus   13
   à celle de la queue   11

QUARANTE-QUATRIÈME GENRE

LES URANOSCOPES.

La tête déprimée, et plus grosse que le corps; les yeux su
la partie supérieure de la tête, et très-rapprochés; l
mâchoire inférieure beaucoup plus avancée que la supé
rieure; l'ensemble formé par le corps et la queue, presqu
conique, et revêtu d'écailles très-faciles à distinguer,
chaque opercule branchial composé d'une seule pièce, e
garni d'une membrane ciliée.

ESPÈCES.	CARACTÈRES.
1. L'URANOSCOPE RAT. (*Uranoscopus mus.*)	Le dos dénué d'écailles épineuses.
2. L'URANOSC. HOUTTUYN. (*Uranoscopus houttuyn.*)	Le dos garni d'écailles épineuses.

Pl. 11. Pag. 34

Deseve Del.

Chevi el Sculp

1. URANOSCOPE Rat. 2. TRACHINE Vive. 3. SCORPENE Double filament.

L'URANOSCOPE RAT*.

LES noms de *callionyme* et de *trachine* donnés à cet animal, annoncent les ressemblances qu'il présente avec les vrais callionymes, et avec le genre dont nous

---

* Uranoscopus mus.

Tapecon, *sur les côtes de plusieurs départemens méridionaux de France.*

Raspecon , *ibid.*

Mesoro, *dans quelques contrées de l'Italie.*

Pesce prete , *ibid.*

Rascassa bianca , *ibid.*

Bocca in capo , *ibid.*

Νυκτερις.

Uranoscopus scaber. *Linné, édition de Gmelin.*

Uranoscope rat. *Daubenton, Encyclopédie méthodique.*

Id. *Bonnaterre, planches de l'Encyclopédie méthodique.*

Καλλιωνυμος. *Aristot. lib.* 2 , *cap.* 15; *et lib.* 8, *cap.* 13.

Id. *Ælian. lib.* 13 , *cap.* 4, *p.* 753.

Ο'υρανοσκοπος. *Athen. lib.* 7 , *f.* 142 , 5.

Α"γνος. *Idem, lib.* 8 , *f.* 177, 33.

Η'μεροκοιτης. *Oppian. lib.* 2 , *p.* 37.

Callionymus , *seu* uranoscopus. *Plin. lib.* 32 , *cap.* 7 *et cap.* 11.

Galen. class. 1 , *fol.* 125 , *A.*

Uranoscopus. *Cub. lib.* 3 , *cap.* 101 , *fol.* 93 , *b.*

Raspecon , *ou* tapecon. *Rondelet, première partie, liv.* 10 , *chap.* 12.

Salvian. fol. 196 , *b, ad icon. et* 197 , *b, et* 198.

Aldrov. lib. 2 , *cap.* 51 , *p.* 265.

Jonst. lib. 1 , *tit.* 3 , *cap.* 3 , *a.* 1 ; *punct.* 4 , *tab.* 21 , *fig.* 7.

Uranoscopus , *seu* cœli speculator. *Charlet. p.* 147.

Wotton, lib. 8 , *cap.* 171 , *fol.* 154 , *b.*

Pulcher piscis. *Gaz.*

nous occuperons après avoir décrit celui des uranoscopes. Nous n'avons pas besoin d'indiquer ces simili-
tudes ; on les remarquera aisément. D'un autre côté,
cette dénomination d'*uranoscope* (qui regarde le ciel)
désigne le caractère frappant que montre le dessus de
la tête du rat et des autres poissons du même genre.
Leurs yeux sont, en effet, non seulement très-rapprochés l'un de l'autre, et placés sur la partie supérieure
de la tête, mais tournés de manière que lorsque l'animal est en repos, ses prunelles sont dirigées vers la
surface des eaux, ou le sommet des cieux.

La tête très-aplatie, et beaucoup plus grosse que le
corps, est d'ailleurs revêtue d'une substance osseuse
et dure, qui forme comme une sorte de casque garni
d'un très-grand nombre de petits tubercules, s'étend
jusqu'aux opercules qui sont aussi très-durs et verru-
queux, présente, à peu près au-dessus de la nuque,
deux ou plus de deux piquans renfermés quelquefois

Trachinus cirris multis in maxillâ inferiore. *Artedi, gen.* 42, *syn.* 71.
Bloch, pl. 163.

Corystron. *Klein, miss. pisc.* 4, *p.* 46, *n.* 1.

Ruysch, Theatr. p. 62, *tab.* 21, *fig.* 7.

Bellon, Aquat. p. 219.

Gesn. Aquat. p. 135, *Icon. anim. p.* 138.

Callionymus, *vel* uranoscopus. *Willughby, Ichthyol. p.* 287, *tab.* S, 9.
Raj. Pisc. p. 97, *n.* 22.

Raspecon, *ou* tapecon. *Valmont-Bomare, Dictionnaire d'histoire naturelle.*

Rascasse blanche. *Duhamel, Traité des pêches, seconde partie, cinquième section, chap.* I, *art.* 4.

dans une peau membraneuse, et se termine sous la gorge par trois ou cinq autres piquans. Chaque opercule est aussi armé de pointes tournées vers la queue, et engagées en partie dans une sorte de gaine très-molle.

L'ouverture de la bouche est située à l'extrémité de la partie supérieure de la tête, et l'animal ne peut la fermer qu'en portant vers le haut le bout de sa mâchoire inférieure, qui est beaucoup plus longue que la mâchoire supérieure. La langue est épaisse, forte, courte, large, et hérissée de très-petites dents. De l'intérieur de la bouche et près du bout antérieur de la mâchoire inférieure, part une membrane, laquelle se rétrécit, s'arrondit, et sort de la bouche en filament mobile et assez long.

Le tronc et la queue représentent ensemble une espèce de cône recouvert de petites écailles, et sur chaque côté duquel s'étend une ligne latérale qui commence aux environs de la nuque, s'approche des nageoires pectorales *, va directement ensuite jusqu'à la nageoire de la queue, et indique une série de pores destinés à laisser échapper cette humeur onctueuse si

---

* A la membrane des branchies   5 rayons.
   à la première nageoire dorsale   4
   à la seconde   14
   à chacune des pectorales   17
   à chacune des jugulaires   6
   à la nageoire de l'anus   13
   à celle de la queue, qui est rectiligne,   12

nécessaire aux poissons, et dont nous avons déja eu tant d'occasions de parler.

Il y a deux nageoires sur le dos; celles de la poitrine sont très-grandes, ainsi que la caudale. Des teintes jaunâtres distinguent ces nageoires pectorales; celle de l'anus est d'un noir éclatant : l'animal est d'ailleurs brun par-dessus, gris sur les côtés, et blanc par-dessous.

Le canal intestinal de l'uranoscope rat n'est pas très-long, puisqu'il n'est replié qu'une fois; mais la membrane qui forme les parois de son estomac, est assez forte, et l'on compte auprès du pylore, depuis huit jusqu'à douze appendices ou petits cœcums propres à prolonger le séjour des alimens dans l'intérieur du poisson, et par conséquent à faciliter la digestion.

Le rat habite particulièrement dans la Méditerranée. Il y vit le plus souvent auprès des rivages vaseux; il s'y cache sous les algues; il s'y enfonce dans la fange; et par une habitude semblable à celles que nous avons déja observées dans plusieurs raies, dans la lophie baudroie, et dans quelques autres poissons, il se tient en embuscade dans le limon, ne laissant paroître qu'une petite partie de sa tête, mais étendant le filament mobile qui est attaché au bout de sa mâchoire inférieure, et attirant par la ressemblance de cette sorte de barbillon avec un ver, de petits poissons qu'il dévore. C'est Rondelet qui a fait connoître le premier cette manière dont l'uranoscope rat parvient à se saisir facilement de sa proie. Ce poisson ne peut se servir de ce moyen de pêcher, qu'en demeurant pendant très-long-temps immobile, et paroissant plongé dans un sommeil profond. Voilà pourquoi, apparemment, on a écrit qu'il dormoit plutôt pendant le jour que pendant la nuit, quoique, dans son organisation, rien n'indique une sensibilité aux rayons lumineux moins vive que celle des autres poissons, desquels on n'a pas dit que le temps de leur sommeil fût le plus souvent celui pendant lequel le soleil éclaire l'horizon [1].

Il parvient jusqu'à la longueur de trois décimètres : sa chair est blanche, mais quelquefois dure, et de mauvaise odeur; elle indique, par ces deux mauvaises qualités, les petits mollusques et les vers marins dont le rat aime à se nourrir, et les fonds vaseux qu'il préfère. Dès le temps des anciens naturalistes grecs et latins, on savoit que la vésicule du fiel de cet uranoscope est très-grande, et l'on croyoit que la liqueur qu'elle contient, étoit très-propre à guérir des plaies et quelques maladies des yeux [2].

---

[1] Voyez, dans le *Discours sur la nature des poissons*, ce qui concerne le sommeil de ces animaux.

[2] Pline, *liv.* 32, *chap.* 7.

L'URANOSCOPE HOUTTUYN [1].

L E nom que nous donnons à cet uranoscope, est un témoignage de la reconnoissance que les naturalistes doivent au savant Houttuyn, qui en a publié le premier la description.

On trouve ce poisson dans la mer qui baigne les isles du Japon. Il est, par ses couleurs, plus agréable à voir que l'uranoscope rat; en effet, il est jaune dans sa partie supérieure, et blanc dans l'inférieure. Les nageoires jugulaires sont assez courtes[2]; des écailles épineuses sont rangées longitudinalement sur le dos de l'houttuyn.

[1] Uranoscopus houttuyn.
Houttuyn, Act. Haarlem. 20, 2, *p.* 314.
Uranoscopus japonicus. *Linné, édition de Gmelin.*
Uranoscope astrologue. *Bonnaterre, planches de l'Encyclopédie méthodique.*

[2] A la première nageoire dorsale   4 rayons.
    à la seconde   15
    à chacune des pectorales   12
    à chacune des jugulaires   5
    à celle de la queue   8

QUARANTE-CINQUIÈME GENRE.

LES TRACHINES.

La tête comprimée, et garnie de tubercules ou d'aiguillons; une ou plusieurs pièces de chaque opercule, dentelées; le corps et la queue alongés, comprimés, et couverts de petites écailles; l'anus situé très-près des nageoires pectorales.

ESPÈCES.	CARACTÈRES.
1. LA TRACHINE VIVE. (*Trachinus vividus.*)	La mâchoire inférieure plus avancée que la supérieure.
2. LA TRACHINE OSBECK. (*Trachinus osbeck.*)	Les deux mâchoires également avancées.

LA TRACHINE VIVE *.

CET animal a été nommé *dragon marin* dès le temps d'Aristote. Et comment n'auroit-il pas, en effet, réveillé l'idée du dragon ? Ses couleurs sont souvent brillantes et agréables à la vue; il les anime par la vivacité de ses

---

* Trachinus vividus.

Viver, *sur plusieurs côtes françoises de l'Océan.*

Araigne, *sur les rivages de plusieurs départemens méridionaux de France.*

Saccaraïlla blanc , *auprès de Bayonne.*

Tragina , *en Sicile.*

Pisce ragno , *dans plusieurs contrées de l'Italie.*

Fiæsing , *en Danemarck.*

Fjarsing, *par les Danois et les Suédois.*

Schwert fisch , *dans plusieurs pays du nord de l'Europe.*

Pieterman , *ibid.*

Weever, *par les Anglois.*

Δρακαινα , *par les Grecs modernes.*

Aranéole , boisdereau , *et* bois de roc , *pendant la jeunesse de l'animal, et sur quelques côtes méridionales de France.*

Trachinus draco. *Linné, édition de Gmelin.*

Trachine vive. *Daubenton, Encyclopédie méthodique.*

Id. Bonnaterre, *planches de l'Encyclopédie méthodique.*

Bloch, pl. 61.

Trachinus maxillâ inferiore longiore, cirris destitutâ. *Artedi, gen. 42, syn. 70.*

Δρακων. *Arist. lib. 8 , cap. 13.*

Δρακων Θαλατθιον. *Ælian. t. 11 , cap. 41; et lib. 14 , cap. 12.*

Oppian. *lib. 1 , p. 7; et lib. 2 , p. 46.*

Draco marinus. *Plin. lib. 9 , cap. 27.*

Araneus. *Id. lib. 9 , cap. 48.*

mouvemens; il a de plus reçu le pouvoir terrible de causer des blessures cruelles, par des armes, pour ainsi dire, inévitables. Une beauté peu commune et une puissance dangereuse n'ont-elles pas toujours été les attributs distinctifs des enchanteresses créées par l'antique mythologie, ainsi que des fées, auxquelles une poésie plus moderne a voulu donner le jour? Ne doivent-elles pas, lorsqu'elles se trouvent réunies, rappeler

Wotton, *lib.* 8, *cap.* 178, *fol.* 158, *b.*

Draco, sive araneus piscis. *Salvian. fol.* 71, *b.*

Araignée de mer, *ou* vive. *Rondelet, première partie, liv.* 10, *chap.* 10.

Draco marinus. *Aldrov. lib.* 2, *cap.* 50, *p.* 256.

Jonst. lib. 1, *tit.* 3, *cap.* 3, *a.* 1, *punct.* 2, *tab.* 21, *fig.* 2, 3, 5.

Charlet. p. 146.

Draco *sive* araneus Plinii. *Gesner, p.* 77.

Willughby, p. 288, *tab. S.* 10, *fig.* 1.

Raj. p. 91.

Aranea. *Cub. lib.* 3, *cap.* 3, *fol.* 71, *b.*

Araneus, *vel* draco marinus. *Schonev. p.* 16.

Bellon, Aquat. p. 215.

It. Scan. 325.

Faun. Suecic. 305.

Müll. Prodrom. Zoolog. Danic. n. 309.

Trachinus. *Gronov. Act. Ups.* 1742, *p.* 95.

Id. *Id. Mus.* 1, *p.* 42, *n.* 97; *Zooph. p.* 80, *n.* 274.

Trachinus draco. *Brünn. Pisc. Massil. p.* 19, *n.* 30.

Corystion simplici galeâ, etc. *Klein, Miss. pisc.* 4, *p.* 46, *n.* 9.

Wever. *Penn. Brit. Zoolog.* 3, *p.* 169, *n.* 71, *tab.* 28.

La vive. *Duhamel, Traité des pêches, seconde partie, sixième section, chap.* 1, *art.* 3.

Dragon de mer. *Valmont-Bomare, Dictionnaire d'histoire naturelle.*

Trachinus draco. *Ascagne, pl.* 7.

le sinistre pouvoir de ces êtres extraordinaires, retracer l'image de leurs ministres, présenter sur-tout à l'imagination amie du merveilleux ce composé fantastique, mais imposant, de formes, de couleurs, d'armes, de qualités effrayantes et douées cependant d'un attrait invincible, qui servant, sous le nom de *dragon*, les complots-ténébreux des magiciennes de tous les âges, au char desquelles on l'a attaché, ne répand l'épouvante qu'avec l'admiration, séduit avant de donner la mort, éblouit avant de consumer, enchante avant de détruire?

Et afin que cette même imagination fût plus facilement entraînée au-delà de l'intervalle qui sépare le dragon de la Fable, de la *vive* de la Nature, n'a-t-on pas attribué à ce poisson un venin redoutable? ne s'est-on pas plu à faire remarquer les brillantes couleurs de ses yeux, dans lesquels on a voulu voir resplendir, comme dans ceux du dragon poétique, tous les feux des pierres les plus précieuses?

Il en est cependant du dragon marin comme du dragon terrestre *. Son nom fameux se lie à d'immortels souvenirs : mais à peine l'a-t-on apperçu, que toute idée de grandeur s'évanouit; il ne lui reste plus que quelques rapports vagues avec la brillante chimère dont on lui a appliqué la fastueuse dénomination, et

---

* Voyez l'article *du dragon* dans notre *Histoire naturelle des quadrupèdes ovipares.*

du volume gigantesque qu'on étoit porté à lui attribuer, il se trouve tout d'un coup réduit à de très-petites dimensions. Ce dragon des mers, ou, pour mieux dire, et pour éviter toute cause d'erreur, la trachine vive ne parvient, en effet, très-souvent qu'à la longueur de trois ou quatre décimètres.

Sa tête est comprimée et garnie dans plusieurs endroits de petites aspérités. Les yeux, rapprochés l'un de l'autre, ont la couleur et la vivacité de l'émeraude avec l'iris jaune tacheté de noir. L'ouverture de la bouche est assez grande, la langue pointue; et la mâchoire inférieure, qui est plus avancée que la supérieure, est armée, ainsi que cette dernière, de dents très-aiguës. Chaque opercule recouvre une large ouverture branchiale, et se termine par une longue pointe tournée vers la queue. Le dos présente deux nageoires : les rayons de la première ne sont qu'au nombre de cinq; mais ils sont non articulés, très-pointus et très-forts. La peau qui revêt l'animal est couverte d'écailles arrondies, petites, et foiblement attachées : mais elle est si dure, qu'on peut écorcher une trachine vive presque aussi facilement qu'une murène anguille. Il en est de même de l'uranoscope rat; et c'est une nouvelle ressemblance entre la vive et cet uranoscope.

Le dos du poisson est d'un jaune brun; ses côtés et sa partie inférieure sont argentés et variés dans leurs nuances par des raies transversales ou obliques, brunâtres, et fréquemment dorées; la première na-geoire dorsale est presque toujours noire*.

On trouve dans son intérieur et auprès du pylore, au moins huit appendices ou petits *cœcum*.

La vive habite non seulement dans la Méditerranée, mais encore dans l'Océan. Elle se tient presque tou-jours dans le sable, ne laissant paroître qu'une partie de sa tête; et elle a tant de facilité à creuser son petit asyle dans le limon, que lorsqu'on la prend et qu'on la laisse échapper, elle disparoît en un clin d'œil, et s'enfonce dans la vase. Lorsque la vive est ainsi retirée dans le sable humide, elle n'en conserve pas moins la faculté de frapper autour d'elle avec force et promp-titude par le moyen de ses aiguillons et particulière-ment de ceux qui composent sa première nageoire dorsale. Aussi doit-on se garder de marcher nûd-pieds sur le sable ou le limon au-dessous duquel on peut supposer des vives : leurs piquans font des blessures très-douloureuses. Mais malgré le danger de beaucoup souffrir, auquel on s'expose lorsqu'on veut prendre ces trachines, leur chair est d'un goût si délicat, que l'on va très-fréquemment à la pêche de ces poissons, et

* A la première nageoire dorsale	5 rayons.
à la seconde	24
à chacune des nageoires pectorales	16
à chacune des jugulaires	6
à la nageoire de l'anus	25
à celle de la queue, qui est un peu fourchue,	15

qu'on emploie plusieurs moyens pour s'en procurer un grand nombre.

Pendant la fin du printemps et le commencement de l'été, temps où les vives s'approchent des rivages pour déposer leurs œufs, ou pour féconder ceux dont les femelles se sont débarrassées, on en trouve quelquefois dans les *manets* ou filets à nappes simples, dont on se sert pour la pêche des maquereaux. On emploie aussi pour les prendre, lorsque la nature du fond le permet, des *dréges* ou espèces de filets qui reposent légèrement sur ce même fond, et peuvent dériver avec la marée.

On s'efforce d'autant plus de pêcher une grande quantité de vives, que ces animaux non seulement donnent des signes très-marqués d'irritabilité après qu'ils ont été vidés, ou qu'on leur a coupé la tête, mais encore peuvent vivre assez long-temps hors de l'eau, et par conséquent être transportés encore en vie à d'assez grandes distances. D'ailleurs, par un rapport remarquable entre l'irritabilité des muscles et leur résistance à la putridité, la chair des trachines vives ne se corrompt pas aisément, et peut être conservée pendant plusieurs jours, sans cesser d'être très-bonne à manger; et c'est à cause de ces trois propriétés qu'elles ont reçu le nom spécifique que j'ai cru devoir leur laisser.

Cependant, si plusieurs marins vont sans cesse à la recherche de ces trachines, la crainte fondée d'être

cruellement blessés par les piquans de ces animaux;
et sur-tout par les aiguillons de la première nageoire
dorsale, leur fait prendre de grandes précautions; et
les accidens occasionnés par ces dards ont été regardés
comme assez graves pour que, dans le temps, l'autorité
publique ait cru, en France, devoir donner, à ce sujet,
des ordres très-sévères. Les pêcheurs s'attachent sur-
tout à briser ou arracher les aiguillons des vives qu'ils
tirent de l'eau. Lorsque, malgré toute leur attention,
ils ne peuvent pas parvenir à éviter la blessure qu'ils
redoutent, ceux de leurs membres qui sont piqués présentent une tumeur accompagnée de douleurs très-
cuisantes et quelquefois de fièvre. La violence de ces
symptômes dure ordinairement pendant douze heures;
et comme cet intervalle de temps est celui qui sépare
une haute marée de celle qui la suit, les pêcheurs de
l'Océan n'ont pas manqué de dire que la durée des
accidens occasionnés par les piquans des vives avoit
un rapport très-marqué avec les phénomènes du flux
et reflux, auxquels ils sont forcés de faire une attention
continuelle, à cause de l'influence des mouvemens de
la mer sur toutes leurs opérations. Au reste, les moyens
dont les marins de l'Océan ou de la Méditerranée se
servent pour calmer leurs souffrances, lorsqu'ils ont
été piqués par des trachines vives, ne sont pas peu
nombreux; et plusieurs de ces remèdes sont très-
anciennement connus. Les uns se contentent d'appliquer sur la partie malade le foie ou le cerveau encore

frais du poisson ; les autres, après avoir lavé la plaie avec beaucoup de soin, emploient une décoction de lentisque, ou les feuilles de ce végétal, ou des féves de marais. Sur quelques côtes septentrionales, on a recours quelquefois à de l'urine chaude ; le plus souvent on y substitue du sable mouillé, dont on enveloppe la tumeur, en tâchant d'empêcher tout contact de l'air avec les membres blessés par la trachine.

L'enflure considérable et les douleurs longues et aiguës qui suivent la piquure de la vive, ont fait penser que cette trachine étoit véritablement venimeuse ; et voilà pourquoi, sans doute, on lui a donné le nom de l'araignée dans laquelle on croyoit devoir supposer un poison assez actif. Mais la vive ne lance dans la plaie qu'elle fait avec ses piquans, aucune liqueur particulière : elle n'a aucun instrument propre à déposer une humeur vénéneuse dans un corps étranger, aucun réservoir pour la contenir dans l'intérieur de son corps, ni aucun organe pour la filtrer ou la produire. Tous les effets douloureux de ses aiguillons doivent être attribués à la force avec laquelle elle se débat lorsqu'on la saisit, à la rapidité de ses mouvemens, à l'adresse avec laquelle elle se sert de ses armes, à la promptitude avec laquelle elle redresse et enfonce ses petits dards dans la main, par exemple, qui s'efforce de la retenir, à la profondeur à laquelle elle les fait parvenir, et à la dureté ainsi qu'à la forme très-pointue de ces piquans.

La vive n'emploie pas seulement contre les marins

qui la pêchent et les grands poissons qui l'attaquent, l'énergie, l'agilité et les armes dangereuses que nous venons de décrire : elle s'en sert aussi pour se procurer plus facilement sa nourriture, lorsque, ne se contentant pas d'animaux à coquilles, de mollusques, ou de crabes, elle cherche à dévorer des poissons d'une taille presque égale à la sienne.

Tels sont les faits certains dont on peut composer la véritable histoire de la trachine vive. Elle a eu aussi son histoire fabuleuse, comme toutes les espèces d'animaux qui ont présenté quelque phénomène remarquable. Nous ne la rapporterons pas, cette histoire fabuleuse. Nous ne parlerons pas des opinions contraires aux lois de la physique maintenant les plus connues, ni des contes ridicules, que l'on trouve, au sujet de la vive, dans plusieurs auteurs anciens, particulièrement dans Élien, ainsi que dans quelques écrivains modernes ; et qui doivent principalement leur origine au nom de *dragon* que porte cette trachine, et à toutes les fictions vers lesquelles ce nom ramène l'imagination ; nous ne dirons rien du pouvoir merveilleux de la main droite ou de la main gauche lorsqu'on touche une vive, ni d'autres observations presque du même genre : en tâchant de découvrir les propriétés des ouvrages de la Nature, et les divers effets de sa puissance, nous n'avons qu'un trop grand nombre d'occasions d'ajouter à l'énumération des erreurs de l'esprit humain.

Il paroît que selon les mers qu'elle habite, la vive

présente dans ses dimensions, ou dans la disposition et les nuances de ses couleurs, des variétés plus ou moins constantes. Voici les deux plus dignes d'attention.

La première est d'un gris cendré avec des raies transversales, d'un brun tirant sur le bleu. Elle a trois décimètres, ou à peu près, de longueur.

La seconde est blanche, parsemée, sur sa partie supérieure, de points brunâtres, et distinguée d'ailleurs par des taches de la même teinte, mais grandes et ovales, que l'on voit également sur sa partie supérieure. Elle parvient à une longueur de plus de trois décimètres.

C'est vraisemblablement de cette variété qu'il faut rapprocher les trachines vives de quelques côtes de l'Océan, que l'on nomme *saccarailles blancs**, et qui sont longues de cinq ou six décimètres.

---

* Duhamel, *à l'endroit déja cité.*

LA TRACHINE OSBECK[1].

C'est dans l'océan Atlantique, et auprès de l'isle de l'Ascension, qu'habite cette trachine, dont la description a été publiée par le savant voyageur Osbeck. Les deux mâchoires de ce poisson sont également avancées, et garnies de plusieurs rangs de dents longues et pointues, dont trois en haut et trois en bas sont plus grandes que les autres; des dents aiguës sont aussi placées auprès du gosier. Chaque opercule se termine par deux aiguillons inégaux en longueur. La nageoire de la queue est rectiligne[2]. Tout l'animal est blanc avec des taches noires. Telles sont les principales différences qui écartent cette espèce de la trachine vive.

[1] Trachinus osbeck.
Osbeck, Voy. to China, p. 96.
Trachine ponctuée. Bonnaterre, planches de l'Encyclopédie méthodique.

[2]		
A la membrane des branchies	6	rayons.
à chacune des nageoires pectorales	18	
à chacune des jugulaires	5	
à la nageoire de l'anus	11	
à celle de la queue	16	

QUARANTE-SIXIÈME GENRE.

LES GADES.

La tête comprimée; les yeux peu rapprochés l'un de l'autre, et placés sur les côtés de la tête; le corps alongé, peu comprimé, et revêtu de petites écailles; les opercules composés de plusieurs pièces, et bordés d'une membrane non ciliée.

PREMIER SOUS-GENRE.

Trois nageoires sur le dos; un ou plusieurs barbillons au bout du museau.

ESPÈCES	CARACTÈRES.
1. LE GADE MORUE. (*Gadus morhua.*)	La nageoire de la queue, fourchue; la mâchoire supérieure plus avancée que l'inférieure; le premier rayon de la première nageoire de l'anus, non articulé, et épineux.
2. LE GADE ÆGLEFIN. (*Gadus æglefinus.*)	La nageoire de la queue, fourchue; la mâchoire supérieure plus avancée que l'inférieure; la couleur blanchâtre; la ligne latérale noire.
3. LE GADE BIB. (*Gadus bibus.*)	La nageoire de la queue, fourchue; la mâchoire supérieure un peu plus avancée que l'inférieure; le premier rayon de chaque nageoire jugulaire, terminé par un long filament.

ESPÈCES.	CARACTÈRES.
4. LE GADE SAIDA. (*Gadus saida.*)	La nageoire de la queue, fourchue; la mâchoire inférieure un peu plus avancée que la supérieure; le second rayon de chaque nageoire jugulaire, terminé par un long filament.
5. LE GADE BLENNIOÏDE. (*Gadus blennioïdes.*)	La nageoire de la queue, fourchue; le premier rayon de chaque nageoire jugulaire plus long que les autres, et divisé en deux.
6. LE GADE CALLARIAS. (*Gadus callarias.*)	La nageoire de la queue en croissant; la mâchoire supérieure plus avancée que l'inférieure; la ligne latérale large et tachetée.
7. LE GADE TACAUD. (*Gadus tacaud.*)	La nageoire de la queue en croissant; la mâchoire supérieure plus avancée que l'inférieure; la hauteur du corps égale, à peu près, au tiers de la longueur totale de l'animal.
8. LE GADE CAPELAN. (*Gadus capelanus.*)	La nageoire de la queue, arrondie; la mâchoire supérieure plus avancée que l'inférieure; le ventre très-carené; l'anus placé, à peu près, à une égale distance de la tête et de l'extrémité de la queue.

SECOND SOUS-GENRE.

Trois nageoires sur le dos; point de barbillons au bout du museau.

ESPÈCE.	CARACTÈRES.
9. LE GADE COLIN. (*Gadus colinus.*)	La nageoire de la queue, fourchue; la mâchoire inférieure plus avancée que la supérieure; la ligne latérale presque droite; la bouche noire.

ESPÈCES.	CARACTÈRES.
10. LE GADE POLLACK. (*Gadus pollachius.*)	La nageoire de la queue, fourchue ; la mâchoire inférieure plus avancée que la supérieure ; la ligne latérale très-courbe.
11. LE GADE SEY. (*Gadus sey.*)	La nageoire de la queue, fourchue ; les deux mâchoires également avancées ; la couleur du dos verdâtre.
12. LE GADE MERLAN. (*Gadus merlangus.*)	La nageoire de la queue en croissant ; la mâchoire supérieure plus avancée que l'inférieure ; la couleur blanche.

TROISIÈME SOUS-GENRE.

Deux nageoires dorsales; un ou plusieurs barbillons au bout du museau.

ESPÈCES.	CARACTÈRES.
13. LE GADE MOLVE. (*Gadus molva.*)	La nageoire de la queue, arrondie ; la mâchoire supérieure plus avancée que l'inférieure.
14. LE GADE DANOIS. (*Gadus danicus.*)	La mâchoire inférieure plus avancée que la supérieure ; la nageoire de l'anus très-longue, et composée de 70 rayons, ou environ.
15. LE GADE LOTE. (*Gadus lota.*)	La nageoire de la queue, arrondie ; les deux mâchoires également avancées.
16. LE GADE MUSTELLE. (*Gadus mustella.*)	La nageoire de la queue, arrondie ; la première nageoire du dos très-basse, excepté le premier ou le second rayon ; la ligne latérale très-courbe auprès des nageoires pectorales, et ensuite droite.

ESPÈCE.	CARACTÈRES.
17. LE GADE CIMBRE. (*Gadus cimbrius*.)	La nageoire de la queue, arrondie; deux barbillons auprès des narines; un barbillon à la lèvre supérieure, et un à l'inférieure; le premier rayon de la première nageoire dorsale, terminé par deux filamens disposés horizontalement comme les branches d'un T.

QUATRIÈME SOUS-GENRE.

Deux nageoires dorsales; point de barbillons auprès du bout du museau.

ESPÈCE.	CARACTÈRES.
18. LE GADE MERLUS. (*Gadus merlucius*.)	La nageoire de la queue, rectiligne; la mâchoire inférieure plus avancée que la supérieure.

CINQUIÈME SOUS-GENRE.

Une seule nageoire dorsale; des barbillons au bout du museau.

ESPÈCE.	CARACTÈRES.
19. LE GADE BROSME. (*Gadus brosme*.)	La nageoire de la queue lancéolée; des bandes transversales sur les côtés.

LE GADE MORUE *.

PARMI tous les animaux qui peuplent l'air, la terre ou
les eaux, il n'est qu'un très-petit nombre d'espèces utiles
dont l'histoire puisse paroître aussi digne d'intérêt que

* Gadus morhua.

Morhuel, *dans plusieurs pays septentrionaux de l'Europe.*

Molüe, *dans quelques contrées de France.*

Cabiliau, *ibid.*

Cabillau, *ibid.*

Cabillaud, *ibid. et particulièrement dans les départemens les plus septen-*
trionaux.

Kablag, *en Danemarck.*

Ciblia, *en Suède.*

Gadus morhua. *Linné, édition de Gmelin.*

Gade morue. *Daubenton, Encyclopédie méthodique.*

Id. *Bonnaterre, planches de l'Encyclopédie méthodique.*

Gadus squamis majoribus. *Bloch, pl. 64.*

Gadus, dorso tripterygio, ore cirrato, etc. *Artedi, syn. 35.*

Morhua vulgaris, maxima asellorum species. *Bellon, Aquat. p. 128.*

Morhua, *sive* molva altera. *Aldrov. lib. 3, cap. 6, p. 289.*

Molva, morhua. *Jonston, lib. 1, tit. 1, cap. 1, art. 2, tab. 2, fig. 1.*

Molva, *vel* morhua, altera, minor. *Gesner, p. 88, 102; Icon. anim. p. 71.*

Molüe, *ou* morhue. *Rondelet, première partie, liv. 9, chap. 13.*

Asellus major. *Schonev. p. 18.*

Charlet. p. 121.

Asellus major vulgaris, Belgis cabiliau. *Willughby, p. 165.*

Asellus major vulgaris. *Raj. p. 53, n. 1.*

Faun. Suecic. 308.

Müll. Prodrom. Zoolog. Danic. p. 42, n. 349.

Gadus kabbelja. *It. Wgoth. 176.*

celle de la morue, à la philosophie attentive et bien-
faisante qui médite sur la prospérité des peuples.
L'homme a élevé le cheval pour la guerre, le bœuf
pour le travail, la brebis pour l'industrie, l'éléphant
pour la pompe, le chameau pour l'aider à traverser les
déserts, le dogue pour sa garde, le chien courant pour
la chasse, le barbet pour le sentiment, la poule pour
sa table, le cormoran pour la pêche, l'aigrette pour sa
parure, le serin pour ses plaisirs, l'abeille pour remplacer le jour ; il a donné la morue au commerce maritime ; et en répandant par ce seul bienfait une nouvelle vie sur un des grands objets de la pensée, du courage et d'une noble ambition, il a doublé les liens fra-
ternels qui unissoient les différentes parties du globe.

Dans toutes les contrées de l'Europe, et dans presque
toutes celles de l'Amérique, il est bien peu de personnes
qui ne connoissent le nom de la morue, la bonté de
son goût, la nature de ses muscles, et les qualités qui
distinguent sa chair suivant les diverses opérations que
ce gade a subies : mais combien d'hommes n'ont aucune

Cabliau. *Strom. sondm.* 317.
Callarias sordidè olivaceus, maculis flavicantibus variis, etc. *Klein,
Miss. pisc.* 5, p. 5, n. 1.
Morue. *Camper, Mémoires des savans étrangers,* 6, p. 79.
Pennant, Brit. Zoolog. 3, p. 172, n. 73.
Morue franche. *Duhamel, Traité des pêches, seconde partie, première
section, chap.* 1.
Morue. *Valmont-Bomare, Dictionnaire d'histoire naturelle.*
Gadus morhua. *Ascagne, cah.* 3, p. 5, pl. 27.

idée précise de la forme extérieure , des organes intérieurs , des habitudes de cet animal fécond , ni des
diverses précautions que l'on a imaginées pour le
pêcher avec facilité ! et parmi ceux qui s'occupent avec
le plus d'assiduité d'étudier ou de régler les rapports
politiques des nations, d'augmenter leurs moyens de
subsistance , d'accroître leur population, de multiplier
leurs objets d'échange , de créer ou de ranimer leur
marine ; parmi ceux même qui ont consacré leur existence aux voyages de long cours , ou aux vastes spécu-
lations commerciales , n'est-il pas plusieurs esprits
élevés et très-instruits, aux yeux desquels cependant
une histoire bien faite du gade morue dévoileroit des
faits importans pour le sujet de leurs estimables médi-
tations ?

Aristote , Pline , ni aucun des anciens historiens de
la Nature, n'ont connu le gade morue : mais les naturalistes récens , les voyageurs, les pêcheurs, les pré-
parateurs , les marins, les commerçans , presque tous
les habitans des rivages, et même de l'intérieur des
terres de l'Europe ainsi que de l'Amérique , particulièrement de l'Amérique et de l'Europe septentrionales, se
sont occupés si fréquemment et sous tant de rapports
de ce poisson ; ils l'ont vu , si je puis employer cette
expression, sous tant de faces et sous tant de formes,
qu'ils ont dû nécessairement donner à cet animal
un très-grand nombre de dénominations différentes.
Néanmoins sous ces divers noms, aussi-bien que sous

les déguisemens que l'art a pu produire, et même sous les dissemblances plus ou moins variables et plus ou moins considérables que la Nature a créées dans les différens climats, il sera toujours aisé de distinguer la morue non seulement des autres jugulaires de la première division des osseux, mais encore de tous les autres gades, pour peu qu'on veuille rappeler les caractères que nous allons indiquer.

Comme tous les poissons de son genre, la morue a la tête comprimée; les yeux, placés sur les côtés, sont très-peu rapprochés l'un de l'autre, très-gros, voilés par une membrane transparente; et cette dernière conformation donne à l'animal la faculté de nager à la surface des mers septentrionales, au milieu des montagnes de glace, auprès des rivages couverts de neige congelée et resplendissante, sans être ébloui par la grande quantité de lumière réfléchie sur ces plages boréales : mais hors de ces régions voisines du cercle polaire, la morue doit voir avec plus de difficulté que la plupart des poissons dont les yeux ne sont pas ainsi recouverts par une pellicule diaphane; et de là est venue l'expression d'*yeux de morue* dont on s'est servi pour désigner des yeux grands, à fleur de tête, et cependant mauvais.

Les mâchoires sont inégales en longueur : la supérieure est plus avancée que l'inférieure, au bout de laquelle on voit pendre un assez grand barbillon. Elles sont armées toutes les deux de plusieurs rangées de dents fortes et aiguës. La première rangée en présente de beaucoup plus longues que les autres; et toutes ne sont pas articulées avec l'un des os maxillaires, de manière à ne se prêter à aucun mouvement : plusieurs de ces dents sont au contraire très-mobiles, c'est-à-dire, peuvent être, comme celles des squales, couchées et relevées sous différens angles, à la volonté de l'animal, et lui donner ainsi des armes plus appropriées à la nature, au volume et à la résistance de la proie qu'il cherche à dévorer.

La langue est large, arrondie par-devant, molle et lisse : mais on voit des dents petites et serrées au palais et auprès du gosier.

Les opercules des branchies sont composés chacun de trois pièces, et bordés d'une bande souple et non ciliée. Sept rayons soutiennent chaque membrane branchiale.

Le corps est alongé, légèrement comprimé, et revêtu d'écailles plus grandes que celles qui recouvrent presque tous les autres gades. La ligne latérale suit à peu près la courbure du dos jusque vers les deux tiers de la longueur totale du poisson.

On voit sur la morue trois grandes nageoires dorsales. Ce nombre de trois, dans les nageoires du dos, distingue les gades du premier et du second sous-genre, ainsi que l'indique le tableau qui est à la tête de cet article; et il est d'autant plus remarquable, qu'excepté les espèces renfermées dans ces deux sous-genres, les eaux douces, aussi-bien que les eaux salées, doivent comprendre un très-petit nombre de poissons osseux ou cartilagineux dont les nageoires dorsales soient plus que doubles, et qu'on n'en trouve particulièrement aucun à trois nageoires dorsales parmi les habitans des mers ou des rivières que nous avons déja décrits dans cet ouvrage.

Les poissons qui ont trois nageoires du dos, ont deux nageoires de l'anus, placées, comme les dorsales, à la suite l'une de l'autre. La morue a donc deux nageoires anales comme tous les gades du premier et du second sous - genre ; et on a pu voir sur le tableau de sa famille que le premier aiguillon de la première de ces deux nageoires est épineux et non articulé.

Les nageoires jugulaires sont étroites et terminées en pointe, comme celles de presque tous les gades ; la caudale est un peu fourchue *.

Les morues parviennent très-souvent à une grandeur assez considérable pour peser un myriagramme : mais ce n'est pas ce poids qui indique la dernière limite de leurs dimensions. Suivant le savant Pennant, on en a vu, auprès des côtes d'Angleterre, une qui pesoit près

---

* A la première nageoire du dos	15 rayons.
à la seconde	19
à la troisième	21
à chacune des nageoires pectorales	16
à chacune des jugulaires	6
à la première de l'anus	17
à la seconde	16
à la nageoire de la queue	30

de quatre myriagrammes, et qui avoit plus de dix-huit décimètres de longueur, sur seize décimètres de circonférence, à l'endroit le plus gros du corps.

L'espèce que nous décrivons est d'ailleurs d'un gris cendré, tacheté de jaunâtre sur le dos. La partie inférieure du corps est blanche, et quelquefois rougeâtre, avec des taches couleur d'or dans les jeunes individus. Les nageoires pectorales sont jaunâtres; une teinte grise distingue les jugulaires, ainsi que la seconde de l'anus. Toutes les autres nageoires présentent des taches jaunes.

C'est principalement en examinant avec soin les organes intérieurs de la morue, que Camper, Monro, et d'autres habiles anatomistes, sont parvenus à jeter un grand jour sur la structure interne des poissons, et particulièrement sur celle de leurs sens. On peut voir, par exemple, dans Monro, une très-belle description de l'ouïe de la morue. Mais nous nous sommes déja assez occupés de l'organe auditif des poissons, pour devoir nous contenter d'ajouter à tout ce que nous avons dit, et relativement au gade morue, que le grand os auditif contenu dans un sac placé à côté des canaux appelés *demi-circulaires*, et le petit os renfermé dans la cavité qui réunit le canal supérieur au canal moyen, présentent un volume assez considérable, proportionnellement à celui de l'animal; que c'est à ces deux os qu'il faut rapporter les petits corps que l'on trouve dans les cabinets d'histoire naturelle, sous le nom de *pierres de morue;*

qu'un troisième os que l'on a découvert aussi dans l'anguille et dans d'autres osseux dont nous traiterons avant de terminer cet ouvrage, est situé dans le creux qui sert de communication aux trois canaux demi-circulaires; et que la grande cavité qui comprend ces mêmes canaux, est remplie d'une matière visqueuse, au milieu de laquelle sont dispersés de petits corps sphériques auxquels aboutissent des ramifications nerveuses.

De petits corps semblables sont attachés à la cervelle, et aux principaux rameaux des nerfs.

Si de la considération de l'ouïe de la morue nous passons à celle de ses organes digestifs, nous trouverons qu'elle peut avaler dans un très-court espace de temps une assez grande quantité d'alimens : elle a en effet un estomac très-volumineux ; et l'on voit auprès du pylore six appendices ou petits canaux branchus. Elle est très-vorace ; elle se nourrit de poissons, de mollusques et de crabes. Elle a des sucs digestifs si puissans et d'une action si prompte, qu'en moins de six heures un petit poisson peut être digéré en entier dans son canal intestinal. De gros crabes y sont aussi bientôt réduits en chyle ; et avant qu'ils ne soient amenés à l'état de bouillie épaisse, leur têt s'altère, rougit comme celui des écrevisses que l'on met dans de l'eau bouillante, et devient très-mou *.

La morue est même si goulue, qu'elle avale souvent

---

* Voyez l'*Histoire d'Islande*, par Anderson,

des morceaux de bois ou d'autres substances qui ne peuvent pas servir à sa nourriture : mais elle jouit de la faculté qu'ont reçue les squales, d'autres poissons destructeurs, et les oiseaux de proie ; elle peut rejeter facilement les corps qui l'incommodent.

L'eau douce ne paroît pas lui convenir ; on ne la voit jamais dans les fleuves ou les rivières : elle ne s'approche même des rivages, au moins ordinairement, que dans le temps du frai ; pendant le reste de l'année, elle se tient dans les profondeurs des mers, et par conséquent elle doit être placée parmi les véritables poissons pélagiens. Elle habite particulièrement dans la portion de l'Océan septentrional comprise entre le quarantième degré de latitude et le soixante-sixième : plus au nord ou plus au sud, elle perd de ses qualités ; et voilà pourquoi apparemment elle ne doit pas être comptée parmi les poissons de la Méditerranée, ou des autres mers intérieures, dont l'entrée, plus rapprochée de l'équateur que le quarantième degré, est située hors des plages qu'elle fréquente.

On la pêche dans la Manche, et on la prend auprès des côtes du Kamtschatka, vers le soixantième degré * : mais dans la vaste étendue de l'Océan boréal qu'occupe cette espèce, on peut distinguer deux grands espaces qu'elle semble préférer. Le premier de ces espaces remarquables peut être conçu comme limité d'un côté

* *Voyage de Lesseps, du Kamtschatka en France.*

TOME II. 48

par le Groenland et par l'Islande, de l'autre par la Norvége, les côtes du Danemarck, de l'Allemagne, de la Hollande, de l'est et du nord de la Grande-Bretagne, ainsi que des isles Orcades; il comprend les endroits désignés par les noms de *Dogger-bank*, *Well-bank*, et *Cromer*; et on peut y rapporter les petits lacs d'eau salée des isles de l'ouest de l'Écosse, où des troupes considérables de grandes morues attirent, principalement vers Gareloch, les pêcheurs des Orcades, de Peterhead, de Portsoy, de Firth et de Murray.

Le second espace, moins anciennement connu, mais plus célèbre parmi les marins, renferme les plages voisines de la Nouvelle-Angleterre, du cap Breton, de la Nouvelle-Écosse, et sur-tout de l'isle de Terre-Neuve, auprès de laquelle est ce fameux banc de sable désigné par le nom de *Grand Banc*, qui a près de cinquante myriamètres de longueur sur trente ou environ de largeur, au-dessus duquel on trouve depuis vingt jusqu'à cent mètres d'eau, et près duquel les morues forment des légions très-nombreuses, parce qu'elles y rencontrent en très-grande abondance les harengs et les autres animaux marins dont elles aiment à se nourrir.

Lorsque, dans ces deux immenses portions de mer, le besoin de se débarrasser de la laite ou des œufs, ou la nécessité de pourvoir à leur subsistance, chassent les morues vers les côtes, c'est principalement près des rives et des bancs couverts de crabes ou de moules qu'elles se rassemblent; et elles déposent souvent leurs œufs sur des fonds rudes au milieu des rochers.

Ce temps du frai qui entraîne les morues vers les rivages, est très-variable, suivant les contrées qu'elles habitent, et l'époque à laquelle le printemps ou l'été commence à régner dans ces mêmes contrées. Communément c'est vers le mois de pluviose que ce frai a lieu auprès de la Norvége, du Danemarck, de l'Angleterre, de l'Écosse, etc. : mais comme l'isle de Terre-Neuve appartient à l'Amérique septentrionale, et par conséquent à un continent beaucoup plus froid que l'ancien, l'époque de la ponte et de la fécondation des œufs y est reculée jusqu'en germinal.

Il est évident, d'après tout ce que nous venons de dire, que cette époque du frai est celle que l'on a dû choisir pour celle de la pêche. Il y a donc eu diversité de temps pour cette grande opération de la recherche des morues, selon le lieu où on a désiré de les prendre ; et de plus, il y a eu différence dans les moyens de parvenir à les saisir, suivant les nations qui se sont occupées de leur poursuite : mais depuis plusieurs siècles les peuples industrieux et marins de l'Europe ont senti l'importance de la pêche des morues, et s'y sont livrés avec ardeur. Dès le quatorzième siècle, les Anglois et les habitans d'Amsterdam ont entrepris cette pêche, pour laquelle les Islandois, les Norvégiens, les François et les Espagnols ont rivalisé avec eux plus ou moins heureusement ; et vers le commencement du seizième, les François ont envoyé sur le grand banc de Terre-

Neuve les premiers vaisseaux destinés à en rapporter
des morues. Puisse cet exemple mémorable n'être pas
perdu pour les descendans de ces François! et lorsque
la grande nation verra luire le jour fortuné où l'oli-
vier de la paix balancera sa tête sacrée, au milieu des
lauriers de la victoire et des palmes éclatantes du
génie, au-dessus des innombrables monumens élevés
à sa gloire, qu'elle n'oublie pas que son zèle éclairé
pour les entreprises relatives aux pêches importantes,
sera toujours suivi de l'accroissement le plus rapide de
ses subsistances, de son commerce, de son industrie,
de sa population, de sa marine, de sa puissance, de
son bonheur!

Dans la première des deux grandes surfaces où l'on
rencontre des troupes très-nombreuses de morues, et
par conséquent dans celle où l'on s'est livré plus anciennement à leur recherche, on n'a pas toujours employé les moyens les plus propres à atteindre le but
que l'on auroit dû se proposer. Il a été un temps, par
exemple, où sur les côtes de Norvége on s'étoit servi
de filets composés de manière à détruire une si grande
quantité de jeunes morues, et à dépeupler si vîte les
plages qu'elles avoient affectionnées, que, par une suite
de ce sacrifice mal-entendu de l'avenir au présent, un
bateau monté de quatre hommes ne rapportoit plus
que six ou sept cents de ces poissons, de tel endroit où
il en auroit pris, quelques années auparavant, près de
six mille.

Mais rien n'a été négligé pour les pêches faites, dans les dix-septième et dix-huitième siècles, aux environs de l'isle de Terre-Neuve.

Premièrement, on a recherché avec le plus grand soin les temps les plus favorables : c'est d'après les résultats des observations faites à ce sujet, que, vers ces parages, il est très-rare qu'on continue la poursuite des morues après le mois de prairial, époque à laquelle les gades dont nous écrivons l'histoire, s'éloignent à de grandes distances de ces plages, pour chercher une nourriture plus abondante, ou éviter la dent meurtrière des squales et d'autres habitans des mers redoutables par leur férocité. Les morues reparoissent auprès des côtes dans le mois de vendémiaire, ou aux environs de ce mois : mais dans cette saison, qui touche d'un côté à l'équinoxe de l'automne, et de l'autre aux frimas de l'hiver, et d'ailleurs auprès de l'Amérique septentrionale, où les froids sont plus rigoureux et se font sentir plutôt que sous le même degré de la partie boréale de l'ancien continent, les tempêtes et même les glaces peuvent rendre très-souvent la pêche trop incertaine et trop dangereuse, pour qu'on se détermine à s'y livrer de nouveau, sans attendre le printemps suivant.

En second lieu, les préparatifs de cette importante et lointaine recherche des morues qui se montrent auprès de Terre-Neuve, ont été faits, depuis un très-grand nombre d'années, avec une prévoyance très-attentive. C'est dans ces opérations préliminaires qu'on a suivi avec une exactitude remarquable le principe de diviser le travail pour le rendre plus prompt et plus voisin de la perfection que l'on desire ; et ce sont les Anglois qui ont donné à cet égard l'exemple à l'Europe commerçante.

La force des cordes ou lignes, la nature des hameçons, les dimensions des bâtimens, tous ces objets ont été déterminés avec précision. Les lignes ont eu depuis un jusqu'à deux centimètres, ou à peu près, de circonférence, et quelquefois cent quarante-cinq mètres de longueur: elles ont été faites d'un très-bon chanvre, et composées de fils très-fins, et cependant très-forts, afin que les morues ne fussent pas trop effrayées, et que les pêcheurs pussent sentir aisément l'agitation du poisson pris, relever avec facilité les cordes et les retirer sans les rompre.

Le bout de ces lignes a été garni d'un plomb qui a eu la forme d'une poire ou d'un cylindre, a pesé deux ou trois kilogrammes selon la grosseur de ces cordes, et a soutenu une empile longue de quatre à cinq mètres*. Communément les vaisseaux employés pour la pêche des morues ont été de cent cinquante tonneaux au plus, et de trente hommes d'équipage. On a emporté des vivres pour deux, trois et jusqu'à huit mois, selon la longueur du temps que l'on a cru devoir consacrer au

---

* Nous avons vu, dans l'article de *la raie bouclée*, que l'empile est un fil de chanvre, de crin, ou de métal, auquel le *haim* ou *hameçon* est attaché.

voyage. On n'a pas manqué de se pourvoir de bois pour aider le desséchement des morues, de sel pour les conserver, de tonnes et de petits barils pour y renfermer les différentes parties de ces animaux déja préparées.

Des bateaux particuliers ont été destinés à aller pêcher, même au loin, les mollusques et les poissons propres à faire des appâts, tels que des sépies, des harengs, des éperlans, des trigles, des maquereaux, des capelans, etc.

On se sert de ces poissons quelquefois lorsqu'ils sont salés, d'autres fois lorsqu'ils n'ont pas été imprégnés de sel. On en emploie souvent avec avantage de digérés à demi. On remplace avec succès ces poissons corrompus, par des fragmens d'écrevisse ou d'autres crabes, du lard et de la viande gâtée. Les morues sont même si imprudemment goulues, qu'on les trompe aussi en ne leur présentant que du plomb ou de l'étain façonné en poisson, et des morceaux de drap rouge semblables par la couleur à de la chair ensanglantée ; et si l'on a besoin d'avoir recours aux appâts les plus puissans, on attache aux hameçons le cœur de quelque oiseau d'eau, ou même une jeune morue encore saignante ; car la voracité des gades que nous décrivons est telle, que, dans les momens où la faim les aiguillonne, ils ne sont retenus que par une force supérieure à la leur, et n'épargnent pas leur propre espèce.

Lorsque les précautions convenables n'ont pas été oubliées, que l'on n'est contrarié ni par de gros temps ni par des circonstances extraordinaires, et qu'on a bien choisi le rivage ou le banc, quatre hommes suffisent pour prendre par jour cinq ou six cents morues.

L'usage le plus généralement suivi sur le grand banc, est que chaque pêcheur établi dans un baril dont les bords sont garnis d'un bourrelet de paille, laisse plus ou moins filer sa ligne, en raison de la profondeur de l'eau, de la force du courant, de la vitesse de la dérive, et fasse suivre à cette corde les mouvemens du vaisseau, en la traînant sur le fond contre lequel elle est retenue par le poids de plomb dont elle est lestée. Néanmoins d'autres marins halent ou retirent de temps en temps leur ligne de quelques mètres, et la laissent ensuite retomber tout-à-coup, pour empêcher les morues de flairer les appâts et de les éviter, et pour leur faire plus d'illusion par les divers tournoiemens de ces mêmes appâts, qui dès-lors ont plus de rapports avec leur proie ordinaire.

Les morues devant être consommées à des distances immenses du lieu où on les pêche, on a été obligé d'employer divers moyens propres à garantir de toute altération leur chair et plusieurs autres de leurs parties. Ces moyens se réduisent à les faire saler ou sécher. Ces opérations sont souvent exécutées par les pêcheurs, sur les vaisseaux qui les ont amenés ; et on imagine bien, sur-tout d'après ce que nous avons déja dit, qu'afin de ne rien perdre de la durée ni des objets du voyage, on a établi sur ces bâtimens le plus grand ordre

dans la disposition du local, dans la succession des procédés, et dans la distribution des travaux entre plusieurs
personnes dont chacune n'est jamais chargée que des
mêmes détails.

Les mêmes arrangemens ont lieu sur la côte, mais
avec de bien plus grands avantages, lorsque les marins
occupés de la pêche des morues ont à terre, comme
les Anglois, des établissemens plus ou moins com-
modes, et dans lesquels on est garanti des effets nui-
sibles que peuvent produire les vicissitudes de l'atmosphère.

Mais soit à terre, soit sur les vaisseaux, on commence ordinairement toutes les préparations de la
morue par détacher la langue et couper la tête de
l'animal. Lorsqu'ensuite on veut saler ce gade, on
l'ouvre dans sa partie inférieure ; on met à part le
foie ; et si c'est une femelle qu'on a prise, on ôte les
œufs de l'intérieur du poisson : on *habille* ensuite la
morue, c'est-à-dire, en termes de pêcheur, on achève de
l'ouvrir depuis la gorge jusqu'à l'anus, que les marins
nomment *nombril,* et on sépare des muscles, dans cette
étendue, la colonne vertébrale, ce qu'on nomme *désos-
ser* la morue.

Pour mettre les gades dont nous nous occupons, dans
leur premier sel, on remplit, le plus qu'on peut, l'intérieur de leur corps de sel marin, ou muriate de
soude ; on en frotte leur peau ; on les range par lits
dans un endroit particulier de l'établissement construit

à terre, ou de l'entre-pont ou encore de la cale du bâtiment, si elles sont préparées sur un vaisseau, et on place une couche de sel au-dessus de chaque lit. Les morues restent ainsi en piles pendant un, deux ou plusieurs jours, et quelquefois aussi entassées sur une sorte de gril, jusqu'à ce qu'elles aient jeté leur sang et leur eau ; puis on les change de place, et on les sale à demeure, en les arrangeant une seconde fois par lits, entre lesquels on étend de nouvelles couches de sel.

Lorsqu'en habillant les morues, on se contente de les ouvrir depuis la gorge jusqu'à l'anus, ainsi que nous venons de le dire, elles conservent une forme arrondie du côté de la queue, et on les nomme *morues rondes :* mais le plus grand nombre des marins occupés de la pêche de Terre-Neuve remplacent cette opération par la suivante, sur-tout lorsqu'ils salent de grands individus. Ils ouvrent la morue dans toute sa longueur, enlèvent la colonne vertébrale toute entière, habillent le poisson à plat; et la morue ainsi habillée se nomme *morue plate.*

Si au lieu de saler les gades morues, on veut les faire sécher, on emploie tous les procédés que nous avons exposés, jusqu'à celui par lequel elles reçoivent leur premier sel. On les lave alors, et on les étend une à une sur la grève ou sur des rochers *, la chair en haut, de

---

* Le nom allemand de *klipfisch* (poisson de rocher), que l'on donne aux morues sèches, vient de la nature du terrain sur lequel elles sont souvent desséchées.

manière qu'elles ne se touchent pas ; quelques heures après on les retourne. On recommence ces opérations pendant plusieurs jours, avec cette différence, qu'au lieu d'arranger les morues une à une, on les met par piles, dont on accroît successivement la hauteur, de telle sorte que, le sixième jour, ces paquets sont de cent cinquante, ou deux cents, et même quelquefois de cinq cents myriagrammes. On empile de nouveau les morues à plusieurs reprises, mais à des intervalles de temps beaucoup plus grands, et qui croissent successivement ; et le nombre ainsi que la durée de ces reprises sont proportionnés à la nature du vent, à la sécheresse de l'air, à la chaleur de l'atmosphère, à la force du soleil.

Le plus souvent, avant chacune de ces reprises, on étend les morues une à une, et pendant quelques heures. On désigne les divers empilemens, en disant que les morues sont *à leur premier, à leur second, à leur troisième soleil*, suivant qu'on les met en tas pour la première, la seconde ou la troisième fois ; et communément les morues reçoivent dix soleils, avant d'être entièrement séchées.

Lorsque l'on craint la pluie, on les porte sur des tas de pierre placés dans des cabanes, ou pour mieux dire, sous des hangars qui n'arrêtent point l'action des courans d'air.

Quelques peuples du nord de l'Europe emploient, pour préparer ces poissons, quelques procédés, dont

un des plus connus consiste à dessécher ces gades sans
sel, en les suspendant au-dessus d'un fourneau, ou
en les exposant aux vents qui règnent dans leurs contrées pendant le printemps. Les morues acquièrent
par cette opération une dureté égale à celle du bois,
d'où leur est venu le nom de *stock-fish* (poisson en
bâton); dénomination qui, selon quelques auteurs,
dérive aussi de l'usage où l'on est, avant d'apprêter
du *stock-fish* pour le manger, de le rendre plus tendre
en le battant sur un billot.

Les commerçans appellent, dans plusieurs pays,
morue blanche, celle qui a été salée, mais séchée
promptement, et sur laquelle le sel a laissé une sorte
de croûte blanchâtre. La *morue noire, pinnée* ou *brumée*,
est celle qui, par un desséchement plus lent, a éprouvé
un commencement de décomposition, de telle sorte
qu'une partie de sa graisse, se portant à la surface,
et s'y combinant avec le sel, y a produit une espèce
de poussière grise ou brune, répandue par taches.

On donne aussi le nom de *morue verte* à la morue
salée, de *merluche* à la morue sèche, et de *cabillaud*
à la morue préparée et arrangée dans des barils du
poids de dix à quinze myriagrammes, et dont une
douzaine s'appelle un *leth*, dans plusieurs ports septentrionaux d'Europe.

Mais d'ailleurs, un grand nombre de places de commerce ont eu, ou ont encore, différentes manières
de désigner les morues distribuées en assortimens,

d'après les divers degrés de leurs dimensions ou de leur bonté. A Nantes, par exemple, on appeloit *grandes morues*, les morues salées qui étoient assez longues pour que cent de ces poissons pesassent quarante-cinq myriagrammes ; *morues moyennes*, celles dont le cent ne pesoit que trente myriagrammes ; *raguets*, ou *petites morues*, celles de l'assortiment suivant ; et *rebuts*, *lingues*, ou *très-petites morues*, celles d'un assortiment plus inférieur encore.

Sur quelques côtes de la Manche, le nom de *morue gaffe* indiquoit les très-grandes morues ; cinq autres assortimens inférieurs étoient indiqués par les dénominations de *morue marchande*, de *morue trie*, de *raguet* ou *lingue*, de *morue valide* ou *patelet*, et de *morue viciée*, appellation qui appartenoit en effet à la plus mauvaise qualité.

Dans ce même port de Nantes dont nous venons de parler, les morues sèches étoient, divisées en sept assortimens, dont les noms étoient, suivant l'ordre de la supériorité des uns sur les autres, *morue pivée*, *morue grise*, *grand marchand*, *moyen marchand*, *petit marchand* ou *fourillon*, *grand rebut* et *petit rebut.*

A Bordeaux, à Bayonne, et dans plusieurs ports de l'Espagne occidentale, on ne distinguoit que trois assortimens de morue, le *marchand*, le *moyen* et le *rebut*.

Au reste, les muscles des morues ne sont pas les seules portions de ces poissons dont on fasse un grand usage ; il n'est presque aucune de leurs parties qui ne puisse servir à la nourriture de l'homme, ou des animaux.

Leur langue fraîche et même salée est un morceau délicat; et voilà pourquoi on la coupe avec soin, dès le commencement de la préparation de ces poissons.

Les branchies de la morue peuvent être employées avec avantage comme appât, dans la pêche que l'on fait de ce gade.

Son foie peut être mangé avec plaisir : mais d'ailleurs il est très-grand relativement au volume de l'animal, comme celui de presque tous les poissons ; et on en retire une huile plus utile dans beaucoup de circonstances que celle des baleines, laquelle cependant est très-recherchée dans le commerce. Elle conserve bien plus long-temps que ce dernier fluide, la souplesse des cuirs qui en ont été pénétrés ; et lorsqu'elle a été clarifiée, elle répand, en brûlant, une bien moindre quantité de vapeurs.

On obtient avec la vessie natatoire de la morue une colle qui ne le cède guère à celle de l'acipensère huso, que l'on fait venir de Russie dans un si grand nombre de contrées de l'Europe.*. Pour la réduire ainsi en colle, on la prépare à peu près de la même manière que celle du huso ; on la détache avec attention de la colonne vertébrale, on en sépare toutes les parties étrangères, on en ôte la première peau,

---

* Voyez, dans cette Histoire, l'article de l'*acipensère huso*.

on la met dans de l'eau de chaux pour achever
de la dégraisser, on la lave, on la ramollit, on la
pétrit, on la façonne, on la fait sécher avec soin; on
suit enfin tous les procédés que nous avons indiqués
dans l'histoire du huso : et si des circonstances de temps
et de lieu ne permettent pas aux pêcheurs, comme,
par exemple, à ceux de Terre-Neuve, de s'occuper de
tous ces détails immédiatement après la prise de la
morue, on mange la vessie natatoire, dont le goût
n'est pas désagréable, ou bien on la sale; on la transporte ainsi imprégnée de muriate de soude à des distances plus ou moins grandes; on la conserve plus ou
moins long-temps; et lorsqu'on veut en faire usage, il
suffit presque toujours de la faire dessaler et ramollir,
pour la rendre susceptible de se prêter aux mêmes
opérations que lorsqu'elle est fraîche.

La tête des morues nourrit les pêcheurs de ces gades
et leurs familles. En Norvége, on la donne aux vaches;
et on y a éprouvé que mêlée avec des plantes marines,
elle augmente la quantité du lait de ces animaux, et
doit être préférée, pour leur aliment, à la paille et au
foin.

Les vertèbres, les côtes et les autres os ou arêtes
des gades morues, ne sont pas non plus inutiles : ils
servent à nourrir le bétail des Islandois. On en donne
à ces chiens de Kamtschatka que l'on attelle aux traî-
neaux destinés à glisser sur la glace, dans cette partie
septentrionale de l'Asie; et dans d'autres contrées

boréales, ils sont assez imprégnés de substance huileuse pour être employés à faire du feu, sur-tout
lorsqu'ils ont été séchés au point convenable.

On ne néglige même pas les intestins de la morue,
que l'on a nommés dans plusieurs endroits, *noues*, ou
nos; et enfin on prépare avec soin, et on conserve pour
la table, les œufs de ce gade, auxquels on a donné la
dénomination de *rogues*, ou de *raves*.

Tels sont les procédés et les fruits de ces pêches importantes et fameuses, qui ont employé dans la même
année jusqu'à vingt mille matelots d'une seule nation *.

On aura remarqué sans doute que nous n'avons parlé
que des pêcheries établies dans l'hémisphère boréal,
soit auprès des côtes de l'ancien continent, soit auprès
de celles du nouveau. A mesure que l'on connoîtra
mieux la nature des rivages des isles, ou des continens
particuliers de l'hémisphère austral, et particulièrement
de ceux de l'Amérique méridionale, tant du côté de
l'orient que du côté de l'occident, il est à présumer
que l'on découvrira des plages où la température de
la mer, la profondeur des eaux, la nature du fond,
l'abondance des petits poissons, l'absence d'animaux
dangereux, et la rareté de tempêtes très-violentes et
de très-grands bouleversemens de l'Océan, ont appelé,
nourrissent et multiplient l'espèce de la morue, que
certains peuples pourroient aller y pêcher avec moins

---

* La nation angloise.

de peine et plus de succès que sur les rives boréales
de l'hémisphère arctique.

De nouveaux pays profiteroient ainsi d'un des plus
grands bienfaits de la Nature ; et l'espèce de la morue,
qui alimente une si grande quantité d'hommes et
d'animaux en Islande, en Norvége, en Suède, en
Russie, et dans d'autres régions asiatiques ou européennes, pourroit d'autant plus suffire aussi aux besoins
des habitans des rives antarctiques, qu'elle est très-
remarquable par sa fécondité. L'on est étonné du
nombre prodigieux d'œufs que portent les poissons
femelles ; aucune de ces femelles n'a cependant été
favorisée à cet égard comme celle de la morue.
Ascagne parle d'un individu de cette dernière espèce,
qui avoit treize décimètres de longueur, et pesoit vingt-
cinq kilogrammes ; l'ovaire de ce gade en pesoit sept,
et renfermoit neuf millions d'œufs. On en a compté
neuf millions trois cent quarante-quatre mille dans
une autre morue. Quelle immense quantité de moyens
de reproduction ! Si le plus grand nombre de ces œufs
n'étoient ni privés de la laite fécondante du mâle, ni
détruits par divers accidens, ni dévorés par différens
animaux, on voit aisément combien peu d'années il
faudroit pour que l'espèce de la morue eût, pour
ainsi dire, comblé le vaste bassin des mers.

Quelqu'agréables au goût que l'on puisse rendre
les diverses préparations de la morue séchée, ou de la
morue salée, on a toujours préféré, avec raison, de la

manger fraîche. Pour jouir de ce dernier avantage sur plusieurs côtes de l'Europe, et particulièrement sur celles d'Angleterre et de France, on ne s'est pas contenté d'y pêcher les morues que l'on y voit de temps en temps ; mais afin d'être plus sûr d'en avoir de plus grandes à sa disposition, on est parvenu à y apporter en vie un assez grand nombre de celles que l'on avoit prises sur les bancs de Terre-Neuve : on les a placées, pour cet objet, dans de grands vases fermés, mais attachés aux vaisseaux, plongés dans la mer, et percés de manière que l'eau salée pût aisément parvenir dans leur intérieur. Des pêcheurs anglois ont ajouté à cette précaution un procédé dont nous avons déja parlé dans notre premier Discours : ils ont adroitement fait parvenir une aiguille jusqu'à la vessie natatoire de la morue, et l'ont percée, afin que l'animal, ne pouvant plus se servir de ce moyen d'ascension, demeurât plus long-temps au fond du vase, et fût moins exposé aux divers accidens funestes à la vie des poissons.

Au reste, il est convenable d'observer ici que dans quelques gades, Monro n'a pas pu trouver la communication de la vessie natatoire avec l'estomac ou quelque autre partie du canal intestinal, mais qu'il a vu autour de cette vessie un organe rougeâtre composé d'un très-grand nombre de membranes pliées et extensibles, et qu'il le croit propre à la sécrétion de l'air ou des gaz de la vessie ; sécrétion qui auroit beaucoup de rapports, selon ce célèbre naturaliste anglois, avec celle qui a lieu pour les vésicules à gaz ou aériennes des œufs d'oiseau, et des plantes aquatiques. Cet organe rougeâtre ne pourroit-il pas être au contraire destiné à recevoir et transmettre, par les diverses ramifications du système artériel et veineux que sa couleur seule indiqueroit, une portion des gaz de la vessie natatoire, dans les différentes parties du corps de l'animal ? ce qui réuni aux résultats d'observations très - voisines de celles de Monro, faites sur d'autres poissons que des gades, et que nous rapporterons dans la suite, confirmeroit l'opinion du citoyen Fischer, bibliothécaire de Mayence, sur les usages de la vessie natatoire, qu'il considère comme étant, dans plusieurs circonstances, un supplément des branchies, et un organe auxiliaire de respiration *.

On trouve dans les environs de l'isle de Man, entre l'Angleterre et l'Irlande, un gade que l'on y nomme *red cod* ou *rock-cod* (morue rouge et morue de roche). Nous pensons avec le citoyen Noël de Rouen, qui nous a écrit au sujet de ce poisson, que ce gade n'est qu'une variété de la morue grise ou ordinaire que nous venons de décrire ; mais nous croyons devoir insérer dans l'article que nous allons terminer, l'extrait suivant de la lettre du citoyen Noël.

« J'ai lu, dit cet observateur, dans un ouvrage sur » l'isle de Man, que la couleur de la peau du *red cod*,

---

* Nous avons déja parlé de cette opinion du citoyen Fischer.

» est d'un rouge de vermillon. Quelques habitans de
» l'isle de Man pensent que cette morue acquiert cette
» couleur brillante, parce qu'elle se nourrit de jeunes
» écrevisses de mer : mais les écrevisses de mer sont,
» dans l'eau, d'une couleur noirâtre ; elles ne devien-
» nent rouges qu'après avoir été cuites. La morue
» rouge n'est qu'une variété de l'espèce commune : je
» suis disposé à croire que la couleur rouge qui la
» distingue, lui est communiquée par les algues et
» les mousses marines qui couvrent les rochers sur
» lesquels on la pêche, puisque ces mousses sont de
» couleur rouge ; je le crois d'autant plus volontiers,
» que les baies de l'isle de Man ont aussi une variété
» de *mules* et de *gourneaux*, dont la couleur est rouge...
» Cette morue rouge est très-estimée pour l'usage de
» la table. »

LE GADE ÆGLEFIN*.

Ce gade a beaucoup de rapports avec la morue ; sa chair s'enlève facilement par feuillets, ainsi que celle de ce dernier animal, et de presque tous les autres poissons du même genre. On le trouve, comme la

* Gadus æglefinus.
Kallior, *en Suède*.
Kallie, *ibid.*
Kaljor, *ibid.*
Kollia, *ibid.*
Koll, *en Danemarck.*
Haddock, *en Angleterre.*
Églefins, *par quelques auteurs françois.*
Égrefin, *idem.*
Gadus æglefinus. *Linné, édition de Gmelin.*
Gade ânon. *Daubenton, Encyclopédie méthodique.*
Id. *Bonnaterre, planches de l'Encyclopédie méthodique.*
Gadus dorso tripterygio, ore cirrato, corpore albicante, etc. *Artedi, gen.* 20, *syn.* 36, *spec.* 64.
Æglefinus. *Bellon, Aquat. p.* 127.
Ægrefinus. *Id.*
Tertia asellorum species, æglefinus. *Gesner, Aquat. p.* 86, 100, *et* (germ.) fol. 40, *a.*
Tertia asellorum species Rondeletii, asellus major. *Aldrov. lib.* 3, *cap.* 1, *p.* 282.
Asellus minor. *Schonev. p.* 18.
Willughby, p. 170, *tab.* L, *membr.* 1, *n.* 2.
Raj. p. 55, *n.* 7.
Faun. Suecic. p. 306.
Müll. Prodrom. Zoolog. Danic. p. 42, *n.* 348.

morue, dans l'Océan septentrional; mais il ne parvient communément qu'à la longueur de quatre ou cinq décimètres. Il voyage par grandes troupes qui couvrent quelquefois un espace de plusieurs myriares carrés. Et ce qu'il ne faut pas négliger de faire observer, on assure qu'il ne va jamais dans la Baltique, et que par conséquent il ne passe point par le *Sund*. On ne peut pas dire cependant qu'il redoute le voisinage des terres; car, chaque année, il s'approche, vers les mois de pluviose et ventose, des rivages septentrionaux de l'Europe pour la ponte ou la fécondation de ses œufs. S'il survient de grandes tempêtes pendant son séjour auprès des côtes, il s'éloigne de la surface des eaux, et cherche dans le sable du fond de la mer, ou au milieu des plantes marines qui tapissent ce sable, un asyle contre les violentes agitations des flots. Lorsque les ondes sont calmées, il sort de sa retraite soumarine, et reparoît encore tout couvert ou d'algues ou de limon.

Gadus kolja. *It. Sean.* 325.

It. Wgoth. 178.

Bloch, pl. 62.

Gadus dorso tripterygio, maxillâ inferiore breviore........ lineâ laterali atrâ, etc. *Gronov. Mus.* 1, *p.* 21, *n.* 59; *Zooph. p.* 99, *n.* 321.

Callarias barbatus ex terreo albicans, etc. *Klein, Miss. pisc.* 5, *p.* 6, *n.* 2.

Callarias asellus minor. *Jonst. de Piscib. p.* 1, *tab.* 1, *fig.* 1.

Schell fisch. *Anders. Island. p.* 79.

Hadock. *Pennant, Brit. Zoolog.* 3, *p.* 179.

Égrefin. *Rondelet, première partie, liv.* 9, *chap.* 10, *édition de Lyon,* 1558.

Églefin. *Valmont-Bomare, Dictionnaire d'histoire naturelle.*

Un assez grand nombre d'æglefins restent même auprès des terres pendant l'hiver, ou s'avancent, pendant cette saison, vers les rivages auprès desquels ils trouvent plus aisément que dans les grandes eaux, la nourriture qui leur convient. Le citoyen Noël m'écrit que depuis 1766 les pêcheurs anglois des côtes d'York ont été frappés de l'exactitude avec laquelle ces gades se sont montrés dans les eaux côtières, vers le 20 frimaire (10 décembre). L'étendue du banc qu'ils forment alors, est d'environ trois *milles* en largeur, à compter de la côte, et de quatre-vingts *milles* en longueur, depuis *Flamborough-head* jusqu'à l'embouchure de la *Fine*, au-dessous de *Newcastle*. L'espace marin occupé par ces poissons est si bien connu des pêcheurs, qu'ils ne jettent leurs lignes que dans ce même espace, hors de la circonférence duquel ils ne trouveroient pas d'æglefin, et ne pêcheroient le plus souvent, à la place, que des squales attirés par cet immense banc de gades, dont ces cartilagineux sont très-avides.

Lorsque la surface de la mer est gelée auprès des rivages, les pêcheurs profitent des fentes ou crevasses que la glace peut présenter dans un nombre d'endroits plus ou moins considérable de la croûte solide de l'Océan, pour prendre facilement une plus grande quantité de ces poissons. Ces gades ont, en effet, l'habitude de se rassembler dans les intervalles qui séparent les différentes portions de glaces, non pas, comme on l'a cru, pour y respirer l'air très-froid de l'atmosphère,

mais pour se trouver dans la couche d'eau la plus
élevée, par conséquent dans la plus tempérée, et dans
celle où doivent se réunir plusieurs des petits animaux
dont ils aiment à se nourrir.

Si les pêcheurs de ces côtes voisines du cercle polaire
ne rencontrent pas à leur portée, des fentes naturelles
et suffisantes dans la surface de l'Océan durcie par le
froid, ils cassent la glace et produisent, dans l'enveloppe qu'elle forme, les anfractuosités qui leur conviennent.

C'est aussi autour de ces vides naturels ou artificiels
qu'on voit des phoques chercher à dévorer des æglefins
pendant la saison rigoureuse.

Mais ces gades peuvent être la proie de beaucoup
d'autres ennemis. Les grandes morues les poursuivent;
et suivant Anderson, que nous avons déja cité, la
pêche des æglefins, que l'on fait auprès de l'embouchure
de l'Elbe, a donné le moyen d'observer, d'une manière
très-particulière, combien la morue est vorace, et avec
quelle promptitude elle digère ses alimens. Dans ces
parages, les pêcheurs d'æglefins laissent leurs hameçons sous l'eau pendant une marée, c'est-à-dire, pendant six heures. Si un æglefin est pris dès le commencement de ces six heures, et qu'une morue se jette
ensuite sur ce poisson, on trouve en retirant la ligne,
au changement de la marée, que l'æglefin est déja
digéré : la morue est à la place de ce gade, arrêtée par
le hameçon ; et ce fait mérite d'autant plus quelque

attention, qu'il paroît prouver que c'est particulièrement dans l'estomac et dans les sucs gastriques qui
arrosent ce viscère, que réside cette grande faculté si
souvent remarquée dans les morues, de décomposer
avec rapidité les substances alimentaires. Si, au contraire, la morue n'a cherché à dévorer l'æglefin que
peu de temps avant l'expiration des six heures, elle
s'opiniâtre tellement à ne pas s'en séparer, qu'elle se
laisse enlever en l'air avec sa proie.

L'æglefin, quoique petit, est aussi goulu et aussi
destructeur que la morue, au moins à proportion de
ses forces. Il se nourrit non seulement de serpules, de
mollusques, de crabes, mais encore de poissons plus
foibles que lui, et particulièrement de harengs. Les
pêcheurs anglois nomment *haddock-meat,* c'est-à-dire,
mets de haddock ou *æglefin,* les vers qui pendant l'hiver
lui servent d'aliment, sur-tout lorsqu'il ne rencontre
ni harengs, ni œufs de poisson.

Il a cependant l'ouverture de la bouche un peu
plus petite que celle des animaux de son genre ; un
barbillon pend à l'extrémité de sa mâchoire inférieure,
qui est plus courte que celle de dessus. Ses yeux sont
grands ; ses écailles petites, arrondies, plus fortement
attachées que celles de la morue. La première nageoire
du dos est triangulaire : elle est d'ailleurs bleuâtre,
ainsi que les autres nageoires ; la ligne latérale voisine
du dos est noire, ou tachetée de noir ; l'iris a l'éclat
de l'argent ; et cette même couleur blanchâtre ou

argentée règne sur le corps et sur la queue, excepté leur partie supérieure, qui est plus ou moins brunâtre*.

La qualité de la chair des æglefins varie suivant les parages où on les trouve, leur âge, leur sexe, et les époques de l'année où on les pêche : mais on en a vu assez fréquemment dont la chair étoit blanche, ferme, très-agréable au goût, et très-facile à faire cuire. En floréal, et dans les mois suivans, celle des æglefins de moyenne grandeur est quelquefois d'autant plus délicate, que le frai de ces gades a lieu en hiver, et que par conséquent ils ont eu le temps de réparer leurs forces, de recouvrer leur santé, et de reprendre leur graisse.

* A la première nageoire dorsale	16 rayons.
à la seconde	20
à la troisième	19
à chacune des pectorales	19
à chacune des jugulaires	6
à la première de l'anus	22
à la seconde	21
à celle de la queue, qui est fourchue,	27

LE GADE BIB[1].

DE même que l'æglefin, le gade bib habite dans l'Océan d'Europe. Sa longueur ordinaire est de trois ou quatre décimètres. L'ouverture de sa bouche est petite, sa mâchoire inférieure garnie d'un barbillon, son anus plus rapproché de la tête que de l'extrémité de la queue, sa seconde nageoire dorsale très-longue, et le premier rayon de chacune des nageoires jugulaires, terminé par un filament[2]. Ses écailles sont très-

[1] Gadus bib.

Bib, *sur les côtes d'Angleterre.*

Blinds, *ibid.*

Gadus luscus. *Linné, édition de Gmelin.*

Mus. Ad. Frid. 2, *p.* 60.

Gadus.... ossiculo pinnarum ventralium, primo, in setam longam producto. *Artedi, gen.* 21, *syn.* 35.

Asellus fuscus. *Raj. Pisc. p.* 54.

Willughby, Ichthyol. p. 169.

Gade bibe. *Daubenton, Encyclopédie méthodique.*

Id. *Bonnaterre, planches de l'Encyclopédie méthodique.*

Bib. *Brit. Zoolog.* 3, *p.* 149, *tab.* 60.

[2] A la première nageoire dorsale 13 rayons.
à la seconde 23
à la troisième 10
à chacune des pectorales 11
à chacune des jugulaires 6
à la première de l'anus 31
à la seconde 18
à celle de la queue, qui est fourchue, 17

adhérentes à la peau, et plus grandes à proportion de son volume que celles même de la morue. Sa partie supérieure est jaunâtre ou couleur d'olive, et sa partie inférieure argentée. Sa chair est exquise.

Ses yeux sont voilés par une membrane, comme ceux des autres gades; on a même cru que le bib pouvoit, à volonté, enfler cette pellicule diaphane, et former ainsi une sorte de poche au-dessus de chacun ou d'un seul de ses organes de la vue. N'auroit-on pas pris les suites de quelque accident pour l'effet régulier d'une faculté particulière attribuée à l'animal? Quoi qu'il en soit, c'est de cette propriété vraie ou fausse que viennent le nom de *borgne* et celui d'*aveugle*, donnés au gade dont nous parlons.

LE GADE SAIDA [1],

ET

LE GADE BLENNIOÏDE [2].

Ces deux gades ont la nageoire de la queue fourchue. Le premier a été découvert par le savant Lepechin, et le second par le célèbre Pallas.

Le saida a les deux mâchoires armées de dents aiguës et crochues; deux rangées de dents garnissent le palais, et l'on voit auprès du gosier deux os lenticulaires hérissés de petites dents. La mâchoire inférieure est plus avancée que la supérieure, tandis que, dans la morue, l'æglefin et le bib, celle de dessus est plus longue que celle de dessous. Chaque opercule branchial présente trois lames, l'une triangulaire et garnie de deux aiguillons, l'autre elliptique, et la dernière figurée en croissant. La ligne latérale est droite et voisine du dos. Les nageoires dorsales et celles de

---

[1] Gadus saida.
Lepechin, Nov. Comment. Petropolit. 18, p. 512.
Gadus saida. *Linné, édition de Gmelin.*
Gade saida. *Bonnaterre, planches de l'Encyclopédie méthodique.*

[2] Gadus blennioïdes.
Pallas, Spicileg. zoolog. 8, p. 47, *tab.* 5, *fig.* 2.
Gadus blennioïdes. *Linné, édition de Gmelin.*
Gade blennoïde. *Bonnaterre, planches de l'Encyclopédie méthodique.*

l'anus sont triangulaires *. Le quatrième rayon de la troisième dorsale, le cinquième de la première de l'anus, et le second des jugulaires, sont terminés par un long filament.

Une couleur obscure règne sur la partie supérieure de l'animal, qui d'ailleurs est parsemée de points noirâtres distribués irrégulièrement. Des points de la même nuance relèvent l'éclat argentin des opercules; les côtés du poisson sont bleuâtres. Sa partie inférieure est blanche; et le sommet de sa tête, très-noir.

Le saida ne dépasse guère en longueur deux ou trois décimètres. Sa chair est peu succulente, mais cependant très-fréquemment mangeable. Il habite la mer Blanche au nord de l'Europe.

Dans une autre mer également intérieure, mais bien éloignée des contrées hyperboréennes, se trouve le blennioïde. Ce dernier gade vit, en effet, dans la Méditerranée : mais comme il n'a presque jamais plus de trois décimètres de longueur, et qu'il n'est pas d'un goût très-exquis, il n'est pas surprenant qu'il ait été dans tous les temps très-peu recherché des pêcheurs;

---

* A la première nageoire du dos du saida, de 10 à 11 rayons.

à la seconde, de	16 à 17
à la troisième	20
à chacune des pectorales	16
à chacune des jugulaires	6
à la première nageoire de l'anus	18
à la seconde	20
à celle de la queue, de	24 à 26

et qu'il ait échappé aux observateurs de l'ancienne Grèce, à ceux de l'ancienne Rome, et même aux naturalistes modernes, jusqu'à Pallas, qui en a le premier publié la description, ainsi que nous venons de le dire *.

Il a beaucoup de rapports avec le merlan, et peut avoir été souvent confondu avec ce dernier poisson. Ses écailles sont petites : la couleur de la partie supérieure de son corps et de sa queue est argentée ; toutes les autres portions de la surface de l'animal sont d'un blanc d'argent, excepté les nageoires, sur lesquelles on voit des teintes jaunâtres ou dorées.

Les lèvres sont doubles et charnues ; les dents très-petites et inégales ; la ligne latérale est courbée vers la tête. Le premier rayon de chacune des nageoires jugulaires est divisé en deux ; et comme il est plus long que les autres rayons, il paroît, au premier coup d'œil, composer toute la nageoire : dès-lors on croit ne devoir compter que deux rayons dans chacune des jugulaires du gade que nous décrivons, et de là vient

---

* A la membrane branchiale du blennioïde,	6 rayons.
à la première nageoire dorsale, de	10 à 11
à la seconde	17
à la troisième	16
à chacune des pectorales	19
à chacune des jugulaires	5
à la première de l'anus	27
à la seconde	19
à celle de la queue	27

la dénomination de *blennioïde*, qui lui a été donnée, parce que la plupart des blennies n'ont que deux rayons à chacune des nageoires que l'on voit sous leur gorge.

LE GADE CALLARIAS[1],

LE GADE TACAUD[2],

ET LE GADE CAPELAN[3].

Le callarias habite non seulement dans la partie de l'Océan qui baigne les côtes de l'Europe boréale, mais encore dans la Baltique. Il se tient fréquemment à

---

[1] Gadus callarias.
Små torsk, *en Suède.*
Græs torsk, *en Danemarck.*
Dorsch, *par les Allemands.*
Cod, *en Angleterre.*
Cod fish, *ibid.*
Gadus callarias. *Linné, édition de Gmelin.*
Gade narvaga. *Daubenton, Encyclopédie méthodique.*
Id. *Bonnaterre, planches de l'Encyclopédie méthodique.*
Faun. Suecic. 307.
Bloch, pl. 63.
Gadus, dorso tripterygio, ore cirroso, colore vario, etc. *Artedi, gen.* 20, *spec.* 63, *syn.* 35.
Asellus varius, *vel* striatus. *Schonev. p.* 19.
Willughby, p. 172, *tab. L, memb.* I, *fig.* I.
Raj. p. 54, *n.* 5.
Asellus varius. *Jonston, tab.* 46, *fig.* 7.
Roberg. Dissert. de pisc. Upsal. p. 14.
Gadus callarias, torsk. *Ascagne, pl.* 4.
Gronov. Mus. 1, *p.* 21, *n.* 58; *Zooph. p.* 99, *n.* 319.
Gadus balthicus, torsk. *It. Oel.* 87.

l'embouchure des grands fleuves, dans le lit desquels il remonte même quelquefois avec l'eau salée. Il est rare qu'il ait plus de trois décimètres de longueur, et qu'il pèse plus d'un kilogramme. Il se nourrit de vers marins, de crabes, de petits mollusques, de jeunes poissons : sa chair est tendre et d'un goût très-agréable ; quelquefois elle est très-blanche ; d'autres

---

Gadus callarias balthicus. *It. Scan.* 220.

Callarias barbatus, etc. *Klein, Miss. pisc.* 5, p. 6, *n.* 5; *et p.* 7, *n.* 7.

Piscis...... Russis nawaga dictus. *Koelreuter, Nov. Comm. Petrop.* 14, 1, *p.* 484.

Muschebout, *et* léopard. *Rondelet, première partie, liv.* 9, *chap.* 12.

Muschebout. *Valmont-Bomare, Dictionnaire d'histoire naturelle.*

* Gadus tacaud.

Pouting, *en Angleterre.*

Pout, *ibid.*

Whiting pout, *ibid.*

Fico, *à Rome.*

Gadus barbatus. *Linné, édition de Gmelin.*

Faun. Suecic. 311.

Gadus lineâ excavatâ ponè caput. *It. Wgoth.* 178.

Strom. Sondm. 316, *n.* B.

Gadus..... longitudine ad latitudinem triplâ. *Artedi, gen.* 21, *syn.* 37, *spec.* 65.

Asellus mollis latus. *Lister, apud Willughby,* p. 22.

Raj. p. 55, *n.* 9.

Asellus barbatus. *Charleton, p.* 121.

Bloch, pl. 165.

Gade tacaud. *Daubenton, Encyclopédie méthodique.*

Id. *Bonnaterre, planches de l'Encyclopédie méthodique.*

Gronov. Mus. 1, p. 21, n. 160; *Zooph. p.* 99, n. 320.

Callarias barbatus, dilutè olivacei coloris, etc. *Klein, Miss. pisc.* 5, p. 6, *n.* 3.

fois elle est verte, et Ascagne rapporte qu'on attribue
cette dernière nuance au séjour que le callarias fait
souvent près des rivages au-dessus de ces sortes de
prairies marines formées par des algues qui se pressent
sur un fond sablonneux. Nous avons vu les tortues
franches devoir la couleur verte de leur chair à des
plantes marines plus ou moins verdâtres ; mais ces

Whiting pout. *Brit. Zoolog.* 3, *p.* 348.

Gadus titling. *Ascagne, pl.* 5.

Tacaud. *Duhamel, Traité des pêches, deuxième partie, section première, chap.* 5, *art.* 1, *p.* 136, *pl.* 23, *fig.* 2.

Morue molle. *Valmont-Bomare, Dictionnaire d'histoire naturelle.*

³ Gadus capelanus.

Mollo, *à Venise.*

Poor, *dans le comté de Cornouailles.*

Power, *ibid.*

Gadus minutus. *Linné, édition de Gmelin.*

Gade capelan. *Daubenton, Encyclopédie méthodique.*

Id. *Bonnaterre, planches de l'Encyclopédie méthodique.*

Gadus.... corpore sesquiunciali, ano in medio corporis. *Artedi, gen.* 21, *syn.* 36.

Capelan. *Rondelet, première partie, liv.* 6, *chap.* 12.

Anthiæ secunda species. *Gesner, p.* 56; *Icon. anim. p.* 241. (*germ.*) *fol.* 13.

Asellus mollis minor, *seu* asellus omnium minimus. *Willughby, p.* 171, *tab. L.*

Raj. p. 56, *n.* 10.

Bloch, pl. 67, *fig.* 1.

Capelan. *Valmont-Bomare, Dictionnaire d'histoire naturelle.*

Callarias barbatus corpore contracto, etc. *et* callarias... omnium minimus, etc. *Klein, Miss. pisc.*

Poor. *Brit. Zoolog.* 3, *p.* 185, *n.* 77, *t.* 30.

tortues en font leur nourriture , et l'on n'a point observé
que dans aucune circonstance le callarias préférât , pour
son aliment , des végétaux aux substances animales.
Le nombre , la forme et la distribution ainsi que la
disposition de ses dents , empêchent de le présumer.
Sa mâchoire supérieure est , en effet , garnie de plusieurs rangs de dents aiguës : on n'en voit quelquefois qu'un rang à la mâchoire de dessous , mais il y
en a au palais ; et de plus , l'ouverture de la bouche est
très-grande.

Les écailles qui recouvrent le callarias , sont petites ,
minces et molles : la ligne latérale est large , et voisine
du dos ; elle est d'ailleurs tachetée , et voici la nuance
des couleurs des autres parties de l'animal. La tête
est grise avec des taches brunes ; l'iris jaunâtre ; la
partie supérieure de l'animal , grise et tachetée de brun
comme la tête ; la partie inférieure est blanche , et l'on
remarque un ton plus ou moins brunâtre sur toutes
les nageoires *. Mais ce qu'il faut observer , et ce qui
a fait donner au gade dont nous parlons , le nom de
variable , c'est qu'il est de ces teintes du callarias qui
varient avec l'âge , ou avec les saisons. Les nageoires ,
et même le dessous de l'animal , sont quelquefois rougeâtres ; le ventre n'est pas toujours sans petites taches ;
celles du corps et de la queue des callarias encore
jeunes sont souvent dorées , au lieu d'être brunes ; et

---

* On a compté dans un callarias , 53 vertèbres et 18 côtes.

pendant l'hiver on voit les taches brunâtres de la tête acquérir, sur presque tous les individus de l'espèce que nous décrivons, une couleur d'un beau noir [1].

Le tacaud est remarquable par la hauteur de son corps, qui égale à peu près le tiers de sa longueur totale ; les lèvres renferment des portions cartilagineuses ; la mâchoire inférieure présente neuf ou dix points de chaque côté ; les yeux sont grands et saillans, les ouvertures branchiales étendues, les écailles petites et fortement attachées ; l'anus est voisin de la gorge, et la ligne latérale se fléchit vers le bas au-dessous de la seconde nageoire dorsale [2].

L'iris est argenté ou couleur de citron ; le dos d'un verdâtre foncé ; les côtés sont d'un blanc rougeâtre ;

---

[1] A la première nageoire dorsale du callarias, 15 rayons.
 à la seconde   16
 à la troisième   18
 à chacune des pectorales   17
 à chacune des jugulaires   6
 à la première de l'anus   18
 à la seconde   17
 à celle de la queue   26

[2] A la première nageoire dorsale du tacaud, 13 rayons.
 à la seconde   19
 à la troisième   18
 à chacune des pectorales   18
 à chacune des jugulaires   6
 à la première de l'anus   25
 à la seconde   17
 à celle de la queue   30

la nageoire de la queue est également d'un rouge pâle ; toutes les autres sont olivâtres et bordées de noir ; une tache noire paroît souvent à la base des pectorales , et une teinte très-foncée fait aisément distinguer la ligne latérale.

Le tacaud parvient à une longueur de cinq ou six décimètres : il s'approche des rivages au moins pendant la saison de la ponte ; il s'y tient dans le sable , ou au milieu de très-hauts fucus , à des profondeurs quelquefois très-considérables au-dessous de la surface de la mer. Il vit de crabes , de saumons , de blennies. Sa chair est blanche et bonne à manger, mais souvent un peu molle et sèche. On le trouve dans l'Océan de l'Europe septentrionale.

Le capelan vit dans les mêmes mers que le tacaud et le callarias ; mais il habite aussi dans la Méditerranée. Il en parcourt les eaux en troupes extrêmement nombreuses ; il en occupe pendant l'hiver les profondeurs , et vers le printemps il s'y rapproche des rivages, pour déposer ou féconder ses œufs au milieu des graviers , des galets , ou des fucus. Il est trèspetit , et surpasse à peine deux décimètres en longueur. On voit au bout de sa mâchoire inférieure , comme à l'extrémité de celle du callarias et du tacaud , un assez long filament. La ligne latérale est droite ; le ventre très-carené , c'est-à-dire, terminé longitudinalement en en-bas par une arête presque aiguë ; l'anus placé à peu près à une égale distance de la tête et de

l'extrémité de la queue. Son dos est d'un jaune brunâtre, et tout le reste de son corps d'une couleur d'argent plus ou moins parsemée de points noirâtres;
l'intérieur de son abdomen est noir. Il se nourrit de
crabes, d'animaux à coquille, et d'autres petits habitans de la mer. Les pêcheurs le recherchent peu pour
la bonté de sa chair : mais il est la proie des grands
poissons; il est même fréquemment dévoré par plusieurs espèces de gades ; et c'est parce qu'on a vu souvent des morues, des æglefins et des callarias, suivre
avec constance des bandes de capelans qui pouvoient
leur fournir une nourriture copieuse et facile à saisir,
qu'on a donné à ces derniers gades le nom de *conducteurs des callarias, des æglefins et des morues* *.

---

* A la première nageoire dorsale du capelan, 12 rayons.

à la seconde	19
à la troisième	17
à chacune des pectorales	14
à chacune des jugulaires	6
à la première de l'anus	27
à la seconde	17
à celle de la queue	18

LE GADE COLIN [1],

LE GADE POLLACK [2],

ET LE GADE SEY [3].

CES trois poissons appartiennent au second sous-genre des gades : ils ont trois nageoires dorsales, et leurs mâchoires sont dénuées de barbillons ; plusieurs ressemblances frappantes rapprochent d'ailleurs ces

---

[1] Gadus cólinus.

Colefish, *dans plusieurs parties septentrionales de l'Angleterre.*

Raw pollack, *dans plusieurs parties méridionales de l'Angleterre.*

Gadus carbonarius. *Linné, édition de Gmelin.*

Gade colin. *Daubenton, Encyclopédie méthodique.*

Id. *Bonnaterre, planches de l'Encyclopédie méthodique.*

Gadus dorso tripterygio, imberbis, maxillâ inferiore longiore, lineâ laterali rectâ. *Artedi, gen.* 20, *syn.* 34.

Bloch, pl. 66.

Callarias imberbis, capite et dorso, carbonis instar, nigricantibus. *Klein, Miss. pisc.* 5, *p.* 8, *n.* 2.

Piscis colfish Anglorum. *Bellon, Aquat. p.* 133.

Colfish Anglorum. *Gesner, Aquat. p.* 89 (*germ.*) *fol.* 41, *a. Icon. anim. p.* 79.

Asellus niger carbonarius. *Schonev. p.* 19.

Asellus niger, *seu* carbonarius. *Charlet. p.* 121.

Asellus niger. *Aldrov. l.* 3, *c.* 7, *p.* 28.9.

Asellus niger, *sive* mollis nigricans. *Willughby, p.* 168, *tab. L, m.* 1, *n.* 3.

Raj. p. 54, *n.* 3.

Coalfish. *Brit. Zoolog.* 3, *p.* 152, *n.* 7.

trois espèces. Voyons ce qui les sépare ; et commençons par décrire le colin.

---

² Gadus pollachius.

A whiting pollack, *en Angleterre*.

Lyr, *dans plusieurs contrées du Nord*.

Lyr blek, *dans plusieurs parties de la Suède*.

Lerbleking, *ibid*.

Gadus pollachius. *Linné, édition de Gmelin*.

Gade lieu. *Daubenton, Encyclopédie méthodique*.

Id. *Bonnaterre, planches de l'Encyclopédie méthodique*.

Faun. Suecic. p. 312.

Müll. Prodrom. Zoolog. Danic. p. 42 , *n*. 353.

Gadus lyrblek. *It. Wgoth*. p. 177.

Gadus dorso tripterygio , imberbis , maxillâ inferiore longiore , lineâ laterali curvâ. *Artedi, gen*. 20 , *syn*. 35.

Asellus whiting pollachius. *Willughby*, p. 167.

Raj. p. 53 , *n*. 2.

Gadus pollachius. *Ascagne, cah*. 3 ,*pl*. 20.

Gronov. Mus. 1 , *n*. 57.

Bloch, pl. 68.

Gelbes kohlmaul. *Walbaum, Schr. der Berl. naturf*. 4 , p. 147.

Pollack. *Brit. Zoolog*. 3 , p. 154 , *n*. 8.

³ Gadus sey.

A l'âge d'un an, mort , *sur plusieurs côtes boréales de l'Europe*.

A l'âge de deux ans , palle , ibid.

A l'âge de trois ans , treærin , *ibid*.

A l'âge de quatre ans , sey ou graasey, *ibid*.

Dans la vieillesse , ufs, *ibid*.

Gadus virens. *Linné, édition de Gmelin*.

Gade sey. *Daubenton, Encyclopédie méthodique*.

Id. *Bonnaterre, planches de l'Encyclopédie méthodique*.

Faun. Suecic. p. 309.

Müll. Prodrom. Zoolog. Danic. p. 43 , *n*. 354.

Gronov. Act. Upsal. 1742 , p. 90.

Gadus virens , *et* sey. *Ascagne, cah*. 3 , *pl*. 21.

Il ne faut pas confondre ce poisson avec des individus de l'espèce de la morue que des pêcheurs partis
de plusieurs ports occidentaux de France ont souvent
appelés *colins*, parce qu'ils les avoient pris dans une
saison trop avancée pour qu'on pût les faire sécher.

Le vrai colin a ordinairement près d'un mètre de
longueur ; sa tête est étroite, l'ouverture de sa bouche
petite, son museau pointu ; ses écailles sont ovales,
et ses nageoires jugulaires très-peu étendues *.

On l'a nommé *poisson charbon* ou *charbonnier*, à
cause de ses couleurs. En effet, la teinte olivâtre qu'il
présente dans sa jeunesse, se change en noir lorsqu'il
est adulte ; les nageoires sont entièrement noires,
excepté celle de la queue, qui n'est que brune, et les
deux premières dorsales, ainsi que les pectorales, dont
la base est un peu olivâtre ; une tache noire très-marquée est placée au-dessous de chaque nageoire pectorale ; la bouche est même noire dans son intérieur ;
et ces nuances, si voisines de celles du charbon,
paroissent d'autant plus foncées, que la ligne latérale est
blanche, que les opercules brillent de l'éclat de l'argent,

---

* A la première nageoire dorsale du colin, 14 rayons.
à la seconde 19
à la troisième 20
à chacune des pectorales 21
à chacune des jugulaires 6
à la première de l'anus 25
à la seconde 20
à celle de la queue 26

et que la langue a aussi la blancheur de ce métal.

On trouve le colin non seulement dans l'Océan d'Europe, mais encore dans la mer Pacifique. Dès les mois de pluviose et de ventose, il s'approche des côtes d'Angleterre pour y déposer ou féconder des œufs qui ont la couleur et la petitesse des grains de millet, et desquels sortent, au bout de quelques mois, de petits poissons que l'on dit assez bons dans leur jeunesse.

On le pêche non seulement avec des haims, mais encore avec différentes sortes de filets, tels que des verveux [1], des guideaux [2], des demi-folles [3], des trémaux [4], etc.

---

[1] Le *verveux*, ou *vermier*, est un filet en forme de manche, et à l'entrée duquel on ajoute un second filet intérieur, nommé *goulet*, terminé en pointe, ouvert dans son extrémité de manière à laisser pénétrer le poisson dans le premier filet, mais propre d'ailleurs à l'empêcher d'en sortir.

[2] Le *guideau* est aussi un filet en forme de manche : il va en diminuant depuis son embouchure jusqu'à son extrémité. On peut le tendre sur un châssis qui en maintient l'embouchure ouverte. Le plus souvent cependant on se contente d'enfoncer dans le sable, à la basse mer, des piquets sur lesquels on attache deux traverses, l'une en haut et l'autre en bas; ce qui produit, à peu près, le même effet qu'un châssis. Pour que le poisson soit entraîné dans la manche, on oppose au courant l'embouchure du guideau; mais la force de l'eau, qui en parcourt toute la longueur, comprime tellement les poissons qui s'y renferment, que les gros y sont tués, et les petits réduits en une espèce de bouillie. Les piquets sur lesquels on tend le guideau, portent le nom d'*étaliers*. Quelquefois ils sont longs de près de trois mètres; d'autres fois ils ne s'élèvent que de dix ou douze décimètres, et alors le guideau est beaucoup plus petit. De là sont venues les expressions de *guideau à hauts étaliers*, et de *guideau à bas étaliers*.

[3] Nous avons placé une courte description de la *demi-folle*, dans l'article de *la raie bouclée*.

[4] Le *trémail* est un filet composé de trois *nappes*, dont deux, qui sont

Lorsque la morue est abondante près des côtes du Nord, on y recherche très-peu les colins ; mais lorsqu'on y pêche un petit nombre de morues, on y sale les colins, qu'il est assez difficile de distinguer de ces dernières après cette préparation.

Le pollack a, comme le colin, la nageoire de la queue fourchue, et la mâchoire inférieure plus avancée que la supérieure ; mais la ligne latérale est droite dans le colin, et courbe dans le pollack *. Ce dernier poisson habite, comme le colin, dans les mers septentrionales de l'Europe : il se plaît dans les parages où la tempête soulève violemment les flots. Il voyage par troupes extrêmement nombreuses, cherche moins les asyles profonds, paroît plus fréquemment à la surface de l'Océan que la plupart des autres gades, et sait cependant aller chercher dans le sable des rivages l'ammodyte appât, dont il aime à se nourrir. Sa longueur ordinaire est de cinq décimètres. Sa couleur, qui est

de fil fort et à grandes mailles, se nomment *hamaux*, et dont la troisième, qui flotte entre les deux autres, est d'un fil fin, à petites mailles, et s'appelle *toile*, ou *flue*.

* A la membrane des branchies du pollack, 7 rayons.
à la première nageoire dorsale 13
à la seconde 18
à la troisième 19
à chacune des pectorales 19
à chacune des jugulaires 6
à la première de l'anus 28
à la seconde 19
à celle de la queue 42

d'un brun noirâtre sur le dos, s'éclaircit sur les côtés, y devient argentée, et se change, sur la partie inférieure de l'animal, en blanc pointillé de brun ; l'iris, d'ailleurs, est jaune, avec des points noirs ; chaque écaille est petite, mince, ovale, et lisérée de jaune ; les nageoires pectorales sont jaunâtres, les jugulaires couleur d'or, et celles de l'anus olivâtres et pointillées de noir.

On prend, toute l'année, des pollacks sur plusieurs des rivages occidentaux de France ; on y en trouve souvent de pris dans les divers filets préparés pour la pêche d'autres espèces de poissons : mais, de plus, il y a sur ces côtes des endroits où vers le printemps il est très-recherché. On s'est servi pendant long-temps pour le prendre, de petits bateaux portant une ou deux voiles carrées, et montés de six ou huit hommes. On jetoit à la mer des lignes dont chacune étoit garnie d'un haim amorcé avec une sardine, ou avec un morceau de peau d'anguille. Comme le bateau qui étoit sous voile, voguoit rapidement, et que les pêcheurs secouoient continuellement leurs haims, les pollacks, qui sont voraces, prenoient l'appât pour un petit poisson qui fuyoit, se jetoient sur cette fausse proie et restoient accrochés à l'hameçon.

Le sey ressemble beaucoup au pollack ; il a même été confondu pendant long-temps avec ce dernier gade : mais il en diffère par plusieurs caractères, et principalement par les dimensions de ses mâchoires, qui

sont toutes les deux également avancées , trait de conformation qui le sépare aussi de l'espèce du colin ; sa
ligne latérale est droite , et la couleur de sa partie
supérieure est verdâtre *.

Les seys sont très-nombreux pendant toute l'année
sur les côtes de Norvége. Ils y sont l'objet d'un commerce assez étendu ; et voilà pourquoi ils y ont été
observés assez fréquemment et avec assez de soin
pour qu'on leur ait donné, selon leur âge, les cinq
noms différens que nous avons rapportés dans la troisième note de cet article , et pour que l'on ait su que
communément ils avoient cent trente-cinq millimètres
au bout d'un an, quatre cent trente-trois millimètres
à la fin de la troisième année , et six cent quarante-
neuf millimètres après la quatrième.

Pendant l'été, ils y recherchent beaucoup une variété
de hareng nommée *brisling* ; et on les y a souvent
pêchés avec un filet fait en forme de nappe carrée,
interrompu dans son milieu par une sorte de sac ou
d'enfoncement, et attaché par les coins à quatre cordes
qui aboutissent à autant de bateaux. Ce filet n'est

---

* A la première nageoire du dos du sey, 13 rayons.
   à la seconde   20
   à la troisième   19
   à chacune des pectorales   17
   à chacune des jugulaires   6
   à la première de l'anus   24
   à la seconde   20
   à celle de la queue , qui est fourchue , 40

point garni de *flottes*, ni de *lest* : le poids du fil dont il est formé, et des cordes qui le bordent, suffit pour le maintenir. Quand les pêcheurs croient avoir pris une quantité suffisante de seys, ils se rapprochent du filet, et en retirent, avec un *manet* * , les poissons qui sont au fond du sac placé au milieu de la nappe.

---

* Voyez, pour la description du *manet*, l'article de *la trachine vive*.

LE GADE MERLAN*.

De toutes les espèces de gades, le merlan est cell
dont le nom et la forme extérieure sont le mieux connu
dans une grande partie de l'Europe, et particulièremen

---

* Gadus merlangus.

Hwitling, *en Suède et en Danemarck.*

Whiting, *en Angleterre.*

Gadus merlangus. *Linné, édition de Gmelin.*

Gade merlan. *Daubenton, Encyclopédie méthodique.*

Id. *Bonnaterre, planches de l'Encyclopédie méthodique.*

Faun. Suecic. 310.

Gadus hoitling. *It. Scan.* 326, *tab.* 2, *fig.* 2.

Id. *It. Wgoth.* 176.

Gadus dorso tripterygio, ore imberbi,..... maxillâ superiore longiore. *Artedi, gen.* 19, *syn.* 34, *spec.* 62.

Secunda asellorum species, merlangus. *Gesner, Aquat. p.* 65, *et germ. fol.* 40, 2.

Asellus candidus primus. *Schonev. p.* 17.

Asellus minor alter. *Aldrov. lib.* 3, *cap.* 3, *p.* 287.

Asellus minor et mollis. *Charleton, p.* 121.

Asellus mollis. *Jonston, Pisc. tab.* 2 , *fig.* 3.

Asellus mollis major, *seu* albus. *Willughby, p.* 170, *tab.* L , m. 1 , *fig.* 5. *Raj. p.* 55, *n.* 8.

Molenaer. *Gronov. Mus.* 1 , *p.* 20, *n.* 55; *Zooph. p.* 98, *n.* 316. *Bloch, pl.* 65.

Callarias imberbis, argentei splendoris, etc. *Klein, Miss. pisc.* 5, *p.* 8, *n.* 3, *tab.* 3 , *fig.* 2.

Merlan. *Rondelet, première partie, liv.* 9, *chap.* 9, *édit. de Lyon,* 1558.

Whiting. *Brit. Zoolog.* 3, *p.* 155, *n.* 9.

Merlan. *Valmont-Bomare, Dictionnaire d'histoire naturelle.*

dans la plupart des départemens septentrionaux de
France. La morue même n'y est pas un objet aussi fa-
milier, à tous égards, que le poisson dont il est question
dans cet article; on l'y nomme souvent, on la sert sur
toutes les tables, et cependant sa véritable figure y est
ignorée dans les endroits éloignés des rivages de la mer,
parce qu'elle n'y parvient presque jamais que préparée,
salée, ou séchée, altérée, déformée, et souvent tronquée. Le merlan, au contraire, est transporté entier
dans ces mêmes endroits; et la grande consommation
qu'on en a faite, l'a mis si souvent sous les yeux, et l'a
fait examiner si fréquemment, qu'il a frappé l'imagination des personnes même les moins instruites, et
que ses attributs, principalement sa couleur, sont devenus des sujets de proverbes vulgaires. Les nuances
qu'il présente sont en effet très-brillantes : presque
tout son corps resplendit de la blancheur de l'argent;
et l'éclat de cette couleur est relevé, au lieu d'être
affoibli, par l'olivâtre qui règne quelquefois sur le dos,
par la teinte noirâtre qui distingue les nageoires pectorales ainsi que celle de la queue, et par une tache noire
que l'on voit sur quelques individus, à l'origine de ces
mêmes pectorales.

Tout le monde sait d'ailleurs que le corps du merlan
est alongé, et revêtu d'écailles petites, minces et arrondies; que ses nageoires dorsales sont au nombre
de trois; qu'il n'a pas de barbillons; que sa mâchoire
supérieure est plus avancée que l'inférieure. Il nous

suffira d'ajouter, relativement à ses formes extérieures, que cette même mâchoire d'en-haut est armée de plusieurs rangs de dents, dont les antérieures sont les plus longues; qu'on n'en voit qu'une rangée à la mâchoire d'en-bas, qui d'ailleurs montre de chaque côté neuf ou dix points ou très-petits enfoncemens; que l'on apperçoit sur le palais deux os triangulaires, et auprès du gosier quatre os arrondis ou alongés, lesquels sont tous les six hérissés de petites dents ou aspérités; et enfin que la ligne latérale est presque droite *.

Si nous jetons maintenant un coup d'œil sur l'intérieur du merlan, nous verrons que ce poisson a cinquante-quatre vertèbres. Nous en avons compté cent seize dans l'anguille; mais aussi, quelqu'alongé que soit le merlan, il présente une forme bien éloignée de celle que montre le corps très-délié des murènes.

Le cœur a la figure d'un quadrilatère, avec des angles très-obtus. L'oreillette est grande, ainsi que l'aorte.

L'estomac est alongé, assez large, un peu recourbé vers le pylore, autour duquel un très-grand nombre

---

* A la membrane des branchies 7 rayons.

à la première dorsale	16
à la seconde	18
à la troisième	19
à chacune des pectorales	20
à chacune des jugulaires	6
à la première de l'anus	30
à la seconde	20
à celle de la queue	31

d'appendices intestinaux, ou de petits *cœcum*, forment une sorte de couronne. Le canal intestinal proprement dit est presque de la longueur de l'animal; il se réfléchit vers le diaphragme, va de nouveau vers la queue, se recourbe du côté de l'œsophage, et tend ensuite directement vers l'anus, où il parvient très-élargi.

Le foie, dont la couleur est blanchâtre, se divise en deux lobes principaux : le droit est court et étroit; le second très-long et répandu dans une très-grande partie de l'abdomen.

La vésicule du fiel communique par un canal avec le foie, et par un canal plus grand, avec le tube intestinal auprès des appendices.

Un viscère triangulaire et analogue à la rate est situé au-dessous de l'estomac.

Les reins, d'une couleur sanguinolente, et étendus le long de l'épine du dos, se déchargent dans une vessie urinaire double, voisine de l'anus, et que l'on a souvent trouvée remplie d'une eau claire.

La vessie natatoire est visqueuse, longue, simple, attachée à l'épine du dos. Le canal pneumatique, par lequel elle communique à l'extérieur, part de la partie la plus antérieure de cette vessie, et aboutit à l'œsophage.

Enfin on voit dans les femelles deux ovaires très-longs, et remplis, lors de la saison convenable, d'un très-grand nombre de petits œufs ordinairement jaunâtres.

Le merlan habite dans l'Océan qui baigne les côtes européennes. Il se nourrit de vers, de mollusques, de crabes, de jeunes poissons. Il s'approche souvent des rivages, et voilà pourquoi on le prend pendant presque toute l'année : mais il abandonne particulièrement la haute mer, non seulement lorsqu'il va se débarrasser du poids de ses œufs ou les féconder, mais encore lorsqu'il est attiré vers la terre par une nourriture plus agréable et plus abondante, et lorsqu'il y cherche un asyle contre les gros animaux marins qui en font leur proie ; et comme ces diverses circonstances dépendent des saisons, il n'est pas surprenant que, suivant les pays, le temps de le pêcher avec succès soit plus ou moins avancé. On a préféré pour cet objet, sur certaines côtes de France, les mois de nivose et de pluviose ; et sur plusieurs de celles d'Angleterre ou de Hollande, on a choisi les mois de l'été.

On le trouve très-gras lorsque les harengs ont déposé leurs œufs, et qu'il a pu en dévorer une grande quantité *. Mais, excepté dans le temps où il fraie lui-même, sa chair écailleuse est agréable au goût : elle n'a pas de qualité malfaisante ; et comme elle est molle, tendre et légère, on la digère avec facilité, et elle est un des alimens que l'on peut donner avec le moins d'inconvénient à ceux qui éprouvent un grand besoin de manger, sans avoir cependant des sucs digestifs très-puissans.

---

* *Lettre du citoyen Noël, de Rouen, au citoyen Lacepède*, du 21 brumaire an 7.

Dans quelques endroits de l'Angleterre et des environs d'Ostende, de Bruges et de Gand, on a fait sécher et saler des merlans après les avoir vidés; et on les a rendus, par cette préparation, au moins suivant le témoignage de plusieurs observateurs, un mets très-délicat.

On a écrit qu'il y avoit des merlans hermaphrodites. On en a vu, en effet, dont l'intérieur présentoit en même temps un ovaire rempli d'œufs, et un corps assez semblable, au premier coup d'œil, à la laite des poissons mâles : mais cet aspect n'est qu'une fausse apparence; l'on s'est assuré que cette prétendue laite n'étoit que le foie, qui est très-gros dans tous les merlans, et particulièrement dans ceux qui sont très-gras.

On prend quelquefois des merlans avec des filets, et notamment avec celui que l'on a nommé *drège*, et dont nous avons fait connoître la forme dans l'article de la *trachine vive*. Le plus souvent néanmoins on pêche le gade dont nous parlons, avec une vingtaine de lignes, dont chacune, garnie de deux cents hameçons, est longue de plus de cent mètres, et qu'on laisse au fond de l'eau environ pendant trois heures.

Au reste, non seulement la qualité de la chair du merlan varie suivant les saisons et les parages qu'il fréquente, mais encore ses caractères extérieurs sont assez différens, selon les eaux qu'il habite, pour qu'on ait compté dans cette espèce plusieurs variétés remarquables et constantes. Nous pouvons en donner un

exemple, en rapportant une observation très-intéressante qui nous a été transmise au sujet des merlans
que l'on trouve sur les côtes du département de la Seine-
Inférieure, par un naturaliste habile et très-zélé, le
citoyen Noël, de Rouen, que j'ai déja eu occasion de
citer dans cet ouvrage.

Cet ichthyologiste m'a écrit * qu'on appercevoit une
assez grande différence entre les merlans que l'on prend
sur les fonds voisins d'Yport et des Dalles, près de Fécamp, et ceux que l'on pêche depuis la pointe de l'Ailly
jusqu'au Tréport et au-delà. Les merlans d'Yport et
des Dalles sont plus courts; leur ventre est plus large,
leur tête plus grosse, leur museau moins aigu; la ligne
que décrit leur dos, légèrement courbée en dedans,
au lieu d'être droite; la couleur des parties voisines
du museau et de la nageoire de la queue, plus brunâtre; la chair plus ferme, plus agréable et plus
recherchée.

Le citoyen Noël pense, avec raison, qu'on doit attribuer cette diversité dans les qualités de la chair, ainsi
que dans les nuances et les formes extérieures, à la
nature des fonds au-dessus desquels les merlans habitent, et par conséquent à celle des alimens qu'ils
trouvent à leur portée. Auprès d'Yport et de Fécamp,
les fonds sont presque tous de roche, tandis que ceux
des eaux de l'Ailly, de Dieppe et de Tréport, sont

---

* *Lettre du citoyen Noël au citoyen Lacepède*, du 21 brumaire an 7.

resque tous de vase ou de gravier. En général, le itoyen Noël pense que le merlan est plus petit et plus délicat sur les bas-fonds très-voisins des rivages, que ur les bancs que l'on trouve à de grandes distances les côtes.

LE GADE MOLVE[1],

ET

LE GADE DANOIS[2].

DE tous les gades, la molve est celui qui parvient à la longueur la plus considérable, sur-tout relativement à ses autres dimensions, et particulièrement à sa largeur:

[1] Gadus molva.
Langa, *en Suède.*
Lenge, *en Allemagne.*
Ling, *en Angleterre.*
Gadus molva. *Linné, édition de Gmelin.*
Gade lingue. *Daubenton, Encyclopédie méthodique.*
Id. *Bonnaterre, planches de l'Encyclopédie méthodique.*
Gadus dorso dipterygio, ore cirrato, maxillâ superiore longiore. *Artedi, gen.* 22, *syn.* 36.
Molva major. *Charlet. p.* 121.
Asellus longus. *Schonev. p.* 18.
Asellus longus. *Willughby, p.* 175, *tab.* L, *m.* 2, *n.* 2.
Raj. p. 56.
Faun. Suecic. 312.
Müll. Prodrom. Zoolog. Danic. p. 41, *n.* 343.
Gadus longa. *It. Wgoth.* 177.
Bloch, pl. 69.
Enchelyopus. *Klein, Miss. pisc.* 4, *p.* 58, *n.* 16.
Bellon, Aquat. p. 135.
Gesner, Aquat. p. 95; *Icon anim. p.* 78.
Ling. *Brit. Zoolog.* 3, *p.* 160, *n.* 13.

[2] Gadus danicus.
Müll. Zoolog. Danic. Prodrom. p. 42.
Gade danois. *Bonnaterre, planches de l'Encyclopédie méthodique.*

elle surpasse souvent celle de vingt-quatre décimètres ;
et voilà pourquoi elle a été nommée, dans un grand
nombre de contrées et par plusieurs auteurs, *le gade
long*. Elle habite à peu près dans les mêmes mers que
la morue. Elle se trouve abondamment, comme ce gade,
autour de la Grande-Bretagne, auprès des côtes de
l'Irlande, entre les Hébrides, vers le comté d'York. On
la pêche de la même manière, on lui donne les mêmes
préparations ; et comme cette espèce présente un grand
volume, et d'ailleurs est douée d'une grande fécondité,
elle est, après la morue et le hareng, un des poissons
les plus précieux pour le commerce et les plus utiles à
l'industrie.

Dans les mers qui baignent la Grande-Bretagne, elle
jouit principalement de toutes ses qualités, depuis le
milieu de pluviose jusque vers la fin de floréal, c'est-à-
dire, dans la saison qui précède son frai, lequel a lieu
dans ces mêmes mers aux approches du solstice. Elle
aime à déposer ses œufs le long des marais que l'on y
voit à l'embouchure des rivières.

Elle se nourrit de crabes, de jeunes ou petits poissons, notamment de pleuronectes plies.

Sa chair contient une huile douce, facile à obtenir
par le moyen d'un feu modéré, et plus abondante que
celle que peuvent donner la morue ou les autres gades.

Sa couleur est brune par-dessus, blanchâtre par-
dessous, verdâtre sur les côtés. La nageoire de l'anus
est d'un gris de cendre ; les autres sont noires et

TOME II.   55

bordées de blanc : on voit de plus une tache noire au sommet de chacune des dorsales *.

Les écailles sont alongées, petites, fortement attachées ; la tête est grande, le museau un peu arrondi, la langue étroite et pointue.

Le gade danois n'est pas dénué de barbillons, non plus que la molve : comme la molve, il n'a que deux nageoires sur le dos, et appartient par ce double caractère au troisième sous-genre des gades. Sa mâchoire inférieure est plus avancée que la supérieure, ce qui le sépare de la molve ; et sa nageoire de l'anus renferme jusqu'à soixante-dix rayons, ce qui le distingue de toutes les espèces comprises dans le sous-genre où nous l'avons inscrit, et même de tous les gades connus jusqu'à présent. On en doit la première description au savant Müller, auteur du *Prodrome de la Zoologie danoise.*

---

* A la membrane des branchies de la molve, 7 rayons.
à la première nageoire dorsale 15
à la seconde 63
à chacune des pectorales 19
à chacune des jugulaires 6
à celle de l'anus 59
à celle de la queue, qui est arrondie, 38

LE GADE LOTE*.

LA lote mérite une attention particulière des naturalistes. Elle présente tous les caractères génériques qui
appartiennent aux gades ; elle doit être inscrite dans
le même genre que ces poissons ; elle y a toujours été

* Gadus lota.

Motelle , *dans quelques départemens de France.*

Barbotte , *ibid.*

Barbot, *et* burbot , *en Angleterre.*

Eel pout , *ibid.*

Putael , *dans la Belgique, ou France septentrionale.*

Alraupe , *en Allemagne.*

Olrüppe , *ibid.*

Trüsch , *ibid.*

Treischen , *ibid.*

Rutten , *ibid.*

Aalquabbe , *en Danemarck.*

Franske giedder , *ibid.*

Lake , *en Suède et en Norvége.*

Nalim , *en Russie.*

Gadus lota. *Linné, édition de Gmelin.*

Gade lotte. *Daubenton, Encyclopédie méthodique.*

Id. *Bonnaterre, planches de l'Encyclopédie méthodique.*

Gadus lota. *Ascagne, cah. 3 , 5 , pl. 28.*

Lote. *Valmont-Bomare, Dictionnaire d'histoire naturelle.*

Faun. Suecic. 315.

Müll. Prodrom. Zoolog. Danic. p. 41 , *n.* 343.

Koelreuter, Nov. Comm. Petrop. 19 , *p.* 424.

Meidinger, Icon. piscium Austral. t. 8.

Bloch, pl. 70.

Gadus dorso dipterygio , ore cirrato , maxillis æqualibus. *Artedi, gen.* 22,
syn. 38.

comprise : elle fait véritablement partie de leur famille ;
et cependant, par un de ces exemples qui prouvent
combien les êtres animés sont liés par d'innombrables
chaînes de rapports, elle s'écarte des gades par des différences très-frappantes dans les formes, dans les facultés, dans les habitudes, dans les goûts, et ne s'éloigne
ainsi de ses congénères que pour se rapprocher non
seulement des blennies, qui par leur nature touchent
aux gades de très-près, mais encore de plusieurs apodes
osseux, particulièrement des murènes, et notamment
des anguilles.

Comme ces derniers apodes, la lote a le corps très-
alongé et serpentiforme. On voit sur son dos deux nageoires dorsales, mais très-basses et très-longues, ainsi

Silurus cirro unico in mento. *Artedi, spec.* 107.
Lote. *Rondelet, deuxième partie, des poissons des lacs, chap.* 18.
Barbote. *Id. ibid. chap.* 19.
Aldrov. lib. 5, *cap.* 46, *fol.* 648.
Lota, *et* mustella fluviatilis. *Willughby, p.* 125.
Raja, p. 67.
Lota Gallis dicta. *Gesner, p.* 599.
Lota Gallorum. *Jonston, lib.* 3, *tit.* 3, *cap.* 11, *p.* 168, *tab.* 29, *fig.* 10.
Strinsia, *sive* botatrissa. *Bellon, Aquat. p.* 302.
Claria fluviatilis. *Id. ibid. p.* 304.
Borbotha. *Cub. lib.* 3, *cap.* 12, *fig.* 72, *B.*
Borbocha. *Magni (Olai), lib.* 20, *cap.* 20.
Bottatria, *et* triseus. *Salvian. fol.* 213, *a, ad iconem, et B.*
Alropa. *Hildegard. lib.* 1, *part.* 4, *cap.* 25.
Gronov. Mus. 1, *p.* 21, *n.* 61; *Zooph. p.* 97, *n.* 313.
Enchelyopus subcinereus, etc. *Klein, Miss. pisc.* 4, *p.* 57, *n.* 13, *tab.* 15, *fig.* 2.
Barbot. *Brit. Zoolog.* 3, *p.* 163, *n.* 14.

que celle de l'anus; elles ressemblent à celles qui garnissent le dos et la queue des murènes. Les écailles qui la recouvrent sont plus facilement visibles que celles de ces mêmes murènes ; mais elles sont très-minces, molles, très-petites, quelquefois séparées les unes des autres ; et la peau à laquelle elles sont attachées, est enduite d'une humeur visqueuse très-abondante, comme celle de l'anguille : aussi échappe-t-elle facilement, de même que ce dernier poisson, à la main de ceux qui la serrent avec trop de force et veulent la retenir avec trop peu d'adresse; elle glisse entre leurs doigts, parce qu'elle est perpétuellement arrosée d'une liqueur gluante ; et elle se dérobe encore à ses ennemis, parce que son corps, très-alongé et très-mobile, se contourne avec promptitude en différens sens, et imite si parfaitement toutes les positions et tous les mouvemens d'un reptile, qu'elle a reçu plusieurs noms donnés depuis long-temps aux animaux qui rampent.

La lote est, de plus, d'une couleur assez semblable à celle de plusieurs murènes, ou de quelques murénophis. Elle est variée, dans sa partie supérieure *,

---

* Sa ligne latérale est droite.
On compte à sa première nageoire dorsale   14 rayons.
à la seconde   68
à chacune des pectorales   20
à chacune des jugulaires   6
à celle de l'anus   67
à celle de la queue, qui est arrondie, 36.

de jaune et de brun; et le blanc règne sur sa partie inférieure.

Au lieu d'habiter dans les profondeurs de l'Océan ou près des rivages de la mer, comme la plupart des osseux apodes ou jugulaires, et particulièrement comme tous les autres gades connus jusqu'à présent, elle passe sa vie dans les lacs, dans les rivières, au milieu de l'eau douce, à de très-grandes distances de l'Océan; et ce nouveau rapport avec l'anguille n'est pas peu remarquable.

On la trouve dans un très-grand nombre de contrées, non seulement en Europe et dans les pays les plus septentrionaux de cette partie du monde, mais encore dans l'Asie boréale et dans les Indes.

Elle préfère, le plus souvent, les eaux les plus claires; et afin qu'indépendamment de sa légéreté, les animaux dont elle fait sa proie puissent plus difficilement se soustraire à sa poursuite, elle s'y cache dans des creux ou sous des pierres; elle cherche à attirer ses petites victimes par l'agitation du barbillon ou des barbillons qui garnissent le bout de sa mâchoire inférieure, et qui ressemblent à de petits vers : elle y demeure patiemment en embuscade, ouvrant presque toujours sa bouche, qui est assez grande, et dont les mâchoires, hérissées de sept rangées de dents aiguës, peuvent aisément retenir les insectes aquatiques et les jeunes poissons dont elle se nourrit*.

---

* Il y a auprès du pylore, 39 ou 40 appendices intestinaux.

On a écrit que, dans quelques circonstances, la lote étoit *vipère*, c'est-à-dire que les œufs de cette espèce de gade éclosoient quelquefois dans le ventre même de la mère, et par conséquent avant d'avoir été pondus. Cette manière de venir à la lumière n'a été observée dans les poissons osseux que lorsque ces animaux ont réuni un corps alongé, délié et serpentiforme, à une grande abondance d'humeur visqueuse, comme la lote. Au reste, elle supposeroit dans ce gade un véritable accouplement du mâle et de la femelle, et lui donneroit une nouvelle conformité avec l'anguille, les blennies et les silures.

La lote croît beaucoup plus vîte que plusieurs autres osseux ; elle parvient jusqu'à la longueur d'un mètre , et le citoyen Valmont-Bomare en a vu une qu'on avoit apportée du Danube à Chantilly, et qui étoit longue de plus de douze décimètres.

Sa chair est blanche, agréable au goût, facile à cuire ; son foie, qui est très-volumineux, est regardé comme un mets délicat. Sa vessie natatoire est très-grande, souvent égale en longueur au tiers de la longueur totale de l'animal, un peu rétrécie dans son milieu, terminée par deux prolongations dans sa partie antérieure, formée d'une membrane qui n'est qu'une continuation du péritoine, attachée par conséquent à l'épine du dos, de manière à ne pouvoir pas en être séparée entière, et employée dans quelques pays à faire de la colle, comme la vessie à gaz de l'acipensère huso.

Ses œufs sont presque toujours, comme ceux du brochet et du barbeau, difficiles à digérer, plus ou moins
malfaisans; et, par un dernier rapport avec l'anguille
et la plupart des autres poissons serpentiformes, elle
ne perd que difficilement la vie.

LE GADE MUSTELLE[1],

ET

LE GADE CIMBRE[2].

La mustelle a beaucoup de ressemblance avec la lote par l'alongement de son corps, la petitesse de ses écailles, et l'humeur visqueuse dont elle est imprégnée:

---

[1] Gadus mustella.

Galea, *sur plusieurs côtes d'Italie.*

Pesce moro, *ibid.*

Donzellina, *ibid.*

Sorge marina, *ibid.*

Gouderopsaro, *sur plusieurs rivages de la Grèce.*

Whistle fish, *en Angleterre.*

Krullquappen, *auprès de Hambourg, et dans quelques autres contrées septentrionales.*

Gadus mustella, gadus tricirratus β, et gadus russicus γ. *Linné, édition de Gmelin.*

Gade mustelle. *Daubenton, Encyclopédie méthodique.*

Id. *Bonnaterre, planches de l'Encyclopédie méthodique.*

Gade la brune. *Id. ibid.*

Bloch, pl. 165.

Mustelle. *Valmont-Bomare, Dictionnaire d'histoire naturelle.*

Müll. Prodrom. Zoolog. Danic. p. 42, *n.* 345.

Gadus dorso dipterygio, cirris maxillæ superioris quatuor; inferioris, uno. *Mus. Ad. Fr.* 1.

Gadus dorso dipterygio, sulco ad pinnam dorsi primam, ore cirrato. *Artedi, gen.* 22, *syn.* 37.

mais elle n'habite pas, comme ce poisson, au milieu de
l'eau douce ; elle vit dans l'Océan atlantique et dans
la Méditerranée. Elle y parvient jusqu'à la longueur de
six décimètres. Elle s'y nourrit de cancres et d'animaux à coquille ; et pendant qu'elle est jeune, petite
et foible, elle devient souvent la proie de grands poissons, particulièrement de quelques gades et de plusieurs scombres. Le temps de la ponte et de la fécondation des œufs de cette espèce est quelquefois retardé
jusque dans l'automne, ou se renouvelle dans cette
saison. La mustelle est blanche par-dessous, d'un brun
jaunâtre par-dessus, avec des taches noires, et d'un

Galea Venetorum, *seu* asellorum altera species. *Bellon.*
Id. mustella vulgaris, *et* mustella marina tertia. *Gesner, p.* 89, 90 *et* 103,
(*germ.*) *fol.* 41, B, *et* 42, A.
Mustelle vulgaire. *Rondelet, première partie, liv.* 9, *chap.* 14.
Id. *Aldrov. lib.* 3, *cap.* 8, *fol.* 290.
Willughby, p. 121.
Raj. p. 67, *n.* 1.
Mustela. *Jonston, lib.* 1, *tit.* 1, *cap.* 1, A, 2, *tab.* 1, *fig.* 4.
Mustela altera. *Schonev. p.* 49.
Mustela marina tertia.
Gron. Zooph. n. 314 ; *Mus.* 1, *p.* 21, *n.* 2 ; *Act. Ups.* 1742, *p.* 93, *tab.* 3.
Spotted whistle fish, *et* brow whistle fish. *Brit. Zoolog.* 3, *p.* 164, *n.* 15,
et 165, *n.* 16.
Enchelyopus cirris tribus, altero è mento, etc. *Klein, Miss. pisc.* 4,
p. 57, *n.* 14.
Walbaum, Schrif. der Berl. naturf. ges. 5.

² Gadus cimbrius.
Gadus cimbrius. *Linné, édition de Gmelin.*
Gade cimbre. *Bonnaterre, planches de l'Encyclopédie méthodique.*

argenté violet sur la tête. Les nageoires pectorales et jugulaires sont rougeâtres ; les autres sont brunes avec des taches alongées, excepté la nageoire de la queue, dont les taches sont rondes. L'on trouve cependant plusieurs individus sur lesquels la nuance et la figure de ces diverses taches est constamment différente, et même d'autres individus qui n'en présentent aucune. Il est aussi des mustelles qui ont quatre barbillons à la mâchoire supérieure, d'autres qui n'y en montrent que deux, d'autres encore qui n'y en ont aucun ; et ces diversités dans la forme, plus ou moins transmissibles par la génération, ayant été comparées, par plusieurs naturalistes, avec les variétés de couleurs que l'on peut remarquer dans l'espèce que nous examinons, ils ont cru devoir diviser les mustelles en trois espèces, la première distinguée par quatre barbillons placés à une distance plus ou moins petite des narines, la seconde par deux barbillons situés à peu près de même, et la troisième par l'absence de tout barbillon à la mâchoire supérieure. Mais après avoir cherché à peser les témoignages, et à comparer les raisons de cette multiplication d'espèces, nous avons préféré l'opinion du savant professeur Gmelin ; et nous ne considérons l'absence ou le nombre des barbillons de la mâchoire d'en haut, ainsi que les dissemblances dans les teintes, que comme des signes de variétés plus ou moins permanentes dans l'espèce de la mustelle.

Au reste, ce gade a toujours un barbillon attaché vers

l'extrémité de la mâchoire inférieure, soit que la mâchoire supérieure en soit dénuée, ou en montre deux,
ou en présente quatre. De plus, la langue est étroite
et assez libre dans ses mouvemens. La ligne latérale
se courbe vers les nageoires pectorales, et s'étend ensuite directement jusqu'à la queue. Mais ce qu'il ne
faut pas passer sous silence, c'est que la première
nageoire dorsale est composée de rayons si petits et si
courts, qu'il est très-difficile de les compter exactement,
et qu'ils disparoissent presque en entier dans une sorte
de sillon ou de rainure longitudinale. Un seul de ces
rayons, le premier ou le second, est très-alongé,
s'élève par conséquent beaucoup au-dessus des autres ;
et c'est cette longueur ainsi que l'excessive briéveté des
autres, qui ont fait dire à plusieurs naturalistes que
la première dorsale de la mustelle ne comprenoit qu'un
rayon *.

La première nageoire du dos est conformée de la
même manière dans le gade cimbre, qui ressemble
beaucoup à la mustelle : néanmoins on trouve dans cette
même partie un des caractères distinctifs de l'espèce

---

* 5 rayons à la membrane branchiale de la mustelle.

1 rayon très-alongé et plusieurs rayons très-courts à la première
nageoire dorsale.

56 rayons à la seconde.

18   à chacune des pectorales.

6   à chacune des jugulaires.

46   à celle de l'anus.

20   à celle de la queue.

du cimbre. En effet, le rayon qui seul est très-alongé, se termine dans ce gade par deux filamens placés l'un à droite et l'autre à gauche, et disposés horizontalement comme les branches de la lettre T [1].

De plus, on compte sur les mâchoires de la mustelle cinq, ou trois, ou un seul barbillon. Il y en a quatre sur celles du cimbre : deux de ces derniers filamens partent des environs des narines ; le troisième pend de la lèvre supérieure ; et le quatrième, de la lèvre inférieure.

Le cimbre habite dans l'Océan atlantique, et particulièrement dans une partie de la mer qui baigne les rivages de la Suède. Il a été découvert et très-bien décrit par M. de Strussenfeld [2].

---

[1] 1 rayon très-alongé et plusieurs rayons très-courts à la première nageoire dorsale du gade cimbre.

48 rayons à la seconde.

16	à chacune des pectorales,
7	à chacune des jugulaires.
42	à celle de l'anus.
25	à celle de la queue.

[2] *Mémoires de l'académie de Stockholm,* tome XXXIII, page 46.

LE GADE MERLUS *.

CE poisson vit dans la Méditerranée ainsi que dans l'Océan septentrional ; et voilà pourquoi il a pu être connu d'Aristote, de Pline, et des autres naturalistes de la Grèce ou de Rome, qui, en effet, ont traité de ce gade dans leurs ouvrages. Il y parvient jusqu'à la grandeur de huit ou dix décimètres. Il est très-vorace : il poursuit, par exemple, avec acharnement, les

---

* Gadus merlucius.

Merluzo, *en Italie.*

Asello, *ibid.*

Asino, *ibid.*

Nasello, *ibid.*

Hake, *en Angleterre.*

Gadus merlucius. *Linné, édition de Gmelin.*

Bloch, pl. 154.

Gade grand merlus. *Daubenton, Encyclopédie méthodique.*

Id. *Bonnaterre, planches de l'Encyclopédie méthodique.*

Le grand merlus. *Duhamel, Traité des pêches, seconde partie, sect.* 1, *chap.* 1, *pl.* 24.

Merlu, *et* merluche. *Valmont-Bomare, Dictionnaire d'histoire naturelle.*

Mus. Ad. Frid. 2, *p.* 60.

Faun. Suecic. 314.

Forsk. Faun. Arabic. p. 19.

Gronov. Zooph. p. 397, *n.* 315.

Müll. Prodrom. Zoolog. Danic. p. 41, *n.* 342.

Ot. Fabric. Faun. Groenland. p. 148.

Gadus dorso dipterygio, maxillâ inferiore longiore. *Artedi, gen.* 22, *syn.* 36.

Lysing. Strom. Sondm. 295.

scombres et les clupées ; cependant, comme il trouve assez facilement de quoi se nourrir, il n'est pas, au moins fréquemment, obligé de se jeter sur des animaux de sa famille. Il ne redoute pas l'approche de son semblable. Il va par troupes très-nombreuses ; et par conséquent il est l'objet d'une pêche très-abondante et peu pénible. Sa chair est blanche et lamelleuse ; et dans les endroits où l'on prend une grande quantité d'individus de cette espèce, on les sale ou on les sèche, comme on prépare les morues, les seys et d'autres gades, pour pouvoir les envoyer au loin. Les merlus sont ainsi recherchés dans un grand nombre de parages : mais dans

---

Asellus primus, *sive* merlucius. *Raj. p.* 56.

Asellus primus Rondeletii, *sive* merlucius. *Willughby, p.* 174, *tab. L, m.* 2, *n.* 1.

Ὄνος. Arist. lib. 8, *cap.* 15; *et lib.* 9, *cap.* 37.

Ὄνος, γάδος. Athen. lib. 7, *p.* 315.

Θαλάττιος. *AElian. lib.* 5, *cap.* 20, *p.* 276; *lib.* 9, *cap.* 38.

Oppian. Hal. lib. 1, *p.* 5; *et lib.* 2, *p.* 59.

Asellus. *Plin. Hist. mundi, lib.* 9, *cap.* 16 *et* 17.

Asellus. *Ovid. v.* 131.

Varro, lib. 4, *De lingua latina.*

Jov. cap. 20, *p.* 87.

Merlus. *Rondelet, première partie, liv.* 9, *chap.* 8.

Salvian. fol. 73.

Merluccius, asellus, et primùm de merlucio. *Gesner, p.* 84, 97; *Icon. anim. p.* 76; *et (germ.) fol.* 39, *B.*

Merluccius. *Bellon, Aquat. p.* 123.

Asellus alter, etc. *Aldrov. lib.* 3, *cap.* 2, *p.* 286.

Asellus fuscus. *Charlet. p.* 122.

Hake. *Brit. Zoolog.* 3, *p.* 156, *n.* 10.

Jonston, De piscibus, p. 7, *tab.* 1, *fig.* 3.

d'autres portions de la mer où ils ne peuvent pas se procurer les mêmes alimens, il arrive que leurs muscles deviennent gluans et de mauvais goût; ce fait étoit connu dès le temps de Galien. Au reste, le foie du merlus est presque toujours un morceau très-délicat.

Ce poisson est alongé, revêtu de petites écailles, blanc par-dessous, d'un gris plus ou moins blanchâtre par-dessus; et c'est à cause de ces couleurs comparées souvent à celles de l'âne, qu'il a été nommé *ânon* par Aristote, Oppien, Athénée, Élien, Pline, et d'autres auteurs anciens et modernes. Le mot d'*ânon* est même devenu, pour plusieurs naturalistes, un mot générique qu'ils ont appliqué à plusieurs espèces de gades.

La tête du merlus est comprimée et déprimée; l'ouverture de sa bouche, grande; sa ligne latérale plus voisine du dos que du bas-ventre, et garnie, auprès de la tête, de petites verrues dont le nombre varie depuis cinq jusqu'à neuf ou dix : des dents inégales, aiguës, et dont plusieurs sont crochues, garnissent les mâchoires, le palais et le gosier *.

* A la membrane des branchies 7 rayons.
à la première nageoire du dos 10
à la seconde 39
à chacune des pectorales 12
à chacune des jugulaires 7
à celle de l'anus 37
à celle de la queue 20

J'ai trouvé dans les papiers de Commerson une courte description d'un gade à deux nageoires, sans barbillons, et dont tous les autres caractères conviennent au merlus. Commerson l'a vu dans les mers australes ; ce qui confirme mes conjectures sur la possibilité d'établir dans plusieurs parages de l'hémisphère méridional, des pêches abondantes de morues et d'autres gades.

Le merlus est si abondant dans la baie de *Galloway*, sur la côte occidentale de l'Irlande, que cette baie est nommée, dans quelques anciennes cartes, la baie des *hakes*, nom donné par les Anglois aux merlus.

LE GADE BROSME [1].

Nous avons maintenant sous les yeux le cinquième sous-genre des gades. Les caractères qui le distinguent, sont un ou plusieurs barbillons, avec une seule nageoire dorsale. On ne peut encore rapporter qu'une espèce à ce sous-genre ; et cette espèce est le brosme.

Ce gade préfère les mers qui arrosent le Groenland, ou l'Europe septentrionale.

Il a la nageoire de la queue en forme de fer de lance, et quelquefois une longueur de près d'un mètre. La couleur de son dos est d'un brun foncé ; ses nageoires et sa partie inférieure sont d'une teinte plus claire ; on voit sur ses côtés des taches transversales [2].

---

[1] Gadus brosme.
Gadus brosme. *Ascagne, Icon. rerum natural. tab.* 17.
Müll. Prodrom. Zoolog. Danic. p. 41 , *n.* 341.
Brosme. *Pontoppid. Norveg.* 2, *p.* 178.
Strom. sondm. 1 , *p.* 272 , *tab.* 1 , *fig.* 19.
Kaila. *Olafs. Island. p.* 358, *tab.* 27.
Gadus brosme. *Linné, édition de Gmelin.*
Gade brosme. *Bonnaterre, planches de l'Encyclopédie méthodique.*

[2] A la nageoire du dos du brosme, 100 rayons.
à chacune des pectorales   20
à chacune des jugulaires   5
à celle de l'anus   60
à celle de la queue   30

QUARANTE-SEPTIÈME GENRE.

LES BATRACHOÏDES.

La tête très-déprimée et très-large; l'ouverture de la bouche très-grande; un ou plusieurs barbillons attachés autour ou au-dessous de la mâchoire inférieure.

ESPÈCES.	CARACTÈRES.
1. LE BATRACHOÏDE TAU. (*Batrachoïdes tau.*)	Un grand nombre de filamens à la mâchoire inférieure; trois aiguillons à la première nageoire dorsale et à chaque opercule.
2. LE BATR. BLENNIOÏDE. (*Batrachoïdes blennioïdes.*)	Un ou plusieurs barbillons au-dessous de la mâchoire d'en-bas; les deux premiers rayons de chaque nageoire jugulaire, terminés par un long filament.

LE BATRACHOÏDE TAU*.

Nous avons séparé le tau des gades, et le blennioïde des blennies, non seulement parce que ces poissons n'ont pas tous les traits caractéristiques des genres dans lesquels on les avoit inscrits en plaçant le dernier parmi les blennies et le premier parmi les gades, mais encore parce que des formes très-frappantes les distinguent de toutes les espèces que peuvent embrasser ces mêmes genres, au moins lorsqu'on a le soin nécessaire de n'établir ces cadres que d'après les principes réguliers auxquels nous tâchons toujours de nous conformer. Nous avons de plus rapproché l'un de l'autre le tau et le blennioïde, parce qu'ils ont ensemble beaucoup de rapports ; nous les avons compris dans un genre particulier, et nous avons donné à ce genre le nom de *batrachoïde*, qui désigne la ressemblance vague qu'ont ces animaux avec une grenouille, en grec ϐατραχος, et qui rappelle d'ailleurs les dénominations de *grenouiller* et de *raninus*, appliquées par Linné, Daubenton, et plusieurs autres célèbres naturalistes, au blennioïde.

---

* Batrachoïdes tau.
Expausançon.
Bloch, pl. 6, *fig.* 2 *et* 3.
Gadus tau. *Linné, édition de Gmelin.*
Gade tau. *Bonnaterre, planches de l'Encyclopédie méthodique.*

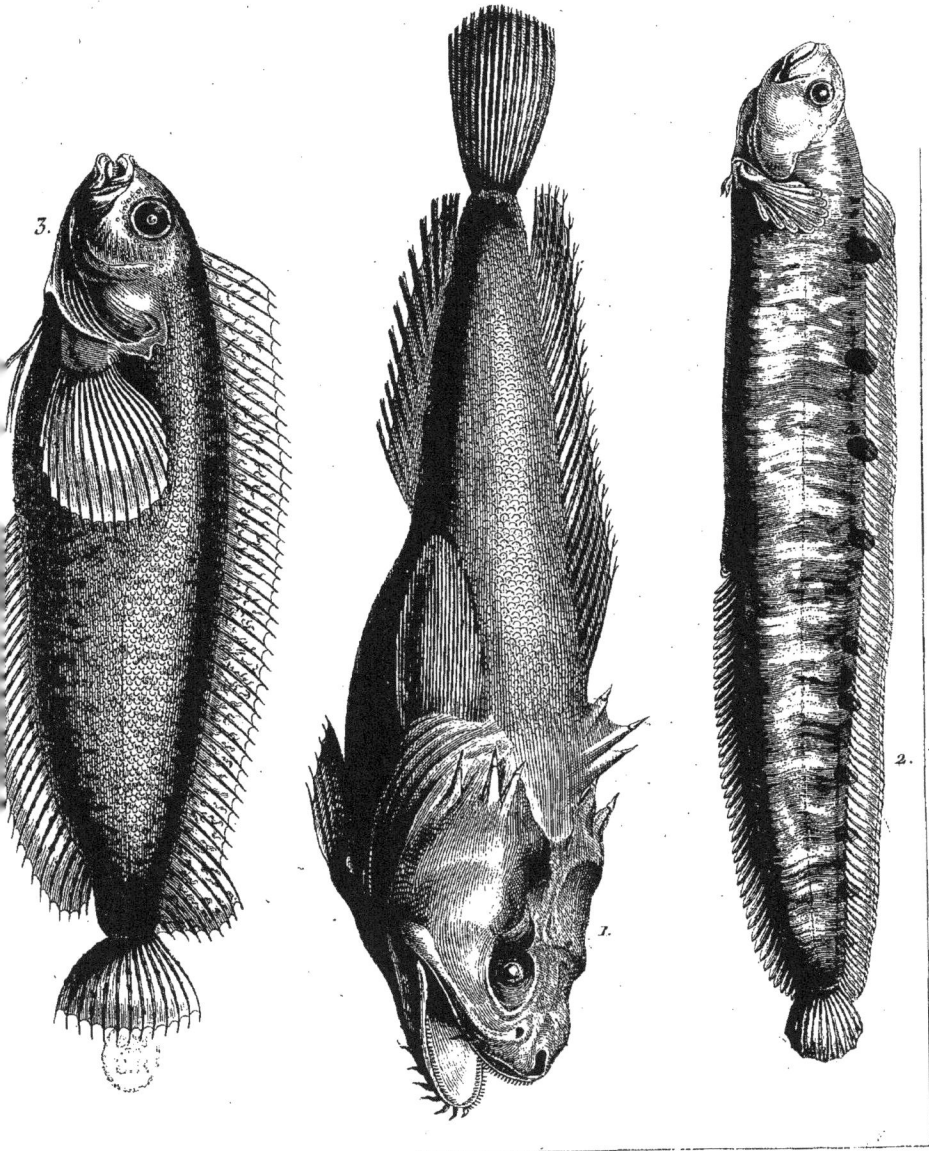

Pl. 12. Pag. 432.

3.

1.

2.

Del.

Coquet. Sculp.

1. BATRACHOÏDE Tau. 2. BLENNIE Gunnel. 3. BLENNIE Pointillé.

Le tau habite dans l'Océan atlantique, comme presque tous les gades, dans le genre desquels on avoit cru devoir le faire entrer ; mais on l'y a pêché à des latitudes beaucoup plus rapprochées de l'équateur que celles où l'on a rencontré la plupart de ces poissons. On l'a vu vers les côtes de la Caroline, où il a été observé par le docteur Garden, et d'où il a été envoyé en Europe.

Ses formes et ses couleurs, qui sont très-remarquables, ont été fort bien décrites par le célèbre ichthyologiste et mon savant confrère le docteur Bloch.

Il est revêtu d'écailles molles, petites, minces, rondes, brunes, bordées de blanc, et arrosées par une mucosité très-abondante, comme celles de la lote et de la mustelle. Le dos et les nageoires sont tachetés de blanc, ou d'autres nuances.

La tête est grande et large ; le museau très-arrondi. Les yeux, placés vers le sommet de cette partie et très-rapprochés l'un de l'autre, sont gros, saillans, brillans par l'éclat de l'or que présente l'iris, et entourés d'un double rang de petites verrues. Entre ces organes de la vue et la nuque, s'étend transversalement une fossette et une bande plus ou moins irrégulière, de couleur jaune, sur les deux bouts de laquelle on peut observer quelquefois une tache ronde et très-foncée.

Les dents sont aiguës. Il n'y en a que deux rangées de chaque côté de la mâchoire inférieure ; mais la mâchoire d'en-haut, qui est beaucoup plus courte, en montre un plus grand nombre de rangs. Une double série de ces mêmes dents hérisse chaque côté du palais.

Plusieurs barbillons sont placés sur les côtés de la mâchoire supérieure ; un grand nombre d'autres filamens sont attachés à la mâchoire d'en-bas, et disposés à peu près en portion de cercle.

Chaque opercule, composé de deux lames, est de plus armé de trois aiguillons.

Le tau a deux nageoires dorsales ; la première est soutenue par trois rayons très-forts et non articulés. Celle de la queue est arrondie.

Le *tau* a été nommé ainsi, à cause de la ressemblance de la bande jaune et transversale qu'il a auprès de la nuque, avec la traverse d'un T grec, ou *tau* *.

Le dessin qui représente ce poisson, et que nous avons fait graver, en donne une idée très-exacte.

---

* A la membrane branchiale du tau, 6 rayons.
  à la première dorsale 3
  à la seconde 23
  à chacune des pectorales 20
  à chacune des jugulaires 6
  à celle de l'anus 13
  à celle de la queue 12

LE BATRACHOÏDE BLENNIOÏDE [1].

CE batrachoïde a un ou plusieurs barbillons au-dessous de la mâchoire inférieure. Les deux premiers rayons de chacune de ses nageoires jugulaires sont beaucoup plus longs que les autres ; ce qui , au premier coup d'œil , pourroit faire croire qu'il n'en a que deux dans chacune de ces nageoires, comme la plupart des blennies, dans le genre desquels on l'a souvent placé, et ce qui m'a engagé à lui donner le nom spécifique de *blennioïde*. On le trouve dans les lacs de la Suède, où il paroît qu'il est redouté de tous les poissons moins forts que lui, qui s'écartent le plus qu'ils peuvent, des endroits qu'il fréquente. Quoiqu'il tienne , pour ainsi dire , le milieu entre les gades et les blennies, il n'est pas bon à manger [2].

[1] Batrachoïdes blennioïdes.
Blennius raninus. *Linné , édition de Gmelin.*
Faun. Suecic. 316.
Blenne grenouiller. *Daubenton , Encyclopédie méthodique.*
Id. *Bonnaterre , planches de l'Encyclopédie méthodique.*
Müll. Prodrom. Zoolog. Danic. n. 359.
Strom. Sondm. I , *p.* 359.

[2] A la membrane branchiale	7 rayons.
à la nageoire dorsale	66
à chacune des nageoires pectorales	22
à chacune des jugulaires	6
à celle de l'anus	60
à celle de la queue	30

C'est avec toute raison, ce me semble, que le professeur Gmelin regarde comme une simple variété de cette espèce qu'il rapporte au genre des blennies, un poisson de l'Océan septentrional, dont voici une très-courte description *.

Il est d'un brun très-foncé. Ses nageoires sont noires et charnues ; son iris est jaune ; une mucosité abondante, semblable à celle dont le tau est imprégné, humecte ses écailles, qui sont petites. Sa tête, très-aplatie, est plus large que son corps ; l'ouverture de sa bouche très-grande ; chaque mâchoire armée d'un double rang de dents acérées et *rougeâtres*, suivant plusieurs observateurs ; la langue épaisse, musculeuse, arrondie par-devant ; le premier rayon de chaque nageoire jugulaire terminé par une sorte de fil délié ; et le second rayon des mêmes nageoires prolongé par un appendice analogue, mais ordinairement une fois plus long que ce filament.

---

* Gmelin, édit. de Linné, article du *blennius raninus*.
Müll. Zoolog. Danic. p. 15, *tab.* 45.
Dansk. Vidensk. Selsk. Skrift. 12, *p.* 291.

QUARANTE-HUITIÈME GENRE.

LES BLENNIES.

Le corps et la queue alongés et comprimés; deux rayons au moins, et quatre rayons au plus, à chacune des nageoires jugulaires.

PREMIER SOUS-GENRE.

Deux nageoires sur le dos; des filamens ou appendices sur la tête.

ESPÈCES.	CARACTÈRES.
1. LE BLENNIE LIÈVRE. (*Blennius lepus.*)	Un appendice non palmé au-dessus de chaque œil; une grande tache œillée sur la première nageoire du dos.
2. LE BLENNIE PHYCIS. (*Blennius phycis.*)	Un appendice auprès de chaque narine; un barbillon à la lèvre inférieure.

SECOND SOUS-GENRE.

Une seule nageoire dorsale; des filamens ou appendices sur la tête.

ESPÈCES.	CARACTÈRES.
3. LE B. MÉDITERRANÉEN. (*Blennius mediterraneus.*)	Deux barbillons à la mâchoire supérieure, et un à l'inférieure.
4. LE BL. GATTORUGINE. (*Blennius gattorugina.*)	Un appendice palmé auprès de chaque œil, et deux appendices semblables auprès de la nuque.

ESPÈCES.	CARACTÈRES.
5. LE BL. SOURCILLEUX. (*Blennius superciliosus.*)	Un appendice palmé au-dessus de chaque œil; la ligne latérale courbe.
6. LE BLENNIE CORNU. (*Blennius cornutus.*)	Un appendice non palmé au-dessus de chaque œil.
7. LE BLENN. TENTACULÉ. (*Blennius tentaculatus.*)	Un appendice non palmé au-dessus de chaque œil; une tache œillée sur la nageoire du dos.
8. LE BLENNIE SUJÉFIEN. (*Blennius sujefianus.*)	Un très-petit appendice non palmé au-dessus de chaque œil; la ligne latérale courbe; la nageoire du dos réunie à celle de la queue.
9. LE BLENNIE FASCÉ. (*Blennius fasciatus.*)	Deux appendices non palmés entre les yeux; quatre ou cinq bandes transversales.
10. LE BLEN. COQUILLADE. (*Blennius coquillad.*)	Un appendice cutané et transversal.
11. LE BLENNIE SAUTEUR. (*Blennius saliens.*)	Un appendice cartilagineux et longitudinal; les nageoires pectorales presque aussi longues que le corps proprement dit; deux rayons seulement à chacune des nageoires jugulaires.
12. LE BLENNIE PINARU. (*Blennius pinaru.*)	Un appendice filamenteux et longitudinal; trois rayons à chacune des nageoires jugulaires.

TROISIÈME SOUS-GENRE.

Deux nageoires dorsales; point de barbillons ni d'appendices sur la tête.

ESPÈCE.	CARACTÈRES.
13. LE BLENNIE GADOÏDE. (*Blennius gadoïdes.*)	Un filament au-dessous de l'extrémité antérieure de la mâchoire d'en-bas; deux rayons seulement à chacune des nageoires jugulaires.

ESPÈCES.	CARACTÈRES.
14. LE BLENNIE BELETTE. (*Blennius mustela.*)	Point de filament à la mâchoire inférieure ; trois rayons à la première nageoire du dos; deux rayons seulement à chacune des nageoires jugulaires.
15. LE BLEN. TRIDACTYLE. (*Blennius tridactylus.*)	Un filament au-dessous de l'extrémité antérieure de la mâchoire inférieure ; trois rayons à chacune des nageoires jugulaires.

QUATRIÈME SOUS-GENRE.

Une seule nageoire dorsale; point de barbillons, ni d'appendices sur la tête.

ESPÈCES.	CARACTÈRES.
16. LE BLENNIE PHOLIS. (*Blennius pholis.*)	Les ouvertures des narines, tuberculeuses et frangées; la ligne latérale courbe.
17. LE BLENNIE BOSQUIEN. (*Blennius bosquianus.*)	La mâchoire inférieure plus avancée que la supérieure; l'ouverture de l'anus à une distance à peu près égale de la gorge et de la nageoire caudale; la nageoire de l'anus réunie à celle de la queue, et composée environ de 18 rayons.
18. LE BL. OVOVIVIPARE. (*Blennius ovoviviparus.*)	Les ouvertures des narines, tuberculeuses, mais non frangées; la ligne latérale droite; la nageoire de l'anus réunie à celle de la queue, et composée de plus de 60 rayons.
19. LE BLENNIE GUNNEL. (*Blennius gunnellus.*)	Le corps très-alongé; les nageoires du dos, de la queue et de l'anus, distinctes l'une de l'autre; celle du dos très-longue et très-basse; neuf ou dix taches rondes, placées chacune à demi sur la base de la nageoire dorsale, et à demi sur le dos du blennie.

ESPÈCES.	CARACTÈRES.
20. LE BLENN. POINTILLÉ. (*Blennius punctulatus.*)	Les nageoires jugulaires presque aussi longues que les pectorales; une grande quantité de points autour des yeux, sur la nuque, et sur les opercules.
21. LE BLENNIE GARAMIT. (*Blennius garamit.*)	Quelques dents placées vers le bout du museau, plus crochues et plus longues que les autres.
22. LE BLENNIE LUMPÈNE. (*Blennius lumpenus.*)	Des taches transversales; trois rayons à chaque nageoire jugulaire.
23. LE BLENNIE TORSK. (*Blennius torsk.*)	Un barbillon à la mâchoire inférieure; les nageoires jugulaires charnues et divisées chacune en quatre lobes.

LE BLENNIE LIÈVRE*.

L'HOMME d'état ne considérera pas avec autant d'intérêt les blennies que les gades ; il ne les verra pas aussi
nombreux, aussi grands, aussi bons à manger, aussi

* Blennius lepus.

Lebre de mare, *dans plusieurs départemens méridionaux de France.*

Mesoro, *dans quelques contrées d'Italie.*

Butterfly fish, *en Angleterre.*

Blennius ocellaris. *Linné, édition de Gmelin.*

Blenne lièvre. *Daubenton, Encyclopédie méthodique:*

Id. *Bonnaterre, planches de l'Encyclopédie méthodique.*

Bloch, pl. 165, *fig.* 1.

Lièvre marin vulgaire. *Valmont-Bomare, Dictionnaire d'histoire naturelle.*

Mus. Ad. Frid. 2, *p.* 62.

Cetti. Pisc. Sard. p. 112.

Brunn. Pisc. Massil. p. 15, *n.* 35.

Blennius.... maculâ magnâ in pinna dorsi. *Artedi, gen.* 26, *syn.* 44.

Βλεννος. *Oppian. lib.* 1, *fol.* 108, 35, *ed. Lippii.*

Blennius. *Plin. lib.* 32, *cap.* 9.

Blennus. *Salvian. fol.* 218.

Bellon, Aquat. p. 210.

Gesner (germ.) fol. 3, *a;* et *Aquat. p.* 126, 147; *Icon. animal. p.* 9.

Blennus Bellonii, meliùs depictus. *Aldrov. lib.* 2, *cap.* 28, *p.* 203.

Willughby, p. 131, *tab. H,* 3, *fig.* 2.

Raj. p. 72, *n.* 13.

Blennus pinniceps. *Klein, Miss. pisc.* 5, *p.* 31, *n.* 1.

Scorpioïdes. *Rondelet, première partie, liv.* 6, *chap.* 20.

Lièvre marin du vulgaire. *Id. ibid.*

Jonst. Pisc. p. 75, *tab.* 19, *fig.* 5.

salubres, aussi recherchés que ces derniers, faire naître, comme ces mêmes gades, des légions de pêcheurs, les attirer aux extrémités de l'Océan, les contraindre à braver les tempêtes, les glaces, les brumes, et les changer bientôt en navigateurs intrépides, en ouvriers industrieux, en marins habiles et expérimentés : mais le physicien étudiera avec curiosité tous les détails des habitudes des blennies ; il voudra les suivre dans les différens climats qu'ils habitent ; il desirera de connoître toutes les manières dont ils viennent à la lumière, se développent, croissent, attaquent leur proie ou l'attendent en embuscade, se dérobent à leurs ennemis par la ruse ou leur échappent par leur agilité. Nous ne décrirons cependant d'une manière étendue que les formes et les mœurs des espèces remarquables par ces mêmes mœurs ou par ces mêmes formes ; nous n'engagerons à jeter qu'un coup d'œil sur les autres. Où il n'y a que peu de différences à noter, et, ce qui est la même chose, peu de rapports à saisir, avec des objets déja bien observés, il ne faut qu'un petit nombre de considérations pour parvenir à voir clairement le sujet de son examen.

Le blennie lièvre est une de ces espèces sur lesquelles nous appellerons pendant peu de temps l'attention des naturalistes. Il se trouve dans la Méditerranée ; sa longueur ordinaire est de deux décimètres. Ses écailles sont très-petites, enduites d'une humeur visqueuse ; et c'est de cette liqueur gluante dont sa surface est arrosée, que vient le nom de *blennius* en latin, et de *blennie* ou de *blenne* en françois, qui lui a été donné ainsi qu'aux autres poissons de son genre tous plus ou moins imprégnés d'une substance oléagineuse, le mot Ϭλεννος en grec signifiant *mucosité*.

Sa couleur générale est verdâtre, avec des bandes transversales et irrégulières d'une nuance de verd plus voisine de celle de l'olive ; ce verdâtre est, sur plusieurs individus, remplacé par du bleu, particulièrement sur le dos. La première nageoire dorsale est ou bleue comme le dos, ou olivâtre avec de petites taches bleues et des points blancs ; et indépendamment de ces points et de ces petites gouttes bleues, elle est ornée d'une tache grande, ronde, noire, ou d'un bleu très-foncé, entourée d'un liséré blanc, imitant une prunelle entourée de son iris, représentant vaguement un œil ; et voilà pourquoi le blennie lièvre a été appelé *œillé* ; et voilà pourquoi aussi il a été nommé poisson papillon (*butterfly-fish* en anglois).

Sa tête est grosse ; ses yeux sont saillans ; son iris brille de l'éclat de l'or. L'ouverture de sa bouche est grande ; ses mâchoires, toutes les deux également avancées, sont armées d'un seul rang de dents étroites et très-rapprochées. Un appendice s'élève au-dessus de chaque œil ; la forme de ces appendices, qui ressemblent un peu à deux petites oreilles redressées, réunie avec la conformation générale du museau, ayant fait trouver par des marins peu difficiles plusieurs rapports entre la tête du lièvre et celle du blennie que nous décrivons, ils ont proclamé ce dernier *lièvre marin*, et d'habiles naturalistes ont cru ne devoir pas rejeter cette expression.

La langue est large et courte. Il n'y a qu'une pièce à chaque opercule branchial; l'anus est plus près de la tête que de la nageoire caudale, et la ligne latérale plus voisine du dos que du ventre.

On compte sur ce blennie deux nageoires dorsales; mais ordinairement elles sont si rapprochées l'une de l'autre, que souvent on a cru n'en voir qu'une seule [1].

Pour ajouter au parallèle entre le poisson dont nous traitons et le vrai lièvre de nos champs, on a dit que sa chair étoit bonne à manger. Elle n'est pas, en effet, désagréable au goût; mais on y attache peu de prix. Au reste, c'est à cet animal qu'il faut appliquer ce que Pline rapporte de la vertu que l'on attribuoit de son temps aux cendres des blennies, pour la guérison ou le soulagement des maux causés par la présence d'un calcul dans la vessie [2].

---

[1] A la première nageoire du dos   11 rayons.
    à la seconde   15
    à chacune des pectorales   12
    à chacune des jugulaires   2
    à celle de l'anus   16
    à celle de la queue, qui est arrondie, 11
[2] *Chap. déja cité dans cet article.*

LE BLENNIE PHYCIS*.

CE poisson est un des plus grands blennies : il parvient quelquefois jusqu'à la longueur de cinq ou six décimètres. Un petit appendice s'élève au-dessus de l'ouverture de chaque narine ; et sa mâchoire inférieure est garnie d'un barbillon. Ce dernier filament, ses deux nageoires dorsales et son volume, le font ressembler beaucoup à un gade ; mais la forme de ses nageoires jugulaires, qui ne présentent que deux rayons, le place et le retient parmi les vrais blennies.

Les couleurs du phycis sont sujettes à varier, suivant les saisons. Dans le printemps, il a la tête d'un rouge plus ou moins foncé ; presque toujours son dos est d'un.

---

* Blennius phycis.
Mole , *dans quelques départemens méridionaux de France.*
Molere , *en Espagne.*
Phico, *en Italie.*
Blennius phycis. *Linné, édition de Gmelin.*
Blenne mole. *Daubenton, Encyclopédie méthodique.*
Id. *Bonnaterre, planches de l'Encyclopédie méthodique.*
Phycis. *Artedi, gen.* 84 , *syn.* 111.
La moule. *Rondelet, première partie, liv.* 6 , *chap.* 10.
Gesner, Aquat. p. 718.
Willughby, Ichthyol. p. 205.
Tinca marina. *Raj. Pisc. p.* 75 , *et p.* 164 , *f.* 8.
Lesser hake. *Brit. Zoolog.* 3 , *p.* 158 , *n.* 11.
Lest hake. *Ibid. p.* 160 , *n.* 12.

brun plus ou moins noirâtre ; ses nageoires pectorales sont rouges, et un cercle noir entoure son anus [1].

On trouve ce blennie dans la Méditerranée [2].

---

[1] Quinze appendices intestinaux sont disposés autour du pylore.

[2] A la membrane branchiale   7 rayons.
à la première dorsale   10.
à la seconde   61
à chacune des pectorales   15
à chacune des jugulaires   2
à celle de l'anus   57
à celle de la queue, qui est arrondie, 20.

LE BLENNIE MÉDITERRANÉEN [1].

CETTE espèce a été jusqu'à présent comprise parmi les gades sous le nom de *méditerranéen* ou de *monoptère:* mais elle n'a que deux rayons à chacune de ses nageoires jugulaires, et dès lors nous avons dû l'inscrire parmi les blennies. Nous l'y avons placée dans le second sous-genre, parce qu'elle a des barbillons sur la tête, et que son dos n'est garni que d'une seule nageoire.

Elle tire son nom de la mer qu'elle habite. Elle vit dans les mêmes eaux salées que le gade capelan, le gade mustelle et le gade merlus, avec lesquels elle a beaucoup de rapports. Indépendamment des deux filamens situés sur sa mâchoire d'en-haut, il y en a un attaché à la mâchoire inférieure [2].

[1] Blennius mediterraneus.
Gadus mediterraneus. *Linné, édition de Gmelin.*
Mus. Ad. Frid. 2 , *p.* 60.
Gade monoptère. *Daubenton , Encyclopédie méthodique.*
Id. *Bonnaterre , planches de l'Encyclopédie méthodique.*

[2] A la nageoire du dos   54 rayons.
   à chacune des pectorales 15
   à chacune des jugulaires 2
   à celle de l'anus   44

LE BLENNIE GATTORUGINE [1].

Le gattorugine habite dans l'Océan atlantique et dans
la Méditerranée. Il n'a guère plus de deux décimètres
de longueur : aussi ne se nourrit-il que de petits vers
marins, de petits crustacées, et de très-jeunes poissons.
Sa chair est assez agréable au goût. Ses couleurs ne dé-
plaisent pas. On voit sur sa partie supérieure des raies
brunes, avec des taches, dont les unes sont d'une nuance
claire, et les autres d'une teinte foncée. Les nageoires
sont jaunâtres. Il n'y en a qu'une sur le dos dont les
premiers rayons sont aiguillonnés [2], et les derniers très-

---

[1] Blennius gattorugina.

Blennius gattorugina. *Linné, édition de Gmelin.*

Blenne gattorugine. *Daubenton, Encyclopédie méthodique.*

Id. *Bonnaterre, planches de l'Encyclopédie méthodique.*

Mus. Ad. Frid. 1, p. 68 ; *et* 2, p. 61.

Blennius pinnulis duabus ad oculos, pinnâ ani ossiculorum 23. *Artedi,
gen.* 26, *syn.* 44.

Blennius pinnis superciliorum palmatis, etc. *Brunn. Pisc. Massil.* p. 27,
n. 37.

Blennius capite cristato ex radio inermi, etc. *Gronov. Zooph. p.* 76, n. 264.

Willughby, Ichthyol. p. 132, *tab. H,* 2, *fig.* 2.

Raj. Pisc. 72, *n.* 14.

Gattorugine. *Brit. Zoolog.* 3, *p.* 168. *n.* 2.

[2] 16 rayons non articulés, et 14 articulés à la nageoire dorsale.

14	à chacune des pectorales.
2	à chacune des jugulaires.
23	à celle de l'anus.
13	à celle de la queue.

longs. La tête est petite ; les yeux sont saillans et très-rapprochés du sommet de la tête ; l'iris est rougeâtre. Deux appendices palmés paroissent auprès de l'organe de la vue, et deux autres semblables sur la nuque. Les mâchoires, également avancées l'une et l'autre, sont garnies d'un rang de dents aiguës, déliées, blanches et flexibles. La langue est courte ; le palais lisse ; l'opercule branchial, composé d'une seule lame ; l'anus assez voisin de la gorge, et la ligne latérale droite ainsi que rapprochée du dos.

LE BLENNIE SOURCILLEUX [1].

Les mers de l'Inde sont le séjour habituel de ce blennie. Comme presque tous les poissons des contrées équatoriales, il a des couleurs agréables et vives : un jaune plus ou moins foncé, plus ou moins voisin du brillant de l'or, ou de l'éclat de l'argent, et relevé par de belles taches rouges, règne sur tout son corps [2]. Il se nourrit de jeunes crabes et de petits animaux à coquille ; et dès-lors nous ne devons pas être surpris, d'après ce que nous avons déja indiqué plusieurs fois, que ce sourcilleux présente des nuances riches et bien contrastées. Plusieurs causes se réunissent pour produire sur ses

[1] Blennius superciliosus.
Id. *Linné, édition de Gmelin.*
Blenne sourciller. *Daubenton, Encyclopédie méthodique.*
Id. *Bonnaterre, planches de l'Encyclopédie méthodique.*
Blennius pinnulis-ocularibus brevissimis palmatis, etc. *Amœnitat. acad.* I, p. 317.
Gronov. Mus. 2, *n.* 172, *tab.* 5, *fig.* 5 ; *Zooph. p.* 75, *n.* 258.
Bloch, pl. 168.
Blennius varius, etc. *Seb. Mus.* 3, *tab.* 30, *fig.* 3.
Indinnischer göttorugina. *Seeligm. Vœgel.* 8, *tab.* 72.

[2] A la nageoire du dos   44 rayons.
à chacune des pectorales 14
à chacune des jugulaires 2
à celle de l'anus   28
à celle de la queue   12

tégumens ces teintes distinguées : la chaleur du climat qu'il habite, l'abondance de la lumière qui inonde la surface des mers dans lesquelles il vit, et la nature de l'aliment qu'il préfère, et qui nous a paru être un des principes de la brillante coloration des poissons. Mais quoique ce blennie, exposé aux rayons du soleil, puisse paroître quelquefois parsemé, pour ainsi dire, de rubis, de diamans et de topazes, il est encore moins remarquable par sa parure que par ses habitudes. Ses petits sortent de l'œuf dans le ventre de la mère, et viennent au jour tout formés. Il n'est pas le seul de son genre dont les œufs éclosent ainsi dans l'intérieur de la femelle. Ce phénomène a été particulièrement observé dans le blennie que les naturalistes ont nommé pendant long-temps *le vivipare*. Nous reviendrons sur ce fait, en traitant, dans un moment, de ce dernier poisson. Considérons néanmoins déja que le sourcilleux, que sa manière de venir à la lumière lie, par une habitude peu commune parmi les poissons, avec l'anguille, avec les silures, et peut-être avec le gade lote, a, comme tous ces osseux, le corps très-alongé, recouvert d'écailles très-menues, et enduit d'une mucosité très-abondante.

Au reste, sa tête est étroite; ses yeux sont saillans, ronds, placés sur les côtés, et surmontés chacun d'un appendice palmé et divisé en trois, qui lui a fait donner le nom qu'il porte. L'ouverture de la bouche est grande; la langue courte; le palais lisse; la mâchoire d'en-haut aussi avancée que l'inférieure, et hérissée d'un rang

extérieur de grosses dents, et de plusieurs rangées d
dents intérieures plus petites et très-pointues; l'oper
cule branchial composé d'une seule lame, ainsi que dans
presque tous les blennies; la ligne latérale courbe
l'anus large comme celui d'un grand nombre de poissons qui se nourrissent d'animaux à têt ou à coquille,
et d'ailleurs plus voisin de la gorge que de la nageoire
caudale. Tous les rayons de la nageoire du dos sont des
aiguillons, excepté les cinq ou six derniers.

LE BLENNIE CORNU[1],

LE BLENNIE TENTACULÉ[2],

LE BLENNIE SUJÉFIEN[3],

ET LE BLENNIE FASCÉ[4].

LE cornu présente un appendice long, effilé, non palmé, placé au-dessus de chaque œil ; une multitude de tubercules à peine visibles, et disséminés sur le

---

[1] Blennius cornutus.
Id. *Linné, édition de Gmelin.*
Blenne cornu. *Daubenton, Encyclopédie méthodique.*
Id. *Bonnaterre, planches de l'Encyclopédie méthodique.*
Mus. Ad. Frid. 2, p. 61.
Amœnit. acad. 1, p. 316.

[2] Blennius tentaculatus.
Blennius tentacularis. *Linné, édition de Gmelin.*
Blennius radio supra oculos simplici, pinnâ dorsali integrâ, anticè unioculatâ. *Brunn. Pisc. Massil.* p. 26, n. 36.
Blenne nébuleuse. *Bonnaterre, planches de l'Encyclopédie méthodique.*

[3] Blennius sujefianus.
Blennius simus. *Linné, édition de Gmelin.*
Sujef, *Act. Petropolit.* 1779, 2, p. 198, tab. 6, *fig.* 2, 4.

[4] Blennius fasciatus.
Id. *Linné, édition de Gmelin.*
Bloch, pl. 162, *fig.* 1.
Blenne perce-pierre. *Bonnaterre, planches de l'Encyclopédie méthodique.*

devant ainsi que sur les côtés de la tête; une dent plus longue que les autres, de chaque côté de la mâchoire inférieure; une peau visqueuse, parsemée de points ou de petites taches roussâtres : il vit dans les mers de l'Inde, et a été décrit, pour la première fois, par l'immortel Linné *.

Le tentaculé, que l'on pêche dans la Méditerranée, ressemble beaucoup au cornu; il est alongé, visqueux, orné d'un appendice non palmé au-dessus de chaque œil, coloré par points ou par petites taches très-nombreuses. Mais indépendamment que ces points sont d'une teinte très-brune, on voit sur la nageoire dorsale une grande tache ronde qui imite un œil, ou, pour mieux dire, une prunelle entourée de son iris. De plus, le dessous de la tête montre trois ou quatre bandes transversales et blanches; l'iris est argenté avec des points rouges; des bandes blanches et brunes s'étendent sur la nageoire de l'anus; les dents sont très-peu inégales; et enfin, en passant sous silence d'autres dissemblances moins faciles à saisir avec précision, le tentaculé paroît différer du cornu par sa taille, ne parvenant guère qu'à une longueur moindre d'un décimètre. Au reste, peut-être, malgré ce que nous venons d'exposer,

---

* A la nageoire dorsale du blennie cornu, 34 rayons.
à chacune des pectorales   15.
à chacune des jugulaires.   2.
à celle de l'anus   26
à celle de la queue   12.

et l'autorité de plusieurs grands naturalistes, ne faudroit-il regarder le tentaculé que comme une variété du cornu, produite par la différence des eaux de la Méditerranée à celles des mers de l'Inde. Quoi qu'il en soit, c'est Brunnisch qui a fait connoître le tentaculé, en décrivant les poissons des environs de Marseille [1].

Le sujéfien a un appendice non palmé au-dessus de chaque œil, comme le cornu et le tentaculé; mais cet appendice est très-petit. Nous lui avons donné le nom de *sujéfien*, parce que le naturaliste *Sujef* en a publié la description. Il parvient à la longueur de plus d'un décimètre. Son corps est menu; l'ouverture de sa bouche placée au-dessous du museau; chacune de ses mâchoires garnie d'une rangée de dents très-courtes, égales et très-serrées; son opercule branchial composé de deux pièces; sa nageoire dorsale précédée d'une petite élévation ou loupe graisseuse, et réunie à celle de la queue, qui est arrondie [2].

Les mers de l'Inde, qui sont l'habitation ordinaire

---

[1] A la nageoire du dos du tentaculé, 34 rayons.
à chacune des pectorales 14
à chacune des jugulaires 2
à celle de l'anus 25
à celle de la queue 11

[2] A la nageoire dorsale du blennie sujéfien, 27 rayons.
à chacune des pectorales 15
à chacune des jugulaires 2
à celle de l'anus 17
à celle de la queue 15

du cornu, nourrissent aussi le fascé. Ce dernier blennie
est enduit d'une mucosité très-gluante. Sa partie supérieure est d'un bleu tirant sur le brun, sa partie inférieure jaunâtre: quatre ou cinq bandes brunes et transversales relèvent ce fond ; les intervalles qui séparent
ces fasces, sont rayés de brunâtre ; d'autres bandes ou
des taches brunes paroissent sur plusieurs nageoires ;
celle de la queue, qui d'ailleurs est arrondie, montre
une couleur grise *.

Deux appendices non palmés s'élèvent entre les yeux ;
la tête, brune par-dessus et jaunâtre par-dessous, est
assez petite ; l'ouverture branchiale très-grande ; celle
de l'anus un peu rapprochée de la gorge, et la ligne
latérale peu éloignée du dos.

---

* A la nageoire du dos du fascé,   29 rayons.
  à chacune des pectorales.   13
  à chacune des jugulaires   2
  à celle de l'anus   19
  à celle de la queue, qui est arrondie, 11.

LE BLENNIE COQUILLADE*.

On pêche ce poisson dans l'Océan d'Europe, ainsi que dans la Méditerranée. Il n'a pas ordinairement deux décimètres de longueur. Sur sa tête paroît un appendice cutané, transversal, un peu mobile, et auquel on a donné le nom de *crête*. Il habite parmi les rochers des rivages. Il échappe facilement à la main de ceux qui veulent le retenir, parce que son corps est délié et très-muqueux. Sa partie supérieure est brune et mouchetée, sa partie

* Blennius coquillad.

Blenne coquillade. *Daubenton, Encyclopédie méthodique.*

Id. *Bonnaterre, planches de l'Encyclopédie méthodique.*

Blennius galerita. *Linné, édition de Gmelin.*

Blennius cristâ capitis transversâ, cutaceâ. *Artedi, gen.* 27, *syn.* 44.

Coquilladè. *Rondelet, première partie, liv.* 6, *chap.* 21

Alauda cristata. *Id.*

Galerita. *Id. ibid.*

Aldrovand. lib. 1, *cap.* 25, *p.* 114.

Jonston. tab. 17, *fig.* 3.

Charlet. p. 137.

Galerita. *Raj. p.* 73.

Alauda cristata, *sive galerita. Gesner, p.* 17, 20, *(germ.) fol.* 4, *a.*

Willughby, Ichthyolog. p. 134.

Adonis. *Bellon, Aquat.* 219.

Crested blenny. *Brit. Zoolog.* 3, *p.* 167.

Strom. Sondm. 322.

Blennus galerita. *Ascagne, pl.* 19,

Brosme toupée. *Id. ibid.*

inférieure d'un verd foncé et noirâtre. On a comparé à une émeraude la couleur et l'éclat de sa vésicule du fiel. Sa chair est molle *. Il vit assez long-temps hors de l'eau, parce que, dit Rondelet, l'ouverture de ses branchies est fort petite ; ce qui s'accorde avec les idées que nous avons exposées dans notre premier Discours, sur les causes de la mortalité des poissons au milieu de l'air de l'atmosphère. D'ailleurs on peut se souvenir que nous avons placé parmi ceux de ces animaux qui vivent avec plus de facilité hors de l'eau, les osseux et les cartilagineux qui sont pénétrés d'une plus grande quantité de matières huileuses propres à donner aux membranes la souplesse convenable.

---

* A la nageoire du dos   60 rayons.
  à chacune des pectorales 10
  à chacune des jugulaires 2
  à celle de l'anus   36
  à celle de la queue   16

LE BLENNIE SAUTEUR*.

Nous avons trouvé une description très-détaillée et très-bien faite de ce blennie dans les manuscrits de Commerson, que Buffon nous a confiés dans le temps, en nous invitant à continuer son immortel ouvrage. On n'a encore rien publié relativement à ce poisson, que le savant Commerson avoit cru devoir inscrire dans un genre particulier, et nommer l'*altique sauteur*. Mais il nous a paru impossible de ne pas le comprendre parmi les blennies, dont il a tous les caractères généraux, et avec lesquels l'habile voyageur qui l'a observé le premier, a trouvé lui-même qu'il offroit les plus grands rapports. Nous osons même penser que si Commerson avoit été à portée de comparer autant d'espèces de blennies que nous, les caractères génériques qu'il auroit adoptés pour ces osseux auroient été tels, qu'il auroit renfermé son sauteur dans leur grouppe. Nous avons donc remplacé la dénomination d'*altique sauteur* par celle de *blennie sauteur*, et réuni dans le

---

* Blennius saliens.

Alticus saltatorius, pinnâ spuriâ in capitis vertice; seu pinnulâ longitudinali ponè oculos cartilagineâ; seu alticus desultor, occipite cristato, ore circulari deorsum patulo. *Commerson, manuscrits déja cités.*

cadre que nous mettons sous les yeux de nos lecteurs, ce que présentent de plus remarquable les formes et les habitudes de ce poisson.

Ce blennie a été découvert auprès des rivages, et particulièrement des récifs de la Nouvelle-Bretagne, dans la mer du Sud. Il y a été observé en juillet 1768 (*vieux style*), lors du célèbre voyage de notre confrère Bougainville. Commerson l'y a vu se montrer par centaines. Il est très-petit, puisque sa longueur totale n'est ordinairement que de soixante-six millimètres, sa plus grande largeur de cinq, et sa plus grande hauteur de huit.

Il s'élance avec agilité, glisse avec vîtesse, ou, pour mieux dire, et pour me servir de l'expression de Commerson, vole sur la surface des eaux salées ; il préfère les rochers les plus exposés à être battus par les vagues agitées, et là, bondissant, sautant, resautant, allant, revenant avec rapidité, il se dérobe en un clin d'œil à l'ennemi qui se croyoit près de le saisir, et qui ne peut le prendre que très-difficilement.

Il a reçu un instrument très-propre à lui donner cette grande mobilité. Ses nageoires pectorales ont une surface très-étendue, relativement à son volume ; elles représentent une sorte de disque lorsqu'elles sont déployées ; et leur longueur, de douze millimètres, fait que, lorsqu'elles sont couchées le long du corps, elles atteignent à très-peu près jusqu'à l'anus. Ce rapport de forme avec des pégases, des scorpènes, des trigles, des exocets, et d'autres poissons volans, devoit lui en donner aussi un d'habitude avec ces mêmes animaux, et le douer de la faculté de s'élancer avec plus ou moins de force.

La couleur du blennie sauteur est d'un brun rayé de noir, qui se change souvent en bleu clair rayé ou non rayé, après la mort du poisson.

On a pu juger aisément, d'après les dimensions que nous avons rapportées, de la forme très-alongée du sauteur; mais de plus, il est assez comprimé par les côtés pour ressembler un peu à une lame.

La mâchoire supérieure étant plus longue que l'inférieure, l'ouverture de la bouche se trouve placée au-dessous du museau.

Les yeux sont situés très-près du sommet de la tête, gros, ronds, saillans, brillans par leur iris, qui a la couleur et l'éclat de l'or; et auprès de ces organes, on voit sur l'occiput une crête ou un appendice ferme, cartilagineux, non composé de rayons, parsemé de points, long de quatre millimètres ou environ, arrondi dans son contour, et élevé non pas transversalement, comme celui de la coquillade, mais longitudinalement.

Deux lames composent chaque opercule branchial.

La peau du sauteur est enduite d'une mucosité très-onctueuse.

Commerson dit qu'on n'apperçoit pas d'autre ligne latérale que celle qui indique l'intervalle longitudinal

qui règne de chaque côté entre les muscles dorsaux
et les muscles latéraux *.

---

* 5 rayons, au moins, à la membrane des branchies.

35   articulés, à la nageoire du dos.

13   à chacune des pectorales.

2   mous, et filiformes, à chacune des jugulaires.

26   à celle de l'anus.

10   à celle de la queue, qui est lancéolée.

LE BLENNIE PINARU[1].

Le pinaru ressemble beaucoup au blennie sauteur. Il habite, comme ce dernier poisson, dans les mers voisines de la ligne. Un appendice longitudinal s'élève entre ses yeux, de même qu'entre ceux du sauteur; mais cette sorte de crête est composée de petits filamens de couleur noire. De plus, le sauteur, ainsi que le plus grand nombre de blennies, n'a que deux rayons à chacune de ses nageoires jugulaires; et le pinaru a ses nageoires jugulaires soutenues par trois rayons[2].

La ligne latérale de ce dernier osseux est d'ailleurs courbe vers la tête, et droite dans le reste de sa longueur.

On le trouve dans les deux Indes.

---

[1] Blennius pinaru.
Blennius cristatus. *Linné, édition de Gmelin.*
Blenne pinaru. *Daubenton, Encyclopédie méthodique.*
Id. *Bonnaterre, planches de l'Encyclopédie méthodique.*
Gronov. Mus. **1**, *n.* 75.
Pinaru. *Raj. Pisc. p.* 73.

[2] A la membrane branchiale ..... 5 rayons.
à la nageoire du dos 26
à chacune des pectorales 14
à chacune des jugulaires 3
à celle de l'anus 16
à celle de la queue, qui est arrondie, 11

LE BLENNIE GADOÏDE[1],

LE BLENNIE BELETTE[2],

ET LE BLENNIE TRIDACTYLE[3].

CES trois poissons appartiennent au troisième sous-genre des blennies : ils ont deux nageoires sur le dos ; et on ne voit pas de barbillons ni d'appendices sur la partie supérieure de leur tête.

Le gadoïde a été découvert par Brunnich. Ce naturaliste l'a considéré comme tenant le milieu entre les gades et les blennies ; et c'est pour désigner cette position dans l'ensemble des êtres vivans, que je lui ai donné le nom de *gadoïde*. Il a été compris parmi les gades par plusieurs célèbres naturalistes : mais la

---

[1] Blennius gadoïdes.
Brunn. Pisc. Massil. p. 24, *n*. 34.
Gadus albidus. *Linné, édition de Gmelin.*
Gade à deux doigts. *Bonnaterre, planches de l'Encyclopédie méthodique.*

[2] Blennius mustela.
Blennius mustelaris. *Linné, édition de Gmelin.*
Blennius pinnâ dorsali anteriore triradiatâ. *Mus. Ad. Frid.* 1, *p*. 69.
Blennius pinnâ dorsi anteriore triradiatâ, posteriore 40. *Ibid.*
Blenne belette. *Daubenton, Encyclopédie méthodique.*
Id. *Bonnaterre, planches de l'Encyclopédie méthodique.*

[3] Blennius tridactylus.
Trifurcated. *Pennant, Zoolog. Brit. tom.* 3, *p*. 196.
Gade trident. *Bonnaterre, planches de l'Encyclopédie méthodique.*

nécessité de former les différens genres d'animaux conformément au plus grand nombre de rapports qu'il nous est possible d'entrevoir, et de les indiquer par des traits précis et faciles à distinguer, nous a forcés d'exiger pour les deux familles des blennies et des gades, des caractères d'après lesquels nous avons dû placer le gadoïde parmi les blennies.

Ce poisson habite dans la Méditerranée. Il est mou, étroit, légèrement comprimé. Sa longueur, analogue à celle de la plupart des blennies, ne s'étend guère au-delà de deux décimètres. Sa mâchoire inférieure est plus courte que la supérieure, marquée de chaque côté de sept ou huit points ou petits enfoncemens, et garnie, au-dessous de son bout antérieur, d'un filament souvent très-long.

On voit deux aiguillons sur la nuque; la ligne latérale est droite.

L'animal est blanchâtre, avec la tête rougeâtre. Des teintes noires règnent sur le haut de la première nageoire dorsale, sur les bords et plusieurs autres portions de la seconde nageoire du dos, sur une partie de celle de l'anus, et sur celle de la queue *.

---

* A la membrane branchiale du blennie gadoïde, 7 rayons.

à la première nageoire dorsale	10
à la seconde	56
à chacune des pectorales	11
à chacune des jugulaires	2
à celle de l'anus	53
à celle de la queue	16

Il est aisé de séparer de cette espèce de blennie celle à laquelle nous conservons le nom de *belette*. En effet, ce dernier poisson n'a point de filament au-dessous du museau, et on ne compte que trois rayons à sa première nageoire dorsale *. Il a été découvert dans l'Inde.

Le tridactyle a été considéré jusqu'à présent comme un *gade*; il a sur-tout beaucoup de ressemblance avec le gade mustelle et le cimbre. Il a, de même que ces derniers animaux, la première nageoire dorsale cachée presque en entier dans une sorte de sillon longitudinal, et composée de rayons qui tous, excepté un, sont extrêmement courts et difficiles à distinguer les uns des autres. Mais chacune de ses nageoires jugulaires n'est soutenue que par trois rayons; et cela seul auroit dû nous engager à le rapporter aux blennies plutôt qu'aux gades. Les nageoires jugulaires, ou thoracines, ayant été comparées, aussi-bien que les abdominales, aux pieds de derrière des quadrupèdes, les rayons de ces organes de mouvement ont été assimilés à des doigts; et c'est ce qui a déterminé à donner au blennie que nous examinons, le nom

---

* A la première nageoire dorsale du blennie belette, 3 rayons.

à la seconde	43
à chacune des pectorales	17
à chacune des jugulaires	2
à celle de l'anus	29
à celle de la queue	13

spécifique de *tridactyle*, ou *à trois doigts*. D'ailleurs, dans cet osseux, les trois rayons de chaque nageoire jugulaire ne sont pas réunis par une membrane à leur extrémité, et cette séparation vers un de leurs bouts les fait paroître encore plus analogues aux doigts des quadrupèdes.

La tête du tridactyle est un peu aplatie. Ses mâchoires sont garnies de dents recourbées : celle d'en-bas présente un long barbillon au-dessous de son extrémité antérieure.

On voit au-dessus de chaque nageoire pectorale une rangée longitudinale de tubercules, qui sont, en quelque sorte, le commencement de la ligne latérale. Cette dernière ligne se fléchit très-près de son origine, forme un angle obtus, descend obliquement, et se coude de nouveau pour tendre directement vers la nageoire de la queue *.

La couleur de la partie supérieure de l'animal est d'un brun foncé ; les plis des lèvres, et les bords de

---

* 5 rayons à la membrane des branchies du blennie tridactyle.

1 rayon très-alongé et plusieurs autres rayons très-courts à la première nageoire dorsale.

45 rayons à la seconde.

14   à chacune des pectorales.

3   à chacune des jugulaires.

20   à celle de l'anus.

16   à celle de la queue.

la membrane branchiale, sont d'un blanc très-éclatant.

Ce blennie habite dans les mers qui entourent la Grande-Bretagne ; le savant auteur de la *Zoologie britannique* l'a fait connoître aux naturalistes.

LE BLENNIE PHOLIS*.

LES blennies dont il nous reste à traiter, forment le quatrième sous-genre de la famille que nous considérons : ils n'ont ni barbillons ni appendices sur la

---

* Blennius pholis.

Baveuse, *sur plusieurs côtes méridionales de France.*

Galeetto, *auprès de Livourne.*

Mulgranoo, *auprès des rivages de Cornouailles en Angleterre.*

Bulcard, *ibid.*

Blennius pholis. *Linné, édition de Gmelin.*

Blenne baveuse. *Daubenton, Encyclopédie méthodique.*

Id. *Bonnaterre, planches de l'Encyclopédie méthodique.*

Mus. Ad. Frid. 2, p. 62.

Blennius maxillâ superiore longiore, capite summo acuminato. *Artedi,* gen. 27, syn. 45 et 116.

Φωλίς. *Arist. lib.* 9, *cap.* 37.

Aldrovand. lib. 1, *cap.* 25, *p.* 114 *et* 116.

Gesner, p. 18 *et* 714; *et* (*germ.*) *fol.* 4, *a,* et 5, *a.*

Jonston, lib. 1, *tit.* 2, *cap.* 2, *a.* 1, *tab.* 17, *n.* 4; *et tab.* 18, *fig.* 2.

Charlet. Onom. 137.

Willughby, Ichthyol. p. 133 *et* 135, *tab. H,* 6, *fig.* 2 *et* 4.

Raj. p. 73, *n.* 17 *et* 74.

Perce-pierre. *Rondelet, première partie, liv.* 6, *chap.* 22.

Empetrum. *Idem, ibid.*

Alauda non cristata. *Id. ibid.*

Baveuse. *Id. première partie, liv.* 6, *chap.* 23.

Pholis. *Id. ibid.*

Gronov. Mus. 2, *n.* 175; *Zooph.* 76, *n.* 279.

Bloch, pl. 71, *fig.* 2.

Smooth blenny. *Brit. Zoolog.* 3, *p.* 169, *n.* 3.

tête, et leur dos ne présente qu'une seule nageoire.
Le premier de ces poissons dont nous allons parler,
est le pholis. Cet osseux a l'ouverture de la bouche
grande, les lèvres épaisses, la mâchoire supérieure plus
avancée que l'inférieure, et garnie, ainsi que cette dernière, de dents aiguës, fortes et serrées. Les ouvertures
des narines sont placées au bout d'un petit tube frangé.
La langue est lisse, le palais rude, l'œil grand, l'iris
rougeâtre, la ligne latérale courbe, et l'anus plus proche
de la gorge que de la nageoire caudale *.

La couleur du pholis est olivâtre avec de petites taches
dont les unes sont blanches, et les autres d'une teinte
foncée.

Ce blennie vit dans l'Océan et dans la Méditerranée. Il
s'y tient auprès des rivages, souvent vers les embouchures des fleuves ; il s'y plaît au milieu des algues ; il
y nage avec agilité ; il dérobe aisément à ses ennemis
son corps enduit d'une humeur ou bave très-abondante
et très-visqueuse, qui lui a fait donner un de ses noms ;
et quoiqu'il n'ait que deux décimètres de longueur, il
se débat avec courage contre ceux qui l'attaquent, les
mord avec obstination, et défend de toutes ses forces

---

* A la membrane des branchies   7 rayons.
à la nageoire du dos   28
à chacune des pectorales   14
à chacune des jugulaires   2
à celle de l'anus   19
à celle de la queue   10

une vie qu'il ne perd d'ailleurs que difficilement.

Il n'aime pas seulement à se cacher au-dessous des plantes marines, mais encore dans la vase ; il s'y enfonce comme dans un asyle, ou s'y place comme dans une embuscade. Il se retire aussi très-souvent dans des trous de rocher, y pénètre fort avant, et de là vient le nom de *perce-pierre* qu'on a donné à presque tous les blennies, mais qu'on lui a particulièrement appliqué. Il se nourrit de très-jeunes poissons, de très-petits crabes, ou d'œufs de leurs espèces ; il recherche aussi les animaux à coquille et principalement les bivalves, sur lesquels la faim et sa grande hardiesse le portent quelquefois à se jeter sans précaution à l'instant où il voit leurs battans entr'ouverts : mais il peut devenir la victime de sa témérité, être saisi entre les deux battans refermés avec force sur lui ; et c'est ainsi que fut pris comme dans un piége, un petit poisson que nous croyons devoir rapporter à l'espèce du blennie pholis, qui fut trouvé dans une huître au moment où l'on en écarta les deux valves, qui devoit y être renfermé depuis long-temps, puisque l'huître avoit été apportée à un très-grand nombre de myriamètres de la mer, et que découvrit ainsi, il y a plus de vingt ans, dans une sorte d'habitation très-extraordinaire, mon compatriote et mon ancien ami le citoyen Saint-Amans, professeur d'histoire naturelle dans l'école centrale du département de Lot-et-Garonne, connu depuis long-

temps du public par plusieurs ouvrages très-intérès-
sans, ainsi que par d'utiles et courageux voyages dans
les hautes Pyrénées *.

* Voyez le *Journal de physique*, du mois d'octobre 1778.

Pl. 13. Pag

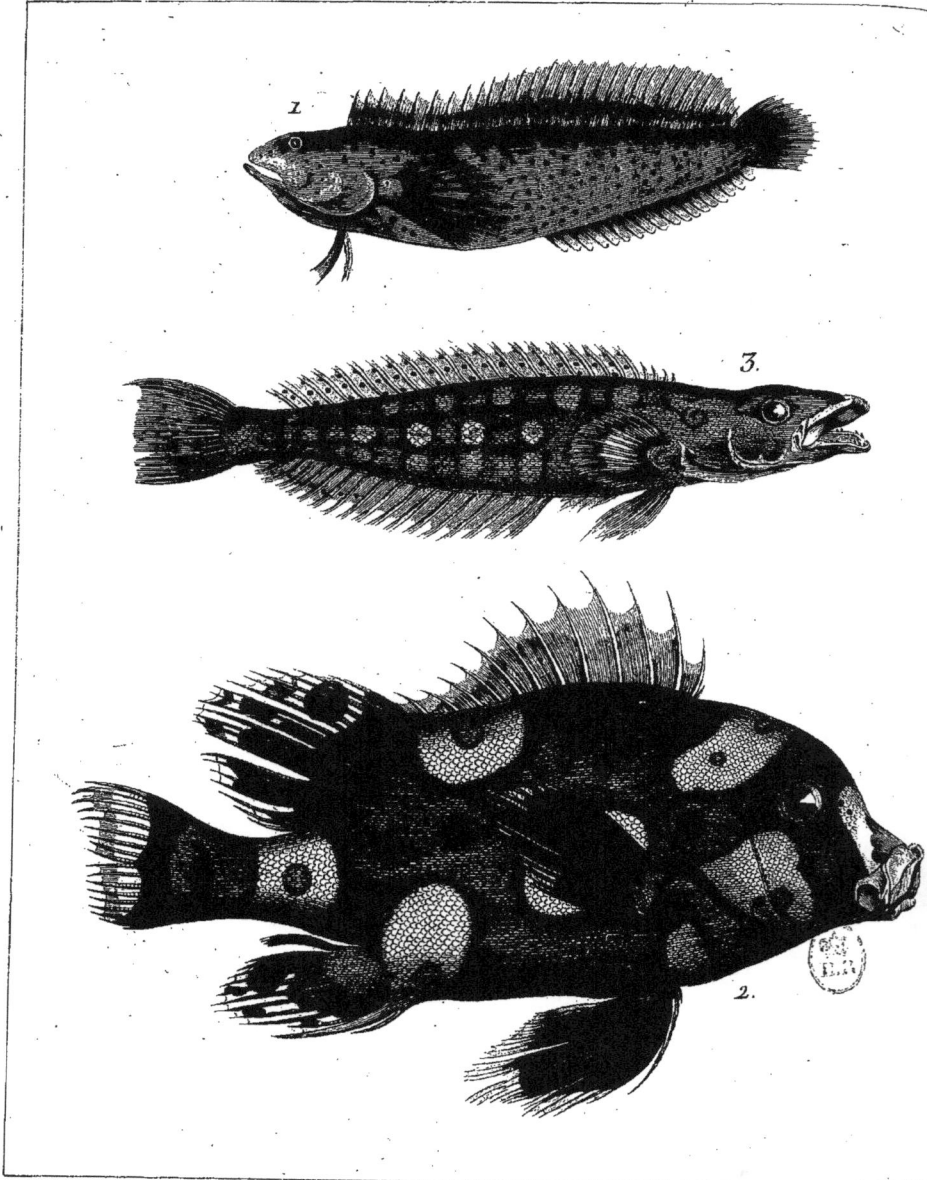

Deseve. Del.

F. Tardieu

1. BLENNIE Bosquien. 2. PLECTORHINQUE Chétodonoïde. 3. Voy. L'explic. des Pl. du 3. Vol.

LE BLENNIE BOSQUIEN *.

Le citoyen Bosc, l'un de nos plus savans et plus zélés naturalistes, qui vient de passer plusieurs années dans les Etats-Unis d'Amérique, où il a exercé les fonctions de consul de la république française, a découvert dans la Caroline ce blennie, auquel j'ai cru devoir donner une dénomination spécifique qui rappelât le nom de cet habile naturaliste. Le citoyen Bosc a bien voulu me communiquer la description et le dessin qu'il avoit fait de ce blennie : l'une m'a servi à faire cet article ; j'ai fait graver l'autre avec soin ; et je m'empresse d'autant plus de témoigner ici ma reconnoissance à mon ancien confrère pour cette bienveillante communication, que, peu de temps avant son retour en Europe, il m'a fait remettre tous les desseins et toutes les descriptions dont il s'étoit occupé dans l'Amérique septentrionale relativement aux quadrupèdes ovipares, aux serpens et aux poissons, en m'invitant à les publier dans l'Histoire naturelle dont cet article fait partie. J'aurai une grande satisfaction à placer dans mon

---

* Blennius bosquianus.
Blennius morsitans. *Bosc, manuscrits.*
Blennius morsitans, capite cristâ nullâ, corpore alepidoto, viridi fusco, alboque variegato, pinnâ anali radiis apice recurvis. Habitat in Carolina. *Note communiquée par L. Bosc.*

ouvrage les résultats des observations d'un naturaliste aussi éclairé et aussi exact que le citoyen Bosc.

Le blennie qu'il a décrit, ressemble beaucoup au pholis dont nous venons de parler ; mais il en diffère par plusieurs traits de sa conformation, et notamment par la proportion de ses mâchoires, dont l'inférieure est la plus longue, pendant que la supérieure du pholis est la plus avancée. D'ailleurs l'anus du pholis est plus près de la gorge que de la nageoire caudale, et celui du bosquien est à une distance à peu près égale de ces deux portions du corps de l'animal *.

La tête du bosquien est, en quelque sorte, triangulaire ; le front blanchâtre et un peu aplati ; l'œil petit ; l'iris jaune ; chaque mâchoire garnie de dents menues, très-nombreuses et très-recourbées ; la membrane branchiale étendue et peu cachée par l'opercule ; le corps comprimé, dénué en apparence d'écailles, gluant, d'une couleur verte foncée, variée de blanc, et relevée par des bandes brunes cependant peu marquées.

Les nageoires sont d'une teinte obscure, et tachetées de brun. Les onze premiers rayons de celle du dos sont plus courts et plus émoussés que les autres. Ceux qui soutiennent la nageoire de l'anus, se recourbent

---

* A la nageoire du dos   30 rayons.
  à chacune des pectorales 12
  à chacune des jugulaires   2
  à celle de l'anus   18
  à celle de la queue   12

en arrière à leur extrémité : cette nageoire de l'anus et la dorsale touchent celle de la queue , qui est arrondie.

Le bosquien a près d'un décimètre de longueur totale ; sa hauteur est de vingt-sept millimètres , et sa largeur de neuf.

Cette espèce , suivant le citoyen Bosc , est très-commune dans la baie de Charles-town. Lorsqu'on veut la saisir , elle se défend en mordant son ennemi , comme la murène anguille, avec laquelle elle a beaucoup de ressemblance ; et c'est cette manière de chercher à sauver sa vie , que le citoyen Bosc a indiquée par le nom distinctif de *morsitans* qu'il lui a donné dans sa description latine , et que j'ai dû , malgré sa modestie, changer en une dénomination dictée par l'estime pour l'observateur de ce blennie.

LE BLENNIE OVOVIVIPARE*.

De tous les poissons dont les petits éclosent dans le
ventre de la femelle, viennent tout formés à la lumière,
et ont fait donner à leur mère le nom de *vivipare*,
le blennie que nous allons décrire, est l'espèce dans
laquelle ce phénomène remarquable a pu être observé
avec plus de soin et connu avec plus d'exactitude.
Voilà pourquoi on lui a donné le nom distinctif de
vivipare, que nous n'avons pas cru cependant devoir

* Blennius ovoviviparus.
Blennius viviparus. *Linné, édition de Gmelin.*
Blenne vivipare. *Daubenton, Encyclopédie méthodique.*
Id. *Bonnaterre, planches de l'Encyclopédie méthodique.*
Faun. Suecic. 317.
Müll. Prodrom. Zoolog. Danic. p. 43, n. 358; et Zoolog. Danic. t. 57.
Mus. Ad. Frid. 1, p. 69.
Tanglake. *Act. Stockh.* 1748, *p.* 32, *tab.* 2.
Gronov. Mus. 1, p. 65, n. 145; Zooph. p. 77, n. 265.
Act. Upsal. 1742, *p. 87.*
Bloch, pl. 72.
Blennius capite dorsoque fusco flavescente lituris nigris, pinnâ ani flavâ.
Artedi, syn. 45.
Tertia mustelarum species vivipara et marina. *Schonev. p.* 49, 50.
Mustela marina vivipara. *Id. tab.* 4, *fig.* 2.
Jonston, Pisc. p. 1, *tab.* 46, *fig.* 8.
Mustela vivipara Schoneveldii. *Willughby, Ichthyol. p.* 122.
Raj. p. 69.
Viviparous blenny. *Brit. Zoolog.* 3, *p.* 172, *n.* 5, *tab.* 10.

lui conserver sans modification, de peur d'induire plusieurs de nos lecteurs en erreur, et que nous avons remplacé par celui d'*ovovivipare*, afin d'indiquer que s'il n'éclot pas hors du ventre de la mère, s'il en sort tout formé, et déja doué de presque tous ses attributs, il vient néanmoins d'un œuf, comme tous les poissons, et n'est pas véritablement vivipare, dans le sens où l'on emploie ce mot lorsqu'on parle de l'homme, des quadrupèdes à mamelles, et des cétacées [1]. Voilà pourquoi aussi nous allons entrer dans quelques détails relativement à la manière de venir au jour, du blennie dont nous écrivons l'histoire, non seulement pour bien exposer tout ce qui peut concerner cet animal curieux, mais encore pour jeter un nouveau jour sur les différens modes de reproduction de la classe entière des poissons.

Mais auparavant montrons les traits distinctifs et les formes principales de ce blennie [2].

L'ouverture de sa bouche est petite, ainsi que sa tête ; les mâchoires, dont la supérieure est plus avancée que l'inférieure, sont garnies de petites dents, et recou-

---

[1] On peut consulter, à ce sujet, ce que nous avons écrit dans le *Discours sur la nature des serpens*, et dans le *Discours sur la nature des poissons*.

[2] 7 rayons à la membrane des branchies.
20 à chacune des nageoires pectorales.
2 à chacune des jugulaires.
148 à celles du dos, de la queue et de l'anus, considérées comme ne formant qu'une seule nageoire.

vertes par des lèvres épaisses ; la langue est courte et lisse comme le palais ; deux os petits et rudes sont placés auprès du gosier ; les orifices des narines paroissent chacun au bout d'un petit tube non frangé ; le ventre est court ; l'ouverture de l'anus très-grande ; la ligne latérale droite ; la nageoire de l'anus composée de plus de soixante rayons, et réunie à celle de la queue ; et souvent cette dernière se confond aussi avec celle du dos.

Les écailles qui revêtent l'ovovivipare, sont très-petites, ovales, blanches ou jaunâtres et bordées de noir ; du jaune règne sur la gorge, et sur la nageoire de l'anus ; la nageoire du dos est jaunâtre, avec dix ou douze taches noires.

La chair de ce blennie est peu agréable au goût : aussi est-il très-peu recherché par les pêcheurs, quoiqu'il parvienne jusqu'à la longueur de cinq décimètres. Il est en effet extrêmement imprégné de matières visqueuses ; son corps est glissant comme celui des murènes ; et ces substances oléagineuses dont il est pénétré à l'intérieur ainsi qu'à l'extérieur, sont si abondantes, qu'il montre beaucoup plus qu'un grand nombre d'autres osseux, cette qualité phosphorique que l'on a remarquée dans les différentes portions des poissons morts et déja altérés *. Ses arêtes luisent dans l'obscurité, tant qu'elles ne sont pas entièrement desséchées ; et par une

* *Discours sur la nature des poissons.*

suite de cette même liqueur huileuse et phospho-
rescente, lorsqu'on fait cuire son squelette, il devient
verdâtre.

L'ovovivipare se nourrit particulièrement de jeunes
crabes. Il habite dans l'Océan atlantique septentrional,
et principalement auprès des côtes européennes.

Vers l'équinoxe du printemps, les œufs commencent
à se développer dans les ovaires de la femelle. On peut
les voir alors ramassés en pelotons, mais encore extrêmement petits, et d'une couleur blanchâtre. A la fin
de floréal, ou au commencement de prairial, ils ont
acquis un accroissement sensible, et présentent une
couleur rouge. Lorsqu'ils sont parvenus à la grosseur
d'un grain de moutarde, ils s'amollissent, s'étendent,
s'alongent; et déja l'on peut remarquer à leur bout supérieur deux points noirâtres qui indiquent la tête du
fœtus, et sont les rudimens de ses yeux. Cette partie de
l'embryon se dégage la première de la membrane
ramollie qui compose l'œuf; bientôt le ventre sort aussi
de l'enveloppe, revêtu d'une autre membrane blanche
et assez transparente pour qu'on puisse appercevoir les
intestins au travers de ce tégument; enfin la queue,
semblable à un fil délié et tortueux, n'est plus contenue
dans l'œuf, dont le petit poisson se trouve dès-lors
entièrement débarrassé.

Cependant l'ovaire s'étend pour se prêter au développement des fœtus ; il est, à l'époque que nous retra-
çons, rempli d'une liqueur épaisse, blanchâtre, un peu

sanguinolente, insipide, et dont la substance présente des fibres nombreuses disposées autour des fœtus comme un léger duvet, et propres à les empêcher de se froisser mutuellement.

On a prétendu qu'indépendamment de ces fibres, on pouvoit reconnoître dans l'ovaire, des filamens particuliers qui, semblables à des cordons ombilicaux, partoient des tuniques de cet organe, s'étendoient jusqu'aux fœtus, et entroient dans leur corps pour y porter vraisemblablement, a-t-on dit, la nourriture nécessaire. On n'entend pas comment des embryons qui ont vécu pendant un ou deux mois entièrement renfermés dans un œuf, et sans aucune communication immédiate avec le corps de leur mère, sont soumis tout d'un coup, lors de la seconde période de leur accroissement, à une manière passive d'être nourris, et à un mode de circulation du sang, qui n'ont encore été observés que dans les animaux à mamelles. Mais d'ailleurs les observations sur lesquelles on a voulu établir l'existence de ces conduits comparés à des cordons ombilicaux, n'ont pas été convenablement confirmées. Au reste, il suffiroit que les fœtus dont nous parlons, eussent été, pendant les premiers mois de leur vie, contenus dans un véritable œuf, et libres de toute attache immédiate au corps de la femelle, pour que la grande différence que nous avons indiquée entre les véritables vivipares et ceux qui ne le sont pas *, sub-

---

* *Discours sur la nature des poissons.*

sistât toujours entre ces mêmes vivipares ou animaux
à mamelles, et ceux des poissons qui paroissent le moins
ovipares, et pour que la dénomination d'*ovovivipare*
ne cessât pas de convenir au blennie que nous décrivons.

Et cependant ce qui achève de prouver que ces filamens prétendus nourriciers ont une destination bien
différente de celle qu'on leur a attribuée, c'est qu'à
mesure que les fœtus grossissent, la liqueur qui les
environne s'épuise peu à peu, et d'épaisse et de presque coagulée qu'elle étoit, devient limpide et du moins
très-peu visqueuse, ses parties les plus grossières ayant
été employées à alimenter les embryons.

Lorsque le temps de la sortie de ces petits animaux
approche, leur queue, qui d'abord avoit paru sinueuse,
se redresse, et leur sert à se mouvoir en différens sens,
comme pour chercher une issue hors de l'ovaire. Si dans
cet état ils sont retirés de cet organe, ils ne périssent
pas à l'instant, quoique venus trop tôt à la lumière ;
mais ils ne vivent que quelques heures : ils se tordent
comme de petites murènes, sautillent, et remuent plusieurs fois leurs mâchoires et tout leur appareil branchial avant d'expirer.

On a vu quelquefois dans la même femelle jusqu'à
trois cents embryons, dont la plupart avoient plus de
vingt-cinq millimètres de longueur *.

---

* Consultez particulièrement l'ouvrage de Schoneveld, cité si souvent
dans cette Histoire.

Il s'écoule souvent un temps très-long entre le moment où les œufs commencent à pouvoir être distingués dans le corps de la mère, et celui où les petits sortent de l'ovaire pour venir au jour. Après la naissance de ces derniers, cet organe devient flasque, se retire comme une vessie vide d'air ; et les mâles ne diffèrent alors des femelles que par leur taille, qui est moins grande, et par leur couleur, qui est plus vive ou plus foncée.

Nous ne terminerons pas cet article sans faire remarquer que pendant que la plupart des poissons pélagiens s'approchent des rivages de la mer dans la saison où ils ont besoin de déposer leurs œufs, les blennies dont nous nous occupons, et qui n'ont point d'œufs à pondre, quittent ces mêmes rivages lorsque leurs fœtus sont déja un peu développés, et se retirent dans l'Océan à de grandes distances des terres, pour y trouver apparemment un asyle plus sûr contre les pêcheurs et les grands animaux marins qui à cette époque fréquentent les côtes de l'Océan, et à la poursuite desquels les femelles chargées du poids de leur progéniture pourroient plus difficilement se soustraire *.

Je n'ai pas besoin d'ajouter que les œufs de ces blennies éclosant dans le ventre de la mère, et par conséquent devant être fécondés dans son intérieur, il y a un accouplement plus ou moins prolongé et plus ou moins intime entre le mâle et la femelle de cette espèce, comme entre ceux des squales, des syngnathes, etc.

---

* Voyez le même ouvrage de Schoneveld.

LE BLENNIE GUNNEL *.

LE gunnel est remarquable par sa forme comprimée
ainsi que très-alongée, et par la disposition de ses couleurs. Il est d'un gris jaunâtre, et souvent d'un olivâtre
foncé dans sa partie supérieure ; sa partie inférieure est
blanche, ainsi que son iris ; la nageoire dorsale et celle
de la queue sont jaunes ; les pectorales présentent une
belle couleur orangée, qui paroît aussi sur la nageoire
de l'anus, et qui y est relevée vers la base par des
taches très-brunes. Mais ce qui frappe sur-tout dans la

---

* Blennius gunnellus.
Gunnel, d'où vient *gunnellus*, signifie en anglois, *plat bord*, et désigne
la forme très-alongée et très-comprimée du blennie dont il est question
dans cet article.
Butter fish, *sur quelques côtes d'Angleterre.*
Liparis, *dans quelques contrées de l'Europe.*
Blennius gunnellus. *Linné, édition de Gmelin.*
Blenne gunnel. *Daubenton, Encyclopédie méthodique.*
Id. *Bonnaterre, planches de l'Encyclopédie méthodique.*
Mus. Ad. Frid. I, *p.* 69.
Faun. Suecic. 318.
Bloch, pl. 65, *fig.* I.
Blennius maculis circiter decem nigris, etc. *Artedi, gen.* 27, *syn.* 45.
Gronov. Mus. I, *n.* 77; *Zooph. p.* 78, *n.* 267.
Willughby, Ichthyolog. p. 115, *tab.* G, 8, *fig.* 3.
Raj. Pisc. p. 144, *n.* 11.
Gunellus. *Seb. Mus.* 3, *p.* 91, *tab.* 30, *fig.* 6.
Brit. Zoolog. 3, *p.* 171, *n.* 4, *tab.* 10.

distribution des nuances du gunnel, c'est que, le long de la nageoire dorsale, on voit de chaque côté neuf ou dix et quelquefois douze taches rondes ou ovales, placées à demi sur la base de la nageoire, et à demi sur le dos proprement dit, d'un beau noir, ou d'une autre teinte très-foncée, et entourées, sur plusieurs individus, d'un cercle blanc ou blanchâtre, qui les fait ressembler à une prunelle environnée d'un iris.

La tête est petite, ainsi que les nageoires jugulaires *. Des dents aiguës garnissent les mâchoires, dont l'inférieure est la plus avancée. La ligne latérale est droite ; l'anus plus éloigné de la nageoire caudale que de la gorge.

Par sa forme générale, la petitesse de ses écailles, la viscosité de l'humeur qui arrose sa surface, la figure de ses nageoires pectorales, le peu de hauteur ainsi que la longueur de celle de son dos, et enfin la vîtesse de sa natation, le gunnel a beaucoup de rapports avec la murène anguille : mais il n'a pas une chair aussi agréable au goût que celle de ce dernier animal. Il vit dans l'Océan d'Europe ; il s'y nourrit d'œufs de poisson, et de vers ou d'insectes marins ; et il y est souvent dévoré par les cartilagineux et les osseux un peu grands, ainsi que par les oiseaux d'eau.

---

* A la nageoire dorsale . . . . 88 rayons.
  à chacune des pectorales 10
  à chacune des jugulaires 2
  à celle de l'anus 43
  à celle de la queue, qui est un peu arrondie, 18

Nous croyons, avec le professeur Gmelin, devoir regarder comme une variété de l'espèce du gunnel, un blennie qui a été décrit par Othon Fabricius dans la *Faune du Groenland*[1], et qui ne paroît différer d'une manière très-marquée et très-constante de l'objet de cet article que par sa longueur, qui n'est que de deux décimètres, pendant que celle du gunnel ordinaire est de trois ou quatre, par le nombre des rayons de ses nageoires[2], et par la couleur des taches œillées et rondes ou ovales de la nageoire du dos, dont communément cinq sont noires, et cinq sont blanchâtres ou d'un blanc éclatant.

---

[1] *Ot. Fabr. Faun. Groenl. p.* 153, *n.* 110.

[2] 7 rayons à la membrane des branchies du gunnel décrit par Othon Fabricius.

50 rayons à la nageoire dorsale.

17 à chacune des pectorales.

4 à chacune des jugulaires.

38 à celle de l'anus.

18 à celle de la queue.

LE BLENNIE POINTILLÉ*.

LA description de ce blennie n'a encore été publiée par aucun auteur. Nous avons vu dans la collection du Muséum national d'histoire naturelle, un individu de cette espèce; nous en avons fait graver une figure, que l'on trouvera dans cette Histoire.

La tête est assez grande, et toute parsemée, par-dessus et par les côtés, de petites impressions, de pores ou de points qui s'étendent jusque sur les opercules, et nous ont suggéré le nom spécifique de ce blennie. L'ouverture de la bouche est étroite; les lèvres sont épaisses; les dents aiguës et serrées; les yeux ronds et très-gros; les écailles très-facilement visibles; les nageoires pectorales ovales, et très-grandes; les jugulaires composées chacune de deux rayons mous, ou filamens, presque aussi longs que les pectorales. La ligne latérale se courbe au-dessus de ces mêmes pectorales, descend comme pour les environner, et tend ensuite directement vers la queue. La nageoire du dos, qui commence à la nuque, et va toucher la nageoire caudale, est basse; les rayons en sont garnis de petits filamens, et tous à peu près de la même longueur, excepté les huit derniers, dont six sont plus longs et deux plus

---

* Blennius punctulatus.

courts que les autres. La nageoire de l'anus est séparée
de la caudale, qui est arrondie *. Un grand nombre de
petites taches irrégulières et nuageuses sont répandues sur le pointillé.

---

* A la nageoire du dos   47 rayons.
  à chacune des pectorales 17
  à chacune des jugulaires 2
  à celle de l'anus   29
  à celle de la queue   13

LE BLENNIE GARAMIT[1],

LE BLENNIE LUMPÈNE[2],

ET LE BLENNIE TORSK[3].

LE garamit a été placé parmi les gades : mais il a été regardé par Forskael, qui l'a découvert, comme devant tenir le milieu entre les gades et les blennies ; et les caractères qu'il présente nous ont forcés à le comprendre parmi ces derniers poissons. Ses dents sont inégales ; on en voit de placées vers le bout du museau, qui sont

---

[1] Blennius garamit.
Gadus salarias. *Forsk. Faun. Arab.*
Gadus garamit. *Id. ibid.*
Gade garamit. *Bonnaterre, planches de l'Encyclopédie méthodique.*

[2] Blennius lumpenus.
Id. *Linné, édition de Gmelin.*
Variété du blenne vivipare. *Daubenton, Encyclopédie méthodique.*
Blenne lumpène. *Bonnaterre, planches de l'Encyclopédie méthodique.*
Müll. Prodrom. Zoolog. Danic. p. ix.
Blennius cirris sub gula pinniformibus quasi bifidis, etc. *Artedi, syn.* 45.
Tangbrosme. *Strom. Sondm.* 1, *p.* 315, *n.* 4.
Ot. Fabric. Faun. Groenl. p. 151, *n.* 109.

[3] Blennius torsk.
Strom. Sondm. 1, *p.* 272.
Pennant, Zoolog. Brit. 3, *p.* 203, *n.* 89.
Gade torsk. *Bonnaterre, planches de l'Encyclopédie méthodique.*

beaucoup plus longues que les autres, et qui, par leur forme, ont quelque ressemblance avec les crochets des quadrupèdes carnassiers. Il présente diverses teintes disposées en taches nuageuses ; la nageoire dorsale règne depuis la nuque jusqu'à la nageoire caudale. La ligne latérale est à peine visible, et assez voisine du dos. Ce blennie est long de trois ou quatre décimètres. Il se trouve dans les eaux de la mer Rouge [1].

C'est dans celles de l'Océan d'Europe qu'habite le lumpène. Il y préfère les fonds d'argille ou de sable, s'y cache parmi les fucus des rivages, et y dépose ses œufs vers le commencement de l'été. Ses écailles sont petites, rondes, fortement attachées. Sa couleur est jaunâtre sur la tête, blanchâtre avec des taches brunes sur le dos et les côtés, jaune et souvent tachetée sur la queue, blanche sur le ventre. Ses nageoires jugulaires, par leur forme et par leur position, ressemblent à des barbillons ; elles comprennent chacune trois rayons ou filamens, dont le dernier est le plus alongé [2].

[1] A la membrane branchiale du garamit, 6 rayons.
à la nageoire dorsale ... 36
à chacune des pectorales ... 14
à chacune des jugulaires ... 2
à celle de l'anus ... 26
à celle de la queue ... 13

[2] A la nageoire dorsale du lumpène, 63 rayons.
à chacune des pectorales ... 15
à chacune des jugulaires ... 3
à celle de l'anus ... 41
à celle de la queue ... 18

Le torsk préfère les mers qui arrosent le Groenland, ou celles qui bordent l'Europe septentrionale. Il présente un barbillon, et ce filament est au-dessous de l'extrémité antérieure de la mâchoire d'en-bas. Ses nageoires jugulaires sont charnues, et divisées en quatre appendices. Le ventre est gros et blanc; la tête brune : les côtés de l'animal sont jaunâtres; les nageoires du dos, de la queue et de l'anus, lisérées de blanc. Ce blennie parvient à la longueur de six ou sept décimètres, et à la largeur d'environ un décimètre et demi *.

---

* A la membrane branchiale du torsk,   5 rayons.
  à la nageoire du dos   31
  à chacune des pectorales   8
  à celle de l'anus   21

QUARANTE-NEUVIÈME GENRE.

LES OLIGOPODES.

Une seule nageoire dorsale; cette nageoire du dos com-
mençant au-dessus de la tête, et s'étendant jusqu'à
la nageoire caudale, ou à peu près; un seul rayon à
chaque nageoire jugulaire.

ESPÈCE.	CARACTÈRES.
L'OLIGOPODE VÉLIFÈRE. (*Oligopodus veliferus.*)	{ La nageoire du dos, très-élevée; celle de la queue, fourchue.

L'OLIGOPODE VÉLIFÈRE*.

La position des nageoires inférieures ne permet pas de séparer les oligopodes des jugulaires, avec lesquels ils ont d'ailleurs un grand nombre de rapports. Nous avons donc été obligés de les éloigner des coryphènes, qui sont de vrais poissons thoracins, dans le genre desquels on les a placés jusqu'à présent, et auxquels ils ressemblent en effet beaucoup, mais dont ils diffèrent cependant par plusieurs traits remarquables. On peut les considérer comme formant une des nuances les plus faciles à distinguer, parmi toutes celles qui lient les jugulaires aux thoracins, et particulièrement les blennies aux coryphènes; mais on n'en est pas moins forcé de les inscrire à la suite des blennies, sur les tables méthodiques par le moyen desquelles on cherche à présenter quelques linéamens de l'ordre naturel des êtres animés.

Parmi ces *oligopodes*, que nous avons ainsi nommés pour désigner la petitesse de leurs nageoires thoracines, et qui, par ce caractère seul, se rapprocheroient beau-

---

* Oligopodus veliferus.
Coryphæna velifera. *Linné, édition de Gmelin.*
Pallas, Spicil. zoolog. 8, *p.* 19, *tab.* 3, *fig.* 1.
Coryphène éventail. *Daubenton, Encyclopédie méthodique.*
Id. *Bonnaterre, planches de l'Encyclopédie méthodique.*

coup des blennies, on ne connoît encore que l'espèce
à laquelle nous croyons devoir conserver le nom spécifique de *vélifère* *.

C'est au grand naturaliste Pallas que l'on en doit la
première description. On lui avoit apporté de la mer des
Indes l'individu sur lequel cette première description a
été faite. La forme générale du vélifère est singulière
et frappante. Son corps, très-alongé, très-bas et comprimé, est, en quelque sorte, distingué difficilement
au milieu de deux immenses nageoires placées, l'une
sur son dos, et l'autre au-dessous de sa partie inférieure, et qui, déployant une très-grande surface,
méritent d'autant plus le nom d'*éventail* ou de *voile*,
qu'elles s'étendent, la première depuis le front, et la
seconde depuis les ouvertures branchiales jusqu'à la
nageoire de la queue, et que d'ailleurs elles s'élèvent
ou s'abaissent de manière que la ligne que l'on peut
tirer du point le plus haut de la nageoire dorsale au
point le plus bas de la nageoire de l'anus, surpasse la
longueur totale du poisson. Chacune de ces deux surfaces latérales ressemble ainsi à une sorte de losange
irrégulier, et curviligne dans la plus grande partie de

---

* A la membrane des branchies   7 rayons.
   à celle du dos   55
   à chacune des pectorales   14
   à chacune des jugulaires   1
   à celle de l'anus   51
   à celle de la queue   22

son contour. Et c'est à cause de ces deux voiles supérieure et inférieure, que l'on a mal-à-propos comparées à des rames ou à des ailes, que plusieurs naturalistes ont voulu attribuer à l'oligopode vélifère la faculté de s'élancer et de se soutenir pendant quelques momens hors de l'eau, comme plusieurs pégases, scorpènes, trigles et exocets, auxquels on a donné le nom de *poissons volans*. Mais si l'on rappelle les principes que nous avons exposés concernant la natation et le vol des poissons, on verra que les nageoires du dos et de l'anus sont placées de manière à ne pouvoir ajouter très-sensiblement à la vîtesse du poisson qui nage, ou à la force de celui qui vole, qu'autant que l'animal nageroit sur un de ses côtés, comme les pleuronectes, ou voleroit renversé sur sa droite ou sur sa gauche; suppositions que l'on ne peut pas admettre dans un osseux conformé comme le vélifère. Les grandes nageoires dorsale et anale de cet oligopode lui servent donc principalement, au moins le plus souvent, à tourner avec plus de facilité, à fendre l'eau avec moins d'obstacles, particulièrement, en montant ainsi qu'en descendant, à se balancer avec plus d'aisance, et à se servir de quelques courans latéraux avec plus d'avantages; et, de plus, il peut, en étendant vers le bas sa nageoire de l'anus, et en pliant celle du dos, faire descendre son centre de gravité au-dessous de son centre de figure, se lester, pour ainsi dire, par cette manœuvre, et accroître sa stabilité. Au reste, le grand

déploiement de ces deux nageoires de l'anus et du dos
ajoute à la parure que le vélifère peut présenter; il place
en effet, au-dessus et au-dessous de ses côtés, qui sont
d'un gris argenté, une surface très-étendue, toute parsemée de taches blanches ou blanchâtres, que la couleur brune du fond fait très-bien ressortir.

La tête est couverte de petites écailles; la mâchoire
inférieure relevée, et garnie de deux rangées de dents;
on n'en compte qu'un rang à la mâchoire supérieure.
Les deux premiers rayons de la nageoire du dos sont
très-courts, à trois faces, et osseux. Le premier de la
nageoire de l'anus est aussi très-court et osseux; le
second est également osseux, mais il est assez long.
On voit de chaque côté du corps et de la queue plusieurs rangées longitudinales d'écailles grandes, minces,
légèrement striées, échancrées à leur sommet, et relevées à leur base par une sorte de petite pointe qui se
loge dans l'échancrure de l'écaille supérieure. Le corps
proprement dit est très-court; l'anus est très-près de la
gorge; et voilà pourquoi la nageoire anale peut montrer la très-grande longueur que nous venons de remarquer.

CINQUANTIÈME GENRE.

LES KURTES.

Le corps très-comprimé, et carené par-dessus ainsi que pas-dessous; le dos élevé.

ESPÈCE.	CARACTÈRE.
LE KURTE BLOCHIEN. *(Kurtus blochianus.)*	Deux rayons à la membrane des branchies.

LE KURTE BLOCHIEN*.

Ce poisson lie les jugulaires avec les thoracins par la grande compression latérale de son corps, qui ressemble beaucoup à celui des zées et des chætodons. Cette conformation lui donne aussi une grande analogie avec les stromatées; et c'est pour ces différentes raisons que nous l'avons placé à la fin de la colonne des jugulaires, comme nous avons mis les stromatées à la queue de celle des apodes. Le savant ichthyologiste Bloch nous a fait connoître cet animal, qu'il a inscrit dans un genre particulier, et auquel nous avons cru devoir donner le nom de ce célèbre naturaliste.

Le blochien a le corps très-étroit et très-haut; et, de plus, une élévation considérable qui paroît sur le dos, et qui ressemble à une bosse, lui a fait attribuer par le zoologiste de Berlin la dénomination générique de *kurtus*, qui signifie *bossu*.

Sa tête est grande; son museau obtus; la mâchoire inférieure un peu recourbée vers le haut, plus avancée que la supérieure, et garnie, ainsi que cette dernière, de plusieurs rangées de très-petites dents; la langue

---

* Kurtus blochianus.
Bloch, *pl.* 169.
Kurtus indicus. *Linné, édition de Gmelin.*
Le bossu. *Bonnaterre, planches de l'Encyclopédie méthodique.*

courte et cartilagineuse ; le palais lisse ; l'œil gros ; l'ouverture branchiale étendue ; l'opercule membraneux ; l'anus assez proche de la gorge ; la ligne latérale droite, et la nageoire de la queue fourchue *.

Il vit dans la mer des Indes ; il s'y nourrit de crabes, ainsi que d'animaux à coquille ; et, dès-lors, il est peu surprenant qu'il brille de couleurs très-éclatantes.

Sa parure est magnifique. Ses écailles ressemblent à des lames d'argent ; l'iris est en partie blanc et en partie bleu ; des taches dorées ornent le dos ; quatre taches noires sont placées auprès de la nageoire dorsale ; les pectorales et les jugulaires réfléchissent la couleur de l'or, et sont bordées de rouge ; les autres nageoires offrent une teinte d'un bleu céleste que relève un liséré d'un jaune blanchâtre.

---

* 2 rayons à la membrane des branchies.
 1 rayon non articulé et 16 rayons articulés à la nageoire du dos.
 13 rayons à chacune des pectorales.
 1 rayon non articulé et 5 rayons articulés à chacune des jugulaires.
 2 rayons non articulés et 30 rayons articulés à celle de l'anus.
 18 rayons à celle de la queue.

SECONDE SOUS-CLASSE.

POISSONS OSSEUX.

Les parties solides de l'intérieur du corps, osseuses.

PREMIÈRE DIVISION.

Poissons qui ont un opercule et une membrane des branchies.

DIX-NEUVIÈME ORDRE

DE LA CLASSE ENTIÈRE DES POISSONS,

ou TROISIÈME ORDRE

DE LA PREMIÈRE DIVISION DES OSSEUX.

Poissons thoracins, ou qui ont des nageoires inférieures placées sous la poitrine et au-dessous des pectorales.

CINQUANTE-UNIÈME GENRE.

LES LÉPIDOPES.

Le corps très-alongé et comprimé en forme de lame; un seul rayon aux nageoires thoracines, et à celle de l'anus.

ESPÈCE.	CARACTÈRE.
LE LÉPIDOPE GOUANIEN. (*Lepidopus gouanianus.*)	{La mâchoire inférieure plus avancée que la supérieure.

LE LÉPIDOPE GOUANIEN*.

CETTE espèce a été décrite, pour la première fois, par mon savant confrère le professeur Gouan, de Montpellier, qui l'a séparée, avec beaucoup de raison, de tous les genres de poissons adoptés jusqu'à présent. Le nom distinctif que j'ai cru devoir lui donner, témoigne le service que le citoyen Gouan a rendu aux naturalistes en faisant connoître ce curieux animal.

Cet osseux vit dans la Méditerranée. Il a de très-grands rapports avec plusieurs apodes, particulièrement avec les leptures et les trichiures. Mais c'est le seul poisson dans lequel on n'ait observé qu'un seul rayon à la nageoire de l'anus, ni à chacune des nageoires inférieures que nous nommons *thoracines* pour toutes les espèces de l'ordre que nous examinons, parce qu'elles sont situées sur le thorax. Ces nageoires anale et thoracines du gouanien ont d'ailleurs une forme remarquable: elles ressemblent à une écaille alongée, arrondie dans un bout, et pointue dans l'autre; et c'est de là que vient le nom générique de lépidope, *lepidopus*, *pieds ou nageoires inférieures en forme d'écailles*, ou *écailleux*.

---

* Lepidopus gouanianus.
Gouan, Histoire des poissons, p. 185.
Lépidope jarretière. *Bonnaterre, planches de l'Encyclopédie métho lique.*

La tête du gouanien est plus grosse que le corps, et comprimée latéralement; le museau pointu; la nuque terminée par une arête; chaque mâchoire garnie de plusieurs rangs de dents nombreuses et inégales; l'œil voilé par une membrane, comme dans plusieurs apodes et jugulaires; l'opercule d'une seule pièce; l'ouverture branchiale grande et en croissant; l'anus situé vers le milieu de la longueur totale; la ligne latérale peu apparente; la nageoire du dos très-basse et très-longue, mais séparée de celle de la queue, qui est lancéolée; chaque écaille presque imperceptible; la couleur générale d'un blanc argenté *.

---

* A la membrane des branchies   7 rayons.
  à la nageoire du dos   53
  à chacune des nageoires inférieures ou thoracines   1 rayon.
  à celle de l'anus   1

CINQUANTE-DEUXIÈME GENRE.

LES HIATULES,

Point de nageoire de l'anus.

ESPÈCE.	CARACTÈRES.
LA HIAT. GARDÉNIENNE. (*Hiatula gardeniana.*)	{ Des dents crochues aux mâchoires, et des dents arrondies au palais.

LA HIATULE GARDÉNIENNE *.

On a compris jusqu'à présent dans le genre des labres, le poisson décrit dans cet article : mais les principes réguliers de classification, auxquels nous croyons devoir nous conformer, s'opposent à ce que nous laissions parmi des osseux qui ont une nageoire de l'anus plus ou moins étendue, une espèce qui en est entièrement dénuée. Nous avons donc placé la gardénienne dans un genre particulier; et comme, dans chaque ordre, nous commençons toujours par traiter des poissons qui ont le plus petit nombre de nageoires, nous avons cru devoir écrire le nom des hiatules presque en tête de la colonne des thoracins : elles auroient même formé le premier genre de cette colonne, si les lépidopes n'avoient pas une nageoire de l'anus extrêmement petite, réduite à un seul rayon, pour ne pas dire à une seule écaille, si de plus ils ne présentoient pas des nageoires thoracines également d'un seul rayon, et si d'ailleurs ils ne se rapprochoient pas de très-près, par leur corps très-alongé et par leurs formes très-déliées, de la plupart des osseux apodes ou jugulaires.

* Hiatula gardeniana.
Labrus hiatula. *Linné, édition de Gmelin.*
Labre hiatule. *Daubenton, Encyclopédie méthodique.*
Id. *Bonnaterre, planches de l'Encyclopédie méthodique.*

Le nom distinctif de *gardénienne* indique que c'est au docteur Garden qu'est due la découverte de cette espèce, qu'il a vue dans la Caroline. On soupçonnera aisément qu'elle doit offrir beaucoup de traits communs avec les labres, parmi lesquels Linné et d'autres célèbres naturalistes l'ont comptée. Elle a, en effet, comme plusieurs de ces labres, les lèvres extensibles, et les rayons simples de la nageoire dorsale garnis, du côté de la queue, d'un filament alongé.

Les dents qui hérissent les mâchoires sont crochues; celles qui revêtent le palais, sont arrondies de manière à représenter une portion de sphère. La nageoire du dos est noire dans sa partie postérieure; l'opercule pointillé sur ses bords; la couleur générale de l'animal variée par six ou sept bandes transversales et noires; la ligne latérale droite; la nageoire de la queue rectiligne *.

---

* 5 rayons à la membrane des branchies.

17 rayons simples ou aiguillons et 11 rayons articulés à la nageoire du dos.

16 rayons à chacune des nageoires pectorales.

1 rayon simple et 5 rayons articulés à chacune des thoracines.

21 rayons à la nageoire de la queue.

CINQUANTE-TROISIÈME GENRE.

LES CÉPOLES.

Une nageoire de l'anus; plus d'un rayon à chaque nageoire thoracine; le corps et la queue très-alongés et comprimés en forme de lame; le ventre à peu près de la longueur de la tête; les écailles très-petites.

PREMIER SOUS-GENRE.

Point de rayons simples ou d'aiguillons aux nageoires.

ESPÈCES.	CARACTÈRES.
1. LE CÉPOLE TÆNIA. (*Cepola tœnia.*)	Le museau très-arrondi; la nageoire de la queue, pointue.
2. LE CÉP. SERPENTIFORME. (*Cepola serpentiformis.*)	Le museau pointu.

SECOND SOUS-GENRE.

Des rayons simples ou aiguillons aux nageoires.

ESPÈCE.	CARACTÈRES.
3. LE CÉP. TRACHYPTÈRE. (*Cepola trachyptera.*)	Les nageoires rudes; la ligne latérale formée par une série d'écailles plus grandes que les autres.

LE CÉPOLE TÆNIA*.

PRESQUE tous les noms donnés à ce poisson désignent la forme remarquable qu'il présente : ces mots *ruban*,

* Cepola tænia.
Spase , *ou* épée , *dans plusieurs départemens méridionaux de France.*
Flamme.
Cavagiro.
Freggia.
Vitta.
Cepola tænia. *Linné , édition de Gmelin.*
Cépole ténia. *Daubenton, Encyclopédie méthodique.*
Bloch , pl. 170.
Tαινια. *Arist. lib.* 2 , *cap.* 13.
Oppian. lib. 1 , *p.* 5.
Athen. lib. 7 , *p.* 325.
Flambo. *Rondelet, première partie, livre* 11 , *chap.* 16.
Seconde espèce de tænia. *Id. ibid. chap.* 17.
Tænia. *Gesner, p.* 938 , *et (germ.) fol.* 56 , *a* ; *Icon. anim. p.* 404.
Tænia Rondelet , *et* tænia altera Rondelet. *Aldrov. lib.* 3 , *cap.* 30 , *p.* 369 *et* 370.
Jonst. p. 23 , *tab.* 6 , *fig.* 1 *et* 2.
Charlet. Onom. p. 126.
Tænia prima Rondeletii. *Roj. p.* 39.
Tænia , ichthyopolis romanis cepole dicta. *Willughby, Ichthyol. p.* 116.
Tænia altera Rondeletii. *Id. ibid. p.* 118.
Ruban de mer. *Valmont-Bomare, Dictionnaire d'histoire naturelle.*
Flambeau. *Id. ibid.*
Enchelyopus totus pallidè rubens, in imo ventre albescens, etc. *Klein, Miss. pisc.* 14 , *p.* 57 , *n.* 10.
Nota. Nous croyons devoir prévenir nos lecteurs que lorsque nous citons,

bandelette , flamme , lame , épée , montrent en quelque sorte à l'instant son corps très-alongé , très-aplati par les côtés , très-souple , très-mobile , se roulant avec facilité autour d'un cylindre , frappant l'eau avec vivacité , s'agitant avec vîtesse , s'échappant comme l'éclair, faisant briller avec la rapidité de la flamme les teintes rouges qu'anime l'éclat argentin d'un grand nombre de ses écailles , disparoissant et reparoissant au milieu des eaux comme un feu léger , ou cédant à tous les mouvemens des flots , de la même manière que les flammes ou banderoles qui voltigent sur les sommets des mâts les plus élevés , obéissent à tous les courans de l'atmosphère. Les ondulations par lesquelles ce cépole exécute et manifeste ses divers mouvemens , sont d'autant plus sensibles , qu'il parvient à une longueur très-considérable relativement à sa hauteur , et surtout à sa largeur : il n'est large que d'un très-petit nombre de millimètres , et il a souvent plus d'un mètre de longueur. Le rouge dont il resplendit, colore toutes ses nageoires. Cette teinte se marie d'ailleurs à l'argent dont il est, pour ainsi dire, revêtu , tantôt par des nuances insensiblement fondues les unes dans les autres , tantôt

dans les différens articles de cette Histoire , les ouvrages dans lesquels les auteurs qui nous ont précédés , ont traité des mêmes poissons que nous, et les dessins qu'ils ont donnés de ces animaux , nous n'entendons garantir en rien l'exactitude de leurs descriptions, ni celle des figures qu'ils ont publiées ; notre but est seulement d'indiquer que leurs planches ou leurs observations se rapportent à telle ou telle des espèces dont nous nous sommes occupés.

par des taches très-vives ; et remarquons que la nourriture ordinaire de ce poisson si richement décoré consiste en crabes et en animaux à coquille.

Sa tête est un peu large ; son museau arrondi ; sa
mâchoire supérieure garnie d'une rangée et sa mâchoire
inférieure de deux rangées de dents aiguës et peu serrées les unes contre les autres ; la langue petite, large
et rude ; l'espace qui sépare les yeux, très-étroit ; l'ouverture branchiale assez grande ; l'opercule composé
d'une seule lame, et la place qui est entre cet opercule
et le museau, percée de plusieurs pores ; la ligne latérale droite ; la nageoire dorsale très-longue, de même
que celle de l'anus ; et la caudale pointue *.

Le corps du tænia est si comprimé et par conséquent
si étroit, ses tégumens sont si minces, et toutes ses
parties si pénétrées d'une substance oléagineuse et
visqueuse, que lorsqu'on le regarde contre le jour, il
paroît très-transparent, et qu'on apperçoit très-facilement une grande portion de son intérieur. Cette conformation et cette abondance d'une matière huileuse
n'annoncent pas une saveur très-agréable dans les
muscles de ce cépole ; et en effet on le recherche peu.
Il habite dans la Méditerranée, et y préfère, dit-on,
le voisinage des côtés vaseuses.

---

* A la membrane des branchies 6 rayons.
   à la nageoire du dos   66
   à chacune des pectorales   15
   à chacune des thoracines   6
   à celle de l'anus   60
   à celle de la queue   10

LE CÉPOLE SERPENTIFORME *.

Le tænia a le museau arrondi ; le serpentiforme l'a
pointu. La nageoire caudale du tænia est pointue ; il paroît que celle du serpentiforme est fourchue. On a donc
eu raison de ne pas les rapporter à la même espèce.
On a comparé le second de ces cépoles à un serpent ; on
l'a appelé *serpent de mer, serpent rouge, serpent rougeâtre ;*
et voilà pourquoi nous lui avons donné le nom distinctif de *serpentiforme.* Sa couleur est d'un rouge plus
ou moins pâle, avec des bandes transversales, nombreuses, étroites, irrégulières, et un peu tortueuses.
L'iris est comme argenté ; les dents sont aiguës, la
nageoire du dos et celle de l'anus très-longues, et assez

---

* Cepola serpentiformis.
Cepola rubescens. *Linné, édition de Gmelin.*
Cépole serpent de mer. *Daubenton, Encyclopédie méthodique.*
Id. *Bonnaterre, planches de l'Encyclopédie méthodique.*
Mus. Ad. Frid. 2, *p.* 63.
Ophidium macrophthalmum. *System. nat. X,* 1, *p.* 259.
Brunn. Pisc. Massil. p. 28, *n.* 39.
Tænia serpens rubescens dicta. *Artedi, syn.* 115.
Serpens marinus rubescens. *Gesner,* (germ.) *fol.* 47, *b.*
Autre serpent rouge. *Rondelet, première partie, liv.* 14, *chap.* 8.
Murus alter, sive serpens rubescens Rondeletii. *Aldrov. lib.* 3, *cap.* 28,
p. 367.
Tæniæ potiùs species censenda. *Willughby, Ichthyol. p.* 118.

basses *. Le serpentiforme vit dans la Méditerranée, de même que le tænia.

---

* A la nageoire dorsale   69 rayons.
  à chacune des pectorales   15
  à chacune des thoracines   6
  à celle de l'anus   62
  à celle de la queue   12

LE CÉPOLE TRACHYPTÈRE*.

C'EST dans le golfe Adriatique, et par conséquent dans le grand bassin de la Méditerranée, que l'on a vu le trachyptère. Il préfère donc les mêmes eaux que les deux autres cépoles dont nous venons de parler. Ses nageoires présentent des aiguillons ou rayons simples, et sont rudes au toucher. Sa ligne latérale est droite, et tracée, pour ainsi dire, par une rangée d'écailles que l'on peut distinguer facilement des autres.

* Cepola trachyptera.
Id. *Linné*, *édition de Gmelin.*

CINQUANTE-QUATRIÈME GENRE.

LES TÆNIOÏDES.

Une nageoire de l'anus; les nageoires pectorales en forme
de disque, et composées d'un grand nombre de rayons;
le corps et la queue très-alongés et comprimés en forme
de lame; le ventre à peu près de la longueur de la tête;
les écailles très-petites; les yeux à peine visibles; point
de nageoire caudale.

ESPÈCE.	CARACTÈRES.
LE TÆN. HERMANNIEN. (*Tænioïdes Hermannii.*)	Trois ou quatre barbillons auprès de l'ouverture de la bouche.

1. TŒNIOIDE Hermannien. 2. BOSTRYCHE Chinois. 3. BOSTRYCHOÏDE Œillé.

LE TÆNIOÏDE HERMANNIEN *.

CE poisson, que nous avons dû inscrire dans un genre particulier, n'a encore été décrit dans aucun ouvrage d'histoire naturelle. Nous lui donnons un nom générique qui désigne sa forme très-alongée, semblable à celle d'un ruban ou d'une banderole, et très-voisine de celle des cépoles qui ont été appelés *tænia*. Nous le distinguons par l'épithète d'*hermannien*, pour donner au savant Hermann de Strasbourg une nouvelle preuve de l'estime des naturalistes, et de leur reconnoissance envers un professeur habile qui concourt chaque jour au progrès des sciences et particulièrement de l'ichthyologie.

Ce tænioïde, dont les habitudes doivent ressembler beaucoup à celles des cépoles, puisqu'il se rapproche de ces osseux par le plus grand nombre de points de sa conformation, et qui doit sur-tout partager leur agilité, leur vîtesse, leurs ondulations, leurs évolutions rapides, en diffère cependant par plusieurs traits remarquables.

Premièrement, ses yeux sont si petits, qu'on ne peut les distinguer qu'avec beaucoup de peine, et qu'après les avoir cherchés souvent pendant long-temps, on ne

---

* Tænioïdes Hermannii.

les apperçoit que comme deux petits points noirs ;
ce qui lui donne un rapport assez important avec les
cécilies.

Secondement, il n'a point de nageoire caudale ; et sa
queue se termine, comme celle des trichiures, par une
pointe très-déliée, près de l'extrémité de laquelle on
voit encore s'étendre la longue et très-basse nageoire
dorsale qui part très-près de la tête, et tire son origine
de la partie du dos correspondante à l'anus.

Troisièmement, la nageoire anale est très-courte.

Nous devons ajouter que la tête de l'hermannien est
comme taillée à facettes, dont la figure que nous avons
fait graver, montre la forme, les dimensions et la place.
La peau de l'animal, dénuée d'écailles facilement
visibles, laisse reconnoître la position des principaux
muscles latéraux ; on voit des points noirs sur les pectorales, ainsi que sur la nageoire de l'anus, et des raies
blanchâtres sur la tête ; les barbillons, situés auprès de
l'ouverture de la bouche, sont très-courts, et un peu
inégaux en longueur.

CINQUANTE-CINQUIÈME GENRE.

LES GOBIES.

*Les deux nageoires thoracines réunies l'une à l'autre;
deux nageoires dorsales.*

PREMIER SOUS-GENRE.

*Les nageoires pectorales attachées immédiatement au
corps de l'animal.*

ESPÈCES.	CARACTÈRES.
1. LE GOB. PECTINIROSTRE. (*Gobius pectinirostris.*)	Vingt-six rayons à la seconde nageoire du dos; douze aux thoracines; presque toutes les dents de la mâchoire inférieure, placées horizontalement.
2. LE GOBIE BODDAERT. (*Gobius boddaert.*)	Vingt-cinq rayons à la seconde nageoire du dos; trente-quatre aux thoracines; les rayons de la première nageoire du dos, filamenteux; le troisième de cette nageoire dorsale très-long.
3. LE GOBIE LANCÉOLÉ. (*Gobius lanceolatus.*)	Dix-huit rayons à la seconde nageoire du dos; onze aux thoracines; la queue très-longue et terminée par une nageoire dont la forme ressemble à celle d'un fer de lance.
4. LE GOBIE APHYE. (*Gobius aphya.*)	Dix-sept rayons à la seconde nageoire du dos; douze aux thoracines; les yeux très-rapprochés l'un de l'autre; des bandes brunes sur les nageoires du dos et de l'anus.

ESPÈCES.	CARACTÈRES.
5. LE GOBIE PAGANEL. (*Gobius paganellus*).	Dix-sept rayons à la seconde nageoire du dos; douze aux thoracines; la première dorsale bordée de jaune ; la seconde et l'anale pourprées à leur base.
6. LE GOB. ENSANGLANTÉ. (*Gobius cruentatus*.)	Seize rayons à la seconde nageoire du dos ; douze aux thoracines; les rayons des nageoires du dos, plus élevés que la membrane ; la bouche, la gorge, les opercules et les nageoires, tachetés de rouge.
7. LE GOBIE NOIR-BRUN. *Gobius nigro-fuscus*).	Seize rayons à la seconde nageoire dorsale ; douze aux thoracines ; le corps et la queue bruns ; les nageoires noires.
8. LE GOBIE BOULEROT. (*Gobius boulerot*.)	Quatorze rayons à la seconde nageoire dorsale ; dix à chacune des thoracines ; un grand nombre de taches brunes et blanches.
9. LE GOBIE BOSC. (*Gobius bosc*.)	Quatorze rayons à la seconde nageoire du dos ; huit à chacune des thoracines; les quatre premiers rayons de la première dorsale terminés par un filament; le corps et la queue gris et pointillés de brun ; sept bandes transversales d'une couleur blanchâtre.
10. LE GOBIE ARABIQUE. (*Gobius arabicus*.)	Quatorze rayons à la seconde nageoire du dos; douze aux thoracines ; les cinq derniers rayons de la première dorsale, deux fois plus élevés que la membrane, et terminés par un filament rouge.
11. LE GOBIE JOZO. (*Gobius jozo*.)	Quatorze rayons à la seconde nageoire du dos ; douze aux thoracines ; les rayons de la première dorsale, plus élevés que la membrane, et terminés par un filament ; les thoracines bleues.

ESPÈCES.	CARACTÈRES.
12. LE GOBIE BLEU. (*Gobius cœruleus.*)	Douze rayons à la seconde nageoire du dos et aux thoracines; le dernier rayon de la seconde nageoire du dos, deux fois plus long que les autres; le corps bleu; la nageoire de la queue, rouge et bordée de noir.
13. LE GOBIE PLUMIER. (*Gobius plumier.*)	Douze rayons à la seconde nageoire du dos; six à chacune des thoracines; la mâchoire supérieure plus avancée que l'inférieure; point de tache œillée sur la première dorsale.
14. LE GOBIE ÉLÉOTRE. (*Gobius eleotris.*)	Onze rayons à la seconde nageoire du dos; douze aux thoracines; dix à celle de l'anus; les deux nageoires dorsales de la même hauteur; la couleur blanchâtre.
15. LE GOBIE NÉBULEUX. (*Gobius nebulosus.*)	Onze rayons à la seconde nageoire du dos; douze aux thoracines; le second rayon de la première nageoire du dos, terminé par un filament noir deux fois plus élevé que la membrane.
16. LE GOBIE AWAOU. (*Gobius awaou.*)	Onze rayons à la seconde nageoire dorsale; six à chacune des thoracines; la mâchoire supérieure plus avancée; une tache œillée sur la première nageoire du dos.
17. LE GOBIE NOIR. (*Gobius niger.*)	Onze rayons à la seconde nageoire du dos; dix aux thoracines; six rayons à la première dorsale; le dernier de ces rayons éloigné des autres; la couleur noire.
18. LE GOB. LAGOCÉPHALE. (*Gobius lagocephalus.*)	Onze rayons à la seconde nageoire du dos; quatre à chacune des thoracines; la mâchoire supérieure très-arrondie par-devant; les lèvres épaisses.
19. LE GOBIE MENU. (*Gobius minutus.*)	Onze rayons à la seconde nageoire du dos; la couleur blanchâtre; des taches brunes; les rayons des nageoires du dos et de l'anus, rayés de brun.

ESPÈCE.	CARACTÈRES.
20. LE GOBIE CYPRINOÏDE. (*Gobius cyprinoïdes.*)	Dix rayons à la seconde nageoire du dos ; douze aux thoracines ; une crête triangulaire et noirâtre placée longitudinalement sur la nuque.

SECOND SOUS-GENRE.

Chacune des nageoires pectorales attachée à une prolongation charnue.

ESPÈCE.	CARACTÈRES.
21. LE GOBIE SCHLOSSER. (*Gobius schlosser.*)	Treize rayons à la seconde nageoire du dos ; douze aux thoracines ; les yeux très-saillans, et placés sur le sommet de la tête.

LE GOBIE PECTINIROSTRE *.

LES gobies n'attirent pas l'attention de l'observateur
par la grandeur de leurs dimensions, le nombre de
leurs armes, la singularité de leurs habitudes ; mais le
juste appréciateur des êtres n'accorde-t-il son intérêt
qu'aux signes du pouvoir, aux attributs de la force, aux
résultats en quelque sorte bizarres d'une organisation
moins conforme aux lois générales établies par la Nature ? Ah ! qu'au moins dans la recherche de ces lois,
nous échappions aux funestes effets des passions aveugles! Ne pesons pas les familles des animaux dans la
balance inexacte que les préjugés nous présentent sans
cesse pour les individus de l'espèce humaine. Lorsque
nous pouvons nous soustraire avec facilité à l'influence
trompeuse de ces préjugés si nombreux, déguisés avec
tant d'art, si habiles à profiter de notre foiblesse, ne
négligeons pas une victoire qui peut nous conduire à
des succès plus utiles, à une émancipation moins imparfaite ; et ne consultons dans la distribution des rangs

---

* Gobius pectinirostris.
Id. *Linné, édition de Gmelin.*
Gobie peigne. *Daubenton, Encyclopédie méthodique.*
Id. *Bonnaterre, planches de l'Encyclopédie méthodique.*
Lagerstr. Chin. 29, *fol.* 3.
Apocryptes chinensis. *Osbeck, It.* 130.

parmi les sujets de notre étude, que les véritables droits de ces objets à notre examen ainsi qu'à notre méditation.

Si les gobies n'ont pas reçu pour attaquer, les formes et les facultés qui font naître la terreur, ils peuvent employer les manéges multipliés de la ruse et toutes les ressources d'un instinct assez étendu ; s'ils n'ont pas, pour se défendre, des armes dangereuses, ils savent disparoître devant leurs ennemis, et se cacher dans des asyles sûrs ; si leurs formes ne sont pas très-extraordinaires, elles offrent un rapport très-marqué avec celles des cycloptères, et indiquent par conséquent un nouveau point de contact entre les poissons osseux et les cartilagineux ; si leurs couleurs ne sont pas très-riches, leurs nuances sont agréables, souvent très-variées, quelquefois même brillantes ; s'ils ne présentent pas des phénomènes remarquables, ils fournissent des membranes qui réduites en pâte, ou, pour mieux dire, en colle, peuvent servir dans plusieurs arts utiles ; si leur chair n'a pas une saveur exquise, elle est une nourriture saine, et, peu recherchée par le riche, elle peut fréquemment devenir l'aliment du pauvre ; et enfin si les individus de cette famille ont un petit volume, ils sont en très-grand nombre, et l'imagination qui les rassemble, les voit former un vaste ensemble.

Mais ce ne sont pas seulement les individus qui sont nombreux dans cette tribu ; on compte déja dans ce genre beaucoup de variétés et même d'espèces. Et comme nous allons faire connoître plusieurs gobies dont aucun naturaliste n'a encore entretenu le public, nous avons eu plus d'un motif pour ordonner avec soin l'exposition des formes et des mœurs de cette famille. Nous avons commencé par en séparer tous les poissons qu'on avoit placés parmi les vrais gobies, mais qui n'ont pas les caractères distinctifs propres à ces derniers animaux; et nous n'avons conservé dans le genre que nous allons décrire, que les osseux dont les nageoires thoracines, réunies à peu près comme celles des cycloptères, forment une sorte de disque, ou d'éventail déployé, ou d'entonnoir évasé, et qui en même temps ont leur dos garni de deux nageoires plus ou moins étendues. Une considération attentive des détails de la forme de ces nageoires dorsales et thoracines, nous a aussi servi, au moins le plus souvent, à faire reconnoître les espèces: pour rendre la recherche de ces espèces plus facile, nous les avons rangées, autant que nous l'avons pu, d'après le nombre des rayons de la seconde nageoire dorsale, dans laquelle nous avons remarqué des différences spécifiques plus notables que dans la première; et lorsque le nombre des rayons de cette seconde nageoire dorsale a été égal dans deux ou trois espèces, nous les avons inscrites sur notre tableau d'après la quantité des rayons qui composent leurs nageoires thoracines. Mais avant de nous occuper de cette détermination de la place des diverses espèces de gobies, nous les avons fait entrer dans l'un ou dans l'autre de deux sous-genres, suivant que leurs nageoires pectorales sont attachées immédiatement au corps, ou que ces instrumens de natation tiennent à des prolongations charnues.

Le pectinirostre est, dans le premier sous-genre, l'espèce dont la seconde nageoire dorsale est soutenue par le plus grand nombre de rayons : on y en compte vingt-six *. Mais ce qui suffiroit pour faire distinguer avec facilité ce gobie, et lui a fait donner le nom qu'il porte, c'est que presque toutes les dents qui garnissent sa mâchoire inférieure , sont couchées de manière à être presque horizontales , et à donner au museau de l'animal un peu de ressemblance avec un peigne demi-circulaire. Ce poisson vit dans les eaux de la Chine.

---

* A la membrane des branchies   5 rayons.
   à la première nageoire du dos   5
   à la seconde   26
   à chacune des pectorales   19
   aux thoracines   12
   à celle de l'anus   26
   à celle de la queue   15

LE GOBIE BODDAERT[1].

ON a dédié au naturaliste Boddaert cette espèce de gobie, comme un monument de reconnoissance, vivant et bien plus durable que tous ceux que la main de l'homme peut élever. Ce poisson osseux a été pêché dans les mers de l'Inde. Il parvient à peine à la longueur de deux décimètres. Il est d'un brun bleuâtre par-dessus, et d'un blanc rougeâtre par-dessous. Des taches brunes et blanches sont répandues sur la tête; la membrane branchiale et la nageoire de la queue présentent une teinte blanche mêlée de bleu; sept taches brunes placées au-dessus de sept autres taches également brunes, mais pointillées de blanc, paroissent de chaque côté du dos; un cercle noir entoure l'ouverture de l'anus; quelques taches couleur de neige marquent la ligne latérale, le long de laquelle on peut d'ailleurs appercevoir de très-petites papilles; la première nageoire du dos[2] est parsemée de points

---

[1] Gobius boddaert.
Gobius Boddaerti. *Linné, édition de Gmelin.*
Pallas, Spicileg. zoolog. 8, *p.* 11, *tab.* 2, *fig* 45.
Gobie boddaert. *Bonnaterre, planches de l'Encyclopédie méthodique.*
[2] A la première nageoire du dos   5 rayons.
    à la seconde   25
    à chacune des pectorales   21
    aux thoracines   34
    à celle de l'anus   25
    à celle de la queue   18

blancs; et cinq ou six lignes blanches s'étendent en travers entre les rayons de la seconde.

Indépendamment des couleurs dont nous venons d'indiquer la distribution, le boddaert est remarquable par la longueur des filamens qui terminent les rayons de sa première nageoire dorsale, et particulièrement de celui que l'on voit à l'extrémité du troisième rayon. De plus, sa chair est grasse, son museau très-obtus; ses lèvres sont épaisses; ses yeux un peu ovales et peu saillans; et au-delà de l'anus, on distingue un petit appendice charnu et conique, que l'on a mal-à-propos appelé *petit-pied, pedunculus, péduncule,* et sur l'usage duquel nous aurons plusieurs occasions de revenir.

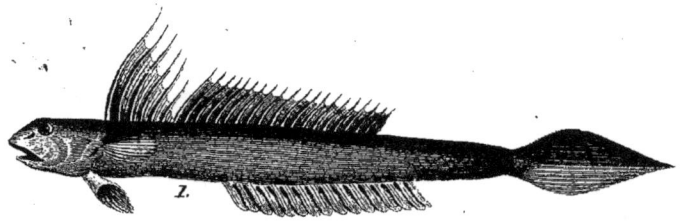

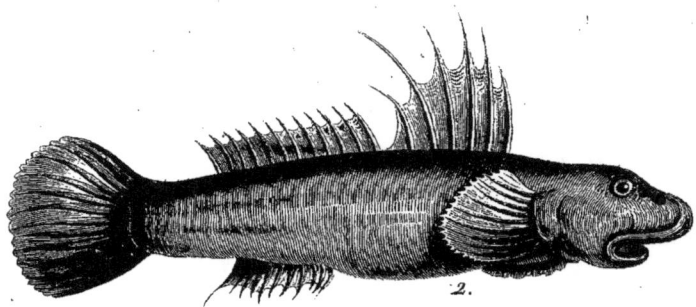

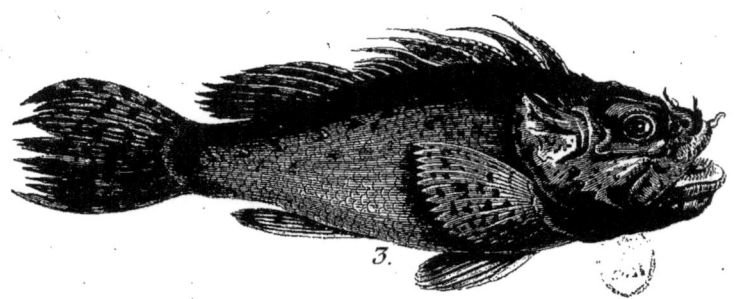

Pl. 15. Pag

Deseve. Del.

Coquet. sc.

1. GOBIE Lancéolé. 2. GOBIE Plumier. 3. SCORPÈNE Truié.

LE GOBIE LANCÉOLÉ*.

CE poisson est très-alongé : la nageoire placée à l'extrémité de sa queue, est aussi très-longue ; elle est de plus très-haute, et façonnée de manière à imiter un fer de lance, ce qui a fait donner à l'animal le nom que nous lui avons conservé. Le docteur Bloch en a publié une figure d'après un dessin exécuté dans le temps sous les yeux de Plumier ; et la collection de peintures sur vélin que renferme le Muséum national d'histoire naturelle, présente aussi une image de ce même gobie peinte également par les soins du même voyageur, et que nous avons cru devoir faire graver.

On trouve le lancéolé dans les fleuves et les petites rivières de la Martinique. Sa chair est agréable, et il est couvert de petites écailles arrondies. La mâchoire supérieure est un peu plus avancée que l'inférieure. Deux lames composent l'opercule. L'anus est beaucoup plus près de la gorge que de la nageoire caudale. Les rayons de la première nageoire du dos s'élèvent plus haut que

---

* Gobius lanceolatus.
Id. *Linné*, *édition de Gmelin.*
Bloch, *pl.* 38, *fig.* 1 *et* 6.
Gronov. Zooph. p. 82, *n.* 277, *tab.* 4, *fig.* 4.
Gobius oceanicus. *Pallas, Spicileg. zoolog.* 8, *p.* 4.
Gobie lancette. *Bonnaterre, planches de l'Encyclopédie méthodique.*

la membrane qui les réunit *. Les pectorales et celle de la queue sont d'un jaune plus ou moins mêlé de verd , et bordées de bleu ou de violet ; on voit, de chaque côté de la tête , une place bleuâtre et dont les bords sont rouges ; une tache brune est placée à droite et à gauche près de l'endroit où les deux nageoires dorsales se touchent ; et la couleur générale de l'animal est d'un jaune pâle par-dessus , et d'un gris blanc par-dessous.

* A la membrane des branchies.	5 rayons.
à la première nageoire du dos	6
à la seconde	18.
à chacune des nageoires pectorales	16
aux thoracines.	11.
à celle de l'anus.	16
à celle de la queue	20.

LE GOBIE APHYE*.

LES eaux douces du Nil, et les eaux salées de la Méditerranée, dans laquelle se jette ce grand fleuve, nourrissent le gobie aphye, dont presque tous les naturalistes anciens et modernes ont parlé, et dont Aristote a

---

* Gobius aphya.

Marsio.

Pignoletti, *sur plusieurs côtes de la mer Adriatique.*

Marsione, *ibid.*

Loche de mer, *dans plusieurs départemens méridionaux de France.*

Gobius aphya. *Linné, édition de Gmelin.*

Gobie loche de mer. *Daubenton, Encyclopédie méthodique.*

Id. *Bonnaterre, planches de l'Encyclopédie méthodique.*

Gobius aphya et marsio dictus. *Artedi, gen. 29, syn. 47.*

Κωϐίτης. *Arist. lib. 6, cap. 15.*

Αφυα κωϐϊτις. *Athen. lib. 7, p. 284, 285.*

Aphia cobitis. *Aldrov. lib. 2, cap. 29, p. 211.*

Morsio Venetorum. *Id. ibid. cap. 38, p. 213.*

Aphye de gouion. *Rondelet, première partie, liv. 7, chap. 2, édition de Lyon, 1558.*

Aphua cobites. *Willughby, p. 207.*

Apua cobites. *Bellon.*

Apua cobitis. *Gesner, p. 67, et (germ.) fol. 1, a.*

Morsio. *Id. (germ.) fol. 1, b.*

Jonston, *lib. 1, tit. 3, cap. 1, a. 17.*

Apua gobites, gobionaria. *Charlet. p. 143.*

Gobionaria. *Gaz. Aristot.*

Raj. *p. 76.*

Aphie. *Valmont-Bomare, Dictionnaire d'histoire naturelle.*

Loche de mer. *Id. ibid.*

fait mention. Il n'a cependant frappé les yeux ni par
ses dimensions , ni par ses couleurs : les premières
ne sont pas très-grandes , puisqu'il parvient à peine
à la longueur d'un décimètre ; et les secondes ne sont
ni brillantes ni très-variées. Des bandes brunes s'é-
tendent sur ses nageoires dorsales et de l'anus ; sa
teinte générale est d'ailleurs blanchâtre , avec quelques
petites taches noires. Ses yeux sont très-rapprochés l'un
de l'autre. Il a été nommé *loche de mer*, parce qu'il a de
grands rapports avec le cobite appelé *loche de rivière*,
et dont nous nous entretiendrons dans la suite de cet
ouvrage *.

* A la première nageoire du dos   6 rayons.
  à la seconde   17
  à chacune des pectorales   18
  aux thoracines   12
  à celle de l'anus   14
  à celle de la queue   13

LE GOBIE PAGANEL[1],

LE GOBIE ENSANGLANTÉ[2],

ET LE GOBIE NOIR-BRUN[3].

L E gobie paganel a été aussi nommé *goujon* ou *gobie de mer*, parce qu'il vit au milieu des rochers de la Médi-

[1] Gobius paganellus.

Κωβυς.

Κωβιιας.

Καυλιναι.

Paganello, *dans plusieurs contrées de l'Italie.*

Gobius paganellus. *Linné, édition de Gmelin.*

Gobius lineâ luteâ transversâ, etc. *Artedi, gen.* 29, *syn.* 46.

Boulerot, *ou* gouion de mer. *Rondelet, première partie, liv.* 6, *chap.* 16, *édit. de Lyon,* 1558.

Gobius albus. *Bellon.*

Id. *Gesner, p.* 393.

Gobius marinus maximus flavescens. *Id. (germ.) fol.* 6, *b.*

Paganellus, *id est* gobius major et subflavus. *Id. p.* 397.

Gobius marinus Rondeletii. *Aldrovand. lib.* 1, *cap.* 20, *p.* 96.

Paganellus, *seu* gobius major ex Gesnero. *Id. ibid. p.* 95.

Gobius secundus, paganellus Venetorum. *Willughby, p.* 207.

Id. *Raj. p.* 75.

Gobius paganellus. *Hasselquist. It.* 326.

Gobie goujon de mer. *Daubenton, Encyclopédie méthodique.*

Id. *Bonnaterre, planches de l'Encyclopédie méthodique.*

Paganello. *Valmont-Bomare, Dictionnaire d'histoire naturelle.*

[2] Gobius cruentatus.

Id. *Linné, édition de Gmelin.*

Brunn. Pisc. Massil. p. 30, *n.* 42.

Gobie pustuleux. *Bonnaterre, planches de l'Encyclopédie méthodique.*

terranée. Il parvient quelquefois à la longueur de vingt-
cinq centimètres. Son corps est peu comprimé. Sa couleur générale est d'un blanc plus ou moins mêlé de
jaune, ce qui l'a fait appeler *goujon blanc*, et au milieu
des nuances duquel on distingue aussi quelquefois des
teintes vertes, et voilà pourquoi le nom grec de χλωρος,
verd, d'un verd jaune, lui a été donné par plusieurs
auteurs anciens. Il a de plus de petites taches noires : sa
première nageoire dorsale est, d'ailleurs, bordée d'un
jaune vif; la seconde et celle de l'anus sont pourprées à
leur base. La nageoire de sa queue est presque rectiligne. Il a de petites dents, la bouche grande, l'estomac assez volumineux, le pylore garni d'appendices ;
et selon Aristote, il se nourrit d'algues, ou de débris
de ces plantes marines. Sa chair est maigre, et un peu
friable. C'est près des rivages qu'il va déposer ses œufs,
comme dans l'endroit où il trouve l'eau la plus tiède
suivant l'expression de Rondelet, l'aliment le plus
abondant, et l'abri le plus sûr contre les grands poissons. Ces œufs sont plats, et faciles à écraser *.

---

[3] Gobius nigrofuscus.

Gobius bicolor. *Linné, édition de Gmelin.*

Brunn. Pisc. Massil. p. 30, *n.* 41.

Gobie, goujon petit deuil. *Bonnaterre, planches de 'Encyclopédie méthodique.*

* A la première nageoire du dos 6 rayons.

à la seconde	17
à chacune des pectorales	17
aux thoracines	12
à celle de l'anus	16
à celle de la queue	20

L'ensanglanté est pêché dans la Méditerranée, comme le paganel, auquel il ressemble beaucoup : mais les rayons de ses deux nageoires dorsales sont plus élevés que les membranes. D'ailleurs sa bouche, ses opercules, sa gorge, et plusieurs de ses nageoires, présentent des taches d'un rouge couleur de sang, qui le font paroître pustuleux. Sa couleur générale est d'un blanc pâle, avec des bandes transversales brunes ; on trouve quelques bandelettes noires sur la nageoire de la queue, qui est arrondie ; les thoracines sont bleuâtres. Ce poisson a été très-bien décrit par le naturaliste Brunnich [1].

Le nom du noir-brun indique ses couleurs distinctives. Il n'offre que deux teintes principales ; il est brun, et toutes ses nageoires sont noires. Ses formes ressemblent beaucoup à celles de l'ensanglanté, et par conséquent à celles du paganel. Il habite les mêmes mers que ces deux gobies ; et c'est au savant cité dans la phrase précédente que l'on en doit la connoissance. Il n'a guère qu'un décimètre de longueur [2].

[1] A la membrane branchiale	5 rayons.
à la première nageoire du dos	6
à la seconde	16
à chacune des pectorales	19.
aux thoracines	12
à celle de l'anus	15
à celle de la queue	15
[2] A la première nageoire du dos	6 rayons.
à la seconde	16
à chacune des pectorales	19,
aux thoracines	12
à celle de l'anus	15
à celle de la queue	17

LE GOBIE BOULEROT*.

LE boulerot a été nommé *gobie* ou *goujon noir,* parce que sur son dos de couleur cendrée ou blanchâtre s'étendent des bandes transversales très-brunes, et que d'ailleurs il est parsemé de taches dont quelques unes sont blanches ou jaunes, mais dont le plus grand nombre

---

* Gobius boulerot.

Boulereau.

Go, *dans plusieurs contrées de l'Italie.*

Goget, *ibid.*

Zolero, *ibid.*

Sea-gudgeon, *en Angleterre.*

Rock-fish. *Ibid.*

Τραγος.

Gobie boulereau. *Daubenton, Encyclopédie méthodique.*

Id. *Bonnaterre, planches de l'Encyclopédie méthodique.*

Gobius niger. *Linné, édition de Gmelin.*

Mus. Ad. Frid. 1, p. 74; *et* 2, p. 64.

Müll. Prodrom. Zoolog. Danic. p. 44, *n.* 364.

Gobius è nigricante varius, etc. *Artedi, gen.* 28, *syn.* 46.

Κωθιος. *Aristot. lib.* 2, *cap.* 17; *lib.* 6, *cap.* 13; *lib.* 8, *cap.* 2, 13, 19; *et lib.* 9, *cap.* 2, 37.

Id. *AElian. lib.* 2, *cap.* 50.

Athen. lib. 7, *c.* 39.

Oppian. lib. 1, *p.* 7; *et lib.* 2, *p.* 46.

Gobio. *Plin. lib.* 9, *cap.* 57.

Columell. lib. 8, *cap.* 17.

Juvenal. Satyr. 11, 4.

Gobio marinus. *Salvian. fol.* 214, *b.*

est ordinairement d'un noir plus ou moins foncé. On voit des teintes jaunâtres sur sa partie inférieure et sur ses opercules. Sa longueur est communément de deux décimètres. Ses deux mâchoires, aussi avancées l'une que l'autre, sont armées chacune de deux rangs de petites dents ; sa langue est un peu mobile ; ses écailles sont dures. Ses nageoires thoracines [*], colorées et réunies de manière à présenter à certains yeux une ressemblance vague avec une sorte de barbe noire, lui ont fait donner le nom de *bouc*, en grec τραγος. Derrière l'anus, paroît un petit appendice analogue à celui que

---

Gobio marinus niger. *Bellon, Aquat. p.* 233.

Gesner, p. 393, 395, 469, *et (germ.) fol.* 6, *b.*

Boulerot noir. *Rondelet, première partie, liv.* 6, *chap.* 17.

Aldrovand. lib. 1, *cap.* 20, *p.* 97.

Willughby, p. 206.

Gobius marinus niger. *Raj. p.* 76.

Gobius, *vel* gobio niger. *Schonev. p.* 36.

Gobius, gobio, *et* cobio marinus. *Charlet.* 135.

Apocryptes cantonensis. *Osbeck, It.* 131.

Bloch, pl. 38, *fig.* 1, 2, 5.

Eleotris capite plagioplateo, maxillis æqualibus, etc. *Gronov. Mus.* 2, *p.* 17, *n.* 170; *Zooph. p.* 82, *n.* 280.

Gobio branchiarum operculis et ventre flavicantibus. *Klein, Miss. pisc.* 5, *p.* 27, *n.* 1.

Gobius. *Seba, Mus.* 3, *tab.* 29.

[*] A la première nageoire du dos 6 rayons.

à la seconde	14
à chacune des pectorales	18
à chacune des thoracines	10
à celle de l'anus	12
à celle de la queue	14

nous avons remarqué ou que nous remarquerons dans un grand nombre d'espèces de gobies. Sa nageoire caudale est arrondie, et quelquefois cet instrument de natation et toutes les autres nageoires sont bleus.

Le boulerot se trouve non seulement dans l'Océan atlantique boréal, mais encore dans plusieurs mers de l'Asie. Vers le temps du frai, il se rapproche des rivages et des embouchures des fleuves. Il vit aussi dans les étangs vaseux qui reçoivent l'eau salée de la mer ; et lorsqu'on l'y pêche, il n'est pas rare de le trouver dans le filet, couvert d'une boue noire qui n'a pas peu contribué à lui faire appliquer le nom de *goujon noir*. Sa chair n'est pas désagréable au goût : cependant Juvénal et Martial nous apprennent que sous les premiers empereurs de Rome, et dans le temps du plus grand luxe de cette capitale du monde, il ne paroissoit guère sur la table du riche et de l'homme somptueux.

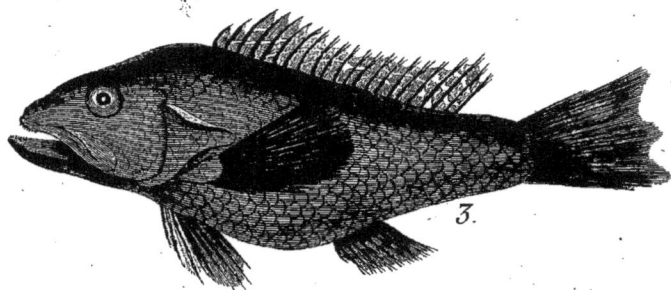

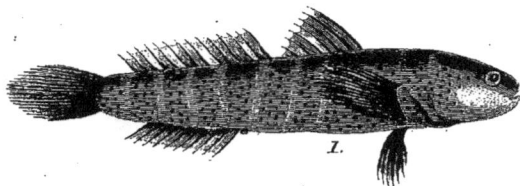

Des eve.Del.   V. Tardieu

1. GOBIE Bosc. 2. POGONIAS Fascé. 3. Voyez l'explication des Planches du 3. Vol.

LE GOBIE BOSC[1].

MON confrère le citoyen Bosc à bien voulu me communiquer la description de ce poisson, qu'il a vu dans la baie de Charles-town de l'Amérique septentrionale.

Ce gobie a la tête plus large que le corps ; les deux mâchoires également avancées ; les dents très-petites ; les yeux proéminens ; les orifices des narines saillans ; l'opercule branchial terminé en angle ; et les quatre premiers rayons de la première nageoire dorsale, prolongés chacun par un filament délié.

Il paroît sans écailles. Sa couleur générale est grise et pointillée de brun. Sept bandes transversales, irrégulières, et d'une nuance plus pâle que le gris dont nous venons de parler, règnent sur les côtés, et s'étendent sur les nageoires du dos, qui d'ailleurs sont brunes, comme les autres nageoires[2].

On ne distingue pas de ligne latérale.

---

[1] Gobius bosc.

Gobius alepidoptus, corpore nudo, griseo, fasciis septem pallidis. *Bosc, manuscrit déjà cité.*

[2] A la première nageoire dorsale	7 rayons.
à la seconde	14
à chacune des pectorales	18
aux thoracines	8
à celle de l'anus	10
à celle de la queue, qui est lancéolée,	18

Le gobie bosc ne paroît parvenir qu'à de très-petites dimensions : l'individu décrit par mon savant confrère avoit cinquante-quatre millimètres de long, et treize millimètres de large.

On ne mange point de ce gobie.

LE GOBIE ARABIQUE [1],

ET

LE GOBIE JOZO [2].

F<small>ORSKAEL</small> a découvert l'arabique dans la contrée de l'Asie indiquée par cette épithète. Les cinq premiers rayons de la première nageoire du dos de ce gobie sont

---

[1] Gobius arabicus.
Id. *Linné, édition de Gmelin.*
Forsk. Faun. Arab. p. 23, *n.* 5.
Gobie, goujon arabe. *Bonnaterre, planches de l'Encyclopédie méthodique.*

[2] Gobius jozo.
Gobius albescens.
Gobius flavescens.
Gobius jozo. *Linné, édition de Gmelin.*
Gobie, goujon blanc. *Daubenton, Encyclopédie méthodique.*
Id. *Bonnaterre, planches de l'Encyclopédie méthodique.*
Mus. Ad. Frid. 2, *p.* 65.
Müll. Prodrom. Zoolog. Daniæ. p. 44, *n.* 365.
Gobius.... ossiculis pinnæ dorsalis supra membranam assurgentibus. *Artedi, gen.* 29, *syn.* 47.
Κωϐιος λευκος. *Aristot. lib.* 9, *cap.* 37.
Κωϐιος λευκοτερος. *Athen. lib.* 7, *p.* 309.
Boulerot blanc. *Rondelet, première partie, liv.* 6, *chap.* 18. (La figure est extrémement défectueuse.)
Goujon blanc. *Id. ibid.*
Gobius albus. *Gesner, Aquat. p.* 396; *et (germ.) fol.* 6, *b.*
Gobius albus Rondeletii. *Aldrovand. lib.* 1, *cap.* 20, *p.* 97.

deux fois plus longs que la membrane de cette nageoire n'est haute. Il n'est que de la longueur du petit doigt de la main; mais sa parure est très-agréable. L'extrémité des rayons dont nous venons de parler, est rouge : la couleur générale de l'animal est d'un brun verdâtre, relevé et diversifié par un grand nombre de points bleus et de taches violettes, dont plusieurs se réunissent les unes aux autres, et qui paroissent principalement sur toutes les nageoires. On devine aisément l'effet doux et gracieux que produit ce mélange de rouge, de verd, de bleu et de violet, d'autant mieux fondus les uns dans les autres, que plusieurs reflets en multiplient les nuances*. La peau de l'arabique est molle, et recouverte de petites écailles fortement attachées. La nageoire de sa queue est pointue.

Nous plaçons dans cet article ce que nous avons à

Gobius tertius, jozo Romæ, Salviani, forte gobius albus Rondeletii. *Willughby*, *Ichthyol.* p. 207, N. 12, n. 4.

Raj. p. 76, n. 2.

Jozo. *Salvian. fol.* 213, *a. ad iconem.*

Gobius albescens. *Gronov. Mus.* 2, p. 23, n. 176; *Zooph.* p. 81, n. 275.

Bloch, pl. 107, *fig.* 3.

Gobio radiis in anteriore dorsi pinna, supra membranas connectentes altiùs assurgentibus. *Klein*, *Misc. pisc.* 5, p. 27, n. 3.

* A la première nageoire dorsale 6 rayons.

à la seconde	14
à chacune des pectorales	16
aux thoracines	12
à celle de l'anus	13
à celle de la queue	17

dire du jozo, parce qu'il a beaucoup de rapports avec le gobie dont nous venons de parler. Presque tous les rayons de sa première nageoire dorsale sont plus élevés que la membrane. Sa tête est comprimée ; ses deux mâchoires sont également avancées ; sa ligne latérale s'étend, sans s'élever ni s'abaisser, à une distance à peu près égale de son dos et de son ventre. Cette ligne est d'ailleurs noirâtre. L'animal est, en général, blanc ou blanchâtre, avec du brun dans sa partie supérieure ; ses nageoires thoracines sont bleues. On le trouve non seulement dans la Méditerranée, mais dans l'Océan atlantique boréal : il y vit auprès des rivages de l'Europe, y dépose ses œufs dans les endroits dont le fond est sablonneux ; et quoique sa longueur ordinaire ne soit que de deux décimètres, il se nourrit, dit-on, de crabes et de poissons, à la vérité très-jeunes et très-petits. Sa chair, peu agréable au goût, ne l'expose pas à être très-recherché par les pêcheurs ; mais il est fréquemment la proie de grands poissons, et notamment de plusieurs gades *.

* A la première nageoire dorsale 6 rayons.
à la seconde . 14
à chacune des pectorales 16
aux thoracines 12
à celle de l'anus 14
à celle de la queue 16

LE GOBIE BLEU *.

CETTE espèce est encore inconnue des naturalistes :
elle a été décrite par Commerson. Sa couleur est remarquable : elle est d'un bleu très-beau, un peu plus
clair sur la partie inférieure de l'animal que sur la
supérieure ; cet azur règne sur toutes les parties du
poisson, excepté sur la nageoire de la queue, qui est
rouge, avec une bordure noire ; et comme ce gobie a
tout au plus un décimètre ou à peu près de longueur,
on croiroit, lorsqu'il nage au milieu d'une eau calme,
limpide, et très-éclairée par les rayons du soleil, voir
flotter un canon de saphir terminé par une escarboucle.

Il habite dans la mer qui baigne l'Afrique orientale,
à l'embouchure des fleuves de l'isle de la Réunion, où
la petitesse de ses dimensions, que nous venons d'indiquer, fait que les Nègres même dédaignent de s'en
nourrir, et ne s'en servent que comme d'appât pour
prendre de plus grands poissons.

Le bleu a le museau obtus, la mâchoire inférieure
garnie de dents aiguës et moins menues que celles de
la supérieure ; les yeux ronds, saillans, et plus éloignés
l'un de l'autre que sur beaucoup d'autres gobies ; la

---

* Gobius cæruleus.
Gobio cæruleus, caudâ rubrâ, nigro circumscriptâ. *Commerson, manuscrits déja cités.*

première nageoire du dos, triangulaire, et composée
de rayons qui se prolongent par des filamens au-dessus
de la membrane; la seconde nageoire dorsale terminée
par un rayon deux fois plus long que les autres; l'anus
à une distance presque égale de la gorge et de la nageoire caudale, qui est arrondie *; et les écailles petites
et rudes.

* A la membrane des branchies 4 rayons.
à la première nageoire du dos 6
à la seconde 12
à chacune des pectorales 20
aux thoracines 12
à celle de l'anus 12
à celle de la queue 14

LE GOBIE PLUMIER[1].

Le docteur Bloch a décrit ce gobie d'après des peintures sur vélin dues aux soins du voyageur Plumier. Le Muséum national d'histoire naturelle possède des peintures analogues, dues également au zèle éclairé de ce dernier naturaliste. Nous avons trouvé parmi ces peintures du Muséum l'image du poisson nommé, avec raison, *gobie plumier*, et nous avons cru devoir la faire graver.

Cet animal, qui habite dans les Antilles, est alongé, mais charnu, très-fécond, d'une saveur agréable, et susceptible de recevoir promptement la cuisson convenable. Les écailles dont il est revêtu sont petites, et peintes de très-riches couleurs. Sa partie supérieure brille d'un jaune foncé ou de l'éclat de l'or; ses côtés sont d'un jaune clair; sa partie inférieure est blanche; et toutes les nageoires[2] sont d'un beau jaune, relevé

---

[1] Gobius plumier.
Gobius Plumieri. *Linné, édition de Gmelin.*
Bloch, *pl.* 178, *fig.* 3.
Gobie céphale. *Bonnaterre, planches de l'Encyclopédie méthodique.*

[2] A la première nageoire du dos   6 rayons.
à la seconde   12
à chacune des pectorales   12
à chacune des thoracines   6
à celle de l'anus   10
à celle de la queue   14

très-souvent par une bordure noire sur celles de la queue et de la poitrine. Quelques autres nuances font quelquefois ressortir sur diverses parties du corps les teintes que nous venons d'indiquer.

La tête est grande; le bord des lèvres charnu ; l'ouverture branchiale étendue ; l'opercule composé d'une seule lame ; la mâchoire supérieure beaucoup plus avancée que l'inférieure ; la ligne latérale droite ; la nageoire caudale arrondie; et l'anus situé vers le milieu de la longueur du corps.

LE GOBIE ÉLÉOTRE[1],

ET

LE GOBIE NÉBULEUX[2].

LES eaux de la Chine nourrissent l'éléotre, dont la couleur générale est blanchâtre, la seconde nageoire du dos aussi élevée que la première, et celle de la queue arrondie. Le corps est couvert d'écailles larges, arrondies et lisses ; et l'on voit une tache violette sur le dos, auprès des opercules[3].

[1] Gobius eleotris.
Id. *Linné, édition de Gmelin.*
Gobie éléotre. *Daubenton, Encyclopédie méthodique.*
Id. *Bonnaterre, planches de l'Encyclopédie méthodique.*
Lagerstr. Chin. 28.
Gobius chinensis. *Osbeck, It.* 260.
Trachinus... pinnis ventralibus coadunatis. *Amœnit. academ.* 1, *p.* 311.
Gobius albescens, pinnis utrisque dorsalibus altitudine æqualibus. *Gron.
Zooph.* 276.

[2] Gobius nebulosus.
Id. *Linné, édition de Gmelin.*
Forskael, Faun. Arab. p. 24, *n.* 6.
Gobie nébuleux. *Bonnaterre, planches de l'Encyclopédie méthodique.*

[3] A la membrane des branchies de l'éléotre, 5 rayons.
à la première nageoire du dos   6
à la seconde   11
à chacune des pectorales   20
aux thoracines   12
à celle de l'anus   10
à celle de la queue   15.

Le nébuleux a été découvert en Arabie par le Danois Forskael. A peine sa longueur égale-t-elle un décimètre. Ses écailles sont grandes, rudes, et en losange. La nageoire de la queue est arrondie; et voici la distribution des couleurs dont ce gobie est peint *.

Sa partie inférieure est d'un blanc sans tache; la supérieure est blanchâtre, avec des taches brunes, irrégulières et comme nuageuses, que l'on voit aussi sur la base des nageoires pectorales, lesquelles sont d'ailleurs d'un verd de mer, et sur les dorsales, ainsi que sur la nageoire de la queue. Cette dernière, les dorsales et l'anale, sont transparentes; l'anale est, de plus, bordée de noir; les thoracines présentent une teinte brunâtre; et un filament noir et très-long termine le second rayon de la première nageoire du dos.

---

* A la membrane branchiale du nébuleux, 7 rayons.

à la première nageoire du dos	6
à la seconde	11
à chacune des pectorales	18
aux thoracines	12
à celle de l'anus	11
à celle de la queue	14

LE GOBIE AWAOU[1].

C'EST dans les ruisseaux d'eau douce qui arrosent la fameuse isle de Taïti, au milieu du grand Océan équinoxial[2], que l'on a découvert ce gobie. Mon confrère l'habile ichthyologiste Broussonnet l'a vu dans la collection du célèbre Banks, et en a publié une belle figure et une très-bonne description. Cet awaou a le corps comprimé et alongé; des écailles ciliées ou frangées; la tête petite et un peu creusée en gouttière par-dessus; la mâchoire d'en-haut plus avancée que l'inférieure, et hérissée de dents inégales; la mâchoire d'en-bas garnie de dents plus petites; plusieurs autres dents menues, aiguës, et pressées dans le fond de la gueule au-dessus et au-dessous du gosier; la ligne latérale droite; et l'anus situé vers le milieu de la longueur de l'animal, et suivi d'un appendice conique. Nous n'avons plus qu'à faire connoître les couleurs de ce gobie.

Son ventre est d'un verd de mer; des teintes obscures

---

[1] Gobius awaou.

Broussonnet, Ichthyol. dec. I, *n.* 2, *tab.* 2.

Gobius ocellaris. *Linné, édition de Gmelin.*

Gobie awaou. *Bonnaterre, planches de l'Encyclopédie méthodique.*

[2] Nous employons avec empressement les dénominations de l'excellente et nouvelle nomenclature hydrographique, présentée, le 22 floréal an 7, à l'Institut de France, par mon savant et respectable confrère le citoyen Fleurieu.

et nuageuses, noires et olivâtres, sont répandues sur son dos; une nuance verdâtre distingue les nageoires de la queue et de l'anus; des bandes de la même couleur et d'autres bandes brunes se montrent quelquefois sur leurs rayons et sur ceux de la seconde nageoire du dos; les pectorales et les thoracines sont noirâtres; et au milieu de toutes ces teintes sombres, on remarque aisément une tache noire, assez grande, œillée, et placée près du bord postérieur de la première dorsale *.

* A la membrane des branchies   5 rayons.
à la première nageoire du dos   6
à la seconde du dos   11
à chacune des pectorales   16
à chacune des thoracines   6
à celle de l'anus   11
à celle de la queue, qui est très-arrondie,   22

LE GOBIE NOIR *.

CE gobie, dont nous avons vu la description dans les
manuscrits de Commerson, que Buffon nous a remis
il y a plus de douze ans, est à peu près de la taille d'un
grand nombre de poissons de son genre. Sa longueur
n'égale pas deux décimètres, et sa largeur est de trois
ou quatre centimètres. Il présente sur toutes les parties
de son corps une couleur noire, que quelques reflets
bleuâtres ou verdâtres ne font paroître que plus foncée, et qui ne s'éclaircit un peu et ne tend vers une
teinte blanchâtre, ou plutôt livide, que sur une portion de son ventre. Les écailles qui le revêtent sont très-
petites, mais relevées par une arête longitudinale ; sa
tête paroît comme gonflée des deux côtés. Sa mâchoire
supérieure, susceptible de mouvemens d'extension et
de contraction, dépasse et embrasse l'inférieure : on les
croiroit toutes les deux garnies de petits grains plutôt
que de véritables dents. La langue est courte, et attachée dans presque tout son contour. L'intervalle qui
sépare les yeux l'un de l'autre, est à peine égal au diamètre de l'un de ces organes. Commerson a remarqué
avec attention deux tubercules placés à la base de la

---

* Gobius niger.

Gobio totus niger, radiis pinnæ dorsi prioris sex, posteriore remotissimo,
villo notabili ad anum. *Manuscrits de Commerson, déja cités.*

membrane branchiale, et qu'on ne pouvoit voir qu'en soulevant l'opercule. Il a vu aussi au-delà de l'ouverture de l'anus, laquelle est à une distance presque égale de la gorge et de la nageoire de la queue, un appendice semblable à celui que nous avons indiqué en décrivant plusieurs autres gobies, et qu'il a comparé à un barbillon ou petit filament [1].

Le gobie noir habite dans la portion du grand Océan nommée, par notre confrère Fleurieu, *grand golfe des Indes* [2]. Il s'y tient à l'embouchure des petites rivières qui se déchargent dans la mer : il préfère celles dont le fond est vaseux. Sa chair est d'une saveur très-agréable, et d'ailleurs d'une qualité si saine, qu'on ne balance pas à la donner pour nourriture aux convalescens et aux malades que l'on ne réduit pas à une diète rigoureuse.

[1] A la membrane des branchies   4 rayons.
  à la première nageoire du dos   6
  à la seconde   11
  à chacune des pectorales   15
  aux thoracines   10
  à celle de l'anus   11
  à celle de la queue, qui est un peu arrondie, 15

[2] *Nouvelle Nomenclature hydrographique*, déjà citée.

LE GOBIE LAGOCÉPHALE',

LE GOBIE MENU',

ET LE GOBIE CYPRINOÏDE'.

LE lagocéphale, ou *tête de lièvre*, tire son nom de la forme de sa tête et de ses lèvres. Cette partie de son corps est courte, épaisse, et dénuée de petites écailles. On voit à la mâchoire inférieure quelques dents crochues plus grandes que les autres. La mâchoire supérieure est demi-circulaire, épaisse, et recouverte par une lèvre double, très-avancée, très-charnue, et fendue en deux comme celle du lièvre : la lèvre d'en-bas présente une échancrure semblable. Le palais est

------

' Gobius lagocephalus.
Pallas, Spicil. zoolog. 8, *p.* 14, *tab.* 2, *fig.* 6 *et* 7.
Koelreuter, Nov. Comm. Petropolit. 9, *p.* 428, *fig.* 3 *et* 4.
Gobius lagocephalus. *Linné, édition de Gmelin.*
Gobie tête de lièvre. *Bonnaterre, planches de l'Encyclopédie méthodique.*

' Gobius minutus.
Pallas, Spicileg. zoolog. 8, *p.* 4.
Gobius minutus. *Linné, édition de Gmelin.*

' Gobius cyprinoïdes.
Id. *Linné, édition de Gmelin.*
Pallas, Spicil. zoolog. 8, *p.* 17, *tab.* 1, *fig.* 5.
Gobie cyprinoïde. *Bonnaterre, planches de l'Encyclopédie méthodique.*

hérissé de dents menues et très-serrées ; les yeux, très-rapprochés l'un de l'autre, sont recouverts par une continuation de l'épiderme. On voit un appendice alongé et arrondi, au-delà de l'anus, qui est aussi loin de la gorge que de la nageoire de la queue ; cette dernière est arrondie : l'on ne distingue pas de ligne latérale ; et la couleur générale de ce gobie, lequel est ordinairement de la longueur d'un doigt, est composée de gris, de brun et de noir[1].

Le menu, qui ressemble beaucoup à l'aphye, a la tête un peu déprimée ; sa langue est grande ; ses deux nageoires dorsales sont un peu éloignées l'une de l'autre ; sa nageoire caudale est rectiligne ; et ses teintes, aussi peu brillantes que celles du lagocéphale, consistent dans une couleur générale blanchâtre, dans des taches couleur de fer disséminées sur sa partie supérieure, et dans de petites raies de la même nuance, ou à peu près, répandues sur les nageoires de la queue et du dos[2].

On trouve dans les eaux de l'isle d'Amboine le cypri-

[1] A la membrane des branchies du lagocéphale, 3 rayons.
à la première nageoire du dos   6
à la seconde   11
à chacune des pectorales   15
à chacune des thoracines   4
à celle de l'anus   10
à celle de la queue   12

[2] A la première nageoire du dos du menu,   6 rayons.
à la seconde   11
à celle de l'anus   11

noïde, que l'on a ainsi nommé à cause du rapport
extérieur que ses écailles grandes et un peu frangées
lui donnent avec les cyprins, quoiqu'il ressemble peut-
être beaucoup plus aux spares. Le professeur Pallas en
a publié le premier une très-bonne description. La
partie supérieure de ce cyprinoïde est grise, et l'inférieure blanchâtre. Ses dimensions sont à peu près semblables à celles du menu. Il a la tête un peu plus large
que le corps, et recouverte d'une peau traversée par
plusieurs lignes très-déliées qui forment une sorte de
réseau ; on voit entre les deux yeux une crête noirâtre,
triangulaire et longitudinale, que l'on prendroit pour
une première nageoire dorsale très-basse ; au-delà de
l'anus, on apperçoit aisément un appendice alongé,
arrondi par le bout, et que l'animal peut coucher, à
volonté, dans une fossette *.

---

* 6 rayons à la première nageoire du dos.
10   à la seconde.
18   à chacune des pectorales.
12   aux thoracines.
1 rayon simple et 9 articulés, à celle de l'anus.
15 rayons à celle de la queue, qui est arrondie.

LE GOBIE SCHLOSSER *.

C'EST au célèbre Pallas que l'on doit la description de cette espèce, dont un individu lui avoit été envoyé par le savant Schlosser, avec des notes relatives aux habitudes de ce poisson; et le nom de ce gobie rappelle les services rendus aux sciences naturelles par l'ami de l'illustre Pallas.

Ce poisson est ordinairement long de deux ou trois décimètres. Sa tête est couverte d'un grand nombre d'écailles, alongée, et cependant plus large que le corps. Les lèvres sont épaisses, charnues, et hérissées, à l'intérieur, de petites aspérités : la supérieure est double. Les dents sont grandes, inégales, recourbées, aiguës, et distribuées irrégulièrement.

Les yeux présentent une position remarquable : ils sont très-rapprochés l'un de l'autre, situés au-dessus du sommet de la tête, et contenus dans des orbites très - relevées, mais disposées de telle sorte que les

---

* Gobius Schlosseri.
Cabos.
Pallas, *Spicil. zoolog.* 8, p. 3, *tab.* 1, *fig.* 1, 2, 3, 4.
Gobius barbarus. *Linné.*
Gobius Schlosseri. *Linné*, *édition de Gmelin.*
Gobie schlosser. *Daubenton*, *Encyclopédie méthodique.*
Id. *Bonnaterre*, *planches de l'Encyclopédie méthodique.*

cornées sont tournées, l'une vers la droite, et l'autre vers la gauche.

Les écailles qui revêtent le corps et la queue, sont assez grandes, rondes, et un peu molles. On ne distingue pas facilement les lignes latérales. La couleur générale de l'animal est d'un brun noirâtre sur le dos, et d'une teinte plus claire sur le ventre *.

Les nageoires pectorales du schlosser sont, comme l'indiquent les caractères du second sous-genre, attachées à des prolongations charnues, que l'on a comparées à des bras, et qui servent à l'animal, non seulement à remuer ces nageoires par le moyen d'un levier plus long, à les agiter dès lors avec plus de force et de vîtesse, à nager avec plus de rapidité au milieu des eaux fangeuses qu'il habite, mais encore à se traîner un peu sur la vase des rivages, contre laquelle il appuie successivement ses deux extrémités antérieures, en présentant très en petit, et cependant avec quelque ressemblance, les mouvemens auxquels les phoques et les lamantins ont recours pour parcourir très-lentement les côtes maritimes.

C'est par le moyen de ces sortes de bras que le schlos-

---

* A la membrane des branchies 3 rayons.
à la première nageoire du dos 8
à la seconde 13
à chacune des pectorales 16
aux thoracines 12
à celle de l'anus 12
à celle de la queue 19

ser, pouvant, ou se glisser sur des rivages fangeux, ou s'enfoncer dans l'eau bourbeuse, échappe avec plus de facilité à ses ennemis, et poursuit avec plus d'avantage les foibles habitans des eaux, et particulièrement les cancres, dont il aime à faire sa proie.

Cette espèce doit être féconde et agréable au goût, auprès des côtes de la Chine, où on la pêche, ainsi que dans d'autres contrées orientales, puisqu'elle sert à la nourriture des Chinois qui habitent à une distance plus ou moins grande des rivages; et voilà pourquoi elle a été nommée par les Hollandois des grandes Indes, *poisson chinois* (*chineesche vissch*).

CINQUANTE-SIXIÈME GENRE.

LES GOBIOÏDES.

Les deux nageoires thoracines réunies l'une à l'autre; une seule nageoire dorsale; la tête petite; les opercules attachés dans une grande partie de leur contour.

ESPÈCES.	CARACTÈRES.
1. LE G. ANGUILLIFORME. (*Gobioïdes anguilliformis.*)	Cinquante-deux rayons à la nageoire du dos; toutes les nageoires rouges.
2. LE GOB. SMYRNÉEN. (*Gobioïdes smyrnensis.*)	Quarante-trois rayons à la nageoire du dos; le bord des mâchoires composé d'une lame osseuse, et dénuée de dents.
3. LE GOB. BROUSSONNET. (*Gobioïdes Broussonnetii.*)	Vingt-trois rayons à la nageoire du dos; le corps et la queue très-alongés et comprimés; des dents aux mâchoires; les nageoires du dos et de l'anus très-rapprochées de la caudale, qui est pointue.
4. LE GOB. QUEUE NOIRE. (*Gobioïdes melanurus.*)	La queue noire.

LE GOBIOÏDE ANGUILLIFORME *.

C'est dans les contrées orientales, et notamment dans l'archipel de l'Inde, à la Chine, ou dans les isles du grand Océan équatorial, que l'on trouve le plus grand nombre de gobies. Les mêmes parties du globe sont aussi celles dans lesquelles on a observé le plus grand nombre de gobioïdes. L'anguilliforme a été vu particulièrement dans les eaux de la Chine.

Comme tous les autres gobioïdes, il ressemble beaucoup aux poissons auxquels nous donnons exclusivement le nom de *gobie;* et voilà pourquoi nous avons cru devoir distinguer par la dénomination de *gobioïde*, qui signifie *en forme de gobie*, le genre dont il fait partie, et qui a été confondu pendant long-temps dans celui des gobies proprement dits. Il diffère néanmoins de ces derniers, de même que tous les osseux de son genre, en ce qu'il n'a qu'une seule nageoire dorsale, pendant que les gobies en présentent deux. Il a d'ailleurs, ainsi que son nom l'indique, de grands rapports avec la murène anguille, par la longueur de la nageoire du dos et de celle de l'anus, qui s'étendent presque jusqu'à celle de

---

* Gobioïdes anguilliformis.
Gobius anguillaris. *Linné, édition de Gmelin.*
Goujon anguillard. *Daubenton, Encyclopédie méthodique.*
Id. *Bonnaterre, planches de l'Encyclopédie méthodique.*

la queue, par la petitesse des nageoires pectorales, qui, de plus, sont arrondies, et sur-tout par la viscosité de sa peau, qui, étant imprégnée d'une matière huileuse très-abondante, est à demi transparente.

La mâchoire inférieure de l'anguilliforme est garnie de petites dents, comme la supérieure ; et toutes ses nageoires sont d'une couleur rouge assez vive *.

* A la nageoire dorsale   52 rayons.
à chacune des pectorales 12
aux thoracines   10
à celle de l'anus   43
à celle de la queue   12

LE GOBIOÏDE SMYRNÉEN[1].

CE poisson a la tête grosse et parsemée de pores très-sensibles; dès-lors sa peau doit être arrosée d'une humeur visqueuse assez abondante.

Une lame osseuse, placée le long de chaque mâchoire, tient lieu de véritables dents : on n'a du moins observé aucune dent proprement dite dans la bouche de ce gobioïde.

Les nageoires pectorales sont très-larges, et les portions de celles du dos sont d'autant plus élevées qu'elles sont plus voisines de celle de la queue[2].

[1] Gobius smyrnensis.
Nov. Comment. Petropolit. 9, *tab.* 9, *fig.* 5.
Goujon smyrnéen. *Bonnaterre, planches de l'Encyclopédie méthodique.*

[2] A la membrane des branchies   7 rayons.
à la nageoire du dos   43
à chacune des pectorales   33
à celle de l'anus   29
à celle de la queue   12

LE GOBIOÏDE BROUSSONNET[1].

Nous dédions cette espèce de gobioïde à notre savant confrère le citoyen Broussonnet ; et nous cherchons ainsi à lui exprimer notre reconnoissance pour les services qu'il a rendus à l'histoire naturelle, et pour ceux qu'il rend chaque jour à cette belle science dans l'Afrique septentrionale, et particulièrement dans les états de Maroc, qu'il parcourt avec un zèle bien digne d'éloges.

Ce gobioïde, qui n'est pas encore connu des naturalistes, a les mâchoires garnies de très-petites dents. Ses nageoires thoracines sont assez longues, et réunies de manière à former une sorte d'entonnoir profond ; les pectorales sont petites et arrondies ; la dorsale et celle de l'anus s'étendent jusqu'à celle de la queue, qui a la forme d'un fer de lance : elles sont assez hautes, et cependant l'extrémité des rayons qui les composent, dépasse la membrane qu'ils soutiennent[2].

Le corps est extrêmement alongé, très-bas, très-comprimé ; et la peau qui le recouvre, est assez trans-

---

[1] Gobioïdes Broussonnetii.

[2] A la nageoire du dos   23 rayons.
   à chacune des nageoires thoracines   7
   à chacune des pectorales   17
   à celle de l'anus   17
   à celle de la queue   16

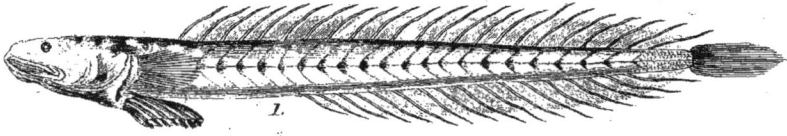

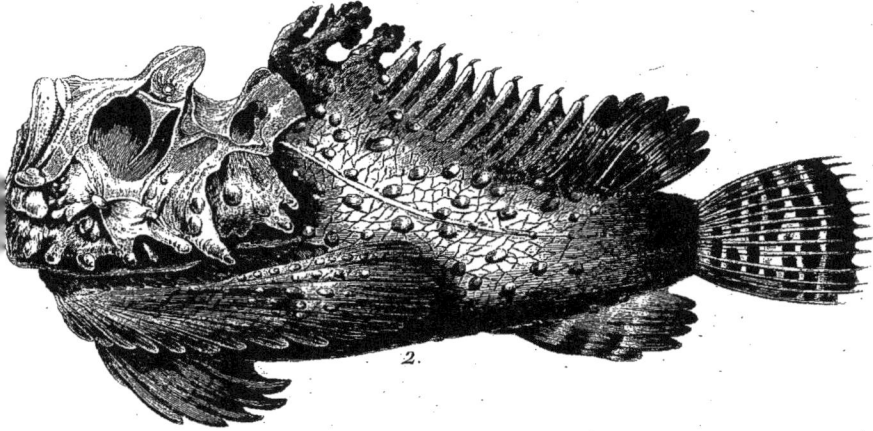

Pl. 17 Pag. 580.

parente pour laisser distinguer le nombre et la position des principaux muscles.

Un individu de cette belle espèce faisoit partie de la
collection que la Hollande a donnée à la nation françoise ; et c'est ce même individu dont nous avons cru
devoir faire graver la figure.

LE GOBIOÏDE QUEUE NOIRE*.

C'EST au citoyen Broussonnet que nous devons la connoissance de ce gobioïde, qu'il a décrit sous le nom de
gobie à queue noire, dont la queue est en effet d'une
couleur noire plus ou moins foncée, mais que nous
séparons des gobies proprement dits, parce qu'il n'a
qu'une nageoire sur le dos.

---

* Gobioïdes melanurus.
Broussonnet, Ichthyol. dec. ı.
Gobius melanuros. *Linné, édition de Gmelin.*

CINQUANTE-SEPTIÈME GENRE.

LES GOBIOMORES.

Les deux nageoires thoracines non réunies l'une à l'autre; deux nageoires dorsales; la tête petite; les yeux rapprochés; les opercules attachés dans une grande partie de leur contour.

PREMIER SOUS-GENRE.

Les nageoires pectorales attachées immédiatement au corps de l'animal.

ESPÈCES.	CARACTÈRES.
1. LE GOB. GRONOVIEN. (*Gobiomorus Gronovii.*)	Trente rayons à la seconde nageoire du dos; dix aux thoracines; celle de la queue fourchue.
2. LE GOBIOMORE TAIBOA. (*Gobiomorus taiboa.*)	Vingt rayons à la seconde nageoire du dos; douze aux thoracines; six à la première dorsale; celle de la queue, arrondie.
3. LE GOBIOM. DORMEUR. (*Gobiomorus dormitor.*)	Onze rayons à la seconde nageoire du dos; huit à chacune des pectorales, ainsi qu'à celle de l'anus; la nageoire de la queue, très-arrondie.

SECOND SOUS-GENRE.

Chacune des nageoires pectorales attachée à une prolongation charnue.

ESPÈCE.	CARACTÈRES.
4. LE GOB. KOELREUTER. (*Gobiomorus Koelreuteri.*)	Treize rayons à la seconde nageoire du dos; douze aux thoracines.

LE GOBIOMORE GRONOVIEN *.

LES gobiomores ont été confondus jusqu'à présent avec les gobies, et par conséquent avec les gobioïdes. Je les en ai séparés pour répandre plus de clarté dans la répartition des espèces thoracines, pour me conformer davantage aux véritables principes que l'on doit suivre dans toute distribution méthodique des animaux, et afin de rapprocher davantage l'ordre dans lequel nous présentons les poissons que nous avons examinés, de celui que la Nature leur a imposé.

Les gobiomores sont en effet séparés des gobies et des gobioïdes par la position de leurs nageoires inférieures ou thoracines, qui ne sont pas réunies, mais très-distinctes et plus ou moins éloignées l'une de l'autre. Ils s'écartent d'ailleurs des gobioïdes par le nombre de leurs nageoires dorsales : ils en présentent deux ; et les gobioïdes n'en ont qu'une.

Ils sont cependant très-voisins des gobies, avec lesquels ils ont de grandes ressemblances ; et c'est cette sorte d'affinité ou de parenté que j'ai désignée par le

---

* Gobiomorus Gronovii.

Gobius Gronovii. *Linné, édition de Gmelin.*

Gronov. Zooph. p. 82 n. 278.

Cesteus argenteus, etc. *Klein, Miss. pisc.* 5, *p.* 24, *n.* 3.

Mugil americanus. *Raj. Pisc.* p. 85, *n.* 9.

Harder. *Marcgrav. Brasil. lib.* 4, *cap.* 6, *p.* 153.

nom générique de *gobiomore, voisin* ou *allié des gobies*, que je leur ai donné.

J'ai cru devoir établir deux sous-genres dans le genre des gobiomores, d'après les mêmes raisons et les mêmes caractères que dans le genre des gobies. J'ai placé dans le premier de ces deux sous-genres les gobiomores dont les nageoires pectorales tiennent immédiatement au corps proprement dit de l'animal, et j'ai inscrit dans le second ceux dont les nageoires pectorales sont attachées à des prolongations charnues.

Dans le premier sous-genre se présente d'abord le gobiomore gronovien *.

Ce poisson, dont on doit la connoissance à Gronou, habite au milieu de la zone torride, dans les mers qui baignent le nouveau continent. Il a quelques rapports avec un scombre. Ses écailles sont très-petites ; mais, excepté celles du dos, qui sont noires, elles présentent une couleur d'argent assez éclatante. Des taches noires sont répandues sur les côtés de l'animal. La tête, au lieu d'être garnie d'écailles semblables à celles du dos, est recouverte de grandes lames écailleuses. Les yeux sont grands et moins rapprochés que sur la plupart des gobies ou des gobioïdes. L'ouverture de la bouche

---

* A la membrane des branchies   5 rayons.
à la première nageoire du dos   10
à la seconde   .   .   30
à chacune des nageoires pectorales   24
aux thoracines   10

est petite. Des dents égales garnissent le palais et les deux mâchoires. La langue est lisse, menue et arrondie. La ligne latérale suit la courbure du dos. L'anus est situé vers le milieu de la longueur totale du poisson. Les nageoires thoracines sont très-grandes, et celle de la queue est fourchue.

LE GOBIOMORE TAIBOA*.

C'est auprès du rivage hospitalier de la plus célèbre
des isles fortunées qui élèvent leurs collines ombragées
et fertiles au milieu des flots agités de l'immense Océan
équatorial, c'est auprès des bords enchanteurs de la
belle isle d'Otahiti, que l'on a découvert le taiboa, l'un
des poissons les plus sveltes dans leurs proportions, les
plus agiles dans leurs mouvemens, les plus agréables
par la douceur de leurs teintes, les plus richement
parés par la variété de leurs nuances, parmi tous ceux
qui composent la famille des gobiomores, et les genres
qui l'avoisinent.

Nous en devons la première description au citoyen
Broussonnet, qui en a vu des individus dans la collection du célèbre président de la société de Londres.

Le corps du taiboa est comprimé et très-alongé; les
écailles qui le recouvrent, sont presque carrées et un
peu crénelées. La tête est comprimée, et cependant
plus large que le corps. La mâchoire inférieure n'est
pas tout-à-fait aussi avancée que la supérieure; les
dents qui garnissent l'une et l'autre, sont inégales. La

* Gobiomorus taiboa.
Broussonnet, Ichthyol. dec. 1, n. 1, tab. 1.
Gobius strigatus. Linné, édition de Gmelin.
Goujon taiboa. Bonnaterre, planches de l'Encyclopédie méthodique.

langue est lisse, ainsi que le palais ; le gosier hérissé de
dents aiguës, menues et recourbées en arrière ; la première nageoire du dos, composée de rayons très-longs
ainsi que très-élevés ; et la nageoire de la queue, large
et arrondie *.

Jetons les yeux maintenant sur les couleurs vives ou
gracieuses que présente le taiboa.

Son dos est d'un verd tirant sur le bleu, et sa partie
inférieure blanchâtre; sa tête montre une belle couleur
jaune plus ou moins mêlée de verd ; et ces nuances
sont relevées par des raies et des points que l'on voit
sur la tête, par d'autres raies d'un brun plus ou moins
foncé qui règnent auprès des nageoires pectorales, et
par des taches rougeâtres situées de chaque côté du
corps ou de la queue.

De plus, les nageoires du dos, de l'anus et de la
queue, offrent un verd mêlé de quelques teintes de
rouge ou de jaune, et qui fait très-bien ressortir des
raies rouges droites ou courbées qui les parcourent,
ainsi que plusieurs rayons qui les soutiennent, et dont
la couleur est également d'un rouge vif et agréable.

---

* A la membrane des branchies . 6 rayons.
à la première nageoire dorsale 6
à la seconde nageoire du dos 20
à chacune des pectorales 20
aux thoracines 12
à celle de l'anus 19
à celle de la queue 22.

LE GOBIOMORE DORMEUR *.

LES naturalistes n'ont encore publié aucune description de ce gobiomore, qui vit dans les eaux douces, et
particulièrement dans les marais de l'Amérique méridionale : nous en devons la connoissance à Plumier;
et nous en avons trouvé une figure dans les dessins
de ce savant voyageur. La mâchoire inférieure de ce
poisson est plus avancée que la supérieure ; la nageoire
de la queue est très-arrondie : le nombre des rayons
de ses nageoires empêche d'ailleurs de le confondre
avec les autres gobiomores. On l'a nommé *le dormeur,*
sans doute à cause du peu de vivacité ou du peu de
fréquence de ses mouvemens.

---

* Gobiomorus dormitor.
Cephalus palustris. *Dessins et manuscrits de Plumier, déposés à la Biblio-
thèque nationale.*
Asellus palustris. *Id. ibid.*

LE GOBIOMORE KOELREUTER*.

LE nom de cette espèce est un témoignage de gratitude envers un savant très-distingué, le naturaliste
Koelreuter, qui vit maintenant dans ce pays de Bade,
auquel les vertus touchantes de ceux qui le gouvernent,
et leur zèle très-éclairé pour le progrès des connoissances, ainsi que pour l'accroissement du bonheur de
leurs semblables, ont donné un éclat bien doux aux
yeux des amis de l'humanité.

Ce gobiomore, dont les tégumens sont mous et
recouvrent une graisse assez épaisse, est d'un gris
blanchâtre. Ses yeux sont très-rapprochés, et placés
sur le sommet de la tête; ce qui lui donne un grand
rapport avec le gobie schlosser, auquel il ressemble
encore par la position de ses nageoires pectorales, qui
sont attachées au bout d'une prolongation charnue très-
large auprès du corps proprement dit; et c'est à cause
de ce dernier trait que nous l'avons inscrit dans un
sous-genre particulier, de même que le gobie schlosser.

Les lèvres sont doubles et charnues; les dents inégales et coniques : la mâchoire supérieure en présente

---

* Gobiomorus Koelreuteri.
Koelreuter, Nov. Comm. Petropolit. 8, *p.* 421.
Gobius Koelreuteri. *Linné, édition de Gmelin.*
Goujon koelreuter. *Bonnaterre, planches de l'Encyclopédie méthodique.*

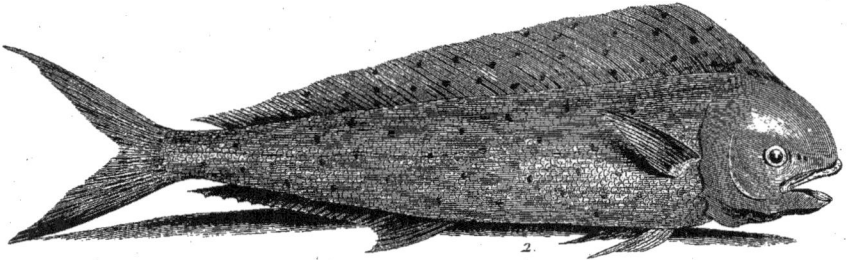

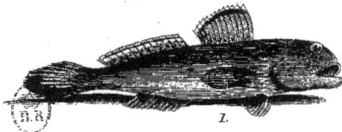

3.

2.

1.

1. GOBIOMORE Koetreuter. 2. CORYPHENE Chrysurus. 3. FISTULAIRE Petimbuaba.

de chaque côté une beaucoup plus grande que les autres. La ligne latérale paroît comme comprimée ; l'anus est situé vers le milieu de la longueur totale du poisson ; et la nageoire de la queue est un peu lancéolée.

La première nageoire dorsale est brune et bordée de noir : on distingue une raie longitudinale et noirâtre sur la seconde, qui est jaunâtre et fort transparente *.

On voit au-delà et très-près de l'anus du gobiomore koelreuter, ainsi que sur plusieurs gobies, et même sur des poissons de genres très-différens, un petit appendice conique, que l'on a nommé *péduncule génital*, qui sert en effet à la reproduction de l'animal, et sur l'usage duquel nous présenterons quelques détails dans la suite de cette Histoire, avec plus d'avantage que dans l'article particulier que nous écrivons.

---

* A la membrane des branchies   2 rayons.
    à la première nageoire dorsale   12
    à la seconde   13
    à chacune des pectorales   13
    aux thoracines   12
    à celle de l'anus   11
    à celle de la queue   13

CINQUANTE-HUITIÈME GENRE.

LES GOBIOMOROÏDES.

Les deux nageoires thoracines non réunies l'une à l'autre; une seule nageoire dorsale; la tête petite; les yeux rapprochés; les opercules attachés dans une grande partie de leur contour.

ESPÈCE.	CARACTÈRES.
LE GOBIOMOROÏDE PISON. (*Gobiomoroïdes piso.*)	Quarante-cinq rayons à la nageoire du dos; six à chacune des thoracines; la mâchoire inférieure plus avancée que la supérieure.

LE GOBIOMOROÏDE PISON*.

Les gobies ont deux nageoires dorsales ; les gobioïdes n'en ont qu'une, et voilà pourquoi nous avons séparé ces derniers poissons des gobies, en indiquant cependant, par le nom générique que nous leur avons donné, les grands rapports qui les lient aux gobies. Nous écartons également des gobiomores, dont le dos est garni de deux nageoires, les gobiomoroïdes, qui n'offrent sur le dos qu'un seul instrument de natation ; et néanmoins nous marquons, par le nom générique de ces gobiomoroïdes, les ressemblances très-frappantes qui déterminent leur place à la suite des gobiomores.

Le pison a la mâchoire inférieure plus avancée que la supérieure ; sa tête est d'ailleurs aplatie : on le trouve dans l'Amérique méridionale.

En examinant dans une collection de poissons désséchés, donnée par la Hollande à la France, un gobiomoroïde pison, nous nous sommes assurés que les deux mâchoires sont garnies de plusieurs rangées de dents fortes et aiguës. L'inférieure a de plus un rang de dents

---

* Gobiomoroïdes piso.
Pison. Ind. lib. 3, *p.* 72.
Amore pixuma. *Raj. Pisc. p.* 80, *n.* 1.
Eleotris capite plagioplateo, etc. *Gronov. Mus.* 2, *p.* 16, *n.* 168; *Zooph. p.* 83, *n.* 279.
Gobius Pisonis. *Linné, édition de Gmelin.*

plus fortes, plus grandes, plus recourbées, et plus éloignées les unes des autres, que celles de la mâchoire supérieure.

La tête est comprimée aussi-bien que déprimée, et garnie d'écailles presque semblables par leur grandeur à celles qui revêtent le dos. La nageoire de la queue est arrondie *.

Le nom de cette espèce rappelle l'ouvrage publié par Pison sur l'Amérique australe, et dans lequel ce médecin a parlé de ce gobiomoroïde.

---

* A la nageoire du dos   45 rayons.
  à chacune des pectorales 17
  à chacune des thoracines 6
  à celle de l'anus   23
  à celle de la queue   12

CINQUANTE-NEUVIÈME GENRE.

LES GOBIÉSOCES.

Les deux nageoires thoracines non réunies l'une à l'autre;
une seule nageoire dorsale; cette nageoire très-courte et
placée au-dessus de l'extrémité de la queue, très-près
de la nageoire caudale; la tête très-grosse, et plus large
que le corps.

ESPÈCE.	CARACTÈRES.
LE GOBIÉSOCE TESTAR. (*Gobiesox cephalus.*)	Les lèvres doubles et très-extensibles; la nageoire de la queue, arrondie.

LE GOBIÉSOCE TESTAR *.

C'est à Plumier que l'on devra la figure de ce poisson encore *inconnu* des naturalistes , et que nous avons regardé comme devant appartenir à un genre nouveau. Celle que nous avons fait graver , et que nous publions dans cet ouvrage, a été copiée d'après un dessin de ce célèbre voyageur. Le *testar* habite l'eau douce : on l'a observé dans les fleuves de l'Amérique méridionale. Le nom vulgaire de *testar* , qui lui a été donné , suivant Plumier , par ceux qui l'ont vu dans les rivières du nouveau monde , indique les dimensions de sa tête, qui est très-grosse, et plus large que le corps ; elle est d'ailleurs arrondie par-devant, et un peu déprimée dans sa partie supérieure. Les yeux sont très-rapprochés l'un de l'autre ; les lèvres doubles et extensibles. On apperçoit une légère concavité sur la nuque, et l'on remarque sur le dos un enfoncement semblable ; le ventre est très-saillant, très-gros , distingué, par sa proéminence, du dessous de la queue. Il n'y a qu'une nageoire dorsale ; et cette nageoire, qui est très-courte , est placée au-dessus de l'extrémité de la queue , fort près de la caudale. Nous verrons une conformation très-analogue dans les

---

* Gobiesox cephalus.

Cephalus fluviatilis major, *vulgò* testar. *Dessins et manuscrits de Plumier, déposés à la Bibliothèque nationale.*

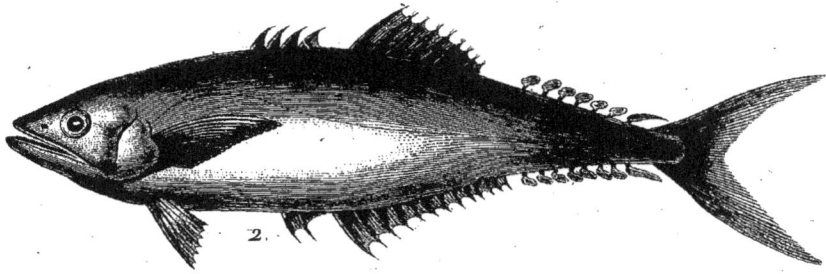

ésoces ; et comme d'ailleurs le testar a beaucoup de rapports avec les gobies , nous avons cru devoir former sa dénomination générique de la réunion du nom de *gobie* avec celui d'*ésoce*, et nous l'avons appelé *gobiésoce testar.*

La nageoire de l'anus, plus voisine encore que la dorsale , de celle de la queue, est cependant située en très-grande partie au-dessous de cette même dorsale : la caudale est donc très-près de la dorsale et de la nageoire de l'anus ; elle est, de plus , très-étendue et fort arrondie *.

La couleur générale de l'animal est d'un roux plus foncé sur le dos que sur la partie inférieure du poisson , et sur lequel on ne distingue ni raies , ni bandes , ni taches proprement dites. Au milieu de ce fond presque doré , au moins sur certains individus , les yeux, dont l'iris est d'un beau bleu, paroissent comme deux saphirs.

---

* A la nageoire du dos   8 rayons.
à chacune des pectorales   11
à chacune des thoracines   5
à celle de l'anus   4 ou 5
à la caudale   11

SOIXANTIÈME GENRE.

LES SCOMBRES.

Deux nageoires dorsales; une ou plusieurs petites na-
geoires au-dessus et au-dessous de la queue; les côtés
de la queue carénés, ou une petite nageoire composée
de deux aiguillons réunis par une membrane, au-devant
de la nageoire de l'anus.

ESPÈCES.	CARACTÈRES.
1. LE SCOMB. COMMERSON. (*Scomber commerson.*)	Le corps très-alongé; dix petites nageoires très-séparées l'une de l'autre, au-dessus et au-dessous de la queue; la première nageoire du dos longue et très-basse; la seconde courte, échancrée, et presque semblable à celle de l'anus; la ligne latérale dénuée de petites plaques.
2. LE SCOMBRE GUARE. (*Scomber guara.*)	Dix petites nageoires au-dessus et au-dessous de la queue; la ligne latérale garnie de petites plaques.
3. LE SCOMBRE THON. (*Scomber thynnus.*)	Huit ou neuf petites nageoires au-dessus et au-dessous de la queue; les nageoires pectorales n'atteignant pas jusqu'à l'anus, et se terminant au-dessous de la première dorsale.
4. LE SCOMBRE GERMON. (*Scomber germon.*)	Huit ou neuf petites nageoires au-dessus et au-dessous de la queue; les nageoires pectorales assez longues pour dépasser l'anus.

ESPÈCES.	CARACTÈRES.
5. LE SCOMBRE THAZARD. (*Scomber thazard.*)	Huit ou neuf petites nageoires au-dessus, et sept au-dessous de la queue; les pectorales à peine de la longueur des thoracines; les côtés et la partie inférieure de l'animal sans tache.
6. LE SCOMBRE BONITE. (*Scomber pelamides.*)	Huit petites nageoires au-dessus, et sept au-dessous de la queue; les pectorales atteignant à peine à la moitié de l'espace compris entre leur base et l'ouverture de l'anus; quatre raies longitudinales et noires sur le ventre.
7. LE SCOMBRE ALATUNGA. (*Scomber alatunga.*)	Sept petites nageoires au-dessus et au-dessous de la queue; les pectorales très-longues.
8. LE SCOMBRE CHINOIS. (*Scomber sinensis.*)	Sept petites nageoires au-dessus et au-dessous de la queue; les pectorales courtes; la ligne latérale saillante, descendant au-delà des nageoires pectorales, et sinueuse dans tout son cours; point de raies longitudinales.
9. LE SCOMB. MAQUEREAU. (*Scomber scombrus.*)	Cinq petites nageoires au-dessus et au-dessous de la queue; douze rayons à chaque nageoire du dos.
10. LE SCOMBRE JAPONOIS. (*Scomber japonicus.*)	Cinq petites nageoires au-dessus et au-dessous de la queue; huit rayons à chaque nageoire dorsale.
11. LE SCOMBRE DORÉ. (*Scomber aureus.*)	Cinq petites nageoires au-dessus et au-dessous de la queue; la partie supérieure de l'animal, couleur d'or.
12. LE SCOMBRE ALBACORE. (*Scomber albacorus.*)	Deux arêtes couvertes d'une peau brillante, au-dessus de chaque opercule.

LE SCOMBRE COMMERSON *.

L E genre des scombres est un de ceux qui doivent
le plus intéresser la curiosité des naturalistes, par leurs
courses rapides, leurs longs voyages, leurs chasses,
leurs combats, et plusieurs autres habitudes. Nous
tâcherons de faire connoître ces phénomènes remarquables, en traitant en particulier du thon, de la bonite
et du maquereau, dont les mœurs ont été fréquemment
observées : mais nous allons commencer par nous occuper du scombre commerson et du guare, afin de mettre
dans l'exposition des formes et des actes principaux des
poissons que nous allons considérer, cet ordre sans
lequel on ne peut ni distinguer convenablement les
objets, ni les comparer avec fruit, ni les graver dans sa
mémoire, ni les retrouver facilement pour de nouveaux
examens. C'est aussi pour établir d'une manière plus
générale cet ordre, sans lequel, d'ailleurs, le style n'auroit ni clarté, ni force, ni chaleur, et de plus pour nous
conformer sans cesse aux principes de distribution
méthodique qui nous ont paru devoir diriger les études
des naturalistes, que nous avons circonscrit avec précision le genre des scombres. Nous en avons séparé plusieurs poissons qu'on y avoit compris, et dont nous

*Scomber commerson.

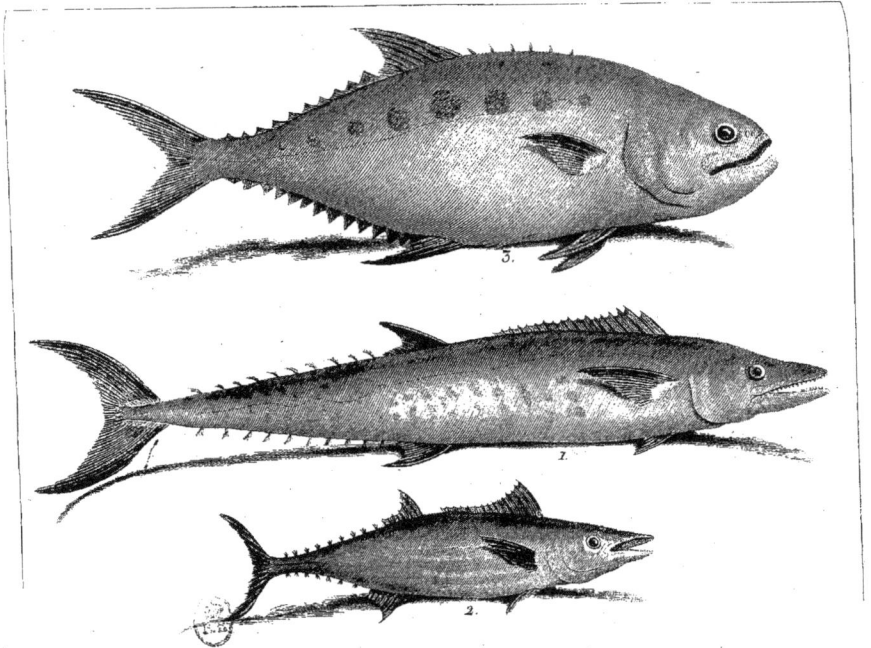

De Seve del.   Cheviller Sculp.

1. SCOMBRE Commerson. 2. SCOMBRE Bonite. 3. SCOMBÉROÏDE Commersonnien.

avons cru devoir même former plusieurs genres différens, et nous n'avons présenté comme véritables *scombres*, comme semblables par les caractères génériques aux maquereaux, aux bonites, aux thons, et par conséquent aux poissons reconnus depuis long-temps pour des scombres proprement dits, que les thoracins qui ont, ainsi que les thons, les maquereaux et les bonites, deux nageoires dorsales, et en outre une série de nageoires très-petites, mais distinctes, placée entre la seconde nageoire du dos et la nageoire de la queue, et une seconde rangée d'autres nageoires analogues, située entre cette même nageoire de la queue et celle de l'anus. On a nommé ces nageoires si peu étendues, et si nombreuses, de *fausses* nageoires ; mais cette expression est impropre, puisqu'elles ont les caractères d'un véritable instrument de natation, qu'elles sont composées de rayons soutenus par une membrane, et qu'elles ne diffèrent que par leur figure et par leurs dimensions, des pectorales, des thoracines, etc.

Le nombre de ces petites nageoires variant suivant les espèces, c'est d'après ce nombre que nous avons déterminé le rang des divers poissons inscrits sur le tableau du genre. Nous avons présenté les premiers ceux qui ont le plus de ces nageoires additionnelles ; et voilà pourquoi nous commençons par décrire une espèce de cette famille, que les naturalistes ne connoissent pas encore, dont nous avons trouvé la figure dans les manuscrits de Commerson, et à laquelle nous avons cru devoir donner le nom de cet illustre voyageur, qui a enrichi la science, de tant d'observations précieuses.

Ce scombre offre dix nageoires supplémentaires, non seulement très-distinctes, mais très-séparées l'une de l'autre, dans l'intervalle qui sépare la caudale de la seconde nageoire du dos; et dix autres nageoires conformées et disposées de même règnent au-dessous de la queue. Ces nageoires sont composées chacune de quatre ou cinq petits rayons réunis par une membrane légère, rapprochés à leur base, et divergens à leur sommet.

Le corps et la queue de l'animal sont d'ailleurs extrêmement alongés, ainsi que les mâchoires, qui sont aussi avancées l'une que l'autre, et garnies toutes les deux d'un rang de dents fortes, aiguës et très-distinctes. Le museau est pointu; l'œil gros; chaque opercule composé de deux lames arrondies dans leur contour postérieur; la première dorsale longue, et très-basse sur-tout à mesure qu'elle s'avance vers la queue; la seconde dorsale échancrée par-derrière, très-courte, et semblable à celle de l'anus; la caudale très-échancrée en forme de croissant; la ligne latérale ondulée d'une manière peu commune, et fléchie par des sinuosités d'autant plus sensibles qu'elles sont plus près de l'extrémité de la queue; et la couleur générale du scombre, argentée, foncée sur le dos, et variée sur les côtés par des taches nombreuses et irrégulières.

Nous n'avons besoin pour terminer le portrait du

commerson , que d'ajouter que les thoracines sont triangulaires comme les pectorales , mais beaucoup plus petites que ces dernières *.

---

* 18 rayons à la première nageoire du dos.
5 ou 6 à chacune des thoracines.

LE SCOMBRE GUARE[1].

C'est dans l'Amérique méridionale que l'on a observé le guare. Il a, comme le commerson, dix petites nageoires au-dessus ainsi qu'au-dessous de la queue. Mais indépendamment d'autres différences, sa ligne latérale est garnie de petites plaques plus ou moins dures, et presque osseuses; et l'on voit au-devant de sa nageoire de l'anus une petite nageoire composée d'une membrane et de deux rayons ; ou pour mieux dire , le guare présente deux nageoires anales , tandis que le scombre commerson n'en montre qu'une [2].

---

[1] Scomber guara.

Scomber cordyla. *Linné, édition de Gmelin.*

Scombre guare. *Daubenton, Encyclopédie méthodique.*

Id. *Bonnaterre , planches de l'Encyclopédie méthodique.*

Scomber lineâ laterali curvâ, tabellis osseis loricatâ. *Gronov. Act. Upsal.* 1750, *p.* 36.

Scomber compressus , latus, etc. *Gronov. Zooph.* 307.

Guara tereba. *Marcgrav. Brasil.* 172.

Trachurus brasiliensis. *Raj. Pisc.* 93.

[2] A la première nageoire du dos   7 rayons.

à la seconde	9
à chacune des pectorales	15
à chacune des thoracines	6
à la première de l'anus	2
à la seconde	14
à celle de la queue	20

LE SCOMBRE THON *.

L'IMAGINATION s'élève à une bien grande hauteur ,
et les jouissances de l'esprit deviennent bien vives ,

* Scomber thynnus.

Ton , *sur quelques rivages de France.*

Athon , *dans quelques départemens méridionaux.*

Toun , *auprès de Marseille.*

Tonno , *sur les côtes de la Ligurie.*

Tunny fish , *en Angleterre.*

Spanish mackrell , *ibid.*

Orcynus.

Albacore , *dans quelques contrées d'Europe.*

Talling talling , *aux Maldives.*

Scomber thynnus. *Linné , édition de Gmelin.*

Scombre thon. *Daubenton, Encyclopédie méthodique.*

Id. *Bonnaterre , planches de l'Encyclopédie méthodique.*

Müll. Prodrom. p. 47 , *n.* 396.

Scomber pinnulis suprà infràque octo. *Brunn. Pisc. Massil. p.* 70 , *n.* 86.

Scomber albicans , *seu* albecor. *Osb. It.* 60. (Il est inutile d'observer que
ces noms d'*albicor* , ou d'*albecor* , *albacor* , *albacore* , ont été donnés , par
plusieurs voyageurs et par quelques naturalistes , à différentes espèces de
scombres , ainsi que nous aurons de nouvelles occasions de le faire remarquer.)

Scomber pinnulis octo seu novem in extremo dorso , sulco ad pinnas
ventrales. *Artedi, gen.* 31 , *syn.* 49.

Ο᾽ϑυννος *Aristot. lib.* 2 , *cap.* 13 ; *lib.* 4 , *cap.* 10 ; *lib.* 5 , *cap.* 9 , 10 et 11 ;
lib. 6 , *cap.* 17; *lib.* 8 , *cap.* 2 , 12 , 13 , 15 , 19 et 30 ; *et lib.* 9 , *cap.* 2.

Id. *Ælian. lib.* 9 , *cap.* 42 , *p.* 549 ; *lib.* 15 , *cap.* 13 , 16 , 27 ; *et lib.* 15 ,
cap. 3 , 5 et 6.

Id. *Athen. lib.* 7 , *p.* 301 , 302 , 303 , 319.

Id. *Oppian. Hal. lib.* 2 , *p.* 48.

toutes les fois que l'étude des productions de la Nature conduit à une contemplation plus attentive de la
vaste étendue des mers. L'antique Océan nous commande l'admiration et une sorte de recueillement reli-
gieux, lorsque ses eaux paisibles n'offrent à nos yeux

Thunnus. Ovid. Hal. v. 98.

Id. *Gaz. Arist.*

Id. *Aldrovand. lib. 3 , cap. 18 , p. 313.*

Id. *Jonston , lib. 1 , tit. 1 , cap. 2 , a. 1 , tab. 3 , fig. 2.*

Thunnus , sive thynnus. Bellon.

Id. *Gesner, p. 957, 967, 1148, et (germ.) fol. 58 , b.*

Raj. p. 57.

Thunnus , vel orcynus. Schonev. p. 75.

Thynnus. Plin. lib. 9, cap. 15 ; et lib. 32 , cap. 11.

Solin. Polyhist. cap. 18 , 11.

Cuba, lib. 3 , cap. 96., fol. 92 , b.

P. Jov. c. 6 , p. 52.

Wotton, lib. 8 , cap. 186 , fol. 163 , b.

Scomber...... dentibus planis lanceolatis, maxillâ superiore acutâ *Lœft. Epist.*

Scomber, pinnulis utrinque novem , dorso dipterygio , etc. *Gronov. Zooph. 305.*

Bloch , pl. 55.

Thynnus pinnulis superioribus novem , inferioribus octo. *Brown, Jamaic. 451.*

Coretta alba Pisonis. *Willughby, Ichthyol. tab. M, 5 , fig. 1.*

Thynnus , seu thunnus Bellonii. Id. p. 176.

Guara pucu. *Marcgrav. Brasil. p. 178.*

Piso, Indic. p. 59.

Thon, orkynos, grand thon. *Rondelet, part. 1 , liv. 8 , chap. 12.*

Pelamis pinnâ dorsali secundâ rubro aut flavo colore infectâ, etc, *Klein, Miss. pisc. 5 , p. 12 , n. 3.*

Gros thon, vrai thon. *Duhamel, Traité des pêches , part. 2 , t. 3 , sect. 7, chap. 2 , art. 1 , p. 190, pl. 5.*

qu'une immense plaine liquide. Le spectacle de ses
ondes bouleversées par la tempête, et de ses abymes
entr'ouverts au pied des montagnes écumantes formées
par ses flots amoncelés, nous pénètre de ce sentiment
profond qu'inspire une grande et terrible catastrophe.
Et quel ravissement n'éprouve-t-on pas, lorsque ce
même Océan, ne présentant plus ni l'uniformité du
calme, ni les horreurs des orages conjurés, mollement
agité par des vents doux et légers, et resplendissant
de tous les feux de l'astre du jour, nous montre toutes
les scènes variées des courses, des jeux, des combats
et des amours des êtres vivans qu'il renferme dans son
sein ! Ce sont principalement les poissons auxquels on
a donné le nom de *pélagiques*, qui animent ainsi par
leurs mouvemens rapides et multipliés la mer qui les
nourrit. On les distingue par cette dénomination, parce
qu'ils se tiennent pendant une grande partie de l'année
à une grande distance des rivages. Et parmi ces habitans
des parties de l'Océan les plus éloignées des côtes, on
doit sur-tout remarquer les thons dont nous écrivons
l'histoire.

Les divers attributs qu'ils ont reçus de la Nature, leur
donnent une grande prééminence sur le plus grand
nombre des autres poissons. C'est presque toujours à
la surface des eaux qu'ils se livrent au repos, ou qu'ils
s'abandonnent à l'action des diverses causes qui peuvent
les déterminer à se mouvoir. On les voit, réunis en
troupes très-nombreuses, bondir avec agilité, s'élancer

avec force, cingler avec la vélocité d'une flèche. La vivacité avec laquelle ils échappent, pour ainsi dire, à l'œil de l'observateur, est principalement produite par une queue très-longue, et qui, frappant l'onde salée par une face très-étendue, ainsi que par une nageoire très-large, est animée par des muscles vigoureux et soutenue de chaque côté par un cartilage qui accroît l'énergie de ces muscles puissans *.

Lorsque dans certaines saisons, et particulièrement dans celle de la ponte et de la fécondation des œufs, une nécessité impérieuse les amène vers quelque plage, ils serrent leurs rangs nombreux, ils se pressent les uns contre les autres ; et les plus forts ou les plus audacieux précédant leurs compagnons à des distances déterminées par les degrés de leur vigueur et de leur courage, pendant que des nuances différentes composent une sorte d'arrière-garde plus ou moins prolongée, des individus les plus foibles et les plus timides, on ne doit pas être surpris que la légion forme une sorte de grand parallélogramme animé, que l'on apperçoit naviguant sur la mer, ou qui, nageant au milieu des flots qui le couvrent encore et le dérobent à la vue, s'annonce cependant de loin par le bruit des ondes rapidement refoulées devant ces rapides voyageurs. Des échos ont quelquefois répété cette espèce de bruissement, ou de

---

* Voyez, dans le *Discours sur la nature des poissons*, ce que nous avons dit de la natation de ces animaux.

murmure lointain, qui se propageant alors de rocher en rocher, et multiplié de rivage en rivage, a ressemblé à ce retentissement sourd, mais imposant, qui, au milieu du calme sinistre des journées brûlantes de l'été, annonce l'approche des nuées orageuses.

Malgré leur multitude, leur grandeur, leur force et leur vîtesse, ces élémens des succès dans l'attaque ou dans la défense, un bruit soudain a souvent suspendu une tribu voyageuse de thons au milieu de sa course: on les a vus troublés, arrêtés et dispersés par une vive décharge d'artillerie, ou par un coup de tonnerre subit. Le sens de l'ouïe n'est même pas, dans ces animaux, le seul que des impressions inattendues ou extraordinaires plongent dans une sorte de terreur : un objet d'une forme ou d'une couleur singulière suffit pour ébranler l'organe de leur vue, de manière à les effrayer, et à interrompre leurs habitudes les plus constantes. Ces derniers effets ont été remarqués par plusieurs voyageurs modernes, et n'avoient pas échappé aux navigateurs anciens. Pline rapporte, par exemple, que, dans le printemps, les thons passoient en troupes composées d'un grand nombre d'individus, de la Méditerranée, dans le Pont-Euxin, ou mer Noire ; que dans le bosphore de Thrace, qui réunit la Propontide à l'Euxin, et dans le détroit même qui sépare l'Europe de l'Asie, un rocher d'une blancheur éblouissante et d'une grande hauteur s'élevoit auprès de Chalcédoine sur le rivage asiatique; que l'éclat de cette roche frappant subitement les légions de thons, les effrayoit au point de les contraindre à se précipiter vers le cap de Byzance, opposé à la rive de Chalcédoine; que cette direction forcée dans le voyage de ces scombres en rendoit la pêche très-abondante auprès de ce cap de Byzance, et presque nulle dans les environs des plages opposées ; et que c'est à cause de ce concours des thons auprès de ce promontoire, qu'on lui avoit donné le nom de χρυσοχερας, ou de *corne d'or*, ou de *corne d'abondance* *.

Ces scombres sont cependant très-courageux dans la plupart des circonstances de leur vie. Un seul phénomène le prouveroit ; c'est l'étendue et la durée des courses qu'ils entreprennent. Pour en connoître nettement la nature, il faut rappeler la distinction que nous avons faite en traitant des poissons en général, entre leurs voyages périodiques et réguliers, et ceux qui ne présentent aucune régularité, ni dans les circonstances de temps, ni dans celles de lieu. Les migrations régulières et périodiques des thons sont celles auxquelles ils s'abandonnent, lorsqu'à l'approche de chaque printemps, ou dans une saison plus chaude, suivant le climat qu'ils habitent, ils s'avancent vers la température, l'aliment, l'eau, l'abri, la plage qui conviennent le mieux au besoin qui les presse, pour y déposer leurs œufs, ou pour les arroser de leur liqueur vivifiante,

---

* C'est pour rappeler ce même concours, que les médailles de Byzance présentent l'image du thon.

ou lorsqu'après s'être débarrassés d'un fluide trop stimu-
lant, ou d'un poids trop incommode, et avoir repris des
forces nouvelles dans le repos et l'abondance, ils quittent les côtes de l'Océan avec les beaux jours, regagnent
la haute mer, et rentrent dans les profonds asyles qu'elle
leur offre. Leurs voyages irréguliers sont ceux qu'ils
entreprennent à des époques dénuées de tout caractère de périodicité, qui sont déterminés par la nécessité
d'échapper à un danger apparent ou réel, de fuir un
ennemi, de poursuivre une proie, d'appaiser une faim
cruelle, et qui, ne se ressemblant ni par l'espace parcouru, ni par la vîtesse employée à le franchir, ni
par la direction des mouvemens, sont aussi variables
et aussi variés que les causes qui les font naître. Dans
leurs voyages réguliers, ils ne vont pas communément
chercher bien loin, ni par de grands détours, la rive qui
leur est nécessaire, ou la retraite pélagienne qui remplace cette rive, pendant le règne des hivers. Mais dans
leurs migrations irrégulières, ils parviennent souvent
à de très-grandes distances ; ils traversent avec facilité
dans ces circonstances, non seulement des golfes et
des mers intérieures, mais même l'antique Océan. Un
intervalle de plusieurs centaines de lieues ne les arrête
pas ; et malgré leur mobilité naturelle, fidèles à la cause
qui a déterminé leur départ, ils continuent avec constance leur course lointaine. Nous lisons dans l'intéressante relation rédigée et publiée par le général Milet-

Mureau, du voyage de notre célèbre et infortuné navigateur la Pérouse [1], que des scombres à la vérité de l'espèce appelée *bonite* ; mais bien moins favorisés que les thons, relativement à la faculté de nager avec vîtesse et avec constance, suivirent les bâtimens commandés par cet illustre voyageur, depuis les environs de l'isle de Pâque, jusqu'à l'isle *Mowée*, l'une des isles Sandwich. La troupe de ces scombres, ou *le banc* de ces poissons, pour employer l'expression de nos marins, fit quinze cents lieues à la suite de nos frégates : plusieurs de ces animaux, blessés par les *foènes*, ou *tridents*, des matelots françois, portoient sur le dos une sorte de signalement qu'il étoit impossible de ne pas distinguer ; et l'on reconnoissoit chaque jour les mêmes poissons qu'on avoit vus la veille [2].

Quelque longue que puisse être la durée de cette puissance qui les maîtrise, plusieurs marins allant d'Europe en Amérique, ou revenant d'Amérique en Europe, ont vu des thons accompagner pendant plus de quarante jours les vaisseaux auprès desquels ils trouvoient avec facilité une partie de l'aliment qu'ils aiment ; et cette avidité pour les diverses substances nutritives que l'on peut jeter d'un navire dans la mer,

---

[1] *Voyage de la Pérouse*, rédigé par Milet-Mureau, in-4°, tome II, p. 129.

[2] Voyez ce que nous avons écrit sur la vîtesse des poissons, dans notre *Discours préliminaire sur la nature de ces animaux*.

n'est pas le seul lien qui les retienne pendant un très-
grand nombre de jours auprès des bâtimens. L'attentif Commerson a observé une autre cause de leur assiduité auprès de certains vaisseaux, au milieu des mers
chaudes de l'Asie, de l'Afrique et de l'Amérique, qu'il
a parcourues. Il a écrit, dans ses manuscrits, que dans
ces mers dont la surface est inondée des rayons d'un
soleil brûlant, les thons, ainsi que plusieurs autres poissons, ne peuvent se livrer, auprès de cette même surface des eaux, aux différens mouvemens qui leur sont
nécessaires, sans être éblouis par une lumière trop vive,
ou fatigués par une chaleur trop ardente: ils cherchent
alors le voisinage des rivages escarpés, des rochers
avancés, des promontoires élevés, de tout ce qui peut
les dérober pendant leurs jeux et leurs évolutions aux
feux de l'astre du jour. Une escadre est pour eux comme
une forêt flottante qui leur prête son ombre protectrice:
les vaisseaux, les mâts, les voiles, les antennes, sont
un abri d'autant plus heureux pour les scombres, que,
perpétuellement mobile, il les suit, pour ainsi dire,
sur le vaste Océan, s'avance avec une vîtesse assez égale
à celle de ces poissons agiles, favorise toutes leurs manœuvres, ne retarde en quelque sorte aucun de leurs
mouvemens ; et voilà pourquoi, suivant Commerson,
dans la zone torride, et vers le temps des plus grandes
chaleurs, les thons qui accompagnent les bâtimens,
se rangent, avec une attention facile à remarquer, du

côté des vaisseaux qui n'est pas exposé aux rayons du soleil *.

Au reste, cette habitude de chercher l'ombre des navires peut avoir quelque rapport avec celle de suspendre leurs courses pendant les brumes, qui leur est attribuée par quelques voyageurs. Ils interrompent leurs voyages pour plusieurs mois, aux approches du froid ; et dès le temps de Pline, on disoit qu'ils hivernoient dans l'endroit où la mauvaise saison les surprenoit. On prétend que, pendant cette saison rigoureuse, ils préfèrent pour leur habitation les fonds limoneux. Ils s'y nourrissent de poissons, ou d'autres animaux de la mer plus foibles qu'eux ; ils se jettent particulièrement sur les exocets et sur les clupées ; les petits scombres deviennent aussi leur proie ; ils n'épargnent pas même les jeunes animaux de leur espèce ; et comme ils sont très-goulus, et, d'ailleurs, tourmentés dans certaines circonstances par une faim qui ne leur permet pas d'attendre les alimens les plus analogues à leur organisation, ils avalent souvent avec avidité, dans ces retraites vaseuses et d'hiver, aussi-bien que dans les autres portions de la mer qu'ils fréquentent, des fragmens de diverses espèces d'algues.

Ils ont besoin d'une assez grande quantité de nourriture, parce qu'ils présentent communément des

---

* Nous parlerons encore de cette observation de Commerson, dans l'article du *scombre germon*.

dimensions considérables. Pline et les autres auteurs anciens qui ont écrit sur les thons, les ont rangés parmi les poissons les plus remarquables par leur volume. Le naturaliste romain dit qu'on en avoit vu du poids de quinze talens *, et dont la nageoire de la queue avoit de largeur, ou, pour mieux dire, de hauteur, deux coudées et un palme. Les observateurs modernes ont mesuré et pesé des thons de trois cent vingt-cinq centimètres de longueur, et du poids de cinquante-cinq ou soixante kilogrammes ; et cependant ces poissons, ainsi que tous ceux qui n'éclosent pas dans le ventre de leur mère, proviennent d'œufs très-petits: on a comparé la grosseur de ceux du thon à celle des graines de pavot.

Le corps de ce scombre est très-alongé, et semblable à une sorte de fuseau très-étendu. La tête est petite ; l'œil gros ; l'ouverture de la bouche très-large ; la mâchoire inférieure plus avancée que la supérieure, et garnie, comme cette dernière, de dents aiguës ; la langue courte et lisse ; l'orifice branchial très-grand ; l'opercule composé de deux pièces ; le tronc épais, et

---

* Ce poids de quinze talens attribué à un thon nous paroit bien supérieur à celui qu'ont dû présenter les gros poissons de l'espèce que nous décrivons. En effet, le talent des Romains, leur *centum-pondium*, étoit égal, selon Paucton (*Métrologie*, p. 761), à 68 $\frac{40}{100}$ livres de France, poids de marc, et le petit talent d'Égypte, d'Arabie, etc. égaloit 45 $\frac{65}{100}$ ou $\frac{65}{100}$ livres de France. Un thon auroit donc pesé au moins 675 livres ; ce qui ne nous semble pas admissible.

couvert, ainsi que la queue, d'écailles petites, minces
et foiblement attachées. Les petites nageoires du dessus
et du dessous de la queue sont communément au
nombre de huit*. Quelques observateurs en ont compté
neuf dans la partie supérieure et dans la partie inférieure de cette portion de l'animal ; et d'après ce dernier nombre, on pourroit être tenté de croire que l'on
peut quelquefois confondre l'espèce du thon avec celle
du germon, dont la queue offre aussi par-dessus et
par-dessous huit petites nageoires : mais la proportion
des dimensions des pectorales avec la longueur totale
du scombre, suffira pour séparer avec facilité les
germons des poissons que nous tâchons de bien faire
connoître. Dans les germons, ces pectorales s'étendent
jusqu'au - delà de l'orifice de l'anus ; et dans les
thons, elles ne sont jamais assez grandes pour y parvenir ; elles se terminent à peu près au-dessous de
l'endroit du dos où finit la première dorsale. La
nageoire de la queue est figurée en croissant : nous
avons fait remarquer son étendue dès le commencement de cet article.

Nous avons eu occasion, dans une autre portion de

* A la première nageoire dorsale 15 rayons.
à la seconde 12
à chacune des pectorales 22
à chacune des thoracines 6
à celle de l'anus 13
à celle de la queue 25

cet ouvrage *, de parler de ces petits os auxquels on
a particulièrement donné le nom d'*arêtes*, qui placés
entre les muscles ajoutent à leur force, que l'on n'apperçoit pas dans toutes les espèces de poissons, mais
que l'on n'a observés jusqu'à présent que dans ces
habitans des eaux. Ces arêtes sont simples ou four-
chues. Nous avons dit de plus, que, dans certaines
espèces de poissons, elles aboutissoient à l'épine du
dos, quoiqu'elles ne fissent pas véritablement partie
de la charpente osseuse proprement dite. Nous avons
ajouté que, dans d'autres espèces, non seulement ces
arêtes n'étoient pas liées avec la grande charpente
osseuse, mais qu'elles en étoient séparées par différens
intervalles. Les scombres, et par conséquent les thons,
doivent être comptés parmi ces dernières espèces.

Telles sont les particularités de la conformation
extérieure et intérieure du thon, que nous avons cru
convenable d'indiquer. Les couleurs qui le distinguent ne sont pas très-variées, mais agréables et brillantes : les côtés et le dessous de l'animal présentent
l'éclat de l'argent; le dessus a la nuance de l'acier poli;
l'iris est argenté, et sa circonférence dorée; toutes les
nageoires sont jaunes ou jaunâtres, excepté la première
du dos, les thoracines et la caudale, dont le ton est
d'un gris plus ou moins foncé.

Les anciens donnoient différens noms aux scombres

_____

* *Discours sur la nature des poissons.*

TOME II. 78

qui sont l'objet de cet article, suivant l'âge, et par conséquent le degré de développement de ces animaux. Pline rapporte qu'on nommoit *cordyles* les thons très-jeunes qui, venant d'éclore dans la mer Noire, repassoient, pendant l'automne, dans l'Hellespont et dans la Méditerranée, à la suite des légions nombreuses des auteurs de leurs jours. Arrivés dans la Méditerranée, ils y portoient le nom de *pélamides* pendant les premiers mois de leur croissance ; et ce n'étoit qu'après un an que la dénomination de *thon* leur étoit appliquée.

Nous avons cru d'autant plus utile de faire mention ici de cet antique usage des Grecs ou Romains, que ces expressions de *cordyle* et de *pélamide* ont été successivement employées par plusieurs auteurs anciens et modernes dans des sens très-divers ; qu'elles servent maintenant à désigner deux espèces de scombres, le *guare* et la *bonite*, très-différentes du véritable thon ; et qu'on ne sauroit prendre trop de soins pour éviter la confusion, qui n'a régné que trop long-temps dans l'étude de l'histoire naturelle.

Des animaux marins très-grands et très-puissans, tels que des squales et des xiphias, sont pour les thons des ennemis dangereux, contre les armes desquels leur nombre et leur réunion ne peuvent pas toujours les défendre. Mais indépendamment de ces adversaires remarquables par leur force ou par leurs dimensions, le thon expire quelquefois victime d'un être bien petit et bien foible en apparence, mais qui, par les piquures qu'il lui fait et les tourmens qu'il lui cause, l'agite, l'irrite, le rend furieux, à peu près de la même manière que le terrible insecte ailé qui règne dans les déserts brûlans de l'Afrique, est le fléau le plus funeste des panthères, des tigres et des lions. Pline savoit qu'un animal dont il compare le volume à celui d'une araignée, et la figure à celle du scorpion, s'attachoit au thon, se plaçoit auprès ou au-dessous de l'une de ses nageoires pectorales, s'y cramponnoit avec force, le piquoit de son aiguillon, et lui causoit une douleur si vive, que le scombre, livré à une sorte de délire, et ne pouvant, malgré tous ses efforts, ni immoler ni fuir son ennemi, ni appaiser sa souffrance cruelle, bondissoit avec violence au-dessus de la surface des eaux, la parcouroit avec rapidité, s'agitoit en tout sens, et ne résistant plus à son état affreux, ne connoissant plus d'autre danger que la durée de son angoisse, excédé, égaré, transporté par une sorte de rage, s'élançoit sur le rivage ou sur le pont d'un vaisseau, où bientôt il trouvoit dans la mort la fin de son tourment[*].

C'est parce qu'on a bien observé dans les thons cette nécessité funeste de succomber sous les ennemis que nous venons d'indiquer, l'habitude du succès contre d'autres animaux moins puissans, le besoin d'une grande quantité de nourriture, la voracité qui les précipite sur des alimens de différente nature, leur

---

[*] Rondelet a fait représenter sur la figure du thon qu'il a publiée, le petit animal dont Pline a parlé.

courage habituel, l'audace qu'ils montrent dans certains dangers, la frayeur que leur inspirent cependant
quelques objets, la périodicité d'une partie de leurs
courses, l'irrégularité de plusieurs de leurs voyages et
pour les temps et pour les lieux, la durée de leurs migrations, et la facilité de traverser d'immenses portions
de la mer, qu'on a très-bien choisi les époques, les
endroits et les moyens les plus propres à procurer une
pêche abondante des scombres qui nous occupent dans
ce moment.

En effet, on peut dire, en général, qu'on trouve le
thon dans presque toutes les mers chaudes ou tempé-
rées de l'Europe, de l'Asie, de l'Afrique et de l'Amérique; mais on ne rencontre pas un égal nombre d'individus de cette espèce dans toutes les saisons, ni dans
toutes les portions des mers qu'ils fréquentent. Depuis
les siècles les plus reculés de ceux dont l'histoire nous
a transmis le souvenir, on a choisi certaines plages et
certaines époques de l'année pour la recherche des
thons. Pline dit qu'on ne pêchoit ces scombres dans
l'Hellespont, la Propontide et le Pont-Euxin, que depuis le commencement du printemps jusque vers la fin
de l'automne. Du temps de Rondelet, c'est-à-dire, vers
le milieu du seizième siècle, c'étoit au printemps, en
automne, et quelquefois pendant l'été, qu'on prenoit
une grande quantité de thons près des côtes d'Espagne,
et particulièrement vers le détroit de Gibraltar *. On

---

* On a quelquefois pris un assez grand nombre de thons auprès de Conil,

s'occupe de la pêche de ces animaux sur plusieurs rivages de France et d'Espagne voisins de l'extrémité occidentale de la chaîne des Pyrénées, depuis les premiers jours de floréal jusqu'en brumaire ; et on regarde comme assez assuré sur les autres parties du territoire françois qui sont baignées par l'Océan, que l'arrivée des maquereaux annonce celle des thons, qui les poursuivent pour les dévorer.

Ces derniers scombres montrent en effet une si grande avidité pour les maquereaux, qu'il suffit, pour les attirer dans un piége, de leur présenter un leurre qui en imite grossièrement la forme. Ils se jettent avec la même voracité sur plusieurs autres poissons, et particulièrement sur les sardines ; et voilà pourquoi une image même très-imparfaite d'un de ces derniers animaux est, entre les mains des marins, un appât qui entraîne les thons avec facilité. On s'est servi de ce moyen avec beaucoup d'avantage dans plusieurs parages, et principalement auprès de Bayonne, où un bateau allant à la voile traînoit des lignes dont les haims étoient recouverts d'un morceau de linge, ou d'un petit sac de toile en forme de sardine, et ramenoit ordinairement plus de cent cinquante thons.

Màis ce n'est pas toujours une vaine apparence que

village voisin de Cadix, pour qu'on ait écrit que la pêche de ces animaux donnoit au duc de Medina Sidonia un revenu de 80,000 ducats. Voyez les *Lettres sur la Grèce* de feu mon confrère le citoyen Guys, tome I, p. 398, *troisième édition.*

l'on présente à ces scombres pour les prendre à la ligne : de petits poissons réels, ou des portions de poissons assez grands, sont souvent employés pour garnir les haims. On proportionne d'ailleurs la grandeur de ces haims, ainsi que la grosseur des cordes ou des lignes, aux dimensions et à la force des thons que l'on s'attend à rencontrer ; et de plus, en se servant de ces haims et de ces lignes, on cherche à prendre ces animaux de diverses manières, suivant les différentes circonstances dans lesquelles on se trouve : on les prend *au doigt* [1], *à la canne* [2], *au libouret* [3], *au grand couple* [4].

---

[1] On nomme *pêche au doigt* celle qui se fait avec une ligne simple non suspendue à une perche.

[2] On dit que l'on pêche à *la canne*, ou à *la cannette*, lorsqu'on se sert d'une canne, ou perche déliée, aubout de laquelle on a *empilé un haim*, c'est-à-dire, attaché la ligne, etc.

[3] Le *libouret* est un instrument composé d'une corde ou ligne principale, à l'extrémité de laquelle est suspendu un poids de plomb. La corde passe au travers d'un morceau de bois d'une certaine longueur, nommé *avalette*. Ce morceau de bois est percé dans un de ses bouts, de manière à pouvoir tourner librement autour de la corde. Cette avalette est d'ailleurs maintenue, à une petite distance du plomb, par deux nœuds que l'on fait à la corde, l'un au-dessous et l'autre au-dessus de ce morceau de bois. Au bout de l'avalette, opposé à celui que la corde traverse, on attache une ligne garnie de plusieurs *empiles* ou petites lignes * qui portent des haims, et qui sont de différentes longueurs, pour ne point s'embarrasser les unes dans les autres. Cet instrument sert communément pour les pêches sédentaires, le poids de plomb portant toujours sur le fond de la mer ou des rivières.

[4] Un *couple* est un fil de fer un peu courbé, dont chaque bout porte

---

* Voyez, dans l'article de *la raie bouclée*, la définition d'une *empile*.

Mais parlons rapidement de procédés plus compliqués dont se composent les pêches des scombres-thons
faites de concert par un grand nombre de marins.
Exposons d'abord celle qui a lieu avec des *thonnaires;*
nous nous occuperons un instant, ensuite, de celle pour
laquelle on construit des *madragues.*

On donne le nom de *thonnaire* ou *tonnaire* à une enceinte de filets que l'on forme promptement dans la
mer pour arrêter les *thons* au moment de leur passage.
On a eu pendant long-temps recours à ce genre d'industrie auprès de Collioure, où on le pratiquoit, et où
peut-être on le pratique encore, chaque année, depuis
le mois de prairial jusqu'au commencement de celui
de vendémiaire. Pour favoriser la prise des thons, les
habitans de Collioure entretenoient, pendant la belle
saison, deux hommes expérimentés qui, du haut
de deux promontoires, observoient l'arrivée de ces
scombres vers la côte. Dès qu'ils appercevoient de loin
ces poissons qui s'avançoient par bandes de deux ou
trois mille, ils en avertissoient les pêcheurs en déployant un pavillon, par le moyen duquel ils indi-
quoient de plus l'endroit où ces animaux alloient
aborder. A la vue de ce pavillon, de grands cris de
joie se faisoient entendre, et annonçoient l'approche
d'une pêche dont les résultats importans étoient tou-

---

une *pile* ou *empile*, ou petite ligne garnie de haims, et qui est suspendu
par le milieu à une ligne principale assez longue, et tenue par des pêcheurs
dont la barque va à la voile.

jours attendus avec une grande impatience. Les habitans couroient alors vers le port, où les patrons des
bâtimens pêcheurs s'empressoient de prendre les filets
nécessaires, et de faire entrer dans leurs bateaux
autant de personnes que ces embarcations pouvoient
en contenir, afin de ne pas manquer d'aides dans
les grandes manœuvres qu'ils alloient entreprendre.
Quand tous les bateaux étoient arrivés à l'endroit où
les thons étoient réunis, on jetoit à l'eau des pièces de
filets, *lestées* et *flottées*, et on en formoit une enceinte
demi-circulaire, dont la concavité étoit tournée vers
le rivage, et dont l'intérieur étoit appelé *jardin*. Les
thons renfermés dans ce jardin s'agitoient entre la rive
et les filets, et étoient si effrayés par la vue seule des
barrières qui les avoient subitement environnés, qu'ils
osoient à peine s'en approcher à la distance de six ou
sept mètres.

Cependant, à mesure que ces scombres s'avançoient
vers la plage, on resserroit l'enceinte, ou plutôt on en
formoit une nouvelle intérieure et concentrique à la
première, avec des filets qu'on avoit tenus en réserve.
On laissoit une ouverture à cette seconde enceinte jusqu'à ce que tous les thons eussent passé dans l'espace
qu'elle embrassoit; et en continuant de diminuer ainsi,
par des clôtures successives, et toujours d'un plus petit
diamètre, l'étendue dans laquelle les poissons étoient
renfermés, on parvenoit à les retenir sur un fond recouvert uniquement par quatre brasses d'eau : alors on

jetoit dans ce parc maritime un grand boulier¹, espèce de
seine, dont le milieu est garni d'une manche. Les thons,
après avoir tourné autour de ce filet, dont les ailes
sont courbes, s'enfonçoient dans la poche ou manche :
on amenoit, à force de bras, le boulier sur le rivage ;
on prenoit les petits poissons avec la main, les gros
avec des crochets ; on les chargeoit sur les bateaux
pêcheurs, et on les transportoit au port de Collioure.
Une seule pêche produisoit quelquefois plus de quinze
mille myriagrammes de thons ; et pendant un printemps
dont on a conservé avec soin le souvenir, on prit dans
une seule journée seize mille thons, dont chacun pesoit de dix à quinze kilogrammes.

Il est des parages dans la Méditerranée où l'on se

---

* On appelle *boulier,* sur la côte voisine de Narbonne, et sur plusieurs
autres côtes de la Méditerranée, un filet semblable à l'*aissaugue* *, et formé
de deux bras qui aboutissent à une manche. Son ensemble est composé de
plusieurs pièces dont les mailles sont de différentes grandeurs. Pour faire
les bras, on assemble, premièrement, douze pièces, dites *atlas,* dont les
mailles sont de cinq centimètres en carré ; secondement, quatorze pièces,
dites de *deux doigts,* dont les mailles ont trente-sept millimètres en carré ;
et troisièmement, dix pièces de *ponsal, pousaux, pouceaux,* dont les
mailles ont près de deux centimètres d'ouverture. Tout cet assemblage a
depuis cent vingt jusqu'à cent quatre-vingts brasses de longueur. Quant au
corps de la *manche,* qu'on nomme aussi *bourse,* ou *coup,* il est composé
de six pièces, dites de *quinze-vingts,* dont chaque maille a douze millimètres d'ouverture, et secondement, de huit pièces appelées de *brassade,*
dont les mailles sont à peu près de huit millimètres.

* *Aissaugue,* ou *essaugue,* sorte de *seine* ou de filet en nappe, en usage dans la Méditerranée, et qui a, au milieu de sa largeur, une espèce de sac ou de poche.

sert, pour prendre des thons, d'un filet auquel on a
donné le nom de *scombrière*, de *combrière*, de *couran-
tille*, qu'on abandonne aux courans, et qui va, pour
ainsi dire, au-devant de ces scombres, lesquels s'engagent et s'embarrassent dans ses mailles. Mais hâtons-
nous de parler du moyen le plus puissant de s'emparer
d'une grande quantité de ces animaux si recherchés ;
occupons-nous d'une des pêches les plus importantes
de celles qui ont lieu dans la mer; jetons les yeux sur
la pêche pour laquelle on emploie *la madrague*. Nous
en avons déja dit un mot en traitant de la raie mobular ;
tâchons de la mieux décrire.

On a donné le nom de *madrague* * à un grand parc
qui reste construit dans la mer, au lieu d'être établi
pour chaque pêche, comme les thonnaires. Ce parc forme
une vaste enceinte distribuée en plusieurs chambres,
dont les noms varient suivant les pays : les cloisons qui
forment ces chambres, sont soutenues par des flottes
de liége, étendues par un lest de pierres, et mainte-
nues par des cordes dont une extrémité est attachée à
la tête du filet, et l'autre amarrée à une ancre.

Comme les madragues sont destinées à arrêter les
grandes troupes de thons, au moment où elles abandonnent les rivages pour voguer en pleine mer, on
établit entre la rive et la grande enceinte une de ces

---

* Le mot de *madrague*, ou de *mandrague*, doit avoir été employé par des
Marseillois descendus des Phocéens, à cause du mot grec μανδρα, *mandra*,
qui signifie *parc*, *enclos*, *enceinte*.

longues allées que l'on appelle *chasses* : les thons suivent
cette allée, arrivent à la madrague, passent de chambre
en chambre, parcourent quelquefois, de compartiment en compartiment, une longueur de plus de mille
brasses, et parviennent enfin à la dernière chambre,
que l'on nomme *chambre de la mort, ou corpon, ou
corpou*. Pour forcer ces scombres à se rassembler dans
ce *corpou* qui doit leur être si funeste, on les pousse
et les presse, pour ainsi dire, par un filet long de
plus de vingt brasses *, que l'on tient tendu derrière
ces poissons par le moyen de deux bateaux, dont chacun soutient un des angles supérieurs du filet, et que
l'on fait avancer vers la chambre de la mort. Lorsque
les poissons sont ramassés dans ce corpou, plusieurs
barques chargées de pêcheurs s'en approchent ; on
soulève les filets qui composent cette enceinte particulière, on fait monter les scombres très-près de la
surface de l'eau, on les saisit avec la main, ou on les
enlève avec des crocs.

La curiosité attire souvent un grand nombre de spec-
tateurs autour de la madrague ; on y accourt comme
à une fête ; on rassemble autour de soi tout ce qui peut
augmenter la vivacité du plaisir ; on s'entoure d'instrumens de musique : et quelles sensations fortes et variées
ne font pas en effet éprouver l'immensité de la mer,
la pureté de l'air, la douceur de la température, l'éclat

---

* On nomme ce filet *engarre*.

d'un soleil vivifiant que les flots mollement agités réfléchissent et multiplient, la fraîcheur des zéphyrs, le concours des bâtimens légers, l'agilité des marins, l'adresse des pêcheurs, le courage de ceux qui combattent contre d'énormes animaux rendus plus dangereux par leur rage désespérée, les élans rapides de l'impatience, les cris de la joie, les acclamations de la surprise, le son harmonieux des cors, le retentissement des rivages, le triomphe des vainqueurs, les applaudissemens de la multitude ravie!

Mais nous, qui écrivons dans le calme d'une retraite silencieuse l'histoire de la Nature, n'abandonnons point notre raison au charme d'un spectacle enchanteur; osons, au milieu des transports de la joie, faire entendre la voix sévère de la philosophie; et si les lois conservatrices de l'espèce humaine nous commandent ces sacrifices sans cesse renouvelés de milliers de victimes, n'oublions jamais que ces victimes sont des êtres sensibles; ne cédons à la dure nécessité que ce qu'il nous est impossible de lui ravir; n'augmentons pas par des séductions que des jouissances plus douces peuvent si facilement remplacer, le penchant encore trop dangereux qui nous entraîne vers une des passions les plus hideuses, vers une cruelle insensibilité; effaçons, s'il est possible, du cœur de l'homme cette empreinte encore trop profonde de la féroce barbarie dont il a eu tant de peine à secouer le joug; enchaînons cet instinct sauvage qui le porte encore à ne voir la conservation

de son existence que dans la destruction; que les lumières de la civilisation l'éclairent sur sa véritable félicité; que ses regards avides ne cherchent jamais les
horreurs de la guerre au milieu de la paix des plaisirs,
les agitations de la souffrance à côté du calme du bonheur, la rage de la douleur auprès du délire de la joie;
qu'il cesse d'avoir besoin de ces contrastes horribles;
et que la tendre pitié ne soit jamais contrainte de s'é-
loigner, en gémissant, de la pompe de ses fêtes.

Au reste, il n'est pas surprenant que, depuis un
grand nombre de siècles, on ait cherché et employé
un grand nombre de procédés pour la pêche des thons:
ces scombres, en procurant un aliment très-abondant,
donnent une nourriture très-agréable. On a comparé
le goût de la chair de ces poissons à celui des acipensères esturgeons, et par conséquent à celui du veau.
Ils engraissent avec facilité; et l'on a écrit * qu'il se
ramassoit quelquefois une si grande quantité de substance adipeuse dans la partie inférieure de leur corps,
que les tégumens de leur ventre en étoient tendus au
point d'être aisément déchirés par de légers frottemens.
Ces poissons avoient une grande valeur chez les Grecs
et chez les autres anciens habitans des rives de la Méditerranée, de la Propontide, de la mer Noire; et voilà
pourquoi, dès une époque bien reculée, ils avoient été

---

* Voyez *Pline*, *liv.* 9, *chap.* 15. Plusieurs auteurs modernes, et particulièrement Rondelet, ont rapporté le même fait.

observés avec assez de soin pour que leurs habitudes
fussent bien connues. Les Romains ont attaché particulièrement un grand prix à ces scombres, sur-tout
lorsqu'asservis sous leurs empereurs, ils ont voulu
remplacer par les jouissances du luxe les plaisirs de
la gloire et de la liberté ; et comme nous ne croyons
pas inutile aux progrès de la morale et de l'économie
publique, d'indiquer à ceux qui cultivent ces sciences
si importantes, toutes les particularités de ce goût si
marqué que nous avons observé dans les anciens pour
les alimens tirés des poissons, nous ne passerons pas
sous silence les petits détails que Pline nous a transmis
sur la préférence que les Romains de son temps donnoient à telle ou telle portion des scombres auxquels
cet article est consacré. Ils estimoient beaucoup la tête
et le dessous du ventre ; ils recherchoient aussi le dessous de la poitrine, qu'ils regardoient cependant comme
difficile à digérer, sur-tout quand il n'étoit pas très-frais ;
ils ne faisoient presque aucun cas des morceaux voisins
de la nageoire caudale, parce qu'ils ne les trouvoient
pas assez gras ; et ce qu'ils préféroient à plusieurs autres
alimens, étoit la portion la plus proche du gosier ou de
l'œsophage. Ces mêmes Romains savoient fort bien conserver les thous, en les coupant par morceaux, et en
les renfermant dans des vases remplis de sel ; et ils donnoient à cette préparation le nom de *mélandrye* (*me-
landrya*), à cause de sa ressemblance avec des copeaux
un peu noircis de chêne, ou d'autres arbres. Les mo-

dernes ont employé le même procédé. Rondelet dit que
ses contemporains coupoient les thons qu'ils vouloient
garder, par tranches ou *darnes*, et qu'on donnoit à ces
darnes imbibées de sel le nom de *thonnine* ou de *taren-
tella*, parce qu'on en apportoit beaucoup de Tarente.
Très-souvent, au lieu de se contenter de saler les thons
par des moyens à peu près semblables à ceux que nous
avons exposés en traitant du gade morue, on les marine après les avoir coupés par tronçons, et en les
préparant avec de l'huile et du sel. On renferme les
thons marinés dans des barils; et on distingue avec
beaucoup de soin ceux qui contiennent la chair du
ventre, préférée aujourd'hui par les Européens comme
autrefois par les Romains, et nommée *panse de thon*,
de ceux dans lesquels on a mis la chair du dos, que
l'on appelle *dos de thon*, ou simplement *thonnine* *.

Comme les thons sont ordinairement très-gras, il
se détache de ces poissons, lorsqu'on les lave et qu'on
les presse pour les saler, une huile communément
assez abondante, qui surnage promptement, que l'on
ramasse avec facilité, et qui est employée par les
tanneurs.

Il est des mers dans lesquelles ces scombres se nourrissent de mollusques assez malfaisans pour faire

* Les anciens faisoient saler les intestins du thon, ainsi que les œufs de
ce scombre, qui servent encore de nos jours, sur plusieurs côtes, et particulièrement sur celles de la Grèce, à faire une sorte de *poutargue*. Consultez principalement, à ce sujet, *Aulu-Gelle, liv.* 10, *chap.* 20.

éprouver des accidens graves à ceux qui mangent de ces poissons sans avoir pris la précaution de les faire vider avec soin, et même pour contracter dans des portions de leur corps réparées pendant long-temps par des substances vénéneuses, des qualités très-funestes * : tant il semble que sur toutes ses productions, comme dans tous ses phénomènes, la Nature préservatrice ait voulu placer un emblême de la prudence tutélaire, en nous montrant sans cesse l'aspic sous les fleurs, et l'épine sur la tige de la rose.

---

* Consultez, au sujet des poissons vénéneux, le *Discours sur la nature de ces animaux*.

FIN DU TOME SECOND.

DE L'IMPRIMERIE DE PLASSAN.